生活垃圾焚烧发电技术基础与应用

孙贵根　田建东　苏猛业　主编

合肥工业大学 出版社

编 委 会

前　　言

　　本书由中电国际新能源控股有限公司组织下属各生活垃圾焚烧发电厂生产一线技术专家、专业工程师、运行人员,历时一年完成,凝聚着广大生产技术人员的心血和智慧,为行业的健康有序发展做出了重大贡献。

　　本书除另有说明,都是以中电国际新能源控股有限公司组织下属垃圾焚烧发电厂设备和系统为描述对象,全面系统地阐述了生活垃圾焚烧发电厂的工作原理、工艺流程、设备结构、技术参数等。内容主要包括焚烧线及余热锅炉、汽轮机、电气、热控、化学各专业的设备原理、系统参数等。

　　本书的编写查阅了大量的资料和有关文献,在此一并向相关作者致谢。

　　由于编者水平有限,书中不足之处在所难免,恳请广大读者批评指正。

编　者

2019 年 11 月 30 日

目 录

第一部分 焚烧线及余热锅炉

第1章 绪 论 ··· 003

1.1 生活垃圾处理的主导发展方向 ······························· 003

1.2 生活垃圾的处理和处理技术 ·································· 004

第2章 生活垃圾焚烧能源化利用 ································· 007

2.1 生活垃圾焚烧发电主要技术路线和发展方向 ············· 007

2.2 生活垃圾焚烧发电流程简介 ································· 010

第3章 焚烧炉排及余热锅炉 ····································· 012

3.1 生活垃圾焚烧概述 ·· 012

3.2 影响垃圾焚烧的主要因素 ···································· 013

第4章 焚烧炉类型及主要设备工作原理 ···················· 016

4.1 典型生活垃圾焚烧炉介绍 ···································· 016

4.2 典型机械炉排炉技术特点简介 ······························ 018

第5章 生活垃圾焚烧工艺系统及主要设备(机械炉排炉) ····· 022

5.1 系统概述 ·· 022

5.2 垃圾给料系统 ··· 024

5.3 垃圾分选系统 ··· 028

5.4 焚烧炉排系统 ··· 029

5.5 焚烧炉系统 ·· 033

5.6 点火及辅助燃烧控制系统 ···································· 037

5.7 供风系统 ·· 042

5.8 渗滤液回喷系统 ·· 045

第6章　余热锅炉系统及主要设备技术规范 ················ 049
　6.1　余热锅炉主蒸汽参数现状及发展方向 ··········· 049
　6.2　余热锅炉设备主要技术规范 ··················· 049
　6.3　余热锅炉本体 ······························· 051
　6.4　锅炉排污系统 ······························· 060
　6.5　锅炉清灰系统 ······························· 061

第7章　烟气净化系统 ································· 064
　7.1　烟气处理流程概述 ··························· 064
　7.2　烟气净化标准 ······························· 064
　7.3　烟气净化主要工艺介绍 ······················· 065
　7.4　烟气脱硝工艺 ······························· 066
　7.5　烟气脱酸工艺 ······························· 072
　7.6　石灰浆制备与供应系统 ······················· 076
　7.7　干粉喷射吸附系统 ··························· 077
　7.8　活性炭喷射吸附系统 ························· 078
　7.9　布袋除尘器 ································· 079
　7.10　引风机及排烟系统 ························· 083
　7.11　环保指标在线连续监测系统 ················· 084
　7.12　重金属及二噁英去除工艺 ··················· 087

第8章　灰渣处理系统 ································· 088
　8.1　炉渣处理系统 ······························· 088
　8.2　飞灰输送系统 ······························· 092
　8.3　飞灰固化系统 ······························· 094

第9章　专业术语 ··································· 096

第二部分　汽轮机

第1章　汽轮机原理 ································· 101
　1.1　冲动作用原理和反动作用原理 ················· 101
　1.2　汽轮机的基本工作原理 ······················· 101
　1.3　汽轮机概述 ································· 102

第2章　设备主要规范、结构、特性 ··· 105

2.1　主要技术参数 ··· 105

2.2　运行工况 ·· 106

2.3　汽轮发电机组的基本性能 ··· 108

第3章　汽轮机本体 ·· 109

3.1　静子部分 ·· 109

3.2　转子部分 ·· 112

3.3　轴承 ·· 113

3.4　盘车装置 ·· 115

第4章　汽轮机调节保安系统 ··· 116

4.1　汽轮机运行对调节系统性能的要求 ·· 116

4.2　调节系统的概述 ·· 116

4.3　保安系统概述 ··· 127

第5章　汽轮机润滑油系统 ·· 134

5.1　系统概述 ·· 134

5.2　润滑油主油箱 ··· 134

5.3　主油泵 ··· 135

5.4　注油器 ··· 135

5.5　交流高压辅助油泵及直流事故油泵 ·· 136

5.6　冷油器 ··· 136

第6章　主蒸汽系统 ·· 138

6.1　系统概述 ·· 138

6.2　自动主汽门 ··· 138

第7章　轴封系统及抽汽回热系统 ·· 139

7.1　轴封系统概述 ··· 139

7.2　抽汽回热系统概述 ··· 140

7.3　除氧器 ··· 141

第8章　给水系统 ·· 146

8.1　系统概述 ·· 146

8.2 给水泵 …………………………………………………………… 146

8.3 给水泵的运行与维护 …………………………………………… 147

第 9 章 凝结水系统 …………………………………………………… 148

9.1 系统概述 ………………………………………………………… 148

9.2 凝汽器 …………………………………………………………… 148

9.3 凝结水泵 ………………………………………………………… 153

9.4 凝结水补水系统 ………………………………………………… 154

第 10 章 循环水系统 ………………………………………………… 155

10.1 系统概述 ……………………………………………………… 155

10.2 循环水泵参数 ………………………………………………… 155

10.3 循环水泵性能 ………………………………………………… 156

10.4 中央循环水泵房及主要设备 ………………………………… 156

10.5 冷却塔 ………………………………………………………… 156

10.6 胶球清洗系统 ………………………………………………… 156

第 11 章 抽真空系统 ………………………………………………… 159

11.1 系统概述 ……………………………………………………… 159

11.2 真空泵 ………………………………………………………… 159

11.3 真空严密性试验 ……………………………………………… 160

11.4 真空下降的原因及处理原则 ………………………………… 160

第 12 章 疏放水系统 ………………………………………………… 162

12.1 汽轮机本体疏水系统 ………………………………………… 162

12.2 辅助疏水系统 ………………………………………………… 162

12.3 疏水扩容器 …………………………………………………… 163

12.4 汽轮机防进水 ………………………………………………… 163

第 13 章 辅助系统 …………………………………………………… 165

13.1 开式冷却水系统 ……………………………………………… 165

13.2 旁路、减温减压装置 ………………………………………… 165

13.3 生活污水系统 ………………………………………………… 167

13.4 工业电视监视及门禁系统 …………………………………… 169

13.5 SIS 介绍 ……………………………………………………… 170

第三部分 电气专业

第1章 发电厂及电力系统 181

1.1 电力系统概述 181

1.2 电力系统对电压的规定 181

1.3 中性点运行方式 182

第2章 电力系统电气设备 185

2.1 系统运行方式 185

2.2 系统接线方式 186

第3章 发电机部分 187

3.1 发电机概述 187

3.2 发电机的结构和分类 188

3.3 发电机的运行、试验及维护 190

3.4 柴油发电机 196

第4章 变压器 198

4.1 设备概述 198

4.2 油浸式变压器 199

4.3 干式变压器 199

4.4 变压器工作原理 200

4.5 变压器的运行与维护 200

4.6 变压器的安全注意事项 207

第5章 电动机 208

5.1 电动机概述及技术规范 208

5.2 电动机的运行及维护 210

第6章 真空断路器 217

6.1 真空断路器概述及技术规范 217

6.2 真空断路器的运行及维护 219

6.3 低压断路器 222

6.4 配电装置的异常运行与事故处理 223

6.5 隔离开关概述 225

6.6　照明系统的检修及维护 ⋯⋯⋯⋯⋯⋯⋯⋯⋯⋯⋯⋯⋯ 227

第 7 章　互感器 ⋯⋯⋯⋯⋯⋯⋯⋯⋯⋯⋯⋯⋯⋯ 229

7.1　电压互感器概述 ⋯⋯⋯⋯⋯⋯⋯⋯⋯⋯⋯⋯⋯⋯ 229
7.2　电压互感器的工作原理 ⋯⋯⋯⋯⋯⋯⋯⋯⋯⋯⋯ 230
7.3　电流互感器概述 ⋯⋯⋯⋯⋯⋯⋯⋯⋯⋯⋯⋯⋯⋯ 230
7.4　电流互感器的工作原理 ⋯⋯⋯⋯⋯⋯⋯⋯⋯⋯⋯ 231

第 8 章　电力电缆、避雷器 ⋯⋯⋯⋯⋯⋯⋯⋯⋯⋯ 232

8.1　电力电缆 ⋯⋯⋯⋯⋯⋯⋯⋯⋯⋯⋯⋯⋯⋯⋯⋯⋯ 232
8.2　避雷器 ⋯⋯⋯⋯⋯⋯⋯⋯⋯⋯⋯⋯⋯⋯⋯⋯⋯⋯ 235

第 9 章　直流系统 ⋯⋯⋯⋯⋯⋯⋯⋯⋯⋯⋯⋯⋯⋯ 237

9.1　直流系统概述 ⋯⋯⋯⋯⋯⋯⋯⋯⋯⋯⋯⋯⋯⋯⋯ 237
9.2　蓄电池的结构及维护 ⋯⋯⋯⋯⋯⋯⋯⋯⋯⋯⋯⋯ 238
9.3　直流系统的运行、监视与维护 ⋯⋯⋯⋯⋯⋯⋯⋯ 241

第 10 章　交流不间断电源(UPS) ⋯⋯⋯⋯⋯⋯⋯⋯ 243

10.1　交流不间断电源(UPS)概述 ⋯⋯⋯⋯⋯⋯⋯⋯ 243
10.2　UPS 的结构与特性 ⋯⋯⋯⋯⋯⋯⋯⋯⋯⋯⋯⋯ 244
10.3　UPS 的运行及维护 ⋯⋯⋯⋯⋯⋯⋯⋯⋯⋯⋯⋯ 245

第 11 章　继电保护装置 ⋯⋯⋯⋯⋯⋯⋯⋯⋯⋯⋯⋯ 247

11.1　继电保护及自动装置概述 ⋯⋯⋯⋯⋯⋯⋯⋯⋯ 247
11.2　继电保护及自动装置的配置 ⋯⋯⋯⋯⋯⋯⋯⋯ 248
11.3　继电保护及自动装置的运行及异常处理 ⋯⋯⋯ 250
11.4　故障录波器 ⋯⋯⋯⋯⋯⋯⋯⋯⋯⋯⋯⋯⋯⋯⋯ 251

第四部分　热控专业

第 1 章　专业术语 ⋯⋯⋯⋯⋯⋯⋯⋯⋯⋯⋯⋯⋯⋯⋯ 257

第 2 章　DCS 介绍 ⋯⋯⋯⋯⋯⋯⋯⋯⋯⋯⋯⋯⋯⋯⋯ 259

2.1　DCS 概述 ⋯⋯⋯⋯⋯⋯⋯⋯⋯⋯⋯⋯⋯⋯⋯⋯⋯ 259
2.2　DCS 结构及基本原理 ⋯⋯⋯⋯⋯⋯⋯⋯⋯⋯⋯⋯ 260
2.3　DCS 逻辑介绍 ⋯⋯⋯⋯⋯⋯⋯⋯⋯⋯⋯⋯⋯⋯⋯ 260

第 3 章　ACC 系统介绍 ·· 265

3.1　ACC 系统概述 ·· 265

3.2　ACC 系统硬件组成 ·· 265

3.3　ACC 系统基本控制原理 ·· 265

第 4 章　ETS 介绍 ··· 280

4.1　ETS 概述 ·· 280

4.2　ETS 主要保护项目及功能 ··· 281

第 5 章　DEH 介绍 ··· 285

5.1　DEH 概述 ··· 285

5.2　转速控制 ·· 286

5.3　负荷控制 ·· 286

5.4　异常工况下的负荷限制 ··· 287

5.5　主蒸汽压力控制 ·· 287

5.6　阀门的控制与管理 ··· 287

5.7　ATC 系统 ··· 288

第 6 章　锅炉保护系统 ··· 289

6.1　FSSS 概述 ·· 289

6.2　炉膛吹扫 ·· 289

6.3　MFT ··· 290

第 7 章　CEMS 介绍 ·· 291

7.1　CEMS 概述 ··· 291

7.2　CEMS 的组成 ··· 291

7.3　CEMS 传输数据的要求 ··· 291

7.4　CEMS 原理 ··· 292

第 8 章　火灾报警系统 ··· 293

8.1　系统概述 ·· 293

8.2　系统功能 ·· 293

8.3　系统组成及原理 ·· 294

第五部分　化学部分

第1章　水质概述 ⋯⋯⋯⋯⋯⋯⋯⋯⋯⋯⋯⋯⋯⋯⋯⋯⋯⋯⋯⋯⋯⋯⋯ 299

　1.1　天然水及其分类 ⋯⋯⋯⋯⋯⋯⋯⋯⋯⋯⋯⋯⋯⋯⋯⋯⋯⋯⋯⋯⋯ 299

　1.2　电厂用水的类别 ⋯⋯⋯⋯⋯⋯⋯⋯⋯⋯⋯⋯⋯⋯⋯⋯⋯⋯⋯⋯⋯ 301

　1.3　电厂用水的水质指标 ⋯⋯⋯⋯⋯⋯⋯⋯⋯⋯⋯⋯⋯⋯⋯⋯⋯⋯ 301

　1.4　水汽质量标准 ⋯⋯⋯⋯⋯⋯⋯⋯⋯⋯⋯⋯⋯⋯⋯⋯⋯⋯⋯⋯⋯⋯ 303

第2章　原水预处理系统 ⋯⋯⋯⋯⋯⋯⋯⋯⋯⋯⋯⋯⋯⋯⋯⋯⋯⋯⋯⋯ 305

　2.1　系统概述 ⋯⋯⋯⋯⋯⋯⋯⋯⋯⋯⋯⋯⋯⋯⋯⋯⋯⋯⋯⋯⋯⋯⋯⋯ 305

　2.2　絮凝沉淀池设备 ⋯⋯⋯⋯⋯⋯⋯⋯⋯⋯⋯⋯⋯⋯⋯⋯⋯⋯⋯⋯⋯ 307

　2.3　过滤处理 ⋯⋯⋯⋯⋯⋯⋯⋯⋯⋯⋯⋯⋯⋯⋯⋯⋯⋯⋯⋯⋯⋯⋯⋯ 311

　2.4　碱式氯化铝加药装置 ⋯⋯⋯⋯⋯⋯⋯⋯⋯⋯⋯⋯⋯⋯⋯⋯⋯⋯ 316

第3章　锅炉补给水处理系统 ⋯⋯⋯⋯⋯⋯⋯⋯⋯⋯⋯⋯⋯⋯⋯⋯⋯ 320

　3.1　超滤系统 ⋯⋯⋯⋯⋯⋯⋯⋯⋯⋯⋯⋯⋯⋯⋯⋯⋯⋯⋯⋯⋯⋯⋯⋯ 320

　3.2　反渗透系统 ⋯⋯⋯⋯⋯⋯⋯⋯⋯⋯⋯⋯⋯⋯⋯⋯⋯⋯⋯⋯⋯⋯⋯ 333

　3.3　反渗透系统及主要设备简述 ⋯⋯⋯⋯⋯⋯⋯⋯⋯⋯⋯⋯⋯⋯ 336

　3.4　调试方法 ⋯⋯⋯⋯⋯⋯⋯⋯⋯⋯⋯⋯⋯⋯⋯⋯⋯⋯⋯⋯⋯⋯⋯⋯ 337

　3.5　反渗透系统的运行管理 ⋯⋯⋯⋯⋯⋯⋯⋯⋯⋯⋯⋯⋯⋯⋯⋯⋯ 340

　3.6　反渗透装置的维护保养 ⋯⋯⋯⋯⋯⋯⋯⋯⋯⋯⋯⋯⋯⋯⋯⋯⋯ 341

　3.7　脱气膜组件 ⋯⋯⋯⋯⋯⋯⋯⋯⋯⋯⋯⋯⋯⋯⋯⋯⋯⋯⋯⋯⋯⋯⋯ 345

　3.8　电渗析(EDI) ⋯⋯⋯⋯⋯⋯⋯⋯⋯⋯⋯⋯⋯⋯⋯⋯⋯⋯⋯⋯⋯⋯ 359

第4章　水汽集中取样分析系统 ⋯⋯⋯⋯⋯⋯⋯⋯⋯⋯⋯⋯⋯⋯⋯ 373

　4.1　水汽化验系统取样点的设置 ⋯⋯⋯⋯⋯⋯⋯⋯⋯⋯⋯⋯⋯⋯ 373

　4.2　水汽取样装置的组成 ⋯⋯⋯⋯⋯⋯⋯⋯⋯⋯⋯⋯⋯⋯⋯⋯⋯⋯ 374

　4.3　水汽质量劣化的处理原则 ⋯⋯⋯⋯⋯⋯⋯⋯⋯⋯⋯⋯⋯⋯⋯ 375

第5章　化学加药系统 ⋯⋯⋯⋯⋯⋯⋯⋯⋯⋯⋯⋯⋯⋯⋯⋯⋯⋯⋯⋯⋯ 377

　5.1　系统概述 ⋯⋯⋯⋯⋯⋯⋯⋯⋯⋯⋯⋯⋯⋯⋯⋯⋯⋯⋯⋯⋯⋯⋯⋯ 377

　5.2　加药原理 ⋯⋯⋯⋯⋯⋯⋯⋯⋯⋯⋯⋯⋯⋯⋯⋯⋯⋯⋯⋯⋯⋯⋯⋯ 377

　5.3　加药设备 ⋯⋯⋯⋯⋯⋯⋯⋯⋯⋯⋯⋯⋯⋯⋯⋯⋯⋯⋯⋯⋯⋯⋯⋯ 378

第6章 循环水处理系统 ·············· 379

6.1 循环冷却水系统的水质特点 ·············· 379

6.2 结垢、腐蚀、微生物滋长的处理方法 ·············· 380

6.3 全厂水平衡 ·············· 381

第7章 废水处理系统 ·············· 384

7.1 系统概述 ·············· 384

7.2 设备及原理 ·············· 384

第8章 热力设备防腐与保护 ·············· 385

8.1 锅内腐蚀基础知识介绍 ·············· 385

8.2 锅内结垢和炉水处理 ·············· 389

8.3 停炉腐蚀和保护方法 ·············· 391

8.4 锅炉的化学清洗 ·············· 392

第9章 渗滤液处理系统 ·············· 399

9.1 系统概述 ·············· 400

9.2 主要设备技术规范 ·············· 402

9.3 系统结构及工作原理 ·············· 409

9.4 系统运行、试验及维护 ·············· 413

第10章 渗滤液收集系统 ·············· 419

10.1 系统概述 ·············· 419

10.2 渗滤液收集池 ·············· 419

10.3 渗滤液通风系统 ·············· 420

第11章 全厂消防系统 ·············· 421

11.1 消防系统概述 ·············· 421

11.2 火灾报警系统 ·············· 426

主要参考文献 ·············· 434

第一部分　焚烧线及余热锅炉

第1章　绪　　论

1.1　生活垃圾处理的主导发展方向

城镇生活垃圾处理是城镇管理和环境保护的重要内容,是社会文明程度的重要标志,关系人民群众的切身利益。近年来,我国城镇生活垃圾收运网络日趋完善,生活垃圾处理设施的数量和能力快速增长,城镇环境总体上有了较大改善。但由于城镇化快速发展,生活垃圾激增,垃圾处理能力相对不足,一些城市面临"垃圾围城"的困境。同时,部分处理设施的建设水平和运行质量不高,配套设施不齐全,存在污染隐患,影响城镇环境和社会稳定。

目前,我国生活垃圾无害化处理技术主要有卫生填埋、焚烧处理及堆肥等。在经济发达、土地资源短缺、人口基数大的地区,需减少原生生活垃圾填埋量,一般优先采用焚烧处理技术。

目前,我国垃圾卫生填埋占比超过 70%,但考虑到垃圾处理"减量化、资源化、无害化"原则以及所面临的土地资源缺乏问题,焚烧技术将成为最有潜力的垃圾无害化处理方法。

随着人们生活水平的提高,垃圾可燃物也随之增加,工业技术水平亦不断提高,使得垃圾焚烧技术迅速发展,焚烧处理技术业已成熟。在近三十年内,几乎所有的发达国家及发展中国家都建设了不同规模、不同数量的垃圾焚烧厂。与其他处理方法相比,焚烧处理技术有以下突出优点:

(1)能够使垃圾的无害化处理更为彻底。经过 $850℃\sim1100℃$ 的高温焚烧处理,垃圾中除重金属以外的有害成分能被充分分解,细菌、病毒能被彻底消灭,各种恶臭气体将在高温中分解。

(2)垃圾减量化效果明显。城市生活垃圾中含有大量的可燃物质,焚烧处理可以使城市垃圾体积减小 90% 左右,重量减少 $80\%\sim85\%$。

(3)垃圾的处理速度快,不需要长期储存。

(4)能够节约大量的土地。焚烧厂占地面积小,建设一座日处理 1000 吨生活垃圾的焚烧厂,只需占地 8 公顷左右,按运行 25 年计,共可处理垃圾 832 万吨,而且可以在靠近市区的地方建厂,以缩短垃圾的运输距离。

(5)可实现垃圾的资源化利用。垃圾焚烧产生的热量可回收利用,用于供热或者发电。

(6)对环境影响较小。现代垃圾焚烧技术进一步强化了对焚烧产生的有害气体的处理,通过合理选用先进的焚烧设备、合理组织燃烧工况、合理选用烟气净化处理工艺能够大大减少垃圾焚烧产生的有害气体的排放。

总之,焚烧方式是实现垃圾资源化、无害化、减量化最彻底的处理方式。根据目前城市市政建设对生活垃圾处理要求不断提高的现状和近年来国民经济的发展情况可得出,凭借目前业已成熟的生活垃圾焚烧发电技术,垃圾焚烧处理及综合利用是实现垃圾减量化、资源化和无害化最为有效的手段,且具有良好的环境效益和社会效益。

1.2　生活垃圾的处理和处理技术

从 20 世纪 60 年代开始,世界上大体形成了卫生填埋、堆肥、焚烧、分类回收及综合处理等一系列垃圾处理方法。我国城市生活垃圾处理问题也得到了空前重视,"无害化处理率"作为重要衡量指标有望纳入政绩考核体系,城市垃圾处理将逐渐成为地方政府城市管理的重要内容,生活垃圾处理已引起社会公众越来越多的关注。

1.2.1　卫生填埋

卫生填埋是从传统简易填埋发展起来的一种垃圾处置技术,是根据生活垃圾自然降解机理和对生态环境的影响特性,采取有效的工程措施和严格的管理手段,控制垃圾不对周围环境造成污染的综合性科学工程技术方法。首先需要科学的选址和合理的规划设计,其次是要严格地按作业规范运作管理,最后封场后仍要维护和监测,直至填埋场所释放出来的气体和渗滤液达到排放标准,不对周围环境造成污染为止。垃圾卫生填埋场根据所在的地形不同,可分为四种类型:平地型填埋场、山谷型填埋场、坡地型填埋场和滩涂型填埋场。这四种填埋场各具特点,选择时主要根据当地的实际情况确定。卫生填埋处置垃圾的优点:建设投资较小,运营成本较低,技术成熟,作业简单,对处理对象的要求较低。卫生填埋处置垃圾的主要缺点:占用大量土地,远离城市市区,垃圾运输距离较远,导致相应的运输费用较高。

在我国,许多城市近郊区越来越难找到合适的大面积土地用于填埋处置垃圾,因而填埋场距离城市中心越来越远,从而也造成了垃圾运费的增加。对垃圾进行全量填埋时,由于垃圾中的有机物较多,垃圾降解过程中散发大量的恶臭,且产生的垃圾渗滤液成分复杂,给填埋场的运营和管理带来诸多麻烦,二次污染比较难以控制。垃圾全量填埋也使部分可回收物直接埋于地下,造成了资源的浪费。基于这些原因,国外许多国家颁布了填埋禁令,禁止将原生垃圾直接填埋,在进行适当的处理和利用后,当垃圾中有机成分不超过 5% 时才能进行填埋处置。我国由于历史、社会、经济和技术等诸多方面的原因,目前处理垃圾的主要方式还是卫生填埋,许多城市对垃圾进行全量填埋处置,但是国家的政策正在积极鼓励对垃圾进行资源化处理。

1.2.2　堆肥

堆肥技术是在一定的控制条件下,利用微生物对垃圾中的有机物进行生物化学分解,使其变成一种具有良好稳定性的腐殖土状物质的全部过程。现代堆肥基本都采用好氧工艺,该工艺具有分解物质彻底、堆置周期短、臭味小和宜于进行机械化作业等优点。好氧堆肥过程放热而使堆体达到高温,高温阶段持续时间长,利于垃圾无害化处理。堆肥作为城市生活垃圾处理手段之一,就是把生活垃圾中可降解的有机物部分进行生物降解,并使之稳定化、无害化和安全化。城市生活垃圾中可堆肥物主要是厨余垃圾以及落叶等植物类有机物垃圾,国外用于堆肥的垃圾主要是分类后的有机垃圾和庭院园林垃圾等易腐物质,只有少数国家用混合垃圾进行堆肥。堆肥是实现垃圾处置资源化的途径之一。现代堆肥技术是从 20 世纪 30 年代开始发展的,目前已经形成了很多工艺系统和成套设备。

　　堆肥处理的优点:能有效地实现垃圾的减量化、资源化和无害化;能有效地使垃圾中的有机物稳定下来,得到堆肥产品(一种土壤改良剂,而非肥料);建设投资较省,运营成本较高,设施占地不是很大,可选址在城市近郊区。堆肥处理的缺点:垃圾堆肥产品很多时候销路较少;处理过程中的恶臭难以控制;我国垃圾大多是混合收集,没有分类,前期处理过程复杂,分类不彻底,堆肥产品的质量不过关。由于成本、质量、周围农业情况等条件限制,市场较难打开。虽然已开发了一些高效垃圾肥料制造的新工艺,但要将其商品化、大型化仍需要一段时间的探索。同时,垃圾中除能发酵的有机成分外,还有 30% 左右的筛上物(不能进行发酵的成分)仍需做填埋或焚烧处理。这是有机堆肥处理的致命缺点,因此垃圾堆肥处理在我国发展空间较小。

1.2.3　焚烧

　　垃圾焚烧处理已有一百多年历史,但出现有控制的焚烧(烟气处理、余热利用等)只在近几十年。它与填埋处理相比,具有占地小、场地选择容易、处理时间短、减量化显著(减重一般达 80%,减容一般达 90%)、无害化较彻底以及可回收垃圾焚烧余热等优点,在发达国家得到越来越广泛的应用。1876 年,世界上第一个城市垃圾焚烧炉建于英国的曼彻斯特市,德国第一个城市垃圾焚烧炉于 1892 年建在汉堡市。19 世纪末所用的垃圾焚烧炉多为固定床式,机械化水平比较低,进出料依靠人工搬运。20 世纪初,欧洲各国、美国等许多国家都相继兴建城市垃圾焚烧厂,到二战前,美国焚烧炉已发展到约 700 座。这时期的焚烧炉已具备现代垃圾焚烧炉的主要特征和功能,并实现机械化操作。二战后,随着经济的复兴,城市垃圾产量迅速增加,垃圾成分也发生了显著的变化,垃圾中废纸和塑料等可燃物含量大幅度提高,垃圾焚烧处理又得到进一步发展。

　　19 世纪 60 年代和 70 年代,发达国家又兴建了许多新的城市垃圾焚烧厂,随着工业技术的进步,许多新技术、新工艺和新材料应用于垃圾焚烧炉的制造,垃圾焚烧厂的控制水平也有所提高。

　　19 世纪 70 年代后期和 80 年代早期,由于公众对垃圾焚烧烟气污染特别是二噁英的关注,使得垃圾焚烧厂的新建数量出现了下降趋势。近十年来,由于垃圾焚烧烟气处理逐步受到重视,特别是烟气处理技术不断进步,余热利用系统和尾气处理系统得到进一步完善,垃圾焚烧炉又取得了新突破。

　　垃圾焚烧处理方法因其显著的优点而在欧洲各国、日本、韩国及新加坡等经济较发达国家得到广泛的应用。日本目前已有90%以上的垃圾采用焚烧法处理,垃圾焚烧厂达1000多座,瑞士垃圾焚烧处理的比例高达80%,新加坡甚至接近100%。

焚烧处理的优点:设施占地较小,可选址在城市近郊区;垃圾减量化效果明显;焚烧余热可以发电,可获得一定的收益。焚烧处理的缺点:建设投资较高,运营成本较高,技术含量较高,对运营操作者要求较高。此外,焚烧处理技术的应用受垃圾热值的影响较大,低热值的垃圾难以采用该技术,因此对垃圾进行适当预处理或从原生垃圾中筛选出部分高热值的垃圾进行焚烧处理效果比较好(见表1-1-1)。

表1-1-1　三种垃圾处理方法的技术经济特性比较

名　　称	卫生填埋	焚烧	堆肥
技术要求	低	高	较低
占地面积	很大	很小	中等
投资额	中等	较高	较低
运行费用	中等	稍高	较低
资源化、减量化效果	可开发填埋气发电;基本无减量化效果	可进行余热利用或发电;减量化效果最佳	产品受垃圾成分与市场影响大,减量化效果一般
经济、环境效益	费用一般,若管理不善,易造成二次污染	费用略高,但用地较少,无害化效果好,烟气须严格处理排放	费用较低,但易造成污染扩散,对食物链构成威胁

第2章 生活垃圾焚烧能源化利用

2.1 生活垃圾焚烧发电主要技术路线和发展方向

在国际上,城市生活垃圾焚烧厂主蒸汽参数有两种,一种是中温中压蒸汽参数,温度为400℃,压力为4.0MPa;另一种为中温次高压蒸汽参数,温度为450℃,压力为6.5MPa。

中温次高压技术与中温中压技术均是成熟技术,在国内进行制造和设计不存在问题,这两种参数的主要区别在于过热器的材质。一方面,430℃是锅炉过热器材质提高的分界线,430℃以下可采用碳钢,430℃～540℃就必须采用合金钢;另一方面,主蒸汽参数的提高,必将带来锅炉烟气侧受热面温度增加,从而使锅炉受热面受到来自 HCl 和 SO_x 等腐蚀性化学成分更强烈的腐蚀威胁,其结果是降低了过热器的使用寿命。

根据《蒸汽锅炉安全技术监察规程》(劳部发〔1996〕276 号),锅炉的材质选用应遵循表 1-2-1、表 1-2-2 以及表 1-2-3 的规定。

表 1-2-1 锅炉用钢管

钢的种类	钢 号	标准编号	适用范围		
			用途	工作压力(MPa)	壁温(℃)
碳素钢	10,20	GB 8163	受热面管子	≤1.0	
			集箱、蒸汽管道		
	10,20	GB 3087 YB(T)33	受热面管子	≤5.9	≤480
			集箱、蒸汽管道		≤430
	20G	GB 5310 YB(T)32	受热面管子	不限	≤480
			集箱、蒸汽管道		≤430
合金钢	12CrMoG 15CrMoG	GB 5310	受热面管子	不限	≤560
			集箱、蒸汽管道		≤550
	12Cr1MoVG		受热面管子		≤580
			集箱、蒸汽管道		≤565
	12Cr2MoWVTiB 12Cr3MoVSiTiB	GB 5310	受热面管子		≤600

表 1-2-2　锅炉用锻件

钢的种类	钢　号	标准编号	适用范围	
			工作压力（MPa）	壁温（℃）
碳素钢	Q235-A,Q235-B Q235-C,Q235-D	GB 700	≤2.5	≤350
	20,25	GB 699	≤5.9	≤450
合金钢	12CrMo	ZBJ 98016	不限	≤540
	15CrMo			≤550
	12Cr1MoV			≤565
	30CrMo 35CrMo			≤450
	25Cr2MoVA			≤510

表 1-2-3　锅炉用铸钢件

钢的种类	钢　号	标准编号	适用范围	
			公称压力（MPa）	壁温（℃）
碳素钢	ZG200-400	GB 11352	≤6.3	≤450
	ZG230-450	ZBJ 98015	不限	≤450
合金钢	ZG20CrMo	ZBJ 98015	不限	≤510
	ZG20CrMoV			≤540
	ZG15Cr1Mo1V			≤570

　　事实上，以上监察规程主要是针对普通场合下使用的蒸汽锅炉如燃煤电厂中使用的蒸汽锅炉而言。而在垃圾焚烧厂，垃圾焚烧产生的烟气中含有大量的 HCl 气体和灰分，烟气对过热器的腐蚀相比较于普通发电厂中的锅炉要大得多，以下是垃圾焚烧厂中过热器管壁腐蚀速度与管壁温度的关系曲线（见图 1-2-1，图中 HCl 浓度指烟气中 HCl 的浓度，其值为 $1200mg/m^3$）。

　　从图 1-2-1 中可以看出，在管壁温度达到 200℃ 以后，烟气中有 HCl 存在的情况下，过热器的腐蚀速度随着温度的增加迅速增加；即使烟气中没有 HCl，管壁温度超过450℃ 之后，腐蚀速度也迅速增加。根据腐蚀学，腐蚀速率与温度呈指数关系，随着温度的升高，腐蚀不断加剧。由于垃圾燃料的特殊性，为了避免锅炉过热器被高温腐蚀，当采用 15CrMo 钢材质的过热器时，过热蒸汽参数宜小于 400℃（管壁温度比过热蒸汽温度高10℃～30℃）。

　　采用中温次高压技术，锅炉受热面面积有所增加，本体尺寸变化较小。由于提高了主蒸汽参数，使热机的承压部件（主要有锅炉、汽轮机、给水泵等）、管道及其附件等的制造成本（金属重量增加、材质提高）增加，从而增加了锅炉设备的初投资。

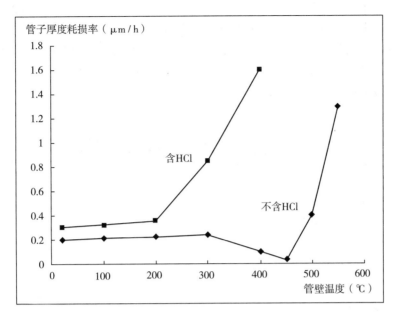

图 1-2-1 15CrMo 钢过热器管壁腐蚀曲线

德国在 20 世纪 80 年代以前多采用中温次高压参数,而在 80 年代以后建立的垃圾焚烧厂则基本上都采用了中温中压的参数。美国在 20 世纪 90 年代之前多数采用中温中压的余热锅炉系统,此后则偏重于采用中温次高压的过热蒸汽参数。有一点值得注意,欧洲各国和美国的生活垃圾相比较于我国的生活垃圾要干燥得多,而且由于垃圾分类收集工作做得较好,焚烧产生的腐蚀性气体较少,灰分也较少,对过热器的腐蚀相比较于我国要小一些。

日本的垃圾焚烧厂目前基本上都采用中温中压参数,正在尝试中温次高压参数。东南亚国家则基本上都采用中温中压参数。

从以上统计资料可以看出,中温中压技术和中温次高压技术均已成熟,不存在制造和运营维护上的问题。日本和东南亚国家,尤其是东南亚国家的垃圾与我国的垃圾的性质较为接近,绝大多数的焚烧厂都采用了中温中压参数,并且日本对中温次高压参数也只处于尝试阶段,对其的评估也没有全面展开。

垃圾焚烧厂以无害化处理生活垃圾为主要目的,余热发电可以回收能源、降低焚烧厂运行费用以及减少垃圾收费补贴等。因此,确保焚烧厂稳定、安全、环保地运行是非常有必要的。

对于同一种过热器材质,采用中温中压参数(400℃,4.0MPa)的锅炉过热器使用寿命相对较长且成本较低,国内加工能力相对较强;而中温次高压参数(450℃,6.5MPa)的锅炉过热器需使用耐腐蚀的合金钢才能达到合理的使用寿命和性能,而且该合金钢价格昂贵,造成锅炉成本大幅增加。若采用碳钢或不锈钢,过热器腐蚀较快,会造成过热器的频繁更换,加大维修和维护的工作量,无法确保焚烧厂的稳定运行。

因此,虽然采用中温次高压参数的余热锅炉发电量较多(多 5%～10%),但从 20 多年运行期内成本和收入进行综合考虑,该参数并不具备经济优势。另外,从国外蒸汽参数发展的趋势来看,欧洲最早采用 450℃～500℃ 主蒸汽温度,但近几十年逐步建成的焚烧厂大多采用中温中压参数,即使在日本,采用 450℃ 以上的垃圾焚烧厂也较少。

目前我国的相关研发和制造单位在借鉴发达国家成功经验的基础上,正努力研制国产化的生活垃圾焚烧技术和设备。同发达国家相比,我国垃圾焚烧技术刚刚起步,目前还远远不能满足垃圾焚烧日益增长的需要。

2.2　生活垃圾焚烧发电流程简介

典型的城市生活垃圾焚烧系统的工艺单元包括:

(1)进厂垃圾计量系统。

(2)垃圾卸料及贮存系统。

(3)垃圾进料系统。

(4)垃圾焚烧系统。

(5)焚烧余热利用系统。

(6)烟气净化和排放系统。

(7)灰渣处理或利用系统。

(8)污水处理或回用系统。

(9)烟气排放在线监测系统。

(10)垃圾焚烧自动控制系统等。

生活垃圾收集后装车,由垃圾运输车运输进入厂区,经由地磅房称重后,进入垃圾卸料平台,将生活垃圾卸入垃圾储存库进行发酵,通过垃圾储存库上方的两台电动桥式吊车对垃圾池内垃圾进行混合、搅拌、整理和堆积作业,然后将发酵充分的垃圾投入焚烧炉的给料斗,通过给料斗下部溜槽底端的推料器将入炉垃圾推送至炉膛的焚烧炉排上面,然后进行吸热烘干、有机气体的析出、燃烧和燃尽四个过程,完全燃烧后剩余的残渣经焚烧炉排的往复运动送入出渣机,残渣经出渣机输送至渣坑。

入炉垃圾在炉膛焚烧后放出大量的热量,产生大量的高温烟气,高温烟气由下至上从焚烧炉进入余热锅炉的第一通道,流至顶部时 180 度转弯进入第二通道,然后由第二通道由上至下流至底部,再经过 180 度转弯进入第三通道,由下至上流至顶部后经过 90 度转弯进入第四通道(水平烟道),依次冲刷蒸发器管、高温过热器、低温过热器、蒸发器和省煤器后由反应塔顶部进入反应塔,与高速旋转的雾化器喷入石灰浆进行化学反应,在反应塔内进行脱酸和降温处理后的烟气由反应塔的下部进入布袋除尘器,在布袋除尘器前的进烟管道上喷入活性炭,吸收烟气里的重金属元素。烟气进入布袋除尘器经布袋过滤后,洁净的烟气经引风机送入烟囱最后排入大气。

布袋除尘器过滤出来的飞灰颗粒通过埋刮板输送至斗式提升机,并经斗式提升机输送至灰罐,然后进行水泥固化后运送至指定位置进行处理。

余热锅炉的蒸汽送至汽轮机,汽轮机中的蒸汽在喷嘴中发生膨胀,因而汽压和汽温降低,速度增加,蒸汽的热能转变为动能。然后蒸汽流从喷嘴流出,以高速度喷射到叶片上,高速汽流流经动叶片组时,由于汽流方向改变,产生了对叶片的冲动力,推动叶轮旋转做功,叶轮带动汽轮机轴转动,从而完成了蒸汽的热能到机械能的转变。汽轮机与电磁发电机的叶轮连接在一起,所以汽轮机的转动就带动了电磁发电机的转动,发电机将机械能转化为电能。全厂工艺流程如图1-2-2所示。

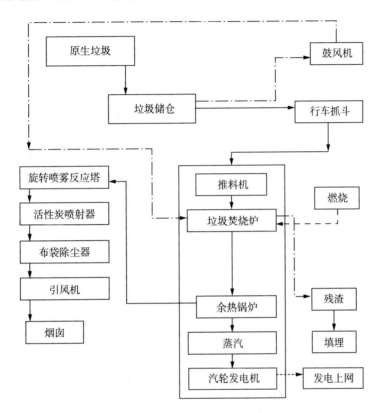

图1-2-2 全厂工艺流程示意图

第3章 焚烧炉排及余热锅炉

3.1 生活垃圾焚烧概述

3.1.1 生活垃圾燃烧理论过程

一般而言,生活垃圾的燃烧过程如下:

(1)固体表面的水分蒸发。

(2)固体内部的水分蒸发。

(3)固体中的挥发性成分着火燃烧。

(4)固体碳素的表面燃烧。

(5)完成燃烧。

上述(1)至(2)为干燥过程;(3)至(5)为燃烧过程。

垃圾的燃烧过程比较复杂,通常由热分解、熔融、蒸发和化学反应等传热、传质过程所组成。一般根据不同可燃物质的种类,有三种不同的燃烧方式。

蒸发燃烧:垃圾受热熔化成液体,继而化成蒸气,与空气扩散混合而燃烧,蜡烛的燃烧属这一类。

分解燃烧:垃圾受热后首先分解,轻的碳氢化合物挥发,留下固定碳及惰性物,挥发的部分与空气扩散混合而燃烧,固定碳的表面与空气接触进行表面燃烧,如木材和纸的燃烧属这一类。

表面燃烧:如木炭、焦炭等固体受热后不发生熔化、蒸发和分解等过程,而是在固体表面与空气反应进行燃烧。

生活垃圾中含有多种有机成分,其燃烧过程是蒸发燃烧、分解燃烧和表面燃烧的综合过程。同时,生活垃圾的含水率高于其他固体燃料,为了更好地认识生活垃圾的焚烧过程,我们在这里将其依次分为干燥、热分解和燃烧三个过程。然而,在垃圾的实际焚烧过程中,这三个阶段没有明显的界线,只不过有时间上的先后差别而已。

1. 干燥

生活垃圾的干燥是利用热能使水分气化,并排出水蒸气的过程。按热量传递的方式,可将干燥分为传导干燥、对流干燥和辐射干燥三种。生活垃圾的含水率较高,在送焚烧炉前其含水率一般为 $10\%\sim30\%$,甚至更高,因此,干燥过程中需要消耗较多的热能。生活垃圾的含水率愈大,干燥阶段也就愈长,从而使炉内温度降低,影响焚烧阶段,最后影响垃圾的整个焚烧过程。如果生活垃圾的水分过高,会导致炉温降得太多,着火燃烧就困难,此时需添加辅助燃料,以提高炉温,改善干燥着火条件。

2. 热分解

生活垃圾的热分解是垃圾中多种有机可燃物在高温作用下的分解或聚合化学反应过程,反应的产物包括各种烃类、固定碳及不完全燃烧物等。生活垃圾中的可燃固体物质通常由 C、H、O、Cl、N、S 等元素组成。这些物质的热分解过程包括多种反应,这些反应可能是吸热的,也可能是放热的。

3. 燃烧

生活垃圾的燃烧是有机物质在氧气存在条件下进行快速高温氧化。生活垃圾的实际焚烧过程是十分复杂的,垃圾焚烧经过干燥和热分解后,产生许多不同种类的气态和固态可燃物,这些物质与空气混合,达到着火所需的必要条件时就会形成火焰而燃烧。因此,生活垃圾的焚烧是气相燃烧和非均相燃烧的混合过程,它比气态燃料和液态燃料的燃烧过程更复杂。同时,生活垃圾的燃烧还可以分为完全燃烧和不完全燃烧。最终产物为 CO_2 和 H_2O 的燃烧过程为完全燃烧;当反应产物为 CO 或其他可燃有机物(由氧气不足以及温度较低等引起)则称之为不完全燃烧。燃烧过程中要尽量避免不完全燃烧现象,尽可能使垃圾燃烧完全。

3.2　影响垃圾焚烧的主要因素

在理想状态下,生活垃圾进入焚烧炉后,依次经过干燥、燃烧和燃尽三个阶段,其中,有机可燃物在高温条件下完全燃烧,生成二氧化碳气体,并释放热量。但是,在实际的燃烧过程中,由于焚烧炉内的操作条件不能达到理想效果,致使燃烧不完全。严重的情况下将会产生大量的黑烟,并且从焚烧炉排出的炉渣中还含有有机可燃物。生活垃圾焚烧的影响因素包括生活垃圾的性质、停留时间、温度、湍流度、过量空气系数及其他因素。其中停留时间、温度及湍流度称为"3T"要素,是反映焚烧炉性能的主要指标。

3.2.1　生活垃圾的性质

生活垃圾的热值和组成成分的尺寸是影响生活垃圾的主要因素。热值越高,燃烧过程越易进行,焚烧效果也就越好。生活垃圾组成成分的尺寸越小,单位质量或体积生活垃圾的比表面积越大,生活垃圾与周围氧气的接触面积也就越大,焚烧过程中的传热及传质效果越好,燃烧越完全;反之,传质及传热效果较差,易发生不完全燃烧。因此,在生活垃圾被送入焚烧炉之前,对其进行破碎预处理,可增加其比表面积,改善焚烧效果。

3.2.2　停留时间

停留时间有两方面的含义:其一是生活垃圾在焚烧炉内的停留时间,它是指生活垃圾从进炉开始到焚烧结束炉渣从炉中排出所需的时间;其二是生活垃圾焚烧烟气在炉中的停留时间,它是指生活垃圾焚烧产生的烟气从生活垃圾层逸出到排出焚烧炉所需的时间。实际操作过程中,生活垃圾在炉中的停留时间必须大于理论上干燥、燃烧分解及燃尽所需的总时间。同时,焚烧烟气在炉中的停留时间应保证烟气中气态可燃物达到完全燃烧。当其他条件保持不变时,停留时间越长,焚烧效果越好,但停留时间过长会使焚烧炉的处理量减少,经济上不合理;停留时间过短会引起过度的不完全燃烧。所以,停留时间的长短应由具体情况来定。

3.2.3 温度

由于焚烧炉的体积较大,炉内的温度分布是不均匀的,即不同部位的温度不同。这里所说的焚烧温度是指生活垃圾焚烧所能达到的最高温度,该值越大,焚烧效果越好。一般来说,位于生活垃圾层上方并靠近燃烧火焰区域内的温度最高,可达 800℃～1000℃。生活垃圾的热值越高,可达到的焚烧温度越高,越有利于生活垃圾的焚烧。同时,在较高的焚烧温度下适当缩短停留时间,亦可维持较好的焚烧效果。

3.2.4 湍流度

湍流度是表征生活垃圾和空气混合程度的指标。湍流度越大,生活垃圾和空气的混合程度越好,有机可燃物能及时充分地获取燃烧所需的氧气,燃烧反应就越完全。湍流度受多种因素影响,当焚烧炉一定时,加大空气供给量,可提高湍流度,改善传质与传热效果,有利于焚烧。

3.2.5 过量空气系数

按照可燃成分和化学计量方程,与燃烧单位质量垃圾所需氧气量相当的空气量称为理论空气量。为了保证垃圾燃烧完全,通常要供给比理论空气量更多的空气量,即实际空气量,实际空气量与理论空气量之比值为过量空气系数,亦称为过量空气率或空气比。

过量空气系数对垃圾燃烧状况影响很大,供给适当的过量空气是有机物完全燃烧的必要条件。适当增大过量空气系数,不但可以提供过量的氧气,而且可以增加炉内的湍流度,有利于焚烧。但过大的过量空气系数可能使炉内的温度降低,给焚烧带来副作用,而且还会增加输送空气及预热所需的能量。实际空气量过低将使垃圾燃烧不完全,继而给焚烧厂带来一系列的不良后果。图 1-3-1 为低空气比对垃圾燃烧影响的示意图。

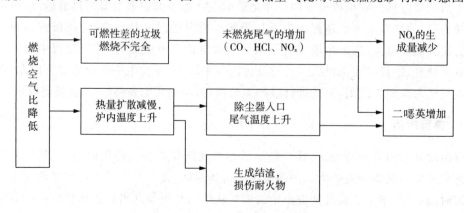

图 1-3-1 低空气比对垃圾燃烧的影响

3.2.6 其他因素

影响生活垃圾焚烧的其他因素包括生活垃圾在炉中的运动方式及生活垃圾层的厚度等。对炉中的生活垃圾进行翻转、搅拌，可以使生活垃圾与空气充分混合，改善条件。炉中生活垃圾层的厚度必须适当，厚度太大，在同等条件下可能导致不完全燃烧，厚度太小又会减少焚烧炉的处理量。

综上所述，在生活垃圾的焚烧过程中，应在可能的条件下合理控制各种影响因素，使其综合效应向着有利于生活垃圾完全燃烧的方向发展。但同时应该认识到，这些影响因素不是孤立的，它们之间存在着相互依赖、相互制约的关系，某种因素产生的正效应可能会导致另一种因素的负效应，所以应从综合效应来考虑整个燃烧过程的因素控制。

第4章 焚烧炉类型及主要设备工作原理

4.1 典型生活垃圾焚烧炉介绍

4.1.1 炉排式焚烧炉

1. 工作原理

垃圾通过进料斗进入倾斜向下的炉排(炉排分为干燥区、燃烧区、燃尽区),由于炉排之间的交错运动,将垃圾向下方推动,使垃圾依次通过炉排上的各个区域(垃圾由一个区域进入到另一区域时,起到一个大翻身的作用),直至燃尽排出炉膛。燃烧空气从炉排下部进入并与垃圾混合;高温烟气通过锅炉的受热面产生热蒸汽,同时烟气也得到冷却,最后烟气经烟气处理装置处理后排出。

2. 特点

炉排的材质和加工精度要求高,要求炉排与炉排之间的接触面相当光滑、排与排之间的间隙相当小。另外机械结构复杂,损坏率高,维护量大。

4.1.2 循环流化床焚烧炉

1. 工作原理

炉体由多孔分布板组成,在炉膛内加入大量的石英砂,将石英砂加热到600℃以上,并在炉底鼓入200℃以上的热风,使热砂沸腾起来,再投入垃圾。垃圾同热砂一起沸腾,垃圾很快被干燥、着火和燃烧。未燃尽的垃圾比重较轻,继续沸腾燃烧,燃尽的垃圾比重较大,落到炉底,经过水冷后,用分选设备将粗渣、细渣送到厂外,少量的中等炉渣和石英砂通过提升设备送回到炉中继续使用,循环流化床焚烧炉工作原理见图1-4-1。

2. 循环流化床焚烧炉的缺点

(1)对垃圾有严格的破碎预处理要求,否则容易发生故障。

(2)受进料的限制,单台焚烧炉的处理能力比炉排炉小,一般处理规模为300~500t/d。

(3)由于流化风机需要较高的压头,故风机所需功率较大,动力消耗也随之增大。

(4)由于飞灰量比较大,烟气对过热器管束等受热面的磨损也较大。

(5)稳定燃烧需要的热值为2000~2500kcal/kg,必须加煤等辅助燃料。

(6)垃圾和砂子在炉内呈流化状态,加上补充燃煤,所以烟气中的粉尘含量较大,是炉排炉的3~5倍,除尘器负担加重,飞灰量增多,处理费用增加。

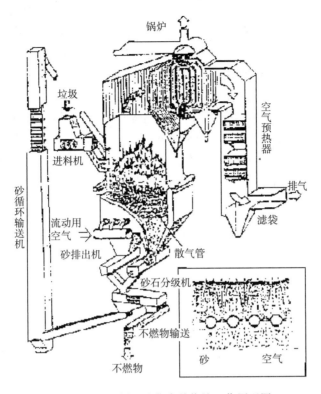

图 1-4-1　循环流化床焚烧炉工作原理图

(7)燃烧空间温度没有炉排炉高,过高容易结焦。

(8)稳定性差,最长运行时间比炉排炉少 10%～15%。

3. 特点

流化床燃烧充分,炉内燃烧控制较好,但烟气中灰尘量大,操作复杂,运行费用较高,对燃料粒度均匀性要求较高,石英砂对设备磨损严重,设备维护量大。

4.1.3　回转窑焚烧炉

1. 工作原理

回转窑焚烧炉是用冷却水管或耐火材料沿炉体排列,炉体水平放置并稍微倾斜。通过炉身的不停运转,使炉体内的垃圾充分燃烧,同时向炉体倾斜的方向移动,直至燃尽并排出炉体。

2. 特点

设备利用率高,灰渣中含碳量低,过剩空气量低,有害气体排放量低。但燃烧不易控制,垃圾热值低时燃烧困难。

4.1.4　热解焚烧炉

1. 工作原理

通过炉内分级燃烧的方式调整空气量控制炉膛燃烧工况,合理分配化学能的释放,以达到焚尽效果。在热解炉内先将废物干燥后在还原性气氛中热解为可燃性气体及以碳为主的固体残渣，可燃性气体进入二燃室完全燃烧，残渣熔融后排出。

2. 特点

热解焚烧炉具有技术先进、工艺可靠、操作简便安全（一次性进料和一次性除渣）、投资省（没有传动部件）、烟气含尘量低（焚烧搅动程度小）、运行及维护费用低、使用寿命长和入炉废物不需进行分拣等优点。其缺点是热解过程延长了燃烧时间，热效率较低；一燃室冷热变化频率高（一天一次），对耐火材料影响较大，不便于热回收，自动控制水平要求较高，适合处理热值相对较高、疏松状、成分和性质相对较单一的废物，对泥状和大块物料的热解效果不是很理想。

4.2 典型机械炉排炉技术特点简介

4.2.1 日立造船 Von Roll 炉排

日立造船 Von Roll 炉排拥有活动炉排列和固定炉排列，通过活动炉排列的动作，炉排反复进行前进、后退动作。由此垃圾一边燃烧一边被炉排运送。炉排由 2 组构成，每组通过 2 个油缸按自动燃烧系统控制的间隔定速驱动。在燃烧炉的运行范围内，炉排的表面积能够实现热灼减率在 3% 以下，一般不大于 2%。

(1)除活动炉排和固定炉排外还设置了剪切刀，增加了对垃圾的剪切破碎效果。剪切刀设置在燃烧炉排处，一列燃烧炉排的剪切刀用一个液压缸驱动，一台焚烧炉有 2 个液压缸，按定速进行前进和后退，油量由速度控制器调整。

(2)炉排分活动梁和固定梁，通过活动梁的动作，炉排反复进行前进、后退动作。通过炉排的动作和炉排之间的落差，对垃圾进行松散和搅动，使垃圾充分燃烧。

(3)一次风从活动炉排和固定炉排之间以及设置在炉排片上的通风孔均匀地吹出，进行炉排冷却和助燃。

(4)自动燃烧控制系统具有较高的稳定性。

4.2.2 日本三菱重工

三菱-马丁炉排炉是逆推式炉排炉。炉排的炉排片分为两种，一种是固定炉排，另一种是活动炉排，这两种炉排按一定的斜度依次排列，这样，当炉排片上的垃圾在重力作用下向下移动的同时，垃圾料层下部受到与重力方向相反的倾斜推力，使得一部分垃圾沿炉排表面向相反方向移动，产生了向上运动的力，由此完成垃圾层的充分搅拌。这种逆推式运动具有许多传统顺推装置所不具备的特点：

(1)灼热的物料沿炉排表面向上滑动，使新加入的垃圾与灼热层混合在一起，因此干燥和着火可很快完成。

(2)逆推倾斜炉排没有阶段落差，炉排片前面设有角锥，对垃圾翻动、搅拌效果好；在燃烧过程中，整个垃圾层被均匀搅拌，以达到完全燃烧。在后燃烧阶段，残留可燃物通过同样的逆推方式被送回燃烧区,继续燃烧,使燃烧更充分。

(3)从干燥到燃烧的过程均在逆推炉排上进行,所以炉排的效率非常高,即燃烧负荷为 $350\sim400kg/(m^2\cdot h)$。采用高阻、高速燃烧炉排可提高热负荷,供风比较均匀,受料层厚度影响小。炉排片样式较多,对垃圾搅拌有搅拌作用,不同宽度的炉排片交错排列,供风均匀。

(4)由于垃圾层能充分搅拌,因此料层非常平整,燃烧状态稳定,炉膛温度的波动可以控制在很小的范围内。

(5)炉排片由一级液压装置驱动,比较简单。

(6)采用溶渣滚筒可以调节料层高度。

三菱公司炉排为逆推倾斜往复炉排,炉排片倾角为 $26°$。炉床内未分段,根据处理量大小,分为若干列。炉排片由固定炉排片与活动炉排片交替组成。整个炉排分为几个独立的区域,单独提供燃烧空气;炉排由若干形状的炉排片组成,使得空气分布更加均匀,为加强对垃圾的搅动,部分炉排片上带有角锥。炉排末段设有熔渣滚筒,可以调节料层厚度。采用高阻炉排,风室压力受料层厚度影响较小。由一组液压机构带动所有的活动炉排一起运动,结构简单。燃烧空气通过炉排片之间的窄小缝隙(约 1mm)吹入炉床表面。炉排热膨胀靠侧补偿和中央补偿装置保证。自动燃烧控制(ACC)采用趋势量模糊控制,简单且适用。

4.2.3 西格斯公司焚烧技术

比利时西格斯炉排是由不同炉排组件(或称单元)组成的倾斜往复阶梯式多级炉排。每个标准炉排单元都有 3 种炉排形式:滑动炉排、翻动炉排和固定炉排。焚烧炉由 4 个标准炉排单元和 1 个较长的末端燃尽炉排单元构成,炉排通过液压装置驱动,每台炉配一套液压装置。垃圾焚烧后的炉渣通过刮板捞渣机进入炉渣处理系统,从炉排泄漏的细灰经输送机送到渣池。

西格斯炉排系统已投产,单台炉处理能力为 $36\sim600t/d$,炉排全程微机控制,可处理垃圾热值范围广,垃圾燃尽率高。

西格斯炉排系统有以下特点:

(1)适应于宽范围热值变化垃圾的燃烧,负荷变化范围为 $70\%\sim110\%$。

(2)采用垃圾输送和搅动/鼓风相互独立的垃圾集中燃烧系统,水平的垃圾输送与垂直的搅动/鼓风相互独立运动,使系统很容易根据垃圾成分变化做出相应调整,对垃圾具有很好的适应性。

(3)垃圾的干燥、气化、燃烧、燃尽及冷却的一系列过程都发生在多级炉排上,为了实现各个过程的控制,整个炉子由长度不同的多个单元组成,并依次形成功能各不相同的三个区:干燥气化区—燃烧区—燃尽冷却区。

(4)完善的供风系统,采用分离式送风机为每一排炉排供一次风,燃烧空气是水平供风方式而不是垂直供风方式,这使炉排缝隙的漏风率降到最低。

(5)由于采用了高品质的耐火铸钢,通过耐火砖下部冷却散热装置中一次风的冷却作用,以及在同一条线上耐火砖与耐火砖之间没有摩擦等,保证了耐火砖持久耐用。

4.2.4 杭州新世纪二段往复式炉排炉

杭州新世纪二段往复炉排主要由固定炉排片、活动炉排片、传动机构和往复机构等部分组成。活动炉排片的尾端卡在活动横梁上,其前端直接搭在与其相邻的下一级固定炉排片上,使整个炉排呈明显的阶梯状,并具有一定的倾斜度,以方便燃料下行。各排活动横梁与两根槽钢连成一个整体,组成活动框架。当电动机驱动偏心轮并带动与框架相连的推拉杆时,活动炉排片便随活动框架做前后往复运动,运动的行程为30~100mm,往复频率为1~5次/min,通过改变电动机转速来实现调整。固定炉排片的尾端卡在固定横梁上,与活动炉排片相似,其前端也搭在与其相邻的下一级炉排片上,在炉排片的中间还搁置了支撑棒以减轻对活动炉排片的压力和往复运动造成的磨损。燃烧所需的空气可通过炉排片间的纵向缝隙以及各层炉排片间的横向缝隙送入,炉排的通风截面比为7%~12%。在倾斜炉排的尾部,燃料经燃尽炉排落入灰渣坑。

往复炉排炉的燃烧过程与链条炉相似。燃料从料斗落下,经调节闸门进入炉内,调整燃料层厚度,在活动炉排的往复推饲作用下,燃料沿着倾斜炉排面由前向后缓慢移动,并依次经历预热干燥、挥发分析出并着火、焦炭燃烧和灰渣燃尽各个阶段。位于火床头部的新燃料受到高温炉烟及炉拱的辐射加热而着火燃烧。

往复炉排区别于链条炉排的主要特点:

(1)炉排与燃料之间有相对运动。由于活动炉排片的不断耙拨作用,使部分新燃料被推饲到下方已经着火燃烧的炽热火床上,着火条件可人为改善。活动炉排在返回的过程中,又耙回一部分已经着火的炭粒至燃料层的底部,成为底层燃料的着火热源。

(2)燃料层因为受到耙拨而松动,增强了透气性,促进了燃烧床层扰动,而且焦块及燃料块外表面的灰壳也因挤压及翻动而被捣碎或脱落,这些均有利于燃烧的强化及燃尽。在运行中,往复推动炉排的给料量不仅可以通过闸门的高度来控制,还可以借助于活动炉排片的行程及频率的调节来改变。

(3)往复推动炉排炉的燃烧过程依然是沿炉排长度方向分阶段进行的,因此沿炉排长度的分段送风还是必要的。

(4)炉排中段送风量最多,相应的风压也最高。前后段送风量较少,尤其是火床头部的燃料预热干燥区段。为了加强炉内气流的扰动及混合,往复炉排炉的炉膛内依然应布置前拱、后拱或中间挡火墙,并适当布置二次风,以改善火床头部燃料的着火条件,又可组织炉内气流合理地流动,使炉排前部产生的可燃气体流经高温燃烧区的上方,与燃尽区上升的过量空气良好混合而进一步燃尽。

4.2.5 三峰卡万塔倾斜逆推炉排炉

重庆三峰环境产业集团有限公司(下称"三峰环境")于2000年引进了德国马丁公司SITY2000型垃圾焚烧炉排技术,SITY2000型焚烧炉排是法国Alston公司(已被德国马丁公司收购)开发的技术,炉排推动原理与炉排片的结构与MARTIN炉排相近,不同之处是炉排分成两段,在燃尽段又增加一段炉排,采用两套液压传动装置;炉排的下倾角为24°。空气通过每块炉排片上的小孔喷出。炉排片通过连杆固定,运动炉排片的一排同时运动,传动机构比较简单。炉排材质为耐热铸铁,造价低、投资小。上海浦东御桥垃圾焚烧厂、重庆同兴垃圾焚烧厂和福建红庙岭垃圾焚烧厂采用该炉排并已投运。SITY2000型炉排为逆推炉排,炉排与炉排片均向下倾斜,整个炉排片无阶段落差,送气孔设在炉排片两侧,有自清作用。可动炉排片与固定炉排片呈阶梯式纵向交互配置。垃圾在炉排上靠重力向下滑落,底层垃圾受可动炉排片逆向运动的推力而涌向上层,达到翻搅作用。垃圾在炉内分为三段燃烧:干燥段、燃烧段和燃尽段,各段的供应空气量和运行速度可以调节。

SITY2000 型炉排焚烧炉的主要特点:

(1)适合我国垃圾高水分、低热值的特点。

(2)焚烧性能良好,灰渣未燃尽率为 0.7%～2%,烟气中飞灰含量低于 3g/m³。

(3)运行过程燃烧参数稳定。

第 5 章　生活垃圾焚烧工艺系统及主要设备（机械炉排炉）

5.1　系统概述

5.1.1　生活垃圾焚烧系统概述

生活垃圾由专用垃圾车经厂区入口设置的称重计量设施后，在交通指挥员的统一指挥下，将垃圾卸入垃圾池内，可储存垃圾时间约 7 天。垃圾产生的渗滤液通过垃圾池设置的格栅渗滤到渗滤液池。在垃圾池上部安装行车用于垃圾的给料、堆料和倒料。垃圾吊能完成焚烧线总的垃圾给料、倒料及堆料等工作。垃圾吊设备主要由构架主体、转动机械、电气设备和液压抓斗四个部分组成。构架主体有两部分，分别是大车架和小车架；转动机械有起升机械、大车运行机构和小车运行机构等；电气设备由电控设备、输电线路和电缆桥架组成；液压抓斗由液压缸和抓斗组成。

在垃圾池靠近焚烧间一侧，设有焚烧炉的上料平台，平台上设置焚烧炉垃圾进料斗，进料斗的垃圾在推料器的推送下进入焚烧炉进行焚烧。上料平台除进料斗外的区域还可以作为垃圾抓斗的检修区。此外，在垃圾池长度方向的北侧设有一个垃圾抓斗检修平台，并留有检修孔，抓斗检修时可以通过检修孔将抓斗下放到平台。抓斗检修孔亦可作为公共卫生突发事件的应急措施，危险垃圾可以通过此检修孔直接送入焚烧炉内进行燃烧，不送往垃圾池倒运。

在垃圾卸料门一侧上方设有垃圾抓斗起重机控制室及通廊，操作人员在控制室内对抓斗吊车的运行进行控制。

垃圾抓斗起重机配有自动称重装置，可将垃圾上料量传送给吊车控制室进行记录。每次读数包括垃圾净重、进料位置和时间，每个进料斗配有各自的计数器，自动分系统计量。垃圾抓斗起重机具有计量、预报警、超载保护、防摆、防倾、自定位及防撞等功能。吊车控制室能够记录并显示统计记录投料的各种参数，并将各种数据传送至中央控制室。

垃圾抓斗起重机的运行由控制室操作人员遥控操作。吊车配备手动控制、半自动控制两种操作控制模式。

5.1.2　垃圾运输及汽车衡

电子汽车衡系统标准配置由秤台、称重传感器和称重显示部分（包括称重显示仪表、接线盒和信号电缆)三大基本单元组成,根据用户的不同需要可选购其他外接设备以组成各种配置,包括计算机、打印机、大屏幕显示器、电源浪涌保护器、稳压电源及多功能电源插座等。

在物流入口大门后设有地磅房,在地磅前设有检视区,以方便地磅管理人员认为有必要时,对车辆所运载垃圾进行检查之用,同时又不影响其他车辆正常进出,地磅前的检视区还可以作为高峰时的车辆缓冲区,以避免堵塞进厂道路,也避免车辆停留在厂外道路影响道路的正常交通运输。另外,在地磅房处还可设置红绿灯和交通指挥系统,以确保垃圾运输车规范、有序地进出垃圾焚烧厂。地磅房配有计算机系统,能够全自动称量总重和净重并打印称量数据。

5.1.3　垃圾卸料大厅

卸料大厅设有液压地开式垃圾卸料门,运行时根据垃圾吊的工作区域设定卸料位置及卸料门的开启数量,一般可同时开启 2~3 扇卸料门,按 90% 的垃圾集中在 7 个小时内运输计算,即每扇卸料门每小时约 6 辆车在卸料,每辆车可分配 10 分钟的时间,完全满足垃圾运输车卸料时间。

选用液压驱动地开式卸料门,卸料洞口净宽 3.5m、长 4.5m。每扇卸料门均设有就地开关按钮,工作人员可就地开闭相应卸料门。每扇卸料门前设挡车装置,防止垃圾车卸料时掉入垃圾池。卸料门附近就近设置液压油站,为卸料门的正常运行提供保证。

液压垃圾卸料门把卸料平台与垃圾池隔离,防止垃圾池内的粉尘和臭气的扩散。垃圾卸料门要求气密性好、能迅速开关和具有耐久性,在垃圾车集中作业的时间段能保证卸料顺畅进行,能适应频繁启闭。

垃圾卸料门上方设置红绿灯指示,显示密封门启闭状态。在不卸料时,垃圾卸料门保持关闭。垃圾卸料门既可由吊车控制室控制盘手动操作,也可用现场控制箱操作。

5.1.4　垃圾池及除臭风机

垃圾池是一个密闭的并具有防渗、防腐功能的钢筋混凝土结构垃圾储池,但经压缩运输车压缩后的垃圾密度提高 50%~80%,底层垃圾自然堆积压实,提高了垃圾池内垃圾的实际堆存量。根据实际的堆料、混合和搅拌等综合情况来考虑,垃圾池内可长期保持 8000~10000 吨垃圾。垃圾池内堆存不仅可达到垃圾堆放发酵、渗滤液顺利导出、提高垃圾热值的目的,而且还能保证设备事故或检修时仍可接收垃圾,起到一定的调节作用。垃圾池上方靠焚烧炉一侧设有一次风机吸风口,抽吸垃圾池内臭气作为焚烧炉燃烧空气,并使垃圾池呈负压状态,防止臭味和甲烷气体的积聚和溢出。

5.1.5　垃圾吊及操作室

垃圾吊操作室与垃圾池之间设有一面密闭且具有安全防护的观察窗,观察窗在设计上需考虑防反光、防结露及清洁措施,观察窗玻璃采用钢化夹层 Low-E 玻璃,并采用外倾斜布置方式。

5.2 垃圾给料系统

5.2.1 系统概述

焚烧炉垃圾给料系统由垃圾料斗、料斗盖兼架桥破解装置、垃圾溜管、推料器组成（图 1-5-1）。垃圾抓斗起重机将垃圾投入垃圾料斗后，焚烧炉垃圾给料系统将垃圾连续不断地输送到干燥炉排上。

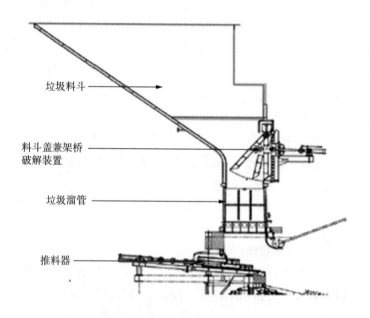

垃圾料斗

料斗盖兼架桥
破解装置

垃圾溜管

推料器

图 1-5-1 焚烧炉垃圾给料系统图

垃圾料斗位于垃圾池与焚烧间的给料平台，垃圾料斗进口尺寸为 7.29m×7.2m（长×宽）。在焚烧能力足够的情况下，垃圾料斗的容量为焚烧炉 1 小时以上的垃圾处理量。垃圾进入垃圾料斗后经设置在底部的垃圾溜管送到推料器上。垃圾料斗和垃圾溜管之间设置了可以充分吸收炉内热膨胀的高气密性膨胀节。

推料器在液压缸的推动下重复往返运动，连续稳定地向炉排供料，液压缸的速度通过控制进入液压缸内的液压油量进行调整。考虑到我国垃圾水分高的特点，在推料器部分产生的渗滤液通过推料器下部的料斗和溜管被收集，通过管道输送到垃圾池下的渗滤液收集池。

垃圾料斗内设置料斗盖兼架桥破解装置，一旦发生架桥，可以通过设置在垃圾料斗咽喉部的料斗盖兼架桥破解装置破除架桥。且该料斗盖兼架桥破解装置还可以在停炉时隔断炉膛与垃圾池。

垃圾料斗的垃圾料位由超声波式料位计监测。

为防止炉内的高温烟气对垃圾料斗、垃圾溜管、料斗盖兼架桥破解装置造成损伤,在垃圾料斗、垃圾溜管上设置有水冷套,冷却水从工业冷却水系统送到垃圾料斗、垃圾溜管的水冷套和料斗盖兼架桥破解装置。从各个设备中排出的冷却水再回到工业冷却水回水系统。在冷却水入口管道设置温度探测器和流量探测器,在进行实时分散控制系统(DCS)监测的同时,由温度探测器发送温度高报警,由流量探测器发送流量低报警。

该系统是用垃圾抓斗起重机将垃圾投入垃圾料斗并将垃圾连续不断地、安全地输送到炉排上的系统,系统由下列机器设备构成:

(1)垃圾料斗。

(2)料斗盖兼架桥破解装置。

(3)垃圾溜管。

(4)推料器。

(5)膨胀节。

(6)料位探测器。

(7)冷却系统。

垃圾料斗内的垃圾经设置在底部的垃圾溜管送到推料器上。在设计上充分考虑了避免垃圾料斗和垃圾溜管架桥现象的发生,使供料保持顺畅。

为了使推料器连续稳定地向炉排供料,对液压缸的速度采用连续的流量控制,并使其重复往返运动。

5.2.2 垃圾料斗

垃圾料斗的容积至少保证焚烧炉在 MCR 工况下 0.5~1 小时的垃圾消耗量,垃圾料斗进口尺寸大于垃圾抓斗展开的最大尺寸(垃圾抓斗容积按 12m³ 考虑),保证垃圾能顺利进入料斗。

垃圾料斗的形状和进口尺寸保证垃圾抓斗全部张开时垃圾不会飞溅。为便于观察,垃圾料斗上方安装摄像头,摄像头与中控室中的视频显示屏相连接。垃圾料斗装设料斗盖兼架桥破解装置。垃圾料斗上设有带喷嘴的灭火装置。垃圾料斗底部设液压驱动的机械挡板,在必要情况下将垃圾料斗与焚烧炉垃圾入口隔离。垃圾吊车操作员在电视屏幕上可观察到垃圾料斗的垃圾料位,及时往垃圾料斗中补充垃圾。同时,还可以观察到垃圾料斗内是否有烟气或火焰产生。当有险情发生时,可以及时提醒运行人员进行操作,从而维护机组的安全运行。

5.2.3 垃圾溜管

垃圾溜管内有一定的料柱高度,确保垃圾燃烧所产生的烟气不外逸。

垃圾溜管配置冷却水系统。冷却水的流量和回水温度数据输送到 DCS,当冷却水流量过低或者回水温度超过 80℃时,中央控制室会显示报警信号。

垃圾溜管的截面设计避免架桥现象的发生。

当垃圾溜管内垃圾料位达到低料位和低限料位时,有低信号、低低信号输送至 DCS和垃圾抓斗起重机操作室,并在垃圾抓斗起重机操作室有声光报警。

为了在更换垃圾溜管时不破坏也无须拆除垃圾料斗,在垃圾料斗和垃圾溜管之间设置膨胀节。

5.2.4 推料器

焚烧炉的推料器是可控制的给料装置,采用液压驱动(图1-5-2);给料炉排下方设置渗滤液集斗。

当为 MCR 工况时,推料器的供料能力不小于 29.8t/h。

(1)通过推料器向前运动将垃圾溜管内的垃圾往炉排推,当推料器推到尽头时,由于重力的关系,上方的垃圾落入刚刚腾出的空间,接着由推料器的下一个前进动作把垃圾推到炉排上。

(2)推料器由 3 列组成,每列用 1 个液压缸驱动,驱动速度由自动燃烧控制系统决定。

(3)推料器既可远程操作,也可就地操作。在远程操作时,可以使推料器重复前进和后退的动作。在就地(燃烧装置控制柜)操作时,可以通过按动前进/停止/后退的各个按钮,进行微动。

(4)在 DCS 上推料器的速度控制有联动、自动和手动 3 种控制模式。前进和后退的速度由 DCS 发出的速度控制信号控制,此信号在联动模式下由自动燃烧装置决定。DCS 发出的信号经过装在燃烧装置控制柜内的放大器进行放大,然后供油系统中的电磁比例流量控制阀根据放大信号控制油量。

(5)为了便于推料器阀门组的维修,在供油及回路管道上设置手动断流阀。并使用 3 位电磁阀切换前进动作和后退动作。另外,3 位电磁阀与电磁比例流量控制阀是一体型的(比例方向流量控制阀)。

(6)推料器可以在多处定时检测垃圾的停滞并报警,其报警统一发往 DCS。

(7)3 个推料器在前进、后退的各个位置被同步,然后由流量控制阀均匀地供应油量,

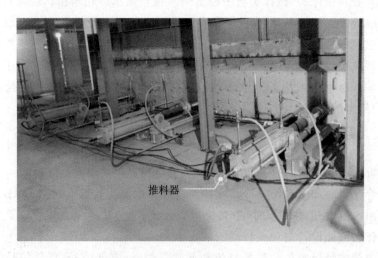

图 1-5-2 推料器示意图

使 3 个推料器同步。

（8）为了在停炉前将全部垃圾推到炉排上，设定了检测液压缸全行程位置的端部限位开关。从而抑制停炉过程中二噁英以及一氧化碳等的形成。

（9）考虑到我国垃圾的特点，在推料器部分产生的渗滤液通过推料器下部的料斗和溜管被收集到渗滤液收集箱。

5.2.5 料斗盖兼架桥破解装置

（1）料斗盖兼架桥破解装置装在垃圾料斗咽喉部的锅炉一侧，由 2 个液压缸驱动。停炉时以及启动升温过程中，料斗盖兼架桥破解装置应关闭，该状态输出到 DCS 和垃圾抓斗起重机操作室。在垃圾抓斗起重机操作室，该信号用于起重机全自动运行。

（2）料斗盖兼架桥破解装置的开关既可以在 DCS 操作，也可以就地操作。料斗盖兼架桥破解装置在作为料斗盖使用时，挡板在被全关限位开关检测前处于关闭状态；在不使用时，挡板在被全开限位开关检测前处于开启状态。另外，料斗盖兼架桥破解装置作为架桥破解装置使用时，挡板在被中间限位开关检测前处于关闭状态。这两个操作用不同的按钮来区别。因此，本装置由 3 个限位开关在就地柜（燃烧装置控制柜）上进行控制。

料斗架桥的报警信号在满足下列条件中之一时成立：

① 垃圾料斗中的料位在超过某个规定的时间（约 10 分钟）还不变化时。

② 垃圾溜管部的温度升高时。

根据这些条件，架桥现象被检测出来时，若事先选择料斗盖兼架桥破解装置为自动模式，料斗盖兼架桥破解装置自动启动，进行 3 次破解作业。若不能破解，再次重复破解作业。

（3）料斗盖兼架桥破解装置可以由定时器检测出多处停滞并报警，其报警统一发往 DCS。

（4）为便于维修，在料斗盖兼架桥破解装置阀门组的供应及回路管道上设置了手动断流阀。为了调整液压缸的速度，在供油和回路系统上设置了速度控制器。使用 3 位电磁阀切换前进和后退动作。

（5）为了防止来自炉内的热辐射以及倒回火等造成烧伤，在料斗盖兼架桥破解装置上设置水冷系统。

5.2.6 料位探测器装置

垃圾料斗的垃圾料位由超声波式料位计监测，低低位、低位和高位警报传送到垃圾抓斗起重机及 DCS。低低位警报是为了防止气密性遭到破坏，高位警报是为了减小架桥现象发生的可能性。

5.2.7 冷却设备

冷却水从高架水箱通过重力送到垃圾料斗、垃圾溜管的水冷套和料斗盖兼架桥破解装置。从各个设备中排出的冷却水送至废水处理设备或再生水箱。在入口管道设置温度探测器和流量探测器，在进行实时 DCS 监测的同时，由温度探测器发送温度高报警、由流量探测器发送流量低报警。

流量控制基本上以手动阀门的开度进行调整,但根据不同的要求,也可由温度对ON-OFF阀门的开关进行控制。

设计数据

● 垃圾给料系统数量　　　　　　　　　　1 套/炉
● 每套给料系统的给料能力≥29.8t/h　　27.1t/h(MCR 工况下)
● 垃圾料斗储存量满足的连续运行时间　　1h
● 垃圾料斗进口最小尺寸　　　　　　　　抓斗张开直径+1m
● 垃圾料斗和垃圾溜管使用寿命　　　　　10~15 年
● 垃圾料斗和垃圾溜管钢板最小厚度　　　12mm
● 冷却水回水最高温度　　　　　　　　　80℃

5.3　垃圾分选系统

5.3.1　系统概述

垃圾分选历来是垃圾处理技术的瓶颈,不管是焚烧、填埋处理工艺,还是综合处理工艺,很多失败案例都是因为垃圾分选不彻底,导致下工序无法处理而使整条生产线都不能正常运行。垃圾分选系统通过垃圾均匀给料、大件垃圾自动分选系统、大件垃圾破碎系统、袋装垃圾自动破袋、大块有机物自动破碎系统、全封闭机械化风选系统、塑料水选系统以及有机物高温高压水解水热氧化"热选"系统等工艺处理后,可将城市生活垃圾分选为以下几大类:

(1)无机物类。

(2)砂土类。

(3)有机物类。

(4)不可回收可燃物类(若辅以简单人工分选,还可以分出硬质塑料、橡胶等)。

(5)薄膜塑料类。

(6)铁磁物类。

以上垃圾的分选纯度均可达到 85%以上,薄膜塑料分选纯度可达到 90%以上,为下工序垃圾处理的"资源化、产业化"打下了坚实的基础。混合是垃圾,分类是资源。

5.3.2　垃圾破碎

垃圾破碎,使垃圾缩容,减少垃圾的转运趟数,降低垃圾转运成本,减少垃圾转运过程中的二次污染,同时在破碎的中间可以进行一些垃圾的分离,一部分垃圾可以填埋,一部分垃圾可以回收,一部分垃圾可以焚烧。利用外力克服废物质点间的内聚力,使大块垃圾变小块垃圾、小块垃圾分裂成细粉末过程为磨碎。

5.3.3　磁选

它是利用各种矿物磁导率的不同使它们通过一个磁场,由于不同矿物对磁场的反应不同,磁导率高的矿物被磁盘吸起,再失磁就掉下来,经过集料漏斗将其收集,磁导率低的不被吸起,留在物料中或随转动着的皮带作为尾矿带出去而得以分离。

5.3.4 除铁

除铁(也称磁先,即磁场分选)是基于被分离物料中不同组分的磁性差异,采用不同类型的除铁机将物料中不同磁性组分分离的选矿方法。磁铁的磁力所作用的周围空间称为磁场。表示磁场强弱的物理量称为磁场强度,常用符号 H 表示,单位是 A/m。矿物磁性差异是磁选的依据。根据其磁性强弱程度可把矿物分为三类:强磁性矿物、弱磁性矿物、非磁性矿物。在除铁机的磁场中,强磁性矿物所受磁力最大,弱磁性矿物所受磁力较小,非磁性矿物不受磁力或受微弱的磁力。

在磁选过程中,矿粒受到多种力的作用,除磁力外,还有重力、离心力、水流作用力及摩擦力等。当磁性矿粒所受磁力大于其余各力之和时,就会从物料流中被吸出或偏离出来,成为磁性产品,余下的则为非磁性产品,实现不同磁性矿物的分离。

5.3.5 重力分选

重力分选是根据固体废物中不同物质颗粒间的密度或粒度差异,在运动介质中受到重力、介质动力和机械力的作用,使颗粒群产生松散分层和迁移分离,从而得到不同密度或粒度产品的分选过程。

重力分选介质包括空气、水、重液和重悬浮液。按分选介质的不同,固体废物的重力分选可分为风力分选、跳汰分选、摇床分选和重介质分选。

影响重力分选的因素包括颗粒尺寸、颗粒与介质密度差以及介质黏度等。

5.3.6 螺旋给料

螺旋给料机把经过的物料通过称重桥架进行检测重量,以确定胶带上的物料重量,装在尾部的数字式测速传感器连续测量给料机的运行速度,该速度传感器的脉冲输出正比于给料机的速度,速度信号和重量信号一起送入给料机控制器,控制器中的微处理器进行处理,产生并显示累计量/瞬时流量。该流量与设定流量进行比较,由控制仪表输出信号控制变频器改变给料机的驱动速度,使给料机上的物料流量发生变化,接近并保持在所设定的给料流量,从而达到定量给料的要求。

5.4 焚烧炉排系统

5.4.1 系统概述

炉排拥有活动炉排列和固定炉排列,通过活动炉排列的动作,炉排反复进行前进、后退动作。由此垃圾一边燃烧一边被炉排运送。炉排由 2 组构成,每组通过 2 个油缸按自动燃烧系统控制的间隔定速驱动。在燃烧炉的运行范围内,炉排的表面积能够实现热灼减率在3%以下,一般不大于2%。

虽然各段炉排的作用不同,但驱动原理完全是一样的,主要如下:

(1)各炉排可以遥控和就地运行。遥控运行时,在自动模式下,各炉排按重复前进和后退动作;在手动模式下,仅做1个循环的动作。在就地运行时(通过操作燃烧设备控制柜),可以按下前进、停止及后退各按钮,进行微动。

(2)为了维修,在各炉排阀门组的供油和回流管道上设置手动停止阀;为了调节油缸速度,速度控制器设置在供应管道上。为了切换前进和后退的动作,使用3位电磁阀。另外,虽然炉排由2列组成,但因使用集中在一个阀门组中的分流/集流阀,油量平均,可以同步运行。

(3)各炉排的运行由自动燃烧系统的停止定时器功能控制,运行时的炉排速度为定速。定时器控制的各炉排的停止时间由自动燃烧控制装置决定。

(4)各炉排有几个停滞警报被定时器检出,该警报作为整体报警,发往 DCS。

5.4.2　Von Roll 型炉排设备特性

本炉排由活动炉排列和固定炉排列交叉布置,通过活动炉排反复进行前进和后退动作运送垃圾(图1-5-3)。本炉排可以大范围地对应从低热值垃圾到高热值垃圾,特别是能对低热值垃圾进行搅拌和干燥。

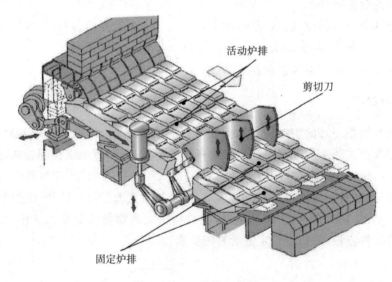

图1-5-3　炉排组装图

炉排特性如下:

(1)通过炉排活动产生的剪切力实现垃圾的松散及搅拌(图1-5-4)。

(2)拥有大余量的炉排面积,即使是低热值垃圾也可以实现优异的稳定燃烧。

(3)装有提高冷却效果的散热片的炉排,被下部供应的燃烧空气冷却。燃烧空气从活动炉排和固定炉排之间以及设置在炉排片上的通风孔吹出,它有着高的通风阻抗,由此,燃烧空气被均匀地吹出,使炉排不易烧损。

（4）炉排采用高铬耐热铸钢,实现耐磨损、耐腐蚀、长寿命。能有效吸收炉排热膨胀,减少漏渣。

（5）Von Roll 型机械炉排焚烧炉是列动式炉排炉,由活动炉排列与固定炉排列组成,活动炉排列与固定炉排列相间排列,通过活动炉排列的往复机械运动及垃圾自重的作用,使得垃圾边焚烧边前移。

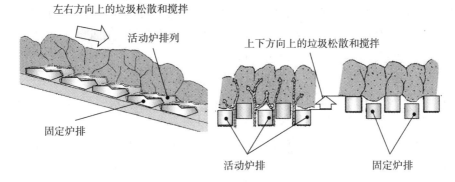

图 1-5-4　垃圾在炉排上被松散和搅拌的示意图

列动式炉排相邻炉排列间设有合理的间隙,在炉排热态运行时,间隙约 1mm,既能有效吸收炉排热膨胀,又能确保相邻炉排列间没有摩擦,同时也能防止过多的细渣漏到炉排下方,详见图 1-5-5 和图 1-5-6 所示的炉排结构。由于焚烧炉的每列炉排条都固定在炉排托梁上,所以运行期间炉排条不容易偏移,炉排条之间的间隙也不会因为运行而变化。

此炉排的结构及运动方式决定其漏渣率极低,几乎不可能漏下可燃垃圾,实践表明,从炉排间隙漏下去的大部分是灰土细沙等不可燃物。

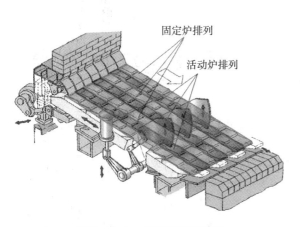

图 1-5-5　燃烧炉排结构图

冷态：2~3mm，热态：约1mm

图 1-5-6　燃烧炉排结构辅图

根据成都洛带焚烧厂运行的实测数据得知,1 吨垃圾的漏渣量仅为 $0.8\sim5\mathrm{kg}$,即漏渣率仅为 $0.08\%\sim0.5\%$。

燃烧装置被分割成干燥炉排段、燃烧炉排段和燃尽炉排段,各段沿垃圾流动方向再分成 2 列,合计 6 个分体,数量少且易于安装。

5.4.3　炉排液压驱动系统

该系统是为液压驱动的推料器、炉排、剪切刀、料斗盖兼架桥破解装置以及出渣机而设置的,由液压泵、油箱和液压油冷却器等组成。

(1)液压泵把液压油升压后,向各被驱动装置供油。其中泵的形式是叶片泵。

(2)各焚烧线设置 2 台液压泵,其中 1 台常用,另 1 台备用。如果运行过程中液压泵出故障,在自动模式下,备用泵将自动启动。

(3)液压泵既可以遥控,也可以就地启动/停止。

(4)油箱是为了储存液压油而设置的。液压油在通过油箱出口的过滤器后,被液压泵送到各驱动装置,通过冷却器和入口过滤器后回到油箱。

(5)油箱的容量是 570L。油箱装有温度开关、温度计、液位开关和液位仪,在温度高和液位低时,向 DCS 报警。

(6)油压由溢流阀调节,设置在输出侧的压力表可确认压力。

(7)液压油冷却器是为了用冷却水冷却液压油的回油而设置的。采用壳管式热交换器。

5.4.4　剪切刀

剪切刀设置在燃烧炉排处。一列的燃烧炉排的剪切刀用一个液压缸驱动,一台焚烧炉有 2 个液压缸。剪切刀的液压回路与炉排的液压相同,按定速进行前进和后退。在一个公用阀门组中设置了分流/集流阀,可以同步运行。油量由速度控制器调节。

一条焚烧线的剪切刀可以遥控和就地现场操作。遥控启动时,在自动模式下反复进行往复动作;在手动模式下,进行一个循环。

5.4.5　燃烧装置控制柜

为了控制由炉排液压驱动装置本体及炉排液压驱动装置驱动各设备的运行,设置本控制柜。

本柜中,除了设置油泵的启动回路、电气系统的保护回路以及各液压用电磁阀单元用的励磁/无励磁回路之外,还有各设备的运行/停止操作和监视、各设备的故障显示/状态显示。

从 DCS 的自动燃烧系统演算部接受与炉排启动时间、推料器速度控制相关的输出信号,在本控制柜实施运行。

5.4.6　炉内压力测量装置

由压差传感器对每座焚烧炉的两处炉内压力进行测量,DCS 连续监视。同时,为了不使焚烧炉内的高温烟气泄漏到锅炉房,由引风机入口挡板及引风机转速控制,使炉内一直保持为负压。

5.4.7 炉排热电偶

若炉排本体长期在450℃以上的温度区域内使用,会因垃圾及焚烧残渣中的碱分加速腐蚀。因此,为了监视燃烧状态,在燃烧炉排区域内的炉排板上设置热电偶,测量炉排表面的温度。在该温度上升时,可采用增加垃圾层厚减少辐射热以及增加燃烧空气提高冷却效果的运行方法。

5.4.8 液压系统的电磁阀

在液压装置驱动的推料器、各炉排、剪切刀、料斗盖兼架桥破解装置及排渣机的附近,设置电磁阀组。各电磁阀组设置在油盘上,由炉体钢结构支撑。

5.4.9 炉排冷却装置

一次风经过设置在炉排下面的渣斗冷却炉排板。同时为了提高炉排板的冷却效果,一次风从活动炉排和固定炉排之间以及设置在炉排片上的通风孔均匀地吹出,因此炉排几乎不烧损。

通过从一次风风道分支出来的冷却空气管道和支撑炉排的双重梁,向设置在各炉排最上游的遮蔽板提供冷却空气。

炉排不需要专用的冷却设备,遮蔽板和双重梁需要专用的冷却管道。

炉排的表面温度探测器设置在燃烧炉排上,它的状态一直被DCS监视。如果有高温警报发给DCS的话,手动调节一次风风量、燃烧空气温度和燃烧负荷等。

5.4.10 炉排润滑系统

炉排润滑系统是用电动泵向炉排轴承部分供应润滑油的装置。通过杠杆的动作把润滑油送入润滑油管道内,通过分流阀同时向各需要润滑的场所供应润滑油。

5.5 焚烧炉系统

5.5.1 系统概述

焚烧炉系统是为了焚烧垃圾并将炉渣排到排渣机而设置的。

该系统由下列设备和辅助系统组成:焚烧炉本体、耐火材料、保温材料、炉排渣斗、一次风风道、二次风风道、喷嘴、落渣管、炉内火焰探测装置、探测器、传送器、炉墙冷却装置以及点火和辅助燃烧器等。

5.5.2 焚烧炉本体(包括焚烧炉和余热锅炉之间的连接和密封部分)

因余热锅炉和焚烧炉本体的热膨胀不同,它们的外壳之间用膨胀节连接以吸收热膨胀。

5.5.3 保温/耐火材料

考虑到各处的耐热性、磨损性和传热性而选定各种合适的耐火材料。在推料器侧面的炉墙以及炉排上方侧墙底部等与炉渣和垃圾有接触的地方，使用耐磨损性能良好的SiC-85耐火砖和耐火材料。另外，由于SiC-85耐火砖的传热性高，在防磨损、防结焦、降低表面温度并作为燃烧炉排部分侧墙的空冷耐火砖底部，也使用SiC-85耐火砖。SiC-50的传热性较高，常作为燃烧炉排侧墙的空冷耐火砖的上部使用。高氧化铝（AL-60C）用于干燥炉排的上部，以避免因吸收垃圾产生的水分而膨胀造成的损伤。为了保持炉内温度，焚烧炉上部使用SK-34耐火砖，它的传热性较低。

Si_3N_4-SiC的耐磨损性非常高，因而用于干燥炉排到燃烧炉排、燃烧炉排到燃尽炉排的落差位置，防止与垃圾和炉渣接触而引起的磨损。

碳化硅耐火材料用于与垃圾和炉渣接触的部位。黏土质耐火材料用于各炉排的上部，其道理与SK-34相同。高氧化铝耐火材料因耐剥落特性很强，对温度的急剧变化很有效，所以用于燃烧器的咽喉部。考虑到高负荷时因冷却空气减少而引起烟气量减少（因水冷壁的吸热性增加而提高锅炉效率）以及低负荷时2秒滞留后烟气温度要保持在850℃以上（因水冷壁的吸热性抑制，降低助燃界限点），锅炉中使用碳化硅耐火材料，它的施工范围在锅炉的第一烟道。锅炉第一烟道出口的烟气温度已经降到高温腐蚀区域以下，所以，锅炉的其他部分不需要用耐火材料涂覆。

隔热耐火砖（B-1～B-4）砌在炉壁的第2层和第3层，由此可以降低焚烧炉和锅炉的散热。

5.5.4 一次风风道

一次风从垃圾池上部抽取，然后从各炉排底部以足够的压力供给炉内。

一次风由蒸汽预热器或烟气空气预热器加热到要求的温度。该温度的设定值由自动燃烧设备决定。为了防止低温腐蚀，进入烟气空气预热器入口的空气被预热到80℃以上。燃烧空气温度由蒸汽式和烟气式空气预热器的旁路空气阀控制。

提供给各炉排的风量由自动燃烧设备根据垃圾质量、蒸汽发生量、要求的过量空气率等决定，风量由空气挡板控制。

5.5.5 炉排排渣系统（包括炉排渣斗、落渣管）

如图1-5-7所示，炉排渣斗设置在各个炉排的下面，在干燥炉排下设置2个、燃烧炉排下设置6个、燃尽炉排下设置4个。为了避免漏渣的架桥现象，炉排渣斗保持足够的倾斜角度和尺寸。如果发生熔融铝和焦油等黏附的情况，可以用设置在炉排渣斗上的喷嘴定期喷水，冲落黏附物。

炉渣料斗和炉渣溜管设置在燃尽炉排的后侧，从燃尽炉排排出的炉渣进入出渣机。

为了防止热辐射以及炉渣燃烧引起装置的热损伤，在炉渣料斗底部设置水冷套设备。

在冷却水套和炉渣溜管上，设置检测冷却水异常高温的温度开关和炉渣溜管金属表

图 1-5-7　排渣系统示意图

面温度的传感器。测出高温时,向 DCS 输出警报。操作人员可根据警报分析是否发生冷却水堵塞、不足或炉渣架桥。

从炉排漏渣输送传送带排出的漏渣经过专用的漏渣溜管引入炉渣溜管。

5.5.6　二次风风道及喷嘴

如图 1-5-8 所示,二次风从焚烧炉室和排渣机附近吸入,通过安装在前壁和第一隔墙的锅炉鼻状部的二次风喷嘴吹入焚烧炉。该二次风的作用是防止炉内产生异常高温以及混合出适宜的可燃性气体。为了防止二次风喷嘴的热损伤,始终维持最小的二次风风量。

在垃圾热值较低时,为了防止炉温过低,对二次风进行预热。该预热温度由自动燃烧设备决定,并根据在二次风

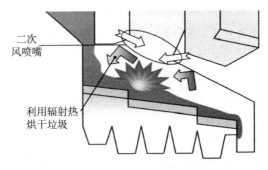

图 1-5-8　二次风原理图

空气预热器出口风道检测的温度,通过二次风预热器的旁路空气阀进行控制,风温的控制范围为 20℃～220℃。

5.5.7　炉墙冷却送风机

炉墙冷却风机对焚烧炉前后拱进行送风冷却,防止前后拱的温度过高,浇注料脱落;同时回收热量损失。

(1)型式:单吸离心式;调节方式:入口挡板调节。

(2)数量:每条焚烧线配置炉墙冷却送风机 1 台,每台均包含风机进口消音器、风机进口调节挡板和风机进出口非金属膨胀节。

(3)风机旋转方向:从电动机端向风机端正视,叶轮顺时针旋转,为右旋转风机,逆时针旋转,则为左旋转风机。

（4）风机进气/出气方向：进口角度为轴向，出口角度为 180°。

（5）安装地点：室内。

（6）吸风口位置：焚烧间上部区域。

5.5.8　炉墙冷却引风机

炉墙冷却引风机保持炉墙空气室微小正压，将热空气送到一次风机入口。

（1）型式：单吸离心式；调节方式：入口挡板调节。

（2）数量：每条焚烧线配置炉墙冷却引风机 1 台，每台均包含风机进口调节挡板和风机进出口非金属膨胀节。

（3）风机旋转方向：从电动机端向风机端正视，叶轮顺时针旋转，为右旋转风机，逆时针旋转，则为左旋转风机。

（4）风机进气/出气方向：进口角度为轴向，出口角度为 90°。

（5）安装地点：室内。

（6）吸风口位置：焚烧炉炉墙。

5.5.9　炉墙冷却装置

为了防止焚烧炉炉墙上结渣，焚烧炉炉墙冷却装置采用空冷耐火砖。

结渣是灰熔融后的固化物，由于垃圾局部高温燃烧或垃圾热值急剧上升而附着在炉墙上并增大，该现象会缩短耐火砖的寿命、降低垃圾焚烧的能力。

空冷耐火砖装置是将常温空气送到耐火砖的背面，降低耐火砖的表面温度，从而防止结渣，提高耐火砖的寿命。

结渣是垃圾中的无机物在高温下熔融而生成的物体，熔融附着温度为 1000℃～1100℃。

对此，空冷耐火砖如图 1-5-9 所示，在耐火砖的背面送入常温的空气，利用与热交换器相同的原理，使耐火砖的表面温度冷却到 700℃～800℃，从而防止结渣的附着。现场炉墙如图 1-5-10 所示。

焚烧炉冷却送风机从锅炉房吸入冷却空气，供应到空冷耐火砖的炉墙空气室，再由炉墙冷却引风机把冷却空气从炉墙空气室排出。为了避免焚烧炉内的烟气漏进炉墙空气室，同时尽可能避免冷却空气漏进炉膛，炉墙空气室保持微小的正压。为了热量的再利用，被加热的冷却空气由炉墙冷却引风机再送到一次风风道中。

5.5.10　探测器和传送器

为了焚烧厂的运行和控制，与自动燃烧控制系统有关的探测器和传送器均是必需的。

5.5.11　炉内火焰探测器

炉内的火焰由设置在焚烧炉后壁的 CCTV 摄像机进行监视，中央控制室内设置电视监视器。用水冷式风冷防止摄像机的热损伤。用空气清扫防止摄像机的污损。

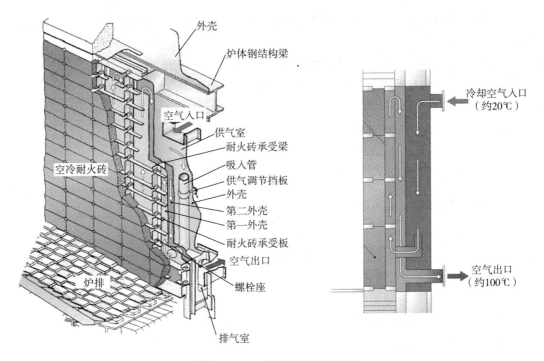

图 1-5-9 空冷耐火砖结构图

图 1-5-10 现场施工炉墙内侧图

5.6 点火及辅助燃烧控制系统

5.6.1 系统概述

每条焚烧线配一套独立的自动燃烧控制系统,自动燃烧控制系统至少满足如下要求(但不限于以下内容):

（1）具有读取和接收余热锅炉参数的功能，如读取和接收蒸汽的流量、压力和温度等参数。

（2）具有读取和接收燃烧室及余热锅炉各受热面处的烟气温度功能。

（3）具有读取和接收烟气中氧气含量的功能。

（4）具有调节垃圾给料量的功能。

（5）具有调节炉排移动速度的功能。

（6）具有提供有关人身和设备安全的所有联锁保护功能。

（7）具有调节送风比例的功能，如调节一次风或二次风。

5.6.2　点火系统选择（燃油、燃气）

燃油运输比燃气运输更灵活，燃气管道施工周期长，同时与其他管道要分开铺设。经济性：燃油相对于燃气要贵一些。安全性：燃油比燃气要安全一些。

5.6.3　燃烧系统

燃烧系统由下列部件组成：

油箱：用来存储燃油。

燃油泵：将燃油从油箱送到燃油分配器。

燃油滤清器：燃油滤清器包含一个滤芯以便从燃油中除去杂质。

压力调节阀：调节燃油压力，使其始终保持在最佳水平从而稳定地注入燃油。

燃油分配器：将有压力的燃油分配至各喷油器。

燃烧系统数据见表 1-5-1。

表 1-5-1　燃烧系统数据表

序　号	项　目	燃烧器名称	
		点火燃烧器	辅助燃烧器
1	燃料	0♯柴油	0♯柴油
2	型号	HL60	DDZ8-335
3	点火方式	高能电火花	轻油点火
4	数量	2套	2套
5	热功率	$2.891 \times 10^7 \text{kJ/h}$	$2.891 \times 10^7 \text{kJ/h}$
6	进口压力	0.8~2.0MPa	0.8~2.0MPa
7	倾斜角度	15°	15°
8	安装位置	焚烧炉炉膛后墙	焚烧炉炉膛第一烟道两侧墙
9	生产厂家	德国 SAACKE 公司	

5.6.4　点火燃烧器（天然气）

点火燃烧器是为了在焚烧炉启动时提高炉温而设置的。点火燃烧器具有 5.41kW

的加热能力,使用天然气燃料。它以15°的倾角安装在焚烧炉后壁的外壳上,该角度与炉排的倾角相同。

5.6.5　辅助燃烧器(天然气)

辅助燃烧器是为了焚烧炉启动时提升炉内温度或当炉内温度降低时为保持适当温度而设置。辅助燃烧器($3429m^3/h$,$0.15MPa$)的加热能为$10.82MW$,燃料是天然气。安装在锅炉第一烟道的侧壁,每台锅炉安装2台。当炉内温度低于850℃,点火和天然气流量控制的运行模式都选择在自动模式时,辅助燃烧器的点火定序器开始动作,然后在低燃烧状态下点火。在试车时已预先依据炉内压力和温度的实际变动调整好天然气流量的增加速度,当炉内温度低于850℃并促使炉内温度恢复后,在焚烧炉能够以适当的温度连续运行时,天然气流量逐渐减小到低流量,然后辅助燃烧器自动熄火。

5.6.6　燃气调节站

燃气调压站内除燃气调压器、管道及其附件外,还设有过滤器、测量仪表、控制装置和安全装置等(图1-5-11)。过滤器用以清除燃气中的固体悬浮物,保证站内设备的正常工作。站内装有测量燃气温度和压力的仪表。根据需要,有的站内还设燃气计量装置、按照给定条件调节燃气出口压力的装置、遥测和遥控装置等。保证调压站出口压力不超过规定值的安全防护措施,通常是设置安全放散阀和关闭式安全阀,或将两个调压器串联和并联等,常常是几种方法结合起来使用。进、出站燃气管道总阀门设于站外一定的距离。主调压器的出口控制压力为出站燃气管道的供气压力,辅助调压器的出口控制压力略低于主调压器的出口控制压力,在正常情况下燃气由主调压器供应。当主调压器失灵,关闭式安全阀动作时,由辅助调压器保证供气。安全放散阀的控制压力要低于管网允许的最高压力。

图1-5-11　现场燃气调节站图

5.6.7 沼气回收系统(沼气燃烧器)

沼气储存装置具有稳定沼气压力以及沼气气量的作用。经过沼气储存装置收集的沼气进入湿法脱硫装置,对沼气中的硫化氢进行脱除。经过脱硫的沼气进入后续的沼气预处理及增压装置,沼气预处理主要对沼气进行过滤和除湿等处理,经过预处理和增压后进入沼气燃烧器用作辅助燃料。

将渗滤液厌氧处理过程中产生的沼气经沼气燃烧器送入焚烧炉内燃烧,每条焚烧线的沼气回喷量按 $450m^3/h$ 考虑。

燃烧器具备自动点火、功率调节和熄火保护等功能。

每条焚烧线配置各自独立的沼气回喷燃烧系统。

燃烧系统设置停用冷却系统及防回火功能。

沼气燃烧系统设电控柜和介质调整装置,电控柜上设有设备的失效信号,燃烧器能就地/远程操作。燃烧系统的控制纳入全厂 DCS,向 DCS 提供如下内容。

燃烧器报警条件:燃烧器故障/失效、熄火、油压低、压缩空气压力低(若有)、风压低或未检测到火焰等。

顺序控制:如清洗程序、完全清洗、燃烧器自动、启动操作、辅助燃烧器的切换操作以及燃烧器具备手动/自动操作切换等功能。

1. 沼气回喷系统

垃圾渗滤液处理工程在厌氧阶段产生沼气,热值较高,为此可作为燃料利用,为响应国家节能环保的政策,增加沼气掺烧系统。沼气掺烧器及控制系统包括四大部分:沼气增压系统、燃烧器管路保护系统、燃烧器部分和控制保护系统及相关的附件部分。

2. 沼气增压系统

渗滤液处理站产生的沼气通过管道引出,接入气水分离器,经过气水分离的沼气,通过管道接入一套罗茨风机增压设备(罗茨风机采用一用一备),增压后的沼气管路通过架空/埋地方式输送到焚烧炉掺烧。罗茨风机配变频防爆电机防护等级不低于 IP54,联轴器需要有联轴器防护罩。

3. 燃烧器管路保护系统

燃烧器管路保护系统侧墙布置,通过沼气总管,然后各分支管路分别进入燃烧器内喷入炉膛燃烧,入炉位置为燃烧段中部在炉墙上开孔。为了有效地保护整套燃气系统,分别在锅炉燃烧器管路保护系统增设声光报警的燃气外漏检测设备(每个燃烧器各一套),报警信号同时接至集控室,它可以有效地检测由于阀门和管道等导致燃气外漏产生的危险。

4. 燃烧器

燃烧器采用单喷枪结构,分级点火方式,点火时先点燃点火烧嘴,再由点火烧嘴点燃主燃气喷枪。该燃烧器具有结构紧凑、燃烧稳定、调节比大、噪音低、可内设火焰检测报警系统、火焰铺展性好、燃烧完全和燃烧易于控制等优点。

燃烧器的主要特点为:

(1)燃烧完全、燃烧效率在 99.5% 以上,相对老式燃烧器节能 4% 以上。

(2)能实现高强度燃烧。

(3)火焰出口喷射速度高,火焰刚性强。

(4)克服了因燃气中含焦油、杂质和液态烃等导致的火焰不稳定、结焦堵塞等缺点。无回火或脱火现象;能克服背压±500Pa范围内波动,维持稳定的燃烧。

(5)性能可靠的高能点火系统和火焰检测报警系统。

(6)燃烧器可实现负荷比例调节,实现助燃风与燃气按比例调节,使燃烧更为稳定可靠,实现全自动运行。

5. 点火装置

点火设备为 XDH-20B 型防爆高能点火装置,包括防爆高能点火器(如图1-5-12)、防爆高压电缆及防爆点火枪。

防爆高能点火器具有有效的防潮和防尘措施,其结构牢固可靠,外形美观,防爆高能点火器技术参数为:工作电压220V交流电,50Hz,工作电流4A。

6. 防爆高压电缆

防爆高压电缆一般长6m,它用于连接防爆高能点火器与防爆点火枪。

防爆点火枪全部零组件由不锈钢材料、耐高温高电压绝缘材料等制成,枪杆外直径为18mm,防爆点火枪端接头螺纹:M18×1。

图1-5-12 防爆高能点火器

7. 火焰检测装置

火焰装置采用紫外式火焰检测装置,它包含火焰检测探头 C7035A1064 和火焰监测继电器 FC1000A1001,它是一种带动态自检的火焰探测器,可用于燃油、燃气、燃煤及其他燃料器的火焰监测上(图1-5-13)。光敏管可以现场更换。封装满足 NEMA3、NEMA4 室外防雨要求。探头可直接安装于 1″NPT 观测管上。火焰检测探头的使用环境为18℃~121℃,它的信号范围为3.5~7.5μA。

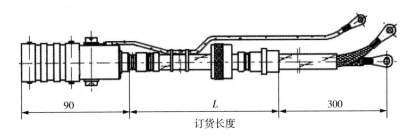

图1-5-13 火焰检测装置

火焰监测继电器 FC1000A1001 的参数如下:

型号说明:它适用无自检的紫外管型火焰探测器。

额定电压:115V交流电或220V交流电,依所选型号而定;电压偏差:-15%~+10%,50/60Hz。

触点：两组独立的单刀双掷触点。

额定容量：2A（功率因数为 0.65 时）。

环境温度：－10℃～＋60℃。

最大相对湿度：90％RH（40℃时）。

防爆级别：IP40。

火焰失败反应时间：低于 1s（标准），根据需要可选不同火焰失败反应时间。

5.7 供风系统

5.7.1 一次风系统概述

本设备是向焚烧炉内提供一次风，并根据垃圾的热值，使一次风预热到要求的温度而设置的。它由以下设备及辅助系统组成：

- 一次风机
- 一次风机消音器
- 一次风预热器
- 直接式空气预热器
- 燃烧空气控制挡板

1. 一次风机

一次风机型式：单吸离心式；调节方式：永磁调速，入口挡板调节为备用，永磁调速装置事故工况采用入口挡板调节，电动机要满足永磁调节运行要求。永磁调速装置在事故工况时有措施地保证风机继续安全运行，当永磁装置故障时更换备用联轴器。采用风机调节门控制风机风量来调节，电机已考虑转动惯量。

一次风机从垃圾池吸入空气，并将其作为燃烧空气从炉排下的漏渣斗向各炉排提供空气。为了防止吸入异物对设备造成损伤，在垃圾池的吸风口设置金属网。

一次风的一部分由炉壁冷却装置提供。为了利用余热，炉壁冷却装置排出的温风被送到一次风机吸入风道。

无论在 DCS 或就地，均可启动或停止一次风机。为了保护一次风机的电机在启动时不会超负荷，当一次风压力控制挡板的开度超过 5％ 或风机的转速超过额定的 10％ 时，连锁将使风机不能启动。为使在引风机停止时一次风机不能运行，设置连锁回路。

为了控制一次风的供应压力，一次风机使用永磁调速。该压力在烟气/空气预热器出口检测，由一次风空气压力自动控制成固定的压力，也可手动控制。

为防止振动传递到一次风风道和建筑物上，采用防震垫和膨胀节。

在一次风机电动机的各个相上，装有线圈温度探测器。

每条焚烧线配置一次风机 1 台，风机旋转方向：从电动机端向风机端正视，叶轮顺时针旋转，为右旋转风机，逆时针旋转，则为左旋转风机。

2. 一次风机消音器

为了降低吸入空气时的噪声水平,在一次风机吸风口的风道上设置一次风机消音器,设备外 1m 位置噪声低于 85dB。

3. 一次风预热器(蒸预器)

为了预热一次风,设置一次风预热器(图 1-5-14)。该预热器为 2 段式,各段分别使用主蒸汽和抽汽作加热媒介。预热器的换热面采用鳍片式。预热器可把燃烧空气加热到 220℃。

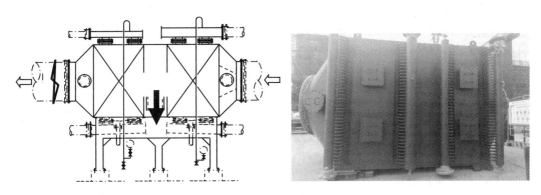

图 1-5-14 一次风预热器结构图

4. 直接式空气预热器

直接式空气预热器是将一次风预热器加热过的一次风再加热到更高温度而设置的(图 1-5-15)。在垃圾热值较高时,空气仅流过本设备而不加热;仅在垃圾热值较低并且需要 220℃以上温度的燃烧空气时才运行燃烧器,加热空气。

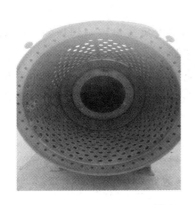

图 1-5-15 直接式空气预热器图

直接式空气预热器通过天然气燃烧直接加热一次风,置于蒸汽空气预热器后。

直接式空气预热器可以将一次风风温由 220℃最高加热至 300℃。

预热器的出口检测加热空气温度,DCS 根据该检测温度控制喷气量。

5. 燃烧空气控制挡板

为了控制一次风温度,设置了一次风预热器主风门(A)和一次风预热器旁路风门

（B）和一次风主旁路风门（C）。风门 A 设置在一次风预热器入口风道,风门 B 设置在一次风空气预热器的旁路风道,风门 C 设置在风门 B 之前。在热风和常温风混合处的下游测量预热空气的温度。通过风门 C 控制需要加热的风量,通过风门 A 或风门 B 中的一个开、另一个关,由一次风预热器出口的温度控制器（TICA）控制温度,在联动模式时根据垃圾热值的函数进行控制,或在自动模式时自动控制为恒温。

各流量控制风门的入口设置流量计和 ACC 自动风门。ACC 根据燃烧状态和蒸汽量,计算所需风量。因此,风门可以采用联动/自动/手动控制。手动执行器可以调节各处风量的分配比例。

除了上述的作用之外,为了使热灼减量最小化,燃尽炉排的风量控制风门根据燃尽炉排上部的温度自动控制。

5.7.2 二次风系统概述

本设备是为了使可燃性气体完全燃烧,调节炉内温度以及控制锅炉出口的氧含量而向炉内供应空气的设备。由下列设备和辅助系统组成:

- 二次风机
- 二次风机消音器
- 二次风预热器
- 二次风控制挡板

1. 二次风机

二次风机型式:单吸离心式;调节方式:变频调速,入口挡板调节为备用（变频器事故工况采用入口挡板调节）。

二次风机从焚烧炉室和除渣机出口附近吸入空气,通过二次风喷嘴供给炉内。为了避免吸入损害机器的异物,在各吸风口设置金属网。

可在 DCS 或就地操作二次风机的启动或停止。当二次风流量控制挡板的开度超过 5% 时,为避免二次风机电机启动时的超负荷,连锁锁定使之不能启动。

二次风流量由与焚烧炉内温度联动的和二次风流量控制器操作的二次风机变频器控制。该变频控制模式有联动、自动和手动。该空气量在二次风机入口被测量。为使在引风机停止时二次风机不能运行,设置连锁回路。

为防止振动传递到二次风风道和建筑物,采用防震垫和膨胀节。

在二次风机电动机的各个相上,装有线圈温度探测器。

每条焚烧线配置二次风机 1 台,风机旋转方向:从电动机端向风机端正视,叶轮顺时针旋转,为右旋转风机,逆时针旋转,则为左旋转风机。

2. 二次风机消音器

为降低各吸风口吸入空气时产生的噪音水平,在吸入风道上设置二次风机消音器。

3. 二次风控制挡板

为了控制二次风的温度,设置了二次风预热器挡板 A 和二次风预热器旁路挡板 B。挡板 A 设置在二次风预热器入口风道,挡板 B 设置在二次风预热器的旁路风道。在热风和常温空气混合点的下游处测量预热的空气温度。通过挡板 A 或挡板 B 中的一个开、另一个关,由二次风预热器出口的 TICA 控制温度,在联动模式时根据垃圾热值的函数进行控制,或在自动模式时自动控制成恒温。

5.7.3　炉墙冷却风系统概述

焚烧炉冷却送风机从锅炉房吸入冷却空气,供应到空冷耐火砖的炉墙空气室,再由炉墙冷却引风机把冷却空气从炉墙空气室排出。为了避免焚烧炉内的烟气漏进炉墙空气室,同时尽可能避免冷却空气漏进炉膛,炉墙空气室保持微小的正压。为了热量的再利用,被加热的冷却空气由炉墙冷却引风机再送到一次风机中。

1. 炉墙冷却送风机

炉墙冷却风机对焚烧炉前后拱进行送风冷却,防止前后拱的温度过高,浇注料脱落;同时回收势量损失。

(1)型式:单吸离心式;调节方式:入口挡板调节。

(2)数量:每条焚烧线配置炉墙冷却送风机 1 台(每台均包含风机进口消音器、风机进口调节挡板、风机进出口非金属膨胀节)。

(3)风机旋转方向:从电动机端向风机端正视,叶轮顺时针旋转,为右旋转风机,逆时针旋转,则为左旋转风机。

(4)风机进气/出气方向:进口角度为轴向,出口角度为 180°。

(5)安装地点:室内。

(6)吸风口位置:焚烧间上部区域。

2. 炉墙冷却引风机

炉墙冷却引风机保持炉墙空气室微小正压,将热空气送到一次风机入口。

(1)型式:单吸离心式;调节方式:入口挡板调节。

(2)数量:每条焚烧线配置炉墙冷却引风机 1 台(每台均包含风机进口调节挡板、风机进出口非金属膨胀节)。

(3)风机旋转方向:从电动机端向风机端正视,叶轮顺时针旋转,为右旋转风机,逆时针旋转,则为左旋转风机。

(4)风机进气/出气方向:进口角度为轴向,出口角度为 90°。

(5)安装地点:室内。

(6)吸风口位置:焚烧炉炉墙。

5.8　渗滤液回喷系统

5.8.1　系统概述

本系统是为了运送和过滤渗滤液收集槽中的渗滤液,并将渗滤液喷入炉内以降低炉温而设置的。在垃圾低位热值较低时,本系统不能运行。因为只有在炉内温度可以确保

烟气能在 850℃滞留 2s 的适当状态下,渗滤液才可以喷入炉内进行分解。本系统由以下设备组成:

- 渗滤液收集槽泵
- 渗滤液输送泵
- 渗滤液过滤器
- 渗滤液过滤器控制柜
- 过滤后渗滤液罐
- 过滤后渗滤液喷雾泵
- 过滤后渗滤液喷雾喷嘴
- 过滤后渗滤液喷雾喷嘴控制柜
- 管道、阀等

1. 系统的功能以及运行/控制要领

如前面所述,收集到渗滤液收集槽内的渗滤液被运至渗滤液处理系统,部分渗滤液被送到渗滤液过滤器,喷入焚烧炉,用以抑制焚烧炉内产生氮氧化物和降低炉温。

如果渗滤液收集槽泵被选择为自动模式,该泵在渗滤液收集槽的液位为 MH 时启动,液位下降到 ML 时停止。

渗滤液过滤器的滤网除去渗滤液中的污泥和浮渣,过滤后的渗滤液被引入过滤后渗滤液罐。另外,被过滤器捕捉到的污泥或浮渣经压差检测或定时器定时,被排到垃圾池。

过滤后渗滤液罐储存过滤后的渗滤液。过滤后渗滤液的量不足以喷入炉内时,打开再生水的供应阀,自动供应再生水。该罐的容量是全部喷嘴喷 1 小时的量。

过滤后渗滤液喷雾泵以足够的压力将过滤后的渗滤液或再生水从过滤后渗滤液罐送到安装在第一烟道的喷嘴。

过滤后渗滤液喷雾泵运行状态的信号被传送到过滤后渗滤液喷雾喷嘴控制柜和DCS,这两处均可显示本泵的运行状态。

若过滤后渗滤液喷雾泵选择为自动模式,在接到对某个焚烧炉的过滤后渗滤液喷雾喷嘴的启动指令时,该泵自动启动。过滤后渗滤液罐的液位低时,自动停止。

每台炉内有 2 个过滤后渗滤液喷雾喷嘴,在第一烟道的左右各安装 1 个。当过滤后渗滤液喷雾喷嘴系统启动时,各个喷嘴由空气驱动插入炉内,开始喷洒过滤后渗滤液的喷雾。这些喷嘴的动作由设置在喷嘴附近的过滤后渗滤液喷雾喷嘴控制柜控制。

过滤后渗滤液喷雾喷嘴系统在焚烧炉紧急停止或炉温低的时候,为了避免给焚烧炉的燃烧带来不良影响,通过连锁功能,关闭该系统。

各过滤后渗滤液喷雾喷嘴具有过滤后渗滤液的流量开关、过滤后渗滤液供应阀和空气保护阀。如果检测到流量过低的警报,为了避免有关喷嘴受到热损伤,喷嘴将紧急拔出。

2. 回喷渗滤液对炉膛温度的影响

在额定垃圾处理量、垃圾设计低位热值工况下,喷入渗滤液对炉膛温度的影响见表1-5-2。

表 1-5-2　回喷渗滤液造成炉温下降计算表

喷入渗滤液量(t/h)	焚烧炉出口炉膛温度(℃)　参数:4.1MPa,405℃	
	温度(℃)	主蒸汽量(t/h)
0	950.0	65.0
0.5	939.3	64.4
1.0	928.9	63.9
1.5	918.6	63.4
2.0	908.4	62.8
2.5	898.2	62.3
3.0	888.0	61.8

3. 回喷渗滤液对焚烧炉造成的负面影响及解决办法

(1)回喷渗滤液后,锅炉主蒸汽量降低,影响发电量及焚烧线经济效益

回喷渗滤液后,渗滤液中水汽化吸收了垃圾产热量,锅炉产生的主蒸汽量降低。从表1-5-2可以看出,每增加回喷1吨渗滤液,主蒸汽量降低约1吨,因此对焚烧线产生的经济影响:1吨蒸汽约产生200度电,电费单价按0.65元计算,1吨蒸汽产生的电费为200×81%×0.65=105.3元,远高于1吨渗滤液的处理费用(一般约60元),大大影响了焚烧线的经济效益。

(2)回喷渗滤液炉温降低

渗滤液回喷造成炉膛温度下降,见渗滤液回喷-炉膛温度曲线图(MCR点)(图1-5-16)。在炉膛温度不稳定或温度降低时不能回喷渗滤液。

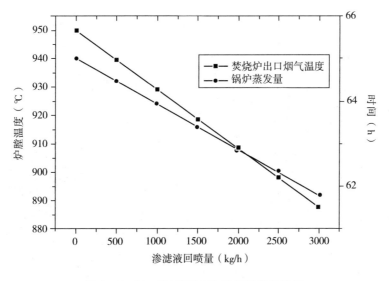

图 1-5-16　渗滤液回喷-炉膛温度曲线图

（3）以上两个问题的解决办法

当垃圾低位热值高于 7100kJ/kg 时，焚烧炉超负荷运行，增加垃圾处理量，增加了炉膛热负荷，如此，可回喷渗滤液，但经济效益不高，故只可适量调节渗滤液喷入量。

当焚烧炉产生的主蒸汽量超过汽轮机进汽能力时，回喷渗滤液。

第6章 余热锅炉系统及主要设备技术规范

6.1 余热锅炉主蒸汽参数现状及发展方向

在垃圾焚烧热能回收过程中,由于垃圾所含盐分、塑料成分较高,燃烧气体产物中含有大量的氯化氢等腐蚀性气体和灰分,因此选择合适的过热蒸汽参数对全厂发电效率和过热器寿命都有着重要的意义。

目前垃圾焚烧余热锅炉出口过热蒸汽通常采用中温中压参数(400℃,4.0MPa),也有采用中温次高压参数(450℃,6.5MPa)。由于垃圾焚烧厂以无害化处理生活垃圾为主要目的,对外售电主要目的是回收能源、降低焚烧厂运行费用、减少垃圾收费补贴。因此,应将焚烧厂稳定、安全、环保地运行放在首位。研究表明,对于同一种过热器材质,采用中温中压参数(400℃,4MPa)的余热锅炉过热器使用寿命相对较长且成本较低;而中温次高压高压参数(450℃,6.5MPa)的余热锅炉过热器需使用耐腐蚀的合金钢才能达到合理的使用寿命和性能,而合金钢价格昂贵,势必会造成余热锅炉成本的大幅增加,若采用碳钢或不锈钢的话,过热器腐蚀较快,只能维持1~3年,将需要频繁更换过热器,加大维修和维护的工作量,无法确保焚烧厂稳定地运行。虽然采用中温次高压参数余热锅炉的发电量和售电量较多,但从运行期内成本和收入综合考虑,该参数并不具有明显的经济优势。

在国内已经运行的垃圾焚烧发电厂中,绝大部分都采用中温中压参数,也有少数余热锅炉采用中温次高压参数。

6.2 余热锅炉设备主要技术规范

6.2.1 概述

余热锅炉系统是为了吸收垃圾燃烧产生的热量,生产供汽轮发电机所需的蒸汽。由以下设备和子系统构成:

- 锅炉
- 省煤器
- 过热器(由一级、二级、三级过热器构成)
- 安全阀和安全阀消音器

- 过热调节器
- 锅炉排污系统
- 清扫装置(脉冲吹灰＋蒸汽吹灰装置)
- 锅炉水质管理系统
- 灰斗
- 阀门及管道
- 仪表控制
- 钢结构

6.2.2　主要参数选定(容量、蒸汽温度、炉膛出口温度、排烟温度等)

1. 余热锅炉主要参数(以配套 600t/d 焚烧线为例)

余热锅炉型式:卧式悬吊;

额定工况(MCR)主蒸汽压力:4.0MPa;

额定工况(MCR)主蒸汽温度:400℃;

额定工况(MCR)主蒸汽流量:59t/h;

额定工况(MCR)余热锅炉保证热效率:84.7%;

额定主蒸汽参数下负荷变化范围:60%～120%;

锅炉排烟温度:190℃～220℃;

省煤器进口给水温度:130℃;

额定工况(MCR)焚烧炉＋余热炉综合热效率:83%。

2. 余热锅炉特性

余热锅炉采用卧式布置,卧式锅炉的特点是管束部由垂直管束组成(图 1-6-1)。与水平管束结构相比,卧式锅炉的积灰和附着少,可以防止烟气通路的堵塞。

作为垃圾焚烧炉的余热锅炉,在设计上充分考虑了它的特殊性,能够确保长期稳定地运行。

垃圾焚烧炉的余热锅炉与一般的重油锅炉和燃煤锅炉不同,它是在严酷的条件下使用的,若不充分掌握它的问题点而设计,会阻碍焚烧炉本身的运行。

该余热锅炉的主要特点如下:

(1)考虑燃烧负荷的变动

因为焚烧垃圾的热值随时都在变动,所以无法避免燃烧气体的成分、烟气量和烟气温度等发生急剧变化。

为了尽可能减少这些变化,实现稳定地运行,设置了焚烧炉自动燃烧系统。但余热锅炉本身也需要稳定地应对这些变化产生的影响,即这种余热锅炉在拥有余量的汽包的同时,余热锅炉整体拥有相当大的水量,因此即使燃烧时有急剧的变化,这种余热锅炉也可稳定地吸收该变化的影响。

(2)结构上的特点

在选择余热锅炉时,有自然循环、强制循环和贯复合循环流式等方式,它们各有优缺点。

一般来说,强制循环方式由于使锅炉水能够强制循环,可以任意配置传热管。但是,采用这种方式时需要另配循环泵,同时还要关注运行费用的上升和维修管理。

采用自然循环方式,可以说与上述情况完全相反。

另外,余热锅炉的水管壁全部采用薄膜结构。由于采用薄膜结构,余热锅炉变成完全密封的结构,拥有足够的强度,可以自立。

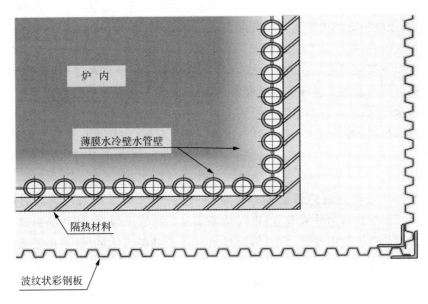

图 1-6-1　余热锅炉结构图

采用本结构的余热锅炉本体可以自行坐立在焚烧炉本体以及余热锅炉支撑上面,在水平方向也采用部分的支撑。

(3)高的热效率

为了得到高的热效率,在设计上使之拥有足够的受热面积,即计划使烟气温度降到190℃左右,使余热锅炉效率达到83%以上(在 MCR 点)。

6.3　余热锅炉本体

余热锅炉本体由汽包、下降管、集箱、膜式水冷壁管屏、过热器、省煤器、蒸发器及其附件组成。本余热锅炉共3级省煤器、3级蒸发器和3级过热器,并在3级过热器之间设置2级喷水减温装置,以调节过热蒸汽温度。

其中,由过热器、蒸发器以及省煤器等组成的对流区布置形式为卧式。

余热锅炉汽包水经布置由余热锅炉水冷壁外侧的下降管引入底部的集箱,在吸收烟气热量的同时流经余热锅炉水冷壁和蒸发管,回到汽包,蒸汽在汽包内实现汽水分离。一部分的饱和蒸汽用于蒸汽式空预器的高压蒸汽源,剩余部分导入过热器产生过热蒸汽。

余热锅炉给水进入汽包之前,在省煤器中吸收烟气余热。省煤器设置在余热锅炉的水平部分,其受热管为悬吊式结构。余热锅炉的过热器由 SH1、SH2、SH3 三段组成。锅筒产生的饱和蒸汽,按 SH1、SH2、SH3 的顺序导入,各过热器之间设置喷水减温装置,调节过热器出口的蒸汽温度。一级减温装置设置在 SH1 过热器的下游、二级减温装置设置在 SH2 过热器的下游。

每台余热锅炉共设置 3 台安全阀,其中 2 台设置于汽包上,1 台设置于过热蒸汽出口母管上,全部安全阀的卸压能力之和大于余热锅炉的蒸汽输出能力。安全阀排汽管出口设置消音器,以减小对周边环境的噪声污染。

按照烟气流程,烟气从焚烧炉出口→第一辐射通道(膜式水冷壁)→第二辐射通道(膜式水冷壁)→第三辐射通道(膜式水冷壁)→蒸发器一段→高温过热器→中温过热器→低温过热器→蒸发器二段→三级省煤器,其中蒸发器和过热器所处烟道为膜式水冷壁即第四通道水冷壁,省煤器烟道为护板结构。

按照汽水流程,锅炉给水→省煤器→锅筒→水冷系统(包括第一至第三辐射通道、第四通道水冷壁、两级蒸发器)→低温过热器→一级减温装置→中温过热器→二级减温装置→高温过热器。

本余热锅炉在高温过热器前面布置有蒸发器一段,确保进入过热器的烟温低于650℃,并且高温过热器为顺流布置,以降低高温过热器管壁温度,防止高温腐蚀发生从而提高高温过热器的使用寿命。中、低温过热器处于烟温较低区域,采用逆流布置以获得最大的传热能力,减少设备金属耗量。在省煤器前布置蒸发器二段可以确保在任何工况下,省煤器出口工质均不会发生汽化的现象。

6.3.1　余热锅炉受热面的腐蚀与磨损

垃圾焚烧炉所产生的烟气与普通燃煤电站锅炉相比,因其烟气中含有的颗粒物成分较多,所以对锅炉受热面的腐蚀及磨损的影响远大于普通燃煤锅炉。为了有效地减少烟气对锅炉受热面的腐蚀和磨损,杜绝因爆管及泄漏而造成锅炉频繁停炉,以及延长锅炉受热面的使用寿命,可通过以下几方面来实现:

(1)设计之初通过有效计算,考虑长期运行中的余热锅炉,以及尾部烟气对余热锅炉不同位置受热面管子的腐蚀和磨损的情况,选取适当的管子壁厚。合理的设计是有效保证余热锅炉整体性能的基础之本。

(2)根据烟气性质和温度的不同,针对性地选择管子材料。如高温过热器可采用耐腐蚀的合金钢管,省煤器采用高压碳钢管等。

(3)对余热锅炉第 1 烟道及出口烟窗处浇注一层 SiC 的浇筑料用于隔离高温段的飞灰粒子直接与烟道相接触,同时也防止了烟气对管子的高温腐蚀。由 SiC 组成的耐火可塑料浇筑料具有较好的导热性和超强的耐磨性。无论是对高温还是对低温烟气,这种浇筑料都具有稳定的强度,特别适用于余热锅炉的水冷壁烟道区域。

(4)在对流受热面区域:一方面,通过合理地布置对流受热面的横向及纵向间距,以杜绝积灰架桥现象的产生,同时也可以有效地降低烟气流速,减少烟气对管子外壁的磨损;另一方面,在对流受热面管子易磨损处加装防磨板,也是防磨的有效手段。

考虑到管束上的飞灰的黏附和过热器管道的高温腐蚀,受热面管子布置遵循以下原则:

（1）从耐腐蚀和经济的角度来考虑,在蒸汽等级为 4.2MPa、405℃的条件下,标准的受热面管子的布置应按照以下顺序布置:一级蒸发器、三级过热器、二级过热器、一级过热器、二级蒸发器和省煤器。三级过热器中的蒸汽流向和烟气流向相同(顺流布置),二级过热器和一级过热器的蒸汽流向和烟气相反(逆流布置)。

（2）恰当地布置受热面管子和管心距可以避免管束被飞灰阻塞,过热器的蒸汽温度超过 320℃时,受热面管子的横向管壁间距保持在 100mm 或以上。在烟气流动方向上,蒸发器和过热器的受热面管子的管心距应保持在 100mm 或以上。

（3）在过热器和蒸发器的蒸汽温度小于 320℃时,受热面管子的横向管壁间距保持在 65mm 或以上。在烟气流动方向上,管心距应保持在 100mm 或以上,其距离的确定还要考虑与管子外径相合适的弯曲半径(弯管工艺需求)。

（4）高温腐蚀的预防措施:严格控制进入高温过热器的烟气温度在 650℃以下。余热锅炉的对流受热面,从高温到低温的布置依次为:一级蒸发器,高、中、低过热器,二级蒸发器,最后是省煤器。一、二级蒸发器采用对流式的布置,就是为了有效地控制经过高温过热器和省煤器的烟气温度,分别控制在 650℃和 350℃以下。选择合理的清灰方式,既可减少余热锅炉受热面管束的积灰,又可降低因积灰而造成的金属壁温的超标现象,也是防止高温腐蚀的有效手段。

（5）低温腐蚀的预防措施:合理的余热锅炉密封设计,减少锅炉漏风,同时保证烟气出口温度在露点温度以上即可。

（6）炉内腐蚀的预防措施:炉内腐蚀主要指余热锅炉汽水通道内部发生的腐蚀,一般有汽水腐蚀、气体腐蚀、垢下腐蚀等。可通过水处理减少锅炉给水的杂质、换热管结构设计合理和防止汽蚀产生等手段消除。

6.3.2　汽包

如图 1-6-2 所示,汽包是电站余热锅炉最重要的设备,是余热锅炉加热、汽化和过热三个过程的连接枢纽,起着承上启下的作用。

图 1-6-2　现场汽包图

水在余热锅炉中变成合格的过热蒸汽，要经过加热、汽化和过热三个过程。由给水加热成饱和水是加热过程；饱和水汽化成饱和蒸汽是汽化过程；饱和蒸汽加热成过热蒸汽是过热过程。上述三个过程分别由省煤器、蒸发受热面和过热器来完成。汽包与上述三个过程都有联系，它要接受省煤器的来水；与蒸发受热面构成循环回路；饱和蒸汽要由汽包分送到过热器。汽包既是加热、汽化和过热这三个过程的交汇点，也是这三个过程的分界点。因此，称汽包是余热锅炉加热、汽化和过热这三个过程的连接枢纽。

汽包采用单锅筒，锅筒内径为 1600mm，壁厚为 46mm，由 Q345R 钢板制成。锅筒两端采用球形封头，封头上设有人孔检查门，封头用 Q345R 钢板压制成。锅筒内部为单段蒸发，一次分离装置为旋风分离器；二次分离装置在锅筒顶部，装设有铁丝网分离器。余热锅炉正常水位在锅筒中心线下 50mm，最高和最低水位距正常水位各为 75mm。锅筒上设有 6 个锅筒壁温测点，2 只就地水位计，另外还装有 2 只电接点水位计，可把锅筒水位显示在操纵盘上，并且有报警的功能，锅筒上配备 3 只平衡容器，用户可装设水位记录仪表。锅筒上还装设有连续排污管和加药管等。锅筒通过四根吊杆悬吊在顶板梁上。

余热锅炉给水经过省煤器预热后送到锅筒。为了监视给水、锅炉水和蒸汽的质量，设置了各自的取样口。

1. 汽包流程

从水冷壁来的汽水混合物经过汽包上部引入管进入汽包内部，如图 1-6-3 所示，沿着汽包内壁与弧形衬板形成的狭窄的环形通道流下，使汽水混合物以适当的流速均匀地传热给汽包内壁，这样克服了因汽包上下壁温差过大导致的余热锅炉启停困难，可以较快地启动。

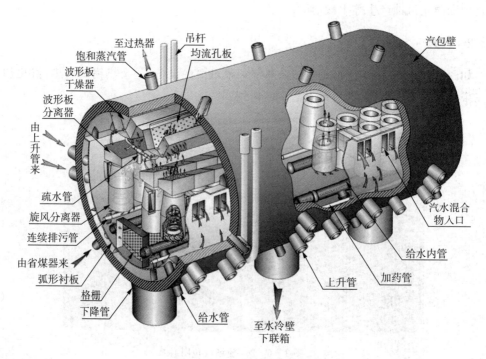

图 1-6-3　汽包结构简图

进入汽包的汽水混合物分别进入汽水旋风分离器,利用改变流动方向时的惯性进行惯性分离,这是汽水混合物的第一次分离。

被分离出来的蒸汽仍带有不少水分,从旋风分离器顶部进入波形板分离器,波形板分离器装在旋风分离器顶部,带有部分水滴的蒸汽在波形板间的缝隙中流动,黏附在金属壁面上形成水膜往下流,这是第二次分离。

第二次分离后的蒸汽最后经过蒸汽清洗,利用水的密度差进行重力分离,这是第三次分离。

蒸汽经过第三次分离后,达到了蒸汽质量标准,再由汽包顶部饱和蒸汽管引往过热器。

2. 汽包设备简介

汽包内部装置主要包括汽水分离装置,蒸汽清洗装置,排污、加药和事故防水装置等。

(1)汽水分离装置

汽水分离装置主要包括旋风分离器、波形板分离器等,旋风分离器是由2~3mm的钢板制成的圆筒,如图1-6-4所示,汽水混合物以进口蜗壳为切线方向进入旋风分离器,靠离心力作用将水滴抛向筒壁使汽与水分离,然后在旋风筒内受重力作用,蒸汽从顶部经波形板顶帽进入汽包的蒸汽空间,水则由下部进入水空间,完成第一次分离;再通过波形板分离器的第二次分离,从而达到汽水分离的目的。

图1-6-4 旋风分离器图

旋风筒进口管的中线高于汽包内的最高水位,这样可使筒内的水位低于旋风分离器进口管的边缘,旋风分离器的筒底应没入正常水位下200mm,以免蒸汽由筒底穿出。为防止筒底排水中带出蒸汽进入下降管,在筒底都装有托盘。在汽包内顶部蒸汽引出管之前装置多孔板,目的是利用节流作用使蒸汽空间的饱和蒸汽沿汽包长度和宽度分布均匀,提高分离效率。多孔板是由3~4mm厚的钢板制成,孔径为10mm。

（2）蒸汽清洗装置

蒸汽清洗的基本原理：让含盐量低的清洗给水与含盐量高的蒸汽相接触，使蒸汽中溶解的盐分转移到清洗的给水中，从而减少蒸汽溶盐，同时又能使蒸汽携带炉水中的盐分转移到清洗的给水中，从而降低蒸汽机械中携带的含盐量，使蒸汽的品质得到改善。

蒸汽污染的危害：含盐量超标的蒸汽会引起汽轮机和余热锅炉等热力设备结盐垢，会造成过热器热交换受阻，管壁超温，排烟温度升高，炉效降低；蒸汽管道阀门动作失灵或泄漏；会使汽轮机的蒸汽通流截面减小，喷嘴和叶片的粗糙度增加，甚至改变喷嘴和叶片的形线，从而使汽轮机的阻力增加，出力和效率降低；若积盐不均匀，还会引起轴系振动，甚至造成事故。由此可见，蒸汽品质对机组安全的重要性。

（3）排污、加药和事故防水装置

锅炉多采用连续排污＋定期排污。

连续排污主要用于排出汽包上部的浓缩水，防止锅炉水的含盐量和含硫量过高，排污部位多设在汽包水浓缩最明显的地方，即汽包水位下 $200\sim300\text{mm}$ 处。通常根据汽包水水质分析指标调整连续排污量。

定期排污又称间断排污，即每间隔一定时间排出锅炉底部沉积的水渣和污垢，一般 $8\sim24$ 小时排污一次，每次排 $0.5\sim1$ 分钟，排污率不少于 1%，间断排污以频繁、短期为特点，可使汽包水均匀浓缩，有利于提高蒸汽质量。

加入锅水的药品通常是 Na_3PO_4（磷酸三钠），经过稀释后由加药泵打入锅炉汽包的锅水中。锅水中加入磷酸三钠，除使锅水中钙、镁盐类生成非黏结性的松散水渣外，还可起到校正锅水碱性的作用，使锅水的 pH 值维持在规程规定的范围之内。

事故放水管的作用是当出现满水事故或汽水共腾及泡沫共腾时，用它紧急排放锅水，迅速恢复水位。事故放水管上端在汽包内，上口与汽包正常水位平齐。一旦出现上述情况时，迅速打开事故放水门，使多余的水排放出去，恢复正常水位。由于有锅水在事故放水孔浮起的现象，水位可放到比正常水位略低的位置，但锅水不会被放光。汽包中的水虽然不会被放光，但打开事故放水门后，必须严密监视水位，一旦正常水位出现，应立即关闭事故放水门。否则，会通过事故放水管放出大量饱和蒸汽，这除了造成不必要的工质和热量损失外，还使进入过热器的蒸汽量减少，会给过热器的安全带来威胁。

6.3.3　过热器及减温装置

1. 过热器

过热器是把饱和蒸汽加热到额定过热温度的锅炉受热面部件。按传热方式，过热器可分为对流、半辐射和辐射三种。按结构，过热器可分为蛇形管式、屏式、壁式和包墙管式四种。

随着蒸汽参数的提高，过热蒸汽的吸热量占工质总吸热量的比例越来越高，亚临界机组已达 50% 以上，如表 $1-6-1$ 所示。

表 1-6-1 工质吸热分配份额表

过热蒸汽压力 （MPa）	给水温度 （℃）	过热蒸汽温度 （℃）	再热蒸汽温度 （℃）	工质吸热分配份额			
				加热份额	蒸发份额	过热份额	再热份额
3.83	150	450	—	0.163	0.640	0.197	—
9.82	215	540	—	0.193	0.536	0.272	—
13.74	240	555	550	0.213	0.314	0.299	0.174
16.69	260	555	555	0.229	0.264	0.349	0.158

2. 减温装置

余热锅炉的过热器由 SH1、SH2 和 SH3 三段组成。锅筒产生的饱和蒸汽按 SH1、SH2 和 SH3 的顺序导入，各过热器之间设置喷水减温装置，调节过热器出口的蒸汽温度。减温装置通过喷射锅炉给水，控制各过热器出口温度。

减温装置是可调孔板式的，其位置拥有足够的距离有利于水珠蒸发。一级减温装置设置在 SH1 过热器的下游，二级减温装置设置在 SH2 过热器的下游。

另外，从烟气入口开始，各过热器按 SH3、SH2 和 SH1 的顺序排列，SH3 过热器为顺流形，SH1 和 SH2 过热器是逆流形。

在过热器的管束之间，留有约 840mm 的空间作为维修空间。过热器管束通过吊杆悬吊在顶板梁上，下部是自由的。

6.3.4 省煤器

1. 概述

在锅炉尾部烟道的最后，烟气温度仍较高，为了最大限度地利用烟气热量，在尾部烟道都布置一些低温受热面，即省煤器。省煤器的作用就是让给水在进入锅炉前，利用烟气的热量对之进行加热，同时降低排烟温度，提高锅炉效率，节约燃料耗量。省煤器的另一作用在于给水流入蒸发受热面前，先被省煤器加热，这样就降低了炉膛内传热的不可逆热损失，提高了经济性，同时减少了水在蒸发受热面的吸热量。因此采用省煤器可以取代部分蒸发受热面。也就是以管径较小、管壁较薄、传热温差较大和价格较低的省煤器来代替部分造价较高的蒸发受热面。因此，省煤器的作用不仅是省煤，实际上已成为现代锅炉中不可缺少的一个组成部件。

省煤器按布置方式可分为错列布置和顺列布置。错列布置结构紧凑，传热系数较大，但加大了管子的磨损。顺列布置则可以减轻省煤器磨损，且易于清灰。

2. 结构特点

在水平烟道后连通一钢制烟道，烟道内布置省煤器，分 3 组，共 60 排，在每组之间设置 900mm 的空间，每排由 60 根 $\phi 42 \times 4.5$ 的无缝钢管组成，材料为 20G/GB 5310，横向节距为 100mm，纵向节距为 100mm。省煤器管高度为 6500mm 和 6800mm。管子均为顺列逆流布置。

省煤器管子和集箱均悬吊在顶梁上，一起向下膨胀。

3. 省煤器积灰与磨损

(1)省煤器积灰

进入省煤器区域的烟气已没有熔化的飞灰,碱金属(钠、钾)氧化物蒸汽的凝结也已结束,所以省煤器的积灰容易用吹灰方法消除。垃圾焚烧发电厂飞灰具有与常规火电厂不同的成分,需在日常工作中进行分析研究。

省煤器受热面积灰后,使传热恶化,排烟温度升高,降低锅炉效率,积灰可能使烟道堵塞,轻则使流动阻力增加,降低出力,严重时可能被迫停炉清灰。锅炉运行时,为防止或减轻积灰的影响,除保证烟气速度不能过低外,至关重要的是及时、合理地进行吹灰,这是防止积灰的行之有效的方法。确定合理的吹灰间隔时间和一次吹灰的持续时间尤为重要。

(2)省煤器磨损

进入尾部烟道已硬化的大量飞灰,随烟气冲击受热面时,会对管壁表面产生磨损作用,管子变薄,强度下降,造成管子损坏。特别是省煤器,灰粒较硬,更易发生磨损。这种由于飞灰磨损而造成的省煤器管排损坏,最主要的表现特征就是省煤器的爆管。

含有硬粒飞灰的烟气相对于管壁流动,对管壁产生的磨损称为冲击磨损,亦称冲蚀。冲蚀有撞击磨损和冲刷磨损两种。

撞击磨损是指灰粒相对于管壁表面的冲击角较大,或接近于垂直,以一定的流动速度撞击管壁表面,使管壁表面产生微小的塑性变形或显微裂纹。在大量灰粒长期反复的撞击下,逐渐使塑性变形层整片脱落而形成磨损。

冲刷磨损是灰粒相对管壁表面的冲击角较小,甚至接近平行。如果管壁经受不起灰粒楔入冲击和表面摩擦的综合切削作用,就会使金属颗粒脱离母体而流失。在大量飞灰和长期反复作用下,管壁表面将产生磨损。

省煤器磨损,一般都是撞击磨损和冲刷磨损综合作用的结果。显然,烟气的流速越高,灰粒的质量越大,从而导致飞灰浓度越大,对受热面管子的磨损作用越强烈。在省煤器中局部烟气流速和飞灰浓度偏高的情况下,这种磨损是难以避免的。

6.3.5　水冷壁

1. 概述

炉膛是锅炉中组织燃料燃烧的空间,也称燃烧室。炉膛是锅炉燃烧设备的重要组成部分。炉膛除了要把燃料的化学能转变成燃烧产物的热能外,还承担着组织炉膛换热的任务,因此它的结构应能保证燃料燃尽,并使烟气在炉膛出口处已被冷却到使其后面的对流受热面安全工作所允许的温度。

整个余热锅炉分为三个垂直炉室。

燃烧后的烟气经过三个垂直膜式水冷壁通道(即炉室Ⅰ、Ⅱ、Ⅲ)后,进入卧式布置的水平对流区域。在水平对流区域,烟气依次经过一级蒸发器,三级(高、中、低温段)过热器,二级、三级蒸发器及三组省煤器,最后排入烟气处理设备。

饱和水通过集中下降管分配至水冷系统各个下部集箱,通过水冷壁传热管集中至上部集箱,再经饱和蒸汽引入管流入锅筒。

水冷壁外设有刚性梁,整个水冷壁组成刚性吊箍式结构,水冷壁本身及其所属炉墙和刚性梁等重量均通过水冷系统吊挂装置悬吊在顶板上,并可以向下自由膨胀。

在水平烟道前段布置一级蒸发器。一级蒸发受热面布置在高温过热器前,管束顺列设计。二级蒸发器位于低温过热器后,省煤器前,蒸发器管子和集箱均悬吊在顶梁上,一起向下膨胀。

2. 设计要求

燃烧室的设计考虑微负压运行,炉顶与炉墙严密不漏风。炉膛烟气压力按$-50\sim0Pa$(表压)设计,烟气压力无须调节。

在炉膛内上部区域布置锅炉炉膛负压测孔,并列出测孔位置处所规定的相应负压值。

余热锅炉的炉膛承载能力,在负压燃烧时按$\pm8.7kPa$进行设计,防止出现炉膛内爆和外爆。

水冷壁采用膜式水冷壁结构,鳍片材料与管材的膨胀相适应。水冷壁管内水流分配和受热应合理。

在任何工况下(尤其是低负荷及启动工况),保证在水冷壁内有足够的质量流速,以保持水冷壁水动力稳定和传热不发生恶化。

水冷壁管进行水动力不稳定性和水冷壁管内沸腾传热计算,确定不发生脉动的界限质量流速和管子最大壁温。还应进行水冷壁管管壁温度工况的校核,判断管子的温度和应力是否在许用范围内。

对水冷壁管及鳍片(如有)进行温度和应力验算,无论在余热锅炉启动、停炉和各种负荷工况下,管壁和鳍片的温度均低于钢材的许用值,应力水平亦低于许用应力,使用寿命保证不低于30年。

水冷壁上设有必要的门、孔,以便运行人员观察、检修人员进出,正常运行时,门、孔关闭严密,并能闩住,避免自行开启。

看火孔设置密封冷却风,以防烧坏。

为监视蒸发受热面出口金属温度,在水冷壁管上装有足够数量的测温装置。

水冷壁和焚烧炉接合处有良好的密封结构,以保证水冷壁能自由膨胀。

6.3.6 安全阀和安全阀消音器

为了保险起见,当余热锅炉容量大于0.5t时,需要在汽包上安装两个安全阀,且两安全阀的整定压力不同,整定值低的是控制过热蒸汽的,高的是控制汽包压力的;一旦超压,整定值低的先起跳,以此来保证过热器不被烧坏。

余热锅炉安全阀包括安装在汽包上的安全阀和安装在过热器出口主蒸汽配管上的安全阀。这些安全阀的总排汽容量超过余热锅炉的蒸汽产量。为了降低噪音,排放蒸汽经过消音器引到室外。

安全阀配有扳手,以防安全阀无法正常起跳时,人为开启安全阀泄压,避免事故发生。安全阀结构如图1-6-5所示。

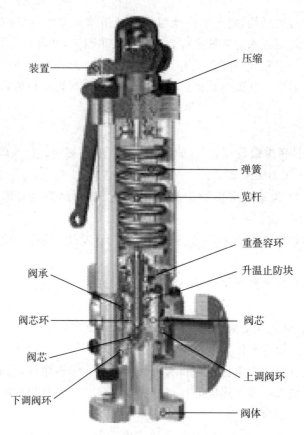

图 1 - 6 - 5　安全阀结构示意图

6.4　锅炉排污系统

6.4.1　锅炉连续排污

本设备是为处理锅炉排污而设置的,由以下装置组成:

- 连续锅炉排污装置
- 连续排污扩容器
- 间歇排污扩容器
- 排污水冷却器

在锅炉传热管内,水面的平衡条件因受热等外界因素被破坏时,管表面会形成沉淀物、颗粒状水垢。水中的污染物有自己的溶解度,超过该溶解度就会析出污染物。在水接触高温表面,污染物的溶解度随温度上升而降低时,会从表面析出,产生水垢。锅炉水垢或沉淀物的基本成分是吸收了这些沉淀物的磷酸钙、碳酸钙、氢氧化镁、硅酸镁和氧化铁等各种化合物以及二氧化硅等。对于高温状态下运行的锅炉来说,沉淀物会降低传热性能,还有引发传热管穿孔的危险。因此锅炉排污是为了排出锅炉内的污染物。

为了避免上述问题,实施连续排污,从汽包连续排泄锅炉水。排污水量约为蒸汽产量的 1%,由流量计(F1)测量并予以显示。

连续排污量与自动燃烧设备所设定的蒸汽产量成比例,用手动调节。

间歇排污管设置在汽包底部和锅炉底部集箱。因锅炉压力较高,在这些配管上安装双重手动断流阀。

锅炉连续排污水被送入连续排污扩容器,进行扩容而变成蒸汽,排污水中所含的能量因此而消散。热量通过向锅炉水扩容而消散。锅炉水温约为 262.7℃(4.9MPa(A)的饱和水温度),会在除氧器的运行压力(0.27MPa(A))下扩容。扩容蒸汽被送入除氧器。

锅炉间歇排污水从上述扩容器送入间歇排污水扩容器。此外,高压疏水、锅炉汽包的紧急排水及停炉后的锅炉排放水也送入该扩容器。该扩容器的运行压力是大气压,扩容蒸汽通过排气管排放到室外。

6.4.2　锅炉定期排污

定期排污是将扩容器内的锅炉水送至排污冷却器。

排污冷却器是为了冷却约 100℃ 的锅炉排放水而设置的。该温度的水不适合废水处理设备的运行,所以,需将水温冷却到 60℃。冷却水的水量用手动阀调节,出入口的温度可用就地仪表确认。

6.5　锅炉清灰系统

6.5.1　激波吹灰

可燃气体(乙炔)与空气混合,在一定的比例(爆炸极限)范围时,存在爆炸性。乙炔和空气经乙炔、空气输入单元进入特殊结构的混合点火装置及脉冲罐,混合气体在混合装置中经高频点火,在脉冲罐内爆燃,体积急剧膨胀,产生高温、高速的气流,经喷嘴进入炉内,并以冲击动能、声能和热能的形式释放能量,经受热面管束和炉墙多次反射弥漫整个待除灰表面,使积灰松弛并脱落,从而达到除灰的目的。

6.5.2　蒸汽吹灰

1. 清扫原理

吹灰器的工作原理是从伸缩旋转的吹灰枪管端部的一个或几个喷嘴中喷出压缩空气或蒸汽持续冲击和清洗受热面。喷嘴的轨迹是一条螺旋线,导程为 100mm、150mm 或 200mm,由吹灰器行程和吹灰要求决定。吹灰器退回时,喷嘴的螺旋线轨迹与前进时的螺旋线轨迹错开 1/2 节距。图 1-6-6 和图 1-6-7 为两个喷嘴和 100mm 导程的吹灰轨迹。

如果选用螺旋线相位变化机构装在吹灰器上,喷嘴轨迹就不会恒定重复。这种机构在每个吹灰周期中,使喷嘴的相位预先改变。对于导程为 100mm 的 C304B 吹灰器,每个吹灰周期开始时,吹灰枪比上一周期转过了 47.409°,在喷嘴轨迹完全重复的情况,要到吹扫 448 次后才会出现。

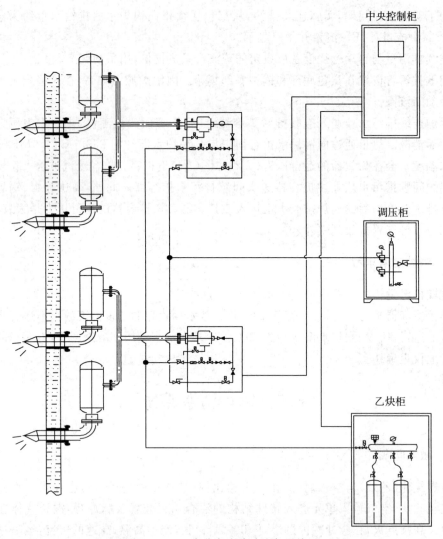

图1-6-6 全分布式脉冲吹灰系统图

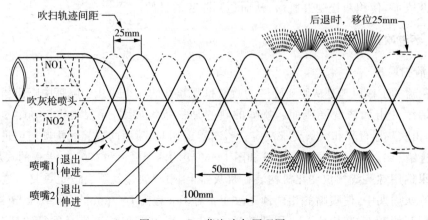

图1-6-7 蒸汽吹灰原理图

2. 主要机构

(1)高效喷嘴——对每一吹灰器专门选定。

(2)喷嘴传送机构——吹灰枪管、跑车和电动机。

(3)向喷嘴提供吹灰介质的机构——阀门、内管、填料压盖和吹灰枪臂。

(4)支撑和包容吹灰器元件的机构——两点支吊的箱式梁。

(5)控制系统——整个部件由行程保护控制电源和动力电源控制吹灰器的运行。

3. 吹灰过程

吹扫周期从吹灰枪处在起始位置开始。电源接通后,电机驱动跑车沿着梁两侧的导轨前移,将吹灰枪送入锅炉内。喷嘴进入炉内后,跑车开启阀门,吹灰开始。跑车继续将吹灰枪旋进锅炉,直至前端到达极限后,跑车反转,引导枪管以与前进时不同的吹灰轨迹后退。当喷嘴接近炉墙时,阀门关闭,吹灰停止。跑车继续后退,回到起始位置。

6.5.3　振打清灰

采用机械式振打装置用于除去附着于蒸发管束、过热器管束和省煤器管束上的锅炉飞灰(图1-6-8)。

图1-6-8　现场振打清灰图

第7章　烟气净化系统

7.1　烟气处理流程概述

影响污染物原始浓度的工艺条件包括温度和烟气在焚烧炉内的停留时间、焚烧炉内气体湍流度以及过量空气系数等。其中焚烧温度是最为显著的影响因素,较高的温度有利于生活垃圾中有机物的充分燃烧,从而使烟气中 CO 和有机物的原始浓度降低;烟气在垃圾焚烧炉内高温区停留的时间越长,燃烧效果越好,烟气中 CO 和有机类污染物的原始浓度越低。温度与停留时间是一对相互影响的因素,例如我国规定 850℃ 的烟气滞留时间不低于 2s。适当的过量空气系数有利于完全燃烧,可降低不完全燃烧类污染物的原始浓度,如果过量空气系数过大,会导致焚烧炉内温度降低,使不完全燃烧类污染物原始浓度增加,而太小的过量空气系数会使垃圾焚烧炉内供氧不足,同样使垃圾燃烧不充分。

根据烟气排放指标及余热锅炉出口烟气参数确定烟气净化系统采用"SNCR 炉内脱硝系统＋半干法烟气脱酸塔＋干粉喷射吸附系统＋活性炭喷射吸附系统＋布袋除尘器"的工艺。垃圾焚烧炉余热锅炉烟气(温度为 190℃～240℃)被引入脱酸反应塔后,烟气中的酸性物质(HCl、SO_2 等)与雾化的石灰浆液滴充分反应,调温水随石灰浆液雾化并蒸发,从而调节烟气温度。在反应塔出口烟道喷入 $NaHCO_3$(或消石灰)和活性炭粉末,烟气中未去除完的酸性污染物与 $NaHCO_3$(或消石灰)继续反应,从而被去除,二噁英和汞等重金属则被活性炭吸附。烟气进入布袋除尘器后被滤袋分离出来,净化后的烟气由引风机引出后通过烟囱排入大气。

7.2　烟气净化标准

烟气排放在满足《生活垃圾焚烧污染控制标准》(GB 18485—2014)的基础上,参照欧盟 2000 标准,原则上按严格的标准确定烟气污染物排放标准,以满足对环境保护的需要,参考表 1-7-1 所列出的取值指标。

表 1-7-1　污染物排放指标表

序号	污染物名称	单位	国标 GB 18485—2014		欧盟 2010	
			24 小时均值	小时均值	24 小时均值	半小时均值(100%)
1	烟尘	mg/Nm³	20	30	10	30
2	氯化氢(HCl)	mg/Nm³	50	60	10	60
3	氟化氢(HF)	mg/Nm³	—	—	1	4
4	二氧化硫(SO_2)	mg/Nm³	80	100	50	200
5	氮氧化物(NO_x)	mg/Nm³	250	300	200	400
6	一氧化碳(CO)	mg/Nm³	80	100	50	100
7	总有机碳(TOC)	mg/Nm³	—	—	10	20
			测定值			
8	汞及其化合物(Hg)	mg/Nm³	0.05		0.05	
9	镉、铊及其化合物(Cd、Tl)	mg/Nm³	0.1		0.05	
10	锑、砷、铅、铬、钴、铜、锰、镍、钒及其化合物(Sb+As+Pb+Cr+Co+Cu+Mn+Ni+V)	mg/Nm³	1.0(不包含钒)		0.5	
11	二噁英类	ngTEQ/Nm³	0.1		0.1	

7.3　烟气净化主要工艺介绍

国内外研究和实践表明,"低温控制和高效颗粒物捕集"是烟气净化系统成功运行的关键因素,所以在焚烧后烟气净化过程中必须将温度控制得尽可能低(零点以上),同时采用高效除尘器。烟气净化工艺形式较多,按脱酸过程是否加水和脱酸产物的干湿形态可分为湿法、半干法和干法三种。每种工艺都有多种组合形式,也各有优缺点。

7.3.1　湿法净化工艺

湿法脱硫技术原理是烟气进入脱硫装置的湿式吸收塔,与自上而下喷淋的碱性石灰石浆液雾滴逆流接触,其中的酸性氧化物 SO_2 以及其他污染物 HCl、HF 等被吸收,烟气得以充分净化;吸收 SO_2 后的浆液反应生成 $CaSO_3$,通过就地强制氧化、结晶生成 $CaSO_4$ 和 H_2O,经脱水后得到商品级脱硫副产品——石膏,最终实现含硫烟气的综合治理。

　　湿法净化工艺的污染物净化效率最高,可以满足严格的排放标准,故在国外经济发达国家应用较多,其工艺组合形式也多种多样,湿法净化工艺的缺点是流程复杂,配套设备较多,一次性投资和运行费用较高并有后续的废水处理问题。湿法洗涤净化集除尘和去除其他污染物于一体,在允许的条件下可以不用其他高效除尘设备(静电除尘器和布袋除尘器)。湿法净化所用吸收剂可以是 $Ca(OH)_2$ 或 NaOH。湿法净化后烟气的温度大大降低,常需加热后排入大气。目前,我国垃圾焚烧厂已有开始应用湿法净化工艺的案例。

7.3.2　半干法净化工艺

　　采用石灰石或石灰作为脱硫吸收剂,石灰石经破碎磨细成粉状与水混合搅拌成吸收浆液,当采用石灰作为吸收剂时,石灰粉经消化处理后加水制成吸收剂浆液。在吸收塔内,吸收浆液与烟气接触混合,烟气中的 SO_2、浆液中的 $CaCO_3$ 以及鼓入的氧化空气进行化学反应从而被脱除,最终反应产物为石膏。

　　半干法净化工艺是利用烟气显热蒸发石灰浆液中的水分,同时在干燥过程中,石灰与烟气中的 SO_2 反应生成 $CaSO_3$,并使最终产物为干粉状。该种工艺不但可以达到较高的污染物净化效率,而且具有投资和运行费用低、流程简单和不产生废水等优点,是一种极有前途的工艺,目前在生活垃圾焚烧厂烟气净化系统中的应用越来越多。该工艺被美国国家环保局定为生活垃圾焚烧烟气净化最佳工艺。其缺点是对操作水平(如烟气在喷雾干燥吸收塔中的停留时间,吸收浆液中吸收剂的粒度及浓度等)及喷嘴的要求高。

　　工程上常用的半干法烟气净化主要有喷雾干燥吸收法、气体悬浮式吸收法、增湿灰吸收法及循环灰吸收法等几种形式。

7.3.3　干法净化工艺

　　直接将消石灰粉喷入烟道中,并且烟气冷却塔设计成完全蒸发型,几乎不会在冷却塔侧壁上产生结块和附着等问题,属于干法工艺。

　　干法净化工艺的污染物净化效率相对于湿法和半干法而言较低,但其工艺简单,投资和运行费用明显低于湿法,操作水平要求较低,且不存在后续的废水处理问题。近几年来,国外发达国家在干法净化设备开发方面不断改进,提高了污染物的净化效率,因而该工艺仍有一定的实用性。

7.4　烟气脱硝工艺

7.4.1　选择性催化还原法(SCR)

　　选择性催化还原技术(SCR)是目前最成熟的烟气脱硝技术,它是一种炉后脱硝方法,最早由日本于 20 世纪 60～70 年代完成商业运行,是利用还原剂(NH_3、尿素)在金属催化剂作用下,选择性地与 NO_x 反应生成 N_2 和 H_2O,而不是被 O_2 氧化,故称为"选择性"。目前世界上流行的 SCR 工艺主要分为氨法 SCR 和尿素法 SCR。这两种方法都是

利用氨对 NO_x 的还原功能,在催化剂的作用下将 NO_x(主要是 NO)还原为对大气没有多少影响的 N_2 和水,还原剂为 NH_3。

在 SCR 中使用的催化剂大多以 TiO_2 为载体,以 V_2O_5 或 $V_2O_5 - WO_3$ 或 $V_2O_5 - MoO_3$ 为活性成分,制成蜂窝式、板式或波纹式三种类型。应用于烟气脱硝中的 SCR 催化剂可分为高温催化剂(345℃～590℃)、中温催化剂(260℃～380℃)和低温催化剂(80℃～300℃),不同的催化剂适宜的反应温度不同。

如果反应温度偏低,催化剂的活性会降低,导致脱硝效率下降,且如果催化剂持续在低温下运行会使催化剂发生永久性损坏;如果反应温度过高,NH_3 容易被氧化,NO_x 生成量增加,还会引起催化剂材料的相变,使催化剂的活性退化。

目前,国内外 SCR 系统大多采用高温催化剂,反应温度区间为 315℃～400℃。该方法在实际应用中的优缺点如下:

优点:该法脱硝效率高,价格相对低廉,目前广泛应用在国内外工程中,成为电站烟气脱硝的主流技术。

缺点:燃料中含有硫分,燃烧过程中可生成一定量的 SO_3。添加催化剂后,在有氧条件下,SO_3 的生成量大幅增加,并与过量的 NH_3 生成 NH_4HSO_4。NH_4HSO_4 具有腐蚀性和黏性,可导致尾部烟道设备损坏。虽然 SO_3 的生成量有限,但其造成的影响不可低估。另外,催化剂中毒现象也不容忽视。

7.4.2　选择性非催化还原(SNCR)

SNCR 炉内脱硝系统是一种"选择性非催化还原脱氮"工艺系统。该系统通过向焚烧炉内 850℃～1050℃ 的烟气区域喷射一定浓度的氨水,在高温下氨水与 NO_x 反应生成 N_2 和 H_2O 等无害物质,从而减少 NO_x 的排放量。

SNCR 是在高温焚烧炉或烟道内喷射还原剂氨水溶液,有选择地与 NO_x 进行反应生成 N_2 与 H_2O 的方法。一般情况在低温条件下不反应,脱氮率高的温度范围是 850℃～1050℃。SNCR 方法的特点是不需要催化剂,设备也简单。如果过量喷射,由于选择反应率低,剩余的氨会直接与酸性气体反应,会产生 NH_4Cl 及 NH_4HSO_4 等。所以,SNCR 控制系统必须有效控制喷射当量,一般情况喷射量为 1～1.6 当量能得到 35%～50% 的脱氮率。高效 SNCR 系统的原理如图 1-7-1 所示。

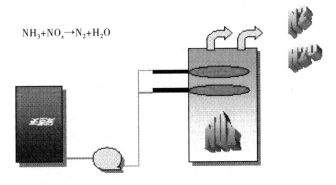

$$NH_3 + NO_x \rightarrow N_2 + H_2O$$

图 1-7-1　SNCR 原理图

1. 系统概述

SNCR 系统采用氨水作为还原剂，将浓度为 20% 的氨水稀释至 5%，然后喷射到焚烧炉内，除去焚烧炉内的 NO_x。整个系统由 20% 的氨水输送、储存、稀释装置和喷射装置等构成。

两条焚烧线共设置一套氨水储存系统和软水供应系统，每条焚烧线设置一套氨水加注和分配系统，每个炉设双层喷射系统，每层有 6 支氨水喷枪，每炉共 12 支氨水喷枪。

氨水储存区设置 1 台有效容积为 50m³ 的氨水溶液储存罐，并设置 2 台流量为 20m³/h、扬程为 26m 的氨水卸料泵（一用一备）。20% 的氨水溶液由槽罐车运到厂内，通过氨水卸料泵输送至氨水溶液储存罐，氨水溶液储存罐顶部安装安全阀。同时，氨水储存区还设置了 3 台流量为 167L/h、扬程为 100m 的氨水溶液输送泵（两用一备），向焚烧炉供应氨水。氨水溶液的流量由 DCS 根据烟囱出口的 NO_x 浓度自动控制。氨水溶液喷射泵采用多级循环泵，变频调节。

软水供应系统布置在综合主厂房的 SNCR 车间内，设 1 座 2m³ 圆筒立式稀释水罐和 2 台流量为 2.4m³/h、扬程为 89m 的稀释水泵（一用一备）。稀释水泵是为了稀释氨水溶液而设置的。由氨水溶液喷射泵送来的氨水溶液与稀释水汇合，再由氨水稀释管线混合器将 20% 的氨水溶液稀释至 5% 后，通过每炉共 12 支氨水喷枪将氨水喷入焚烧炉中。SNCR 系统流程图见图 1-7-2。

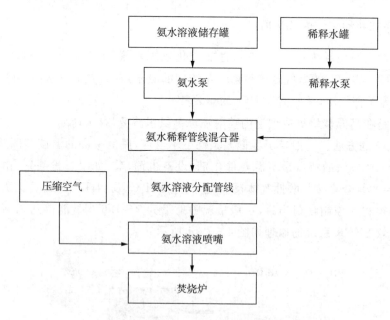

图 1-7-2　SNCR 系统流程图

氨水储存区的氨水溶液储存罐围堰内还单独设置 1 台流量为 10m³/h、扬程为 30m 的立式液下排污泵，当氨水发生泄漏事故时，可将 20% 的氨水稀释后输送至全厂回用水池中进行进一步处理。

SNCR 系统可以降低烟气中 NO_x 含量，使其在规定的限值之内。通过压缩空气将氨水溶液（浓度为 5%）喷射到焚烧炉的二次燃烧室以上位置来降低 NO_x 的浓度。

SNCR 系统利用 NH_3 和烟气中的 NO_x 发生非催化还原反应,产生 N_2 和 H_2O,达到降低 NO_x 排放浓度的目的。

为了提高脱 NO_x 的效率并实现 NH_3 的泄漏最小化,必须满足以下条件:

(1)在氨水溶液喷入的位置没有火焰;

(2)在反应区域维持合适的温度范围(800℃～1000℃);

(3)在反应区域的停留时间符合要求(0.8s,900℃)。

为了减少燃烧室内 NO_x 的产生,将氨水溶液喷射到锅炉的第一通道。

氨水溶液喷射泵的转速控制着氨水溶液的使用量,使 NO_x 浓度小于 $165mg/m^3$(干基,O_2 为 11%)。一般情况下,氨水溶液的使用量由烟囱中的 NO_x 浓度自动控制,氨水溶液喷射泵流量控制通过变频器来实现。控制逻辑见图 1-7-3。

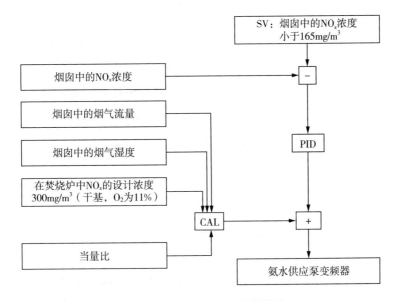

图 1-7-3　NO_x 浓度的控制图

(1)SNCR 系统设计参数

SNCR 系统设计参数见表 1-7-2 所列。

表 1-7-2　SNCR 系统设计参数表

序号	内　　容	单　位	数　　据	
1	NO_x 炉膛内的预期浓度(11%的 O_2)	mg/m^3	300	300
2	NO_x 烟囱排放气体浓度(11%的 O_2)	mg/m^3	120(设计值)	165(保证值)
3	浓氨水消耗量(20%)	kg/t(垃圾)	6.8	3.36
4	稀释水消耗量	kg/t(垃圾)	22.2	12.4
5	注射到炉膛内的氨水浓度	%	5	—
6	反应的保持时间	s	>0.6	—

注:耗量为单台炉耗量。

（2）布置及运行方式

① 布置方式

浓氨水储存罐、卸氨泵、浓氨水输送泵布置于室外，稀释氨水、水箱、输送模块布置于室内，稀释后的氨水经喷嘴喷射于炉膛内。

② 工艺水指标

SNCR系统浓氨水稀释用水要求如表1-7-3所示。

表1-7-3　SNCR系统浓氨水稀释用水要求

项　　目	单　　位	数　　值
SiO_2	mg/L	＜0.01
电导率（25℃）	μs/cm	＜0.25
硬度	mmol/L	0

2. 氨水的脱硝机理

选择浓度为20%的氨水作为NO_x的还原剂，加水稀释至5%浓度后，喷入焚烧炉内后，与NO的反应机理如下：

$$4NO+4NH_3+O_2 \longrightarrow 4N_2+6H_2O$$

3. 氨水储存系统

氨水储存系统包括氨水储罐、卸氨泵、浓氨水输送泵和喷淋设施以及管道、阀门、仪表、平台、扶梯、电控柜等成套装置。

氨水贮存系统为一完整的药液贮存和输送单元系统，能连续运行，装置内凡与溶液接触部分均无铜件。

氨水贮存系统对外设有排污口和进液口，装置的对外接口规格与外部管线规格一致。设有1台氨气吸收装置，能够阻止氨气扩散至周围环境中。氨气吸收装置配套完整（包括填料等），设置相应的喷淋设施。

装置范围内管道材质为不锈钢（S30408）。阀门采用不锈钢 S30408 球阀，阀门的压力等级与系统压力等级匹配。安全阀的溢出口接至溶液箱。

溶液箱：箱外壁装有不锈钢 S30408 磁性浮子式液位计，液位就地显示并带模拟量（4～20mA 直流电）信号输出。液位计两端装设隔离阀，底部装设排污阀。溶液箱本体材质为 Q235-B，箱体最小壁厚为 6mm，衬胶厚度不小于 4.8mm。溶液箱设有进水、进液、出液、排污、排气和溢流等接口，各接口规格和位置满足工艺系统要求。溶液箱底部排污阀安装在便于人工操作的位置。设置1台溶液箱，容积不小于 $50m^3$。

卸氨泵：卸氨泵用于装卸槽车中的氨水（浓度为20%）。卸氨泵为卧式单级单吸悬臂式离心泵，泵和电机通过联轴器连接固定在底板上。泵和介质接触部分的材质为 S30408。泵组的振动值：轴承座处的双振幅值不超过 0.05mm。每套装置设置2台泵，正常情况下1台运行1台备用。

浓氨水输送泵：氨水输送系统将氨水溶液储存罐内的氨水溶液以一定的压力输送至

计量和分配装置。整套输送系统包括过滤器、两台多级循环泵以及用于远程控制和监测系统压力和流量等的仪表等。上述管线材质均为 304 不锈钢。每台循环泵配一台变频装置。

4. 稀释水压力控制系统

为了保证喷枪流量,氨水溶液稀释至一定浓度才喷入锅炉内。稀释水压力控制模块是利用高流量、高压输送控制把经过过滤的稀释水输送到计量及分配装置。该装置的主要功能是控制供给喷枪稀释水的压力和流量。

整套 SNCR 系统设置一套稀释水模块。其包括稀释水箱、在线过滤器、稀释水供应泵和压力控制阀等。每套稀释水供应泵按 2 台 100% 容量配置,采用多级离心泵。

5. 氨水计量及分配系统

氨水计量系统用于准确计量和独立控制还原剂浓度,并根据烟气中 NO_x 的浓度、锅炉负荷和燃料量的变化自动分配调节锅炉氨水溶液的流量。每台锅炉设置一套计量模块。

氨水溶液分配系统用于分配每个喷枪的流量。每台锅炉设置 1 台分配系统。氨水溶液分配系统在各个喷枪的氨水溶液管道上设置手动调节阀,在脱硝系统调试时调整各个喷枪的氨水溶液流量。

6. 氨水溶液喷射系统

氨水溶液喷射系统能在所有负荷下将还原剂经雾化后以一定的角度、速度和液滴粒径喷入炉膛,参与脱硝化学反应。

在锅炉不同负荷下,选择烟气温度处在最佳反应区间的喷射区喷射还原剂。喷射区域的位置和喷枪的设置由炉内温度场、烟气流场、还原剂喷射流场和化学反应过程的模拟结果而定。

还原剂在锅炉炉膛内的停留时间大于 0.5s。根据不同的锅炉炉内状况对喷嘴的几何特征、喷射的角度和速度以及喷射液滴粒径进行优化,通过改变还原剂扩散路径,达到最佳停留时间的目的。

还原剂喷射系统的设计能适应锅炉在最低稳燃负荷工况和额定出力工况之间的任何负荷下的安全连续运行,并能适应机组负荷变化和机组启停次数的要求。喷枪有足够的冷却装置使其能承受反应温度窗口的温度,而不产生任何损坏。喷射系统设置吹扫空气以防止烟气中的灰尘堵塞喷枪,吹扫空气采用厂用压缩空气,向每个喷枪提供厂用压缩空气,用于雾化喷枪的氨水液滴,压缩空气进口管道上设置调节阀用来控制雾化介质的压力。喷枪的制造使用不锈钢 316L。

喷入炉膛的还原剂不能与锅炉受热面管壁直接接触,影响受热面的换热效率和使用寿命。

喷射器有冷却风及雾化风入口,保证喷枪的冷却与防堵塞。

7. 低 NO_x 燃烧技术

低 NO_x 燃烧技术是改进燃烧设备或控制燃烧条件,以降低燃烧尾气中 NO_x 浓度的各项技术。影响燃烧过程中 NO_x 生成的主要因素是燃烧温度、烟气在高温区的停留时间、烟气中各种组分的浓度以及混合程度,因此,改变空气-燃料比、燃烧空气的温度、燃烧区冷却的程度和燃烧器的形状设计都可以减少燃烧过程中 NO_x 的生成。工业上多以减少过剩空气、采用分段燃烧、烟气循环、低温空气预热和特殊燃烧器等方法达到目的。

国外从 20 世纪 50 年代开始就对燃煤在燃烧过程中 NO_x 的生成机理和控制方法进行研究,研究结果表明:影响 NO_x 生成和排放最主要的因素是燃烧方式,也即燃烧条件。因此当设备的运行条件发生变化时,NO_x 的排放也随之发生变化。燃烧温度、烟气中 O_2、NH_i、CH_i、CO、C 和 H_2 浓度是影响 NO_x 生成和破坏的最重要的因子,因此凡是通过改变燃烧条件来控制上述因子,以抑制 NO_x 的生成或破坏已生成的 NO_x,达到减少 NO_x 排放的措施,都称为低 NO_x 燃烧技术。

影响燃烧过程中 NO_x 形成的因素包括:①空气-燃料比;②燃烧空气的预热温度;③燃烧区的冷却程度;④燃烧器的形状设计。可降低氮氧化物浓度的方法有:①减少送入燃烧器的过剩空气;②降低热风温度;③降低燃烧室的热强度;④采用双面露光水冷壁;⑤人为地使燃料与空气缓慢混合;⑥采用二段燃烧;⑦烟气再循环。

7.5　烟气脱酸工艺

7.5.1　循环灰吸收法脱酸工艺

循环灰吸收法是采用烟气进口段喷水增湿和强化吸收剂活性的烟气脱酸工艺。如图 1-7-4 所示,来自焚烧炉的烟气由底部进入烟气吸收塔,水由烟气吸收塔下部的双流体雾化喷嘴喷入烟气吸收塔,新鲜消石灰和大量的循环灰由流化风机流化后送入吸收塔,它们以很高的传质速率在烟气吸收塔中与烟气和水充分混合,并与烟气中的有害气

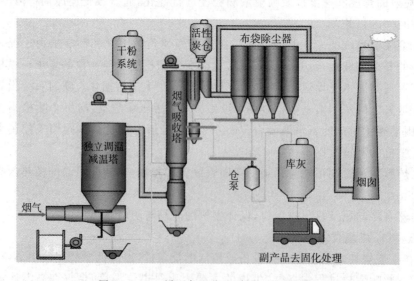

图 1-7-4　循环灰吸收法脱酸工艺流程图

体发生反应,生成各反应产物。这些干态的反应产物从烟气吸收塔的出口进入布袋除尘器进行分离,布袋除尘器捕集到的物料大部分再循环进入烟气吸收塔。循环灰吸收法免去了喷雾干燥净化法吸收剂溶液的制备和喷雾过程。并且由于循环灰是干灰经空气斜槽循环使用,增强了循环灰的流动性,使循环灰的循环过程流畅,循环灰入净化塔时不易堵塞。同时,由于新鲜消石灰和循环灰是依靠净化塔内下部喷入的水雾来增湿,其增湿活化效果必定比直接用水混合增湿时稍差,因而导致脱酸效率相对较低。

7.5.2 喷雾干燥吸收法脱酸工艺

喷雾干燥的原理:将吸收剂浆液雾化喷入吸收塔,在吸收塔内,吸收剂在与烟气中的二氧化硫发生化学反应的同时,吸收烟气中的热量使吸收剂中的水分蒸发干燥,完成脱硫反应后的废渣以干态形式排出。该方法包括四个步骤:

(1)吸收剂的制备。

(2)吸收剂浆液雾化。

(3)雾粒与烟气混合,吸收二氧化硫并被干燥。

(4)脱硫废渣排出,该方法一般用生石灰做吸收剂。

生石灰经熟化变成具有良好反应能力的熟石灰,熟石灰浆液经高达 $15000\sim20000r/min$ 的高速旋转雾化器喷射成均匀的雾滴,其雾粒直径可小于 $100\mu m$,具有很大的表面积,雾滴一与烟气接触,便发生强烈的热交换和化学反应,迅速地将大部分水分蒸发,产生含水量很少的固体废渣。

喷雾干燥吸收法吸收剂采用石灰乳液,烟气一般为下流式,即烟气从喷雾干燥吸收塔的上部进入,下部流出。它的优点是净化效率高、设备体积小。喷雾干燥吸收塔的喷嘴结构也有两大类:一类是机械旋转喷嘴,它通过高速电机带动喷嘴旋转,在强大的离心力作用下,使吸收剂乳液得以雾化。该类喷嘴的缺点是设备投资高、运行费用相对较大以及操作中维护管理相对复杂。另一类是压力雾化喷嘴,它靠压缩空气喷吹吸收剂乳液,乳液与压缩空气在喷嘴头部强烈混合后从喷嘴喷出,使吸收剂乳液雾化。该类喷嘴的设备投资低,操作运行简便,但雾化效果较机械旋转喷嘴稍差。

7.5.3 旋转喷雾吸收法脱酸工艺系统概述

如图 1-7-5 所示,从余热锅炉出来的烟气(温度为 190℃~240℃)从喷雾反应器顶部的水平烟道进入,顶部通道设有导流板,可使烟气呈螺旋状向下运动。旋转雾化器位于喷雾反应器上部,从石灰浆配制系统出来的石灰浆进入旋转雾化器,由于雾化器的高速旋转(最大转速为12000r/min),石灰浆被雾化成平均直径为 $50\mu m$ 的微小液滴,该液滴与呈螺旋状向下运动的烟气形成逆流,并被巨大的烟气流裹带着向下运动,在此过程中,石灰浆与烟气中的酸性气体 HCL、HF、SO_2 等发生反应。

在反应过程的第一阶段,气-液接触发生中和反应,石灰浆液滴中的水分得到蒸发,同时烟气得到冷却;第二阶段,气-固接触进一步中和并获得干燥的固态反应物 $CaCl_2$、CaF_2、$CaSO_3$ 及 $CaSO_4$ 等。该冷却过程还使二噁英类和重金属产生凝结。由于烟气呈螺旋状快速转动,石灰浆不会喷射到反应器壁上,从而使器壁保持干燥,不致结垢。反应

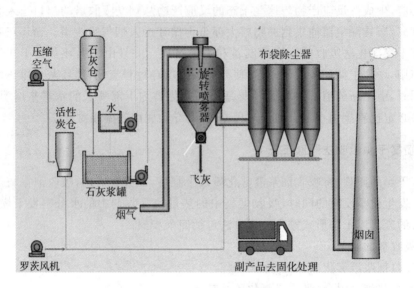

图 1-7-5 旋转喷雾吸收法脱酸工艺流程图

生成物落入反应器锥体,由锥体底部排出。为防止反应生成物吸潮沉积,锥体部分设有电加热装置,在系统冷态启动及锥体温度偏低时加热保温。另外,锥体部分设破碎机及星形卸灰阀,飞灰经破碎机和星形卸灰阀机排至飞灰输送系统。

为获得去除酸性气体的高效率而又不使 $CaCl_2$ 产生吸潮而沉积,反应器出口的烟气温度控制为 $150℃～160℃$,确保石灰浆液中大液滴的完全蒸发及烟气在反应器中的滞留时间不低于 16s。之后,挟带着飞灰及各种粉尘的烟气进入布袋除尘器。

由于高速旋转,旋转雾化器设有润滑和冷却系统,对轴承和电机进行润滑和冷却。在运行过程中,雾化喷嘴需要定期清理,清理时更换整个雾化器。因此,旋转雾化器设有备用,更换时,用电动葫芦将需更换的雾化器吊出,装入备用雾化器即可。由于雾化器各接口采用快速接头,更换时所用的时间很短,因此,更换雾化器时整个系统仍可正常运行。

7.5.4　半干法脱酸原理

半干法脱酸装置一般设置在除尘器之前,主要包括给料系统、混合系统和反应系统。

脱酸剂 CaO 在给料系统中生成粉状 $Ca(OH)_2$,再进入制浆系统与水充分混合制成石灰浆,最后以喷雾状进入反应系统。烟气中的 HCl、SO_x、HF 等酸性成分被吸收,生成中性、干燥的细小固体颗粒,随烟气进入下一步净化系统。主要反应有:

$$2HCl+Ca(OH)_2=CaCl_2+2H_2O \tag{1}$$

$$SO_2+Ca(OH)_2=CaSO_3+H_2O \tag{2}$$

半干法净化工艺是利用烟气显热蒸发石灰浆液中的水分,同时在干燥过程中,石灰与烟气中的 SO_2 反应生成 $CaSO_3$,并使最终产物为干粉状。该种工艺优点是可以达到较高的污染物净化效率,而且具有投资和运行费用低、流程简单以及不产生废水等优点,其缺点是对操作水平（如烟气在喷雾干燥吸收塔中的停留时间、吸收浆液中吸收剂的粒度及浓度等）及喷嘴的要求高。

7.5.5　旋转喷雾器

通过高速电机驱动雾化轮高速旋转，高速旋转的雾化轮产生强大的离心力，悬浊液或乳浊液形式的物料通过雾化轮结构特殊的喷嘴喷出，从而被雾化为具有微米级尺度的液滴。雾化后的颗粒比表面积增大，更有利于其进行传质传热或和其他介质混合发生反应。

7.5.6　影响脱硫效率的主要因素

影响脱硫效率的因素主要有：浆液密度，供浆量，入口 SO_2 浓度，供氧量，浆液雾化喷淋，石灰石品质，空预器漏风率。

影响脱硫效率的因素还有很多，如吸收温度，进气 SO_2 浓度，脱硫剂品质、粒度和用量（钙硫比），浆液 pH 值，液气比，粉尘浓度等。下面就其影响因素进行具体分析。

首先是浆液 pH 值，它可作为提高脱硫效率的调节手段。据悉，当 pH 值为 4～6 时，$CaCO_3$ 的溶解速率呈线性增加，pH 值为 6 时的速率是 pH 值为 4 时的 5～10 倍。因此，为了提高 SO_2 的俘获率，浆液要尽可能地保持在较高的 pH 值。但是高 pH 值又会增加石灰石的耗量，使得浆液中残余的石灰石增加，影响石膏的品质。另外，浆液的 pH 值又会影响 HSO_3 的氧化率，pH 值为 4～5 时氧化率较高，pH 值为 4.5 时，亚硫酸盐的氧化作用最强。随着 pH 值的继续升高，HSO_3 的氧化率逐渐下降，这将不利于吸收塔中石膏晶体的生成。在石灰石-石膏湿法脱硫中，pH 值应控制为 5～5.5。因此在调节 pH 值时，必须根据每天的石膏化验结果、实际运行工况及燃煤硫分等进行合理调整，这样才能更好地调节脱硫效率。其次是钙硫比，据悉，在诸多影响脱硫效率的因素中，钙硫比为90％时对脱硫效率的影响是最大的。在其他影响因素一定时，钙硫比为 1 时的湿法烟气脱硫效率可达 90％以上。因此，钙硫比是很重要的影响因素。再者是液气比，它是决定脱硫效率的主要参数，液气比越大，气相和液相的传质系数越高，利于 SO_2 的吸收，但是停留时间减少，削减了传质速率，提高对 SO_2 吸收有利的强度，因此存在最佳液气比，这也是影响脱硫效率的因素之一。

当然，石灰石的影响也是存在的。当出现 pH 值异常时，可能是加入的石灰石成分变化较大引起的。如果发现石灰石中 CaO 质量分数小于 50％，应对其纯度系数进行修正。另外，石灰石中过高的杂质如 SiO_2 等虽不参加反应，但会增加循环泵、旋流子等设备的磨损。所以，石灰石的颗粒度大小会影响其溶解，进而影响脱硫效率。再者就是温度的影响，进塔烟温越低，越有利于 SO_2 的吸收，降低烟温，SO_2 平衡分压随之降低，有助于提高吸附剂的脱硫效率。但进塔烟温过低会使 HSO_3 与 $CaCO_3$ 或 $Ca(OH)_2$ 的反应速率降低，所以，温度也是影响脱硫效率的一个重要因素。影响 pH 值的还有粉尘的浓度，如果粉尘浓度过高则会影响石灰石的溶解，导致浆液 pH 值降低，脱硫效率也会随之下降。所以当出现粉尘浓度过高时，应停用脱硫系统，开启真空皮带机或增大排放废水流量，连续排出浆液中的杂质，这样脱硫效率才能恢复正常。

7.6 石灰浆制备与供应系统

7.6.1 系统概述

石灰浆制备及输送系统主要包括石灰粉储存、石灰粉制浆及石灰浆输送等设施。2套烟气净化系统共用1套石灰浆制备及输送系统,采用消石灰粉($Ca(OH)_2$)作为制备石灰浆的原料。

设置1台$200m^3$的石灰储仓,消石灰粉用槽罐车送到石灰储仓下,用空气输送到石灰储仓储存。仓顶装有仓顶布袋除尘器和真空释放阀。仓体安装有2个料位计,仓斗上设有振打电机和仓壁搅拌器等设备防止物料搭桥、成拱和堵塞。

2台石灰定量给料机布置于石灰储仓下方,每台给料机对应1台$5m^3$石灰浆制备槽,制备后的石灰浆靠重力流入$15m^3$石灰浆储浆罐,制备罐和储存罐内搅拌器的搅拌轴和搅拌叶片充分扰动罐内的石灰浆。

共配置3台流量为$20m^3/h$、扬程为72m的石灰浆泵(2用1备,每台泵对应1套烟气净化系统)。石灰浆泵将15%的$Ca(OH)_2$溶液经优质PVC管输送至脱酸反应塔旋转雾化器入口。为防止石灰浆在输送过程中沉淀和堵塞,输送速度一般为$1\sim2.5m/s$,同时还要兼顾石灰浆输送量的变化对流体输送速度产生的影响,正常工况石灰浆用量与循环流量按$1:2.5\sim1:4$设计。

7.6.2 石灰浆制备罐

消石灰粉经过定量螺旋(变频控制)定量加到制备罐内,用于向反应塔内连续供应浓度为12%~17%的石灰浆。制备罐内设有搅拌器,以使石灰浆均质和防止沉淀。制备罐约为$6m^3$,制备罐钢板厚度不小于5mm并设有防护网,运行时防止烫伤。

制备槽根据工艺要求用称重传感器来进行石灰浆浓度的配置。先通过流量计的测量,放好一定量的水,再经过定量给料螺旋加消石灰粉到制备槽中。制备罐排气口设有3组喷淋和1台抽风机。制备槽内的石灰浆间歇地进入储存罐内。

7.6.3 石灰浆储存罐

储存罐将浓度为12%~17%的石灰浆进一步稀释到9%~13%,并向石灰浆泵供料。储存罐设有搅拌机和高位、低位、低低位三个配制液位计。

高位——停止进料;

低位——开始进料;

低低位——石灰浆泵及搅拌器停止工作。

储存罐的容积比制备罐大,约为$15m^3$,可供2条线3个小时用浆。石灰浆储存罐钢板厚度不小于5mm。

7.6.4　石灰浆泵

石灰浆泵是石灰浆系统唯一的输送动力设备,单条焚烧线用一台浆泵,另设一台备用泵。

石灰浆泵为单级单吸式离心泵,特别适用于垃圾焚烧反应塔循环泵输送磨蚀性、腐蚀性浆体。叶轮和耐磨板不采用口环密封形式,口环的设置将会被浆体快速磨损,从而导致泵的效率快速下降。叶轮具有轴向调节结构,叶轮能方便轴向调节保持叶轮、前盖板以及耐磨板三者之间的间隙,从而保持泵的高效率,这是始终保持泵高效运行的最简便和最有效的办法。

泵的布置形式为后拉式结构。这样可使泵在拆卸叶轮、机械密封和轴组件时无须拆卸泵的进出口管线。轴承采用稀油润滑。轴承安装在有橡胶密封圈辅助密封的可拆卸轴承盒内,防止污物和水进入。

泵轴为大直径、短轴头,可以减少轴在工作中的挠曲,从而延长使用寿命。

整套转子部件可以从电机端拉出,易于维护,泵体可保留在管路上,无须拆卸电机。

泵体尺寸足够承压及耐磨,材料采用 2605N 不锈钢,可焊,蜗舌部分经过特殊耐磨处理,流道切线出口,泵体设置底脚支承方式。

耐磨板装在泵体与进口之间,此种材料具有优良的抗磨蚀及耐冲蚀综合性能,由此而延长了泵体和叶轮的使用寿命。

其参数如下:

流量:12m³/h(石灰浆浓度为 10%、pH 值为 12);

压头:70m 扬程;

电机功率:15kW(IP55);

数量:3 台(其中 1 台备用)。

由于石灰浆是一种悬浮液,$Ca(OH)_2$ 只有一小部分溶解于水,大部分呈微小颗粒悬浮于水中,容易沉淀和有较高的耐磨性,因此石灰浆泵采用离心泵,并且输浆母管设计较大的回流比率,以防止石灰浆在泵及管路内沉积堵塞。

7.7　干粉喷射吸附系统

7.7.1　系统概述

干粉是作为吸收剂喷入烟气中来吸收其中残留的酸性气体。本系统含有 1 个干粉仓、1 台圆盘给料机、2 套输送管路和 3 台罗茨风机(2 用 1 备)。干粉从干粉储仓经圆盘给料机进入喷射器。气力输送系统使用压缩空气将干粉输送至喷嘴中,此喷嘴安装在反应塔和除尘器间的烟道上。

7.7.2　干粉储存和供给

储仓中的物料是由罐车通过一个带有快速拆卸管接头和手动阀门的进口导管输送

进储仓内。在储仓填充过程中,此手动阀门是工作人员就地控制的,根据储仓内料位计的显示物料情况来控制阀门的开或关。储仓上装有一个低料位开关、一高料位开关和一连续料位开关。当低料位显示,则需要向储仓装填物料。当高料位显示,就会发出报警信号,要求关闭物料装填阀,防止储仓过量装填。另外仓顶还配备有一个带安全栅格的人孔盖及一个仓顶除尘器,仓顶除尘器用来处理排出储仓中的气力,此除尘器是由一控制元件控制运行的;当储仓开始填料时,除尘器的清洁功能启动,电磁阀通电,同时向中央控制室反馈一个运行信号或一个错误信号。储仓顶上还装有一减压阀以防止可能出现过压或负压情况。

7.7.3 干粉定量给料

干粉储仓下有一个出口,出口配有一个圆盘给料机并有两个出口,每个出口供应一条线。每个出口配有给料装置,给料装置由变频器控制。根据现场情况调整给料螺旋的速度,即干粉的流量。经给料装置出口,干粉和动力空气混合,然后沿着输送线进入位于反应塔和除尘器之间的一个喷嘴中。干粉是由气力输送到喷射点的。由罗茨风机(2 用1 备)产生的压缩空气为输送的原动力。输送线配备有一个高压开关来指示输送动作(喷射管路堵塞)。当开关产生高警报后,定量螺旋及锁风器依次关闭。

7.8 活性炭喷射吸附系统

7.8.1 系统概述

粉状的活性炭作为吸收剂喷入烟气中来吸收其中的二噁英和汞。本系统含有 1 个共用的储仓、1 台圆盘给料机、2 套气力输送系统和 2 个喷嘴。压缩空气由 3 台罗茨风机供应(2 用 1 备),每条线对应 1 台罗茨风机。活性炭袋装好运到现场,装入活性炭储仓中。然后,活性炭从活性炭储仓进入圆盘给料机,经由圆盘给料机的两个给料装置(每条线一个)进入气力输送系统,给料装置配有变频器,可以随时调整喷出的活性炭量。气力输送系统使用压缩空气将活性炭输送至喷嘴中,此喷嘴安装在反应塔和除尘器间的烟道中。

7.8.2 活性炭定量给料

活性炭储仓下有一台圆盘给料机并有两个出口,每个出口供应一条线。每个出口配有给料装置,给料装置由变频器控制。活性炭的流量与烟气的流量是成比例的。在给料装置出口,活性炭进入文丘管喷射系统(相当于活性炭喷射器),由于压缩空气的作用吹入活性炭喷射器,在入口处产生了一个负压,这个负压使活性炭进入了活性炭喷射器中。在活性炭喷射器中,活性炭和动力空气混合,然后沿着输送线进入位于反应塔和除尘器之间的一个喷嘴中。

7.8.3 活性炭储存和供给

活性炭储仓上配有一个高料位开关、一个低料位开关和一个连续料位开关。是否需要加料由低料位计检测。在活性炭储仓顶部有一人孔，方便检修。在活性炭储仓底部安装有一个振打破桥系统。此系统可以打断可能出现的结桥，保证活性炭流入下面的盘式给料机中。当盘式给料机运行时，此振打装置就会激活。

7.9 布袋除尘器

7.9.1 系统概述

烟气经反应塔冷却后进入布袋除尘器，烟气中的粉尘会吸附在滤袋表层，并形成粉尘层。粉尘层中含有大量的消石灰，可以与烟气中的有害酸性气体继续进行反应，提高去除率。净化后的烟气经过每个仓室的出口离开除尘器。

布袋除尘器的滤袋最大耐温为260℃，而省煤器出口烟气的最高温度为250℃，故即使省煤器出来的烟气温度未下降，短时间也不会对布袋除尘器的滤袋造成损坏。

除尘器设有循环预热系统，在焚烧炉点火之前（一般提前10～24小时），关闭除尘器两端进出口烟道，开启循环预热系统对除尘器进行预热。直到除尘器内温度达到140℃以上，才允许焚烧烟气进入。当烟气温度低于140℃（例如焚烧炉点火升温期）或由于某种原因高于240℃时，为保护滤料不受损害，在系统启动前先将干粉喷射系统启动，对布袋除尘器进行预喷涂，以上动作全部由控制柜控制。为保证进入除尘器的烟气温度能在设计范围之内，在除尘器进口烟道上设置有温度监测器。

除尘器预热由一个预热系统完成，其中包括加热气循环风机、加热器和连接除尘器进口与出口的热空气输送管道。此加热气在除尘器中是封闭回路循环的。此封闭的回路一直持续到除尘器各个分室的温度达到140℃。

烟气加热器是由一程序单元控制的。共有两级加热器，根据加热器出口的烟气温度来进行控制。如果温度过低，则两级加热器均需启动。如果各个分室的温度达到140℃以上，加热器就会全部关闭。加热器接受来自控制室的预热程序信号，它同时也会返回一运行信号或一故障信号。

当烟气温度达到140℃以上，且所有的除尘器小室温度都达到140℃以上，则加热器停止运行，除尘器预热模式结束。此时烟气可以进入除尘器。

当加热器停止运转后（正常状态下），由于先前加热的因素，仍然会有干净气体留在系统中，当逐渐变冷时，这些干净气体会出现冷凝现象。由于预热循环管路上的阀门不能够做到完全密封，因此未处理的烟气中的脏烟气会涌过循环管道直接进入除尘器出口的干净烟气，只是由于除尘器出口的绝对压力低于除尘器进口的绝对压力，所以需设置一个空气清扫系统，该系统包含环境进口、风机、空气电加热器和预热循环的阀门，只要加热器停止运行，该系统就会运行。空气电加热器由中央控制室释放信号来控制，同时空气电加热器会返回运行或故障信号。

　　为了能够在正常运行情况下进行布袋除尘器的检查、监视、更换布袋或紧急维修的工作，除尘器采用分室设计，每台除尘器设置 8 个分室，每个分室是独立的，可以在需要时关闭某个分室，并对该分室进行检查与检修；每个室的进、出风口分别设置一个气动开关阀，以便于隔离某个室，使该分室退出运行状态，可以容易和安全地接近，进行必要的维护工作。这样可以保证整个焚烧线最少量地排放有害物，又能使除尘器继续运行。

　　除尘器需要定期地用干燥的压缩空气清除布袋外表面的灰饼，压缩空气由内向外吹；在极短的时间内，压缩空气通过各脉冲阀，由喷嘴向滤袋内喷射。这样，附着在滤袋外表面上的粉尘在滤袋膨胀产生振动和反向气流的作用下，使灰饼彻底地从布袋表面剥落，并被收集到除尘器下部的锥斗中。清灰周期的长短可根据除尘器布袋两侧的压差的读数来掌控，并按照预先编好程序中压差值（H）进行，分室中的滤袋逐排进行清灰，直到压差值再次回落到设定的值（L）为止。清灰采用在线的方式，可以避免清灰过后除尘器的负荷冲击影响。当某个分室需要进行维护时，将该分室完全隔离，并立刻在离线下清灰。

　　如图 1-7-6 所示，除尘器下部设置收集粉尘的锥斗，每个分室下面对应一个灰斗，将清灰抖落的粉尘暂时收集在锥斗内，每个锥斗设置有防止粉尘起拱与搭桥的装置；锥斗上设置料位开关，可以及时知道锥斗粉尘是否排出，及时进行处理；每个锥斗上设有一检查人孔门，可人为及时清除锥斗中没有被排除的粉尘或进入布袋除尘器分室检查与检修。

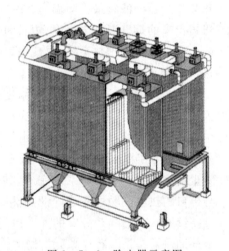

图 1-7-6　除尘器示意图

　　布袋除尘器顶部设置有检修电动葫芦，可以方便将顶部检修盖打开，方便检查清洁室与布袋。

　　布袋除尘器包括下列部分：

　　（1）滤袋室，含输入和输出管道和所有必要的支撑结构。

　　（2）带所有必要调节挡板阀门的分隔仓。

　　（3）所有必要的用于监视的通道门和用于维护的所有开孔（例如袋子更换）。

　　（4）布袋，包括支撑和附件系统。

　　（5）清灰系统。

　　（6）用于启动和短时停机时的烟气循环和预加热系统。

　　（7）带料位控制和除尘系统的灰斗（包括防堵设备）。

　　（8）所有控制和监视设备。

　　（9）通道平台、走梯和照明装置。

　　（10）所有其他安全系统。

7.9.2　循环预加热系统

在冷启动时,烟气温度低于140℃,为防止烟气中水分冷凝、结露导致糊袋,需预先做好干粉预喷涂,同时需用一个预加热系统来对除尘器加热,箱体温度需加热到140℃,方能处理烟气。预热系统包括循环风机、加热器以及连接各小室的热空气流通管道。通过控制各小室的进口阀门开启/关闭分别形成各小室的热空气封闭回路循环。此时,各小室出口阀门处在打开状态,以便于热空气流出各小室进入连接管路,同时,出口总管道上的阀门处于关闭状态。加热系统运行状态一直持续到除尘器小室分别达到140℃时停止。

烟气加热器是由一程序控制的。加热器共有两级,根据出口的烟气温度来进行控制,如果温度过低,则两级加热器均需启动。如果各小室的温度达到140℃以上,则加热器就会全部关闭。加热器的释放信号来自控制室的预加热程序,它同时也会反馈一运行信号和一故障信号。

当烟气温度达到140℃以上,且所有的除尘器小室温度都达到140℃以上时,则加热器停止运行,各小室的热空气进口阀门关闭,各小室的烟气进口阀门打开,除尘器进入正常工作模式。

当加热器停止运转后(正常状态下),预热管路中的干净热空气逐渐变冷,管路会出现结露现象,因此需要配备环境空气清扫系统;只要加热器停止运行,空气清扫系统就会立刻启动运行。此空气清扫系统包含有一个风机和空气电加热器;在除尘器预热系统关闭时隔离阀开启,在预热系统运行时隔离阀关闭。空气清扫系统释放信号来自中央控制室,并且反馈一个运行或故障信号。

空气清扫系统需要风机来驱动内部的环境空气,因为加热组件是与各小室(通过此时处于关闭状态的热空气进口阀)和干循环空气出口管道(通过关闭的循环风机的吸入阀)相连接的。因这些关闭的蝶阀有轻微的漏气率,并且加热组件及其支路处于大气压力下,而除尘器是在负压下,故会有热的环境空气经过关闭的蝶阀漏向除尘器内。这些流入的清扫热空气会充分加热预热管路来避免循环预热管路结露现象的出现,最终这些气体会取代残留的循环预热气体。

在进口和出口管道间还安装有一个差压计。滤袋清洁是根据压降来进行的。

7.9.3　飞灰处理

过滤后留下的灰渣会集中到除尘器的灰斗中。灰斗上安装有防结料装置,用来处理可能出现的堵塞现象。防结料装置是喷吹空气破拱装置,该装置由一个气包和两个脉冲阀组成,气包进气支管安装有一个手动隔离阀,公用压缩空气管路安装有一个压力调节控制阀和一个手动隔离阀。防结料装置工作喷吹指令以时间为基础,且仅在灰渣处理系统运行时处于工作状态。

7.9.4　伴热和保温

为了防止灰渣结块,每个灰斗均安装有一个独立的电伴热。每一个电路都有自己的温度调节装置,用来控制电路。此电路的激活/终止是由控制室来控制的。电路出现故障时,控制室可以显示,同时,就地控制盘上也显示运行或者错误信号。为防止除尘器结露,除尘器需要全部做外保温。灰斗伴热也用于除尘器预加热。

7.9.5　喷吹清灰系统

如果滤袋外面的过滤饼越来越多,则除尘器里的压力会下降,这样就必须清除过量的过滤饼。通过滤袋清洁系统及时将过滤饼从布袋上清除,以保证除尘器的正常运行。

滤袋清洁是循环向一排排滤袋的内部吹入脉冲的干燥空气。此脉冲空气方向和烟气相反,这样可以使滤袋抖动,使大部分过滤饼从滤袋外部落入除尘器的灰斗里。脉冲空气是由电磁阀来控制的(一排滤袋一个)。另外,每个除尘器小室还安装有一个就地的差压计。

滤袋清洁是在线进行的,当除尘器在线工作时,清洁就会自动进行。当石灰浆开关阀关闭或者除尘器关闭时,清洁系统(喷吹清灰系统)也会停止运行。一旦停止运行,如果除尘器仍需要清洁,则操作者需要启动"一次完成"清洁方式来清洁各小室。

如果为在线清洁,则所有的小室都处于工作状态,逐排来清洁滤袋,这样可以避免较大的波动。所有小室的第一排滤袋被清洁完毕后,在线清洁循环转至所有小室的第三排滤袋,接下来是其他奇数排的滤袋,直到所有奇数排的滤袋清洁完毕。接着,开始清洁所有小室的偶数排滤袋。若压降仍然很高,则在线重新开始循环清洁各小室滤袋。在线清洁周期同以前一样,直到压降回到正常状态。

7.9.6　滤袋

滤袋是布袋除尘器的最关键部件之一,它直接影响除尘效率。滤袋寿命的长短对除尘器运行性能的评定起着关键的作用。它的寿命长短一般与滤袋材质、制作质量、过滤烟气温度与流穿滤袋速度等有关。此外,与清灰压力、清灰时间和清灰频率也有关。

选择滤料的材质一般要考虑以下因素:耐温、耐酸碱、抗氧化、粉尘颗粒大小、气布比、粉尘磨损性、清灰方式和安装方式等;另外,由于烟气在高温运行,紧急喷水系统启动时烟气的湿度可能增大,抗水解能力也是选择滤料必须考虑的一个因素。由于滤袋材质的不同,其价格差异很大,所以最终的选择往往是一次性投资和运行成本及效果综合比较的结果。不同滤料的使用温度、除尘效率、清灰性能、费用及对烟气中不同化学成分的耐腐蚀程度都不一样,需要根据综合技术经济比较后选择。

针对垃圾焚烧排放烟气的特性,滤袋采用 PTFE 滤料＋PTFE 覆膜滤料。

1. 聚四氟乙烯(PTFE)滤料

聚四氟乙烯合成纤维滤料是一种独特的材料,在运行温度为 240℃、瞬间温度为 260℃的条件下,能承受任何酸度的酸侵蚀。聚四氟乙烯合成纤维滤料自润性极佳,不吸潮,能承受紫外线辐射。但 PTFE 纤维的耐磨性一般,所以对滤袋框架的光洁度有严格的要求。PTFE 纤维可适用于恶劣条件及对滤料使用寿命要求较高的场合,也可与玻璃纤维混合制成性价比更合理的滤料。

2. 聚四氟乙烯(PTFE)覆膜滤料

聚四氟乙烯薄膜表面光滑且耐化学物质,将其覆合到普通过滤材料的表层,可将粉尘全部截留在膜表面,实现表面过滤;又因该薄膜表面光滑,有极佳的化学稳定性,憎水,不老化,使截留在表面的粉尘很容易剥落,因而可提高滤料的使用寿命。其与普通滤料相比,具有如下优点:

(1)薄膜孔径为 $0.2\sim3\mu m$,过滤效率可达 99.99% 以上,几乎实现零排放。清灰后不改变孔隙率,除尘效率稳定。

(2)覆膜滤料在开始使用时,压力损失要高于普通滤料,但在投入运行后,随着使用时间的增加,压力损失的变化却不大,而普通滤料的压力损失会随使用时间的延长而越来越大。

(3)普通滤料在使用中,粉尘很容易进入到内部,而且越积越多,直到将滤料的孔隙堵死,导致不能继续使用。而 PTFE 覆膜滤料,可将过滤的粉尘很容易地从膜表面清除,清灰效果好,周期长,使用的清灰压强较低,从而可提高滤料的使用寿命,降低产品的运行费用。常用于垃圾焚烧炉的 PTFE 覆膜滤料有 PPS、P84 和玻纤膨体纱机织布等。

7.10　引风机及排烟系统

7.10.1　系统概述

焚烧炉、余热锅炉、喷雾干燥脱酸反应塔和布袋除尘器均为负压运行,引风机布置在烟气处理的末端,以使整个系统保持负压。每条焚烧线各设置一台引风机来抽吸垃圾燃烧后所排放的烟气,并克服脱酸反应塔和除尘系统阻力将烟气排入烟囱。焚烧炉内垃圾燃烧生成的烟气经过余热锅炉各受热面从省煤器出来,进入脱酸反应塔,再进入布袋除尘器,除尘器后的烟气经由烟囱排入大气。引风机配有永磁控制装置,根据焚烧炉负压信号对引风机实现自动操作。

由于烟气中含有水分和少量酸性气体,为防止腐蚀,脱酸反应塔、布袋除尘器、引风机及烟道全部采用外保温。

净化烟气由引风机送入厂房外的烟囱排入大气。烟囱造型为两管组合钢制烟囱,外包钢筋混凝土套筒。烟囱高度为 80m,每根钢制烟囱上部出口内径为 2.1m,出口流速为17.7m/s。

7.10.2　引风机

引风机将烟气从炉内向烟囱引出,同时维持炉内负压。

(1)形式:单吸离心双支撑形式;调节方式:永磁调速,入口挡板调节为备用,永磁调速装置事故工况采用入口挡板调节,电动机要满足永磁调节运行要求。永磁调速装置在事故工况时能保证风机继续安全运行,当永磁装置故障时更换备用联轴器。

（2）数量:每条焚烧线配置引风机 1 台（分别包含风机进口调节挡板、风机进出口非金属膨胀节、永磁调速装置和永磁调速装置冷却装置）。

（3）风机旋转方向:从电动机端向风机端正视,叶轮顺时针旋转,为右旋转风机,逆时针旋转,则为左旋转风机。

（4）风机进气/出气方向:进口角度为 90°,出口角度为 0°。

（5）安装地点:室内。

（6）吸风口位置:布袋除尘器出口。

7.10.3　烟囱

烟囱台数、形式、高度和烟气出口流速应根据环境保护和烟囱防腐要求、同时建设的锅炉台数、烟囱布置以及结构上的经济合理性等综合考虑确定。

烟囱高度和顶部出口直径宜按下列系列选用:

钢筋混凝土烟囱高度（m）:80、100、120、150、180、210、240、270、300。顶部出口直径小于 8m 时,可以 0.5m 为模数;等于或大于 8m 时,可以 1m 为模数。所以说,烟囱不是越高越好,烟囱越高,造价越高,同时对风机要求也越高。

7.11　环保指标在线连续监测系统

7.11.1　系统概述

每台焚烧线的烟气净化系统入口（脱酸反应塔入口烟道处）及钢烟囱上部高 20m 处分别设置烟气在线连续监测系统（CEMS）。

每条焚烧线的余热锅炉出口设置一套 CEMS（图 1-7-7）,CEMS 的监测参数有烟气流量、温度、压力、湿度（H_2O）、烟尘、O_2、SO_2、HCl、HF、NO_x、CO、CO_2、NH_3 等。通过采样（抽取式加热采样）测定烟气中上述监测项目的实时数据,并能集中采集、处理、存储和输出,监测组分均保证要双量程自动切换测量。

垃圾焚烧领域应做好三件事:

（1）"装",所有垃圾焚烧企业都要依法安装自动监控设备,对颗粒物、SO_2、NO_x、CO、HCl 和炉膛温度六项指标进行实时监控。

（2）"树",厂外树立电子显示屏,向社会和群众公开六项指标的实时数据。

（3）"联",所有垃圾焚烧企业都要依法与环保部门进行联网,将数据上传到环保部门。

7.11.2　颗粒物排放浓度监测子系统

颗粒物排放浓度监测子系统主要用来监测烟尘的浓度和排放总量。测量项目如表 1-7-4 所示。

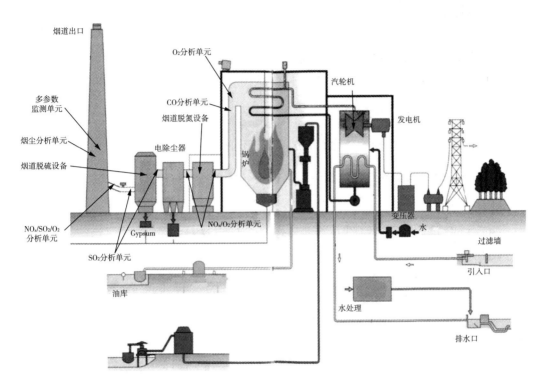

图 1-7-7 烟气在线连续监测系统图

表 1-7-4 颗粒物排放浓度监测子系统表

测量项目	测量原理	安装位置
氧含量	氧化锆法	烟道和抽取
	磁氧法	直接抽取采样
	原电池法	直接抽取采样
流速	皮托管差压法	插入式
	热线法	插入式
	超声波法	对穿式
湿度	电容法	插入式
	干湿氧法	烟道和抽取
温度	热电偶	插入式
	热电阻	插入式
压力	压阻感应片	直接测量

直接测量法的特点：

(1)直接测量法不需要采样系统。

(2)探头不接触烟气。

(3)由于标准物质难以获得，出场通常以滤光片进行标定。

(4)灰尘和水汽影响较大，不适合在湿法净化设施后测量，除非再加热烟气到高于水的露点温度。

(5)反吹空气幕需24小时运转（停炉时也要运转）。

(6)颗粒物组成和粒径的变化影响这类分析仪的校准。

7.11.3　气态污染物排放浓度监测子系统(SO_2、NO_x)

1. 硫的氧化物(SO_2)

SO_2主要由燃煤及燃料油等含硫物质燃烧产生，其次是来自自然界。

SO_2对人体的结膜和上呼吸道黏膜有强烈刺激性，可损伤呼吸气管致支气管炎、肺炎甚至肺水肿呼吸麻痹等疾病。短期接触SO_2浓度为$0.5mg/m^3$的空气的老年或慢性病人死亡率增高，浓度高于$0.25mg/m^3$会使呼吸道疾病患者病情恶化。长期接触SO_2浓度为$0.1mg/m^3$的空气的人群呼吸系统病症增加。另外，SO_2容易导致金属材料、房屋建筑、棉纺化纤织品和皮革纸张等制品被腐蚀、剥落或褪色等。国家环境质量标准规定，居住区空气中的SO_2日平均浓度低于$0.15mg/m^3$，年平均浓度低于$0.06mg/m^3$。

2. 氮氧化物(NO_x)

空气中含氮的氧化物有一氧化二氮(N_2O)、一氧化氮(NO)、二氧化氮(NO_2)、三氧化二氮(N_2O_3)等，其中占主要的是NO和NO_2，以NO_x表示。NO_x污染主要来源于生产、生活中所用的煤、石油等燃料燃烧的产物（包括汽车及一切内燃机燃烧排放的NO_x）；其次是来自生产或使用硝酸的工厂排放的尾气。当NO_x与碳氢化物共存于空气中时，经紫外线照射，发生光化学反应，产生一种光化学烟雾，它是一种有毒性的二次污染物。NO_2比NO的毒性高4倍，会引起肺损害，甚至造成肺水肿。慢性中毒可致气管、肺病变。吸入NO会引起变性血红蛋白的形成，并对中枢神经系统产生影响。国家环境质量标准规定，居住区空气中的NO_x的平均浓度应低于$0.10mg/m^3$，年平均浓度低于$0.05mg/m^3$。

3. 一氧化碳(CO)

环境中的CO主要来源于化石燃料的不完全燃烧、汽车尾气、工厂排放和人群吸烟等。

急性CO中毒是吸入高浓度CO后引起以中枢神经系统损害为主的全身性疾病，中毒起病急、潜伏期短。轻、中度中毒主要表现为头痛、头昏、心悸、恶心、呕吐、四肢乏力、意识模糊甚至昏迷，但昏迷持续时间短，经脱离现场进行抢救，可较快苏醒、一般无明显并发症。重度中毒者意识障碍程度达深昏迷状态，往往出现牙关紧闭、强直性全身痉挛、大小便失禁。部分患者可并发脑水肿、肺水肿、严重的心肌损害、休克、呼吸衰竭以及肾损害等病症。

7.11.4 烟气参数监测子系统(温度、流速、氧含量和湿度等)

烟气排放参数监测子系统主要对排放烟气的温度、压力、湿度以及含氧量等参数进行监测,用以将污染物的浓度转换成标准干烟气状态和规定过剩空气系数下的浓度,符合环保计量的要求以及污染物排放量的计算。

7.11.5 数据采集与处理系统(显示、存储、打印和传输等)

数据处理子系统主要是完成测量数据的采集、存储和统计,并根据环保部门要求的格式将数据传输到环保局相关部门(图1-7-8)。

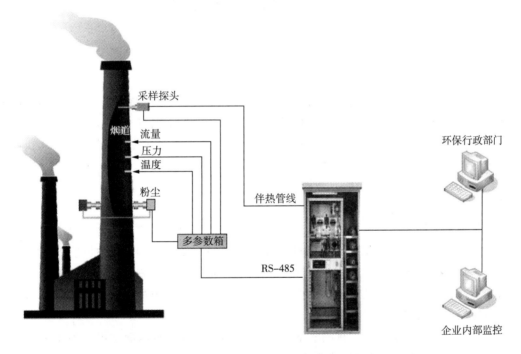

图1-7-8 数据采集与处理系统图

7.12 重金属及二噁英去除工艺

重金属以固态、液态和气态的形式进入除尘器,当烟气冷却时,气态部分转化为可捕集的固态或液态微粒。目前常用的重金属及二噁英去除工艺是"活性炭吸附＋布袋除尘器"。另外,若采用湿法脱酸工艺,湿式洗涤塔还可进一步去除重金属。

第8章　灰渣处理系统

8.1　炉渣处理系统

8.1.1　炉渣的性质

炉渣是城市生活垃圾焚烧的副产品,包括炉排上残留的焚烧残渣和从炉排间掉落的颗粒物。焚烧炉炉渣的热灼减率不高于3%,且成分中重金属等有毒成分含量远小于飞灰。因此可建立炉渣资源化设施,用于制砖和道路建设等进行综合利用,既有效利用了资源,同时也可减少炉渣占用的填埋场地。

8.1.2　系统概述

焚烧炉采用往复炉排,从炉排间隙中落下的漏渣经过炉排底部灰斗和溜管被引入炉排漏渣输送机,由该输送机送到出渣机。比炉排间隙大的炉渣大都被推到燃尽炉排,燃尽后从焚烧炉的后部排出,经落渣管进入出渣机。这些炉渣和漏渣由内部充满水的出渣机冷却,然后被运送到渣坑。渣坑内的炉渣被设置在渣坑上方的渣吊装入运渣车后运输至填埋场。其工艺流程图如图1-8-1所示。

每台焚烧炉配置2台炉排漏渣输送机,为刮板链式输送机,额定出力为1.2t/h。同时配置2台出渣机,采用水封液压式,额定出力为9.0t/h。该出渣机在排渣时有推杆压缩的作用,因此比湿式刮板输送机脱水效果更好,排渣含水率低于25%。出渣机后设置溜槽,将炉渣直接排至渣坑。出渣机中的水(来自工业水或回用水)除将炉渣熄火和冷却外,还有水封作用,使外界空气不能由出渣口漏入焚烧炉,以保证炉膛负压维持在20~100Pa。同时还可防止热辐射以及炉渣燃烧引起装置的热损伤。出渣机内的水位由浮球阀装置控制。

渣坑长约32m,宽约6.5m,深约4.5m,有效容积约750m³,灰渣容积密度按0.8t/m³来计算,可储存2台炉约2天的炉渣量。由于炉渣在渣坑贮存时,会有部分含水析出。故渣坑底部设有1%的坡度,以便坑内的积水排至设置在渣坑一端的沉淀池和澄清池,沉淀池及澄清池入口处均设置过滤格栅,渣坑坑底标高−4.5m,沉淀池池底标高−5.0m,澄清池池底标高−5.5m。澄清池内的积水则用排污泵排出送至渗滤液处理站处理。

炉渣运输采用9t的自卸卡车,故渣坑上方内设1台起吊重量为10t的灰渣抓斗吊

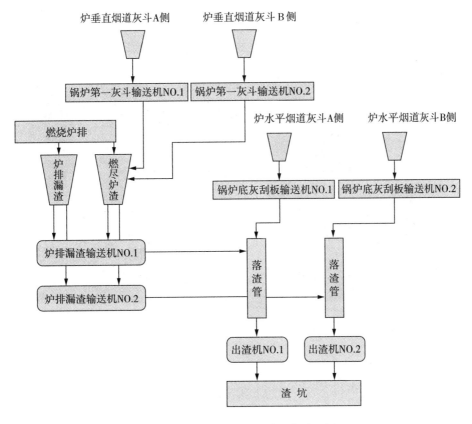

图 1-8-1 炉渣处理系统工艺流程图

车,抓斗容积为 3m³,抓斗一用一备,共 2 个。可在吊车控制室内遥控操作吊车,实现渣的倒运、装车作业。

8.1.3 炉排漏渣输送机

炉排漏渣输送机采用湿式刮板输送机,并设有水封,每炉配置 2 台,额定出力为 1.2t/h。漏渣在刮板的推动作用下,被运到出渣机。漏渣输送机设就地控制盘,综合故障信号输送至 DCS。

刮板输送机是输送粉状和小颗粒状干态物料的连续输送设备,可以水平或倾斜布置。刮板输送机通常由机头、机尾、中间槽体、驱动装置、张紧装置以及输送链(图 1-8-2)组成。其中驱动装置布置在机头,张紧装置一般布置在机尾,张紧装置可调节输送链使其在运行中始终保持适度的张紧,保证设备处于稳定的运行状态。物料进入槽体底部,输送链+刮板由从机尾向机头方向封闭连续运行,不断地将物料推向出料口排出。

炉排漏渣输送机参数如下:

数量:2 台;

输送介质:炉排漏渣(300℃以下),体积密度为 0.9t/m³;

设备出力:1.2t/h;

输送距离:水平距离为 13.5m。

每个灰斗出口与炉排漏灰输送机间连接有不锈钢金属膨胀节,如图 1-8-3 所示。

图 1-8-2　模锻链实例图　　　　　图 1-8-3　输送机整体图

8.1.4　二三烟道灰斗

焚烧炉产生的烟气中包含有一定的飞灰,飞灰会在锅炉设备上沉积,余热锅炉二、三烟道采用激波吹灰装置清除受热面上的积灰,清除下来的积灰进入垂直烟道灰斗(也称锅炉第一灰斗),由于此处灰温很高,故该区域设置 2 台螺旋输送机,额定出力为 2t/h,如图 1-8-4 所示。2 台输送机各自从锅炉内侧向外侧运出飞灰,最终排至燃尽段侧墙内。

图 1-8-4　二、三烟道螺旋输送机实例图

8.1.5　二、三烟道螺旋输送机

二、三烟道螺旋输送机参数如下:

数量:2 台。

输送介质:炉灰,体积密度为 0.5t/m³,物料温度为 600℃~700℃。

设备出力:2t/h。

二、三烟道螺旋输送机配置相应的双翻板阀 DSXF-Ⅱ Y300,均为耐磨材质。

8.1.6　出渣机

每台炉配置 2 台水封液压式出渣机(图 1-8-5),出力为 0~12t/h。出渣机在排渣时有推杆压缩的作用,因此比湿式刮板输送机脱水效果要好,排渣含水率低于 25%。出渣机后设置溜槽,将炉渣直接排至渣坑。

图 1-8-5　出渣机本体

出渣机中的水除起到将炉渣熄火和降温作用外,还有水封作用,使外界空气不能由出渣口漏入焚烧炉内,以保证炉膛负压维持在 20~100Pa。同时还可防止热辐射以及炉渣的二次燃烧引起装置的热损伤。出渣机内的水位由浮球阀装置控制。

出渣机采用船形出渣机形式(图 1-8-6),其特点如下:

(1)由于采用水封结构具有完好的气密性,可保持炉膛负压。

(2)可有效除去残留的污水,灰渣含水量为 15%~25%。

(3)出渣机推杆的所有滑动面都采用耐磨钢衬,寿命长。

(4)出渣机内水温将保持在 60℃以下。

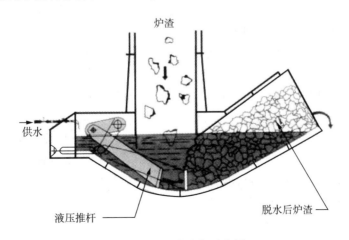

图 1-8-6　出渣机示意图

8.1.7 渣坑

在焚烧炉炉排尾部0m层设有渣坑,用于储存出渣机排出的炉渣。渣坑长38.5m、宽5.5m、深4.5m,有效容积约950m³,可储存约3天的渣量。渣坑位于焚烧间内,地上部分以墙面和屋顶封闭,使之与焚烧间隔离。

由于炉渣在渣坑贮存时,会有部分含水析出。故渣坑底部放坡,以便坑内的积水排至设置在渣坑一端的沉淀池和澄清池,沉淀池及澄清池入口处均设置过滤格栅,渣坑坑底标高−4.5m,沉淀池池底标高−5.5m,澄清池池底标高−6.0m。

澄清池内的积水用排污泵排出送至污水处理站进行专业处理。

8.1.8 渣吊

起重机是由大车桥架、小车、起重机运行机构、抓斗和电气设备五大部件组成。抓斗的起升、开闭机构和小车运行机构装在小车上,大车运行机构装在桥架上。抓斗通过四根钢丝绳和起升、开闭机构的卷筒相连接,主要作为锅炉炉渣的起重设备。渣吊的运行控制可以在渣坑的控制室内遥控操作,用于渣坑内渣的倒运和装车作业。在渣坑旁设置有运渣车装车场地,炉渣在装入运渣车后,由运渣车运出焚烧厂供综合利用。

8.2 飞灰输送系统

8.2.1 系统概述

本系统通过飞灰输送机将每台炉反应塔和布袋除尘器的飞灰各自收集后集中汇至刮板输送机,再经斗式提升机及飞灰仓顶螺旋输送机送至飞灰仓存储。因飞灰有潮解性,所以本系统输送机均需要电伴热。

每条焚烧线的反应塔下设1台刮板输送机,分别将各自产生的飞灰通过刮板输送机输送到下游共用的刮板输送机,额定出力均为2t/h。刮板输送机出口设气动切换阀,可进入下游任意一台公用的集合刮板输送机。

每条焚烧线的布袋除尘器设8个仓,分成2列,每列4个仓。布袋除尘器下设2台刮板输送机,分别将4个仓产生的飞灰通过布袋除尘器刮板输送机输送到下游公用的刮板输送机,额定出力均为2t/h。刮板输送机出口设气动切换阀,可进入下游任意一台集合刮板输送机。

焚烧线的烟气净化车间设置集合刮板输送机,负责输送炉脱酸塔和布袋除尘器产出的飞灰。考虑到运行的稳定性,2台炉共用的设备均按1用1备设置,两者之间可自动进行切换。集合刮板输送机共2台,出力为12t/h;斗式提升机和仓顶螺旋输送机也各自按2台配置,出力均和刮板输送机匹配,为12t/h。

设置2座钢结构的飞灰仓,直径为4.5m,有效容积为120m³,能储存2条焚烧线约3.5天的飞灰储量。为了防止飞灰的潮解,用电伴热进行保温。

为了保证飞灰仓卸灰顺畅,设置 2 台气化风机和 1 台电加热器为飞灰仓气化板提供气化风。

8.2.2　除尘器灰斗刮板输送机

除尘器灰斗刮板输送机的参数如下:

数量:2 台;

安装地点:布袋除尘器灰斗下;

输送介质:飞灰及脱酸副产物,温度小于 120℃,堆积密度为 0.5～0.8t/m³;

设备出力:2t/h;

运行方式:连续;

链速:0.04m/s;

进料口:每台刮板输送机 4 个;

输送长度:水平距离约为 17.5m。

除尘器灰斗刮板输送机应根据进料口数量配置相应的电动给料机(出力与刮板输送机匹配)和手动插板门,出料口配置相应的气动双向切换阀,均为耐磨材质。电动给料机与除尘器灰斗刮板输送机之间连接有金属膨胀节。除尘器灰斗刮板输送机配置相应的电伴热和保温设备。

8.2.3　集合刮板输送机

集合刮板输送机的参数如下:

数量:1 台;

安装地点:综合厂房;

输送介质:飞灰及脱酸副产物,温度小于 150℃,堆积密度为 0.5～0.8t/m³;

设备出力:12t/h;

运行方式:连续;

链速:0.04m/s;

进料口:每台刮板输送机 6 个;

输送长度:水平距离约为 38m。

集合刮板输送机头部采用抬头方式,落料进入斗式提升机,保证斗式提升机在地上布置。集合刮板输送机的抬头角度不大于 15°。集合刮板输送机配置相应的电伴热和保温设备。

8.2.4　斗式提升机

斗式提升机的参数如下:

型号:高效板链式斗提机;

数量:1 台;

安装地点:室内;

输送介质:飞灰及脱酸副产物,温度小于 150℃,堆积密度为 0.5～0.8t/m³;

最大输送高度:约 27.5m;

设备出力:12t/h;

链速:不超过 0.33m/s;

运行方式:连续。

斗式提升机配置相应的电伴热和保温设备。

8.2.5 灰仓顶螺旋输送机

灰仓顶螺旋输送机的参数如下:

数量:1 台;

安装地点:室内(飞灰仓顶);

输送介质:飞灰及脱酸副产物,温度小于 150℃,堆积密度为 0.5～0.8t/m³;

最大输送长度:约 8m;

设备出力:12t/h;

运行方式:连续。

灰仓顶螺旋输送机配置相应的电伴热和保温设备。

8.3　飞灰固化系统

8.3.1 系统概述

生活垃圾焚烧飞灰按危险废物处理,必须单独收集,不得与生活垃圾和焚烧残渣等混合,也不得与其他危险废物混合。飞灰不得在产生地长期贮存,不得进行简易处置,不得排放,必须进行必要的稳定化处理,稳定化处理之后方可运输,运输需使用专用运输工具。

飞灰稳定化采用水泥作为稳定化基材,配以螯合剂与水泥混合的稳定化工艺。其原理是将飞灰和水泥混合搅拌,经水化反应后形成坚硬的水泥固化体,通过物理包容、晶格离子交换束缚和物理化学吸附等作用,使重金属固定于水泥和飞灰固化体中,达到降低飞灰中重金属成分浸出的目的。

飞灰固定化系统工艺流程图如图 1-8-7 所示。

全厂共产生飞灰量约 1.82t/h,储存于 2 台有效容积为 120m³ 的飞灰仓内。飞灰通过机械输灰系统由斗式提升机提升至灰仓顶螺旋输送机,然后分配至 2 座飞灰仓内贮存。

对于飞灰固化系统,要求设计工况下,每小时处理额定飞灰量按 10t 设计。

各储仓容量:飞灰仓有效容积为 120m³,水泥仓有效容积为 40m³(保证 5 天以上用量)。飞灰仓和水泥仓需设置除尘设备。

飞灰仓应设置保温和气化加热系统(带气化风机和电加热器)。2 台炉共设有 2 台气化风机和 1 台电加热器,为飞灰仓气化板提供气化风。

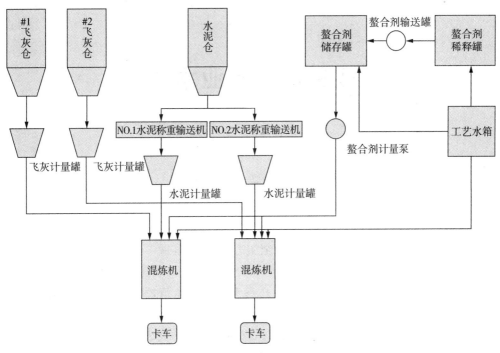

图 1-8-7　飞灰固化系统工艺流程图

8.3.2　飞灰的性质与处置标准

稳定后的物料满足下列要求：

含水率：低于 30%；

二噁英含量：低于 $3\mu gTEQ/kg$；

养护后抗压强度：大于 $10kgf/cm^2$。

8.3.3　飞灰稳定化

飞灰固化处理成套系统采用螯合剂和水泥作为固化材料,稳定化过程包括飞灰、水泥和螯合剂的储存、输送、物料的配料和混合等工序,主要过程如下:飞灰仓内飞灰通过灰仓底电动给料机进入飞灰称量罐后送至混炼机;水泥罐车通过加热后的气化风将散装水泥压送至水泥仓;经水泥仓底部螺旋输送机进入水泥称量罐后送至混炼机;螯合剂经过配制稀释后经输送泵送至混炼机。飞灰、水泥和螯合剂在混炼机中进行充分搅拌,并按比例均匀加入水。水泥、螯合剂和加湿水的添加率分别接近飞灰重量的 17%、3.8% 和 35%(此比例为最低标准)。飞灰稳定化车间冲洗水需进行收集,并设置污水池经水泵送至混炼机进行回收利用。

8.3.4　飞灰填埋

按照标准规定,生活垃圾焚烧飞灰经处理后满足一定条件,可以进入生活垃圾填埋场填埋处置,经处理后满足规定要求的生活垃圾焚烧飞灰在生活垃圾填埋场中应单独分区填埋。

第9章　专业术语

温度:温度是物体冷热程度的物理量。

压力:垂直而均匀地作用在单位面积上的力称为压力。

大气压力:是指地面上空气重量所产生的压力。

绝对压力:是指液体、气体或蒸汽作用在单位面积上,包括空气重量所产生的大气压力在内的全部压力,亦即不带条件起算的全压力,或称以零做参考压力的差值。

表压力:也称相对压力,即压力表所指示的压力。因为表压力是绝对压力抵消大气压力后所余的压力,或称以环境大气压力作参考压力的差值,所以表压力等于绝对压力与大气压力之差。

真空度:是指绝对压力低于大气压力时,仪表所测得的负表压,这个负的表压就称为真空度。所以,真空度等于大气压力与绝对压力之差。

气压表:用来测量大气压力的仪表。

压力表:用来测量表压力的仪表。

真空表:用来测量负表压的仪表。

工质:实现热能变化或热能与机械能相互转化的媒介物质。

燃料:是指在空气中易于燃烧,并能放出大量热量,且在经济上值得利用其热量的物质。

过热度:在一定压力下,过热蒸汽温度与饱和温度的差值。

燃料的发热量:1kg 燃料完全燃烧时放出的热量。

过剩空气系数:供给燃料燃烧的实际空气量与理论空气量之比。

最佳过剩空气系数:锅炉效率最高时的过剩空气系数。

烟气露点:硫酸蒸汽在其分压力下凝结时的温度。

燃烧:燃料中的可燃物质与空气中的氧发生的发光发热的化学反应过程。

循环倍率:1kg 水在循环回路中,需经过多少次循环才能全部变成蒸汽。

锅炉净效率:锅炉有效利用热量减去自用能量,占输入热量的百分数。

排烟热损失:烟气离开锅炉排入大气所带走的热量损失。

化学不完全燃烧损失:燃烧过程中产生的可燃气体(CO 等)未能完全燃烧而随烟气排出炉外时所造成的损失。

机械不完全燃烧损失:燃料在锅炉内燃烧,由于部分固体颗粒未能燃尽而被烟气带走或落入冷灰斗中造成的损失。

二次燃烧:由于炉膛温度较低,燃料的颗粒较大,配风不良,烟气离开炉膛后,烟气当中的可燃物质继续在尾部烟道内燃烧,或积存在尾部受热面上的可燃物质因氧化温度逐渐升高而自燃。

锅炉低温腐蚀:锅炉尾部受热面的硫酸腐蚀,因为尾部受热面区段烟气管壁温度都较低。

高位发热量:燃料完全燃烧时放出的热量,包括烟气中蒸汽凝结成水时放出的热量。

低位发热量:高位发热量减去烟气中水蒸气的汽化潜热。

垃圾焚烧炉(焚烧炉):利用高温氧化方法处理垃圾的设备。

垃圾焚烧余热锅炉(余热锅炉):利用垃圾燃烧释放的热能,将水或其他工质加热到一定温度和压力的换热设备。目前用于垃圾焚烧发电厂的余热锅炉多为中温中压蒸汽锅炉。

垃圾低位热值(低位热值 LHV):是指单位质量垃圾完全燃烧时,当燃烧产物恢复到反应前垃圾所处温度和压力状态,并扣除其中水分汽化吸热后放出的热量。

设计垃圾低位热值(设计低位热值):在设计时,为确定焚烧炉的额定处理能力所采用的垃圾低位热值计算值。

最大连续蒸发量(MCR):余热锅炉在额定蒸汽压力、额定蒸汽温度、额定给水温度和使用设计燃料条件下长期连续运行时所能达到的最大蒸发量。

额定垃圾处理量:在额定工况下,焚烧炉的垃圾焚烧量。

焚烧炉上限垃圾低位热值:能够使焚烧炉正常运行的最大垃圾低位热值。

焚烧炉下限垃圾低位热值:能够使焚烧炉正常运行的最小垃圾低位热值。

焚烧炉上限垃圾处理量:确保垃圾焚烧处理各项要求的前提下,焚烧炉能够达到的最大垃圾处理量。

焚烧炉下限垃圾处理量:确保垃圾焚烧处理各项要求的前提下,焚烧炉能够正常运行的最小垃圾处理量。

炉膛:垃圾焚烧炉中的燃烧空间。

二次燃烧室:使燃烧气体进一步燃尽而设置的燃烧空间。即垃圾焚烧炉内自二次空气供入点所在的断面至余热锅炉第一通道入口断面的空间。

炉排热负荷:单位炉排面积和单位时间内的垃圾焚烧释热量。

炉排机械负荷:单位炉排面积和单位时间内的垃圾焚烧量。

炉膛容积热负荷:单位炉膛容积和单位时间内的垃圾焚烧释热量。

连续焚烧方式:通过推料器连续供料,将垃圾不断投入垃圾焚烧炉内进行焚烧作业的方式。

焚烧线:为完成对垃圾的焚烧处理而配置的焚烧、热交换、烟气净化、排渣出渣、飞灰收集输送、自动控制等全部设备和设施的总称。

炉渣:垃圾焚烧过程中,从排渣口排出的残渣。

锅炉灰:从余热锅炉下部排出的固态物质。

飞灰:从烟气净化系统排出的固态物质。

漏渣:从焚烧炉炉排间隙漏下的固态物质。

残渣:在垃圾焚烧过程中产生的炉渣、漏渣、锅炉灰和飞灰的总称。

飞灰稳定化:使飞灰转化为非危险废物的处理过程。

余热锅炉热效率：余热锅炉输出的热量与输入的总热量之比。

炉渣热灼减率：焚烧垃圾产生的炉渣在 600℃±25℃下保持 3h，经冷却至室温后减少的质量占室温条件下干燥后的原始炉渣质量的百分比。

烟气净化系统：对烟气进行净化处理所采用的各种处理设施组成的系统。

第二部分　汽轮机

第 1 章 汽轮机原理

汽轮机是一种以具有一定温度和压力的过热蒸汽为工质,将热能转变为机械能的回转式原动机。它在工作时先把蒸汽的热能转变为动能,然后再将蒸汽的动能转变为机械能。

1.1 冲动作用原理和反动作用原理

当运行物体碰到另一个静止的或速度较低的物体时,就会受到阻碍而改变其速度和方向,同时给阻碍它运行的物体一个作用力,通常称这种作用力为冲动力,如图 2-1-1 所示。蒸汽在喷嘴上发生膨胀,压力降低,速度增加,蒸汽的热能转换为动能,高速汽流冲击台面上的木块,这时蒸汽的速度发生改变,就会有一个冲动力作用于木块,使其向前运动,这种做功的原理,称为冲动作用原理。

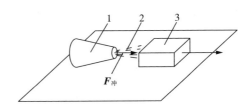

图 2-1-1 冲动力作用原理
1—喷嘴;2—蒸汽;3—木块

反动力的产生与上述冲动力产生的原因不同,反动力是由原来静止或运动速度较低的物体,在离开或通过另一物体时,骤然获得的一个较大的速度而产生的。在反动式汽轮机中蒸汽在喷嘴中产生膨胀,压力降低,速度增加,汽流进入动叶后,一方面由于速度方向的改变而产生冲动力,另一方面蒸汽同时在动叶中继续膨胀,压力降低,汽流加速产生一个反动力,动叶则在这两种力的合力作用下将蒸汽动能转换成旋转的机械能,这种利用反动力做功的原理,称为反动作用原理。

在汽轮机中蒸汽的动能到机械能的转变都是通过上述两种不同的作用原理来实现的。通常我们将利用冲动原理做功的汽轮机称为冲动式汽轮机,将利用反动原理做功的汽轮机称为反动式汽轮机。

1.2 汽轮机的基本工作原理

最简单的汽轮机如图 2-1-2 所示,它由喷嘴、动叶片、叶轮和轴等基本部件组成,从图可见,当有一定压力和温度的蒸汽通过喷嘴膨胀加速时,蒸汽的压力温度降低,速度增加,使热能转变为动能,然后,较高速度的蒸汽由喷嘴流出,进入动叶通道,在弯曲的动叶通道内,改变汽流方向,给动叶片以冲动力,如图2-1-3所示,产生了动叶旋转动力矩,带动主轴旋转,输出机械功,即在动叶中蒸汽推动叶片旋转做功,完成动能到机械能的转换,如图2-1-4。

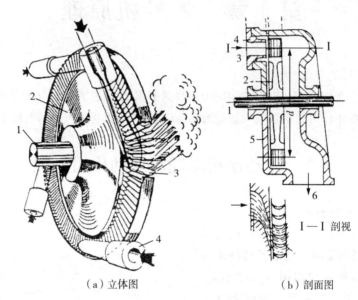

（a）立体图　　　　　　　　　（b）剖面图

图2-1-2　单级汽轮机结构简图

1—主轴;2—叶轮;3—动叶片;4—喷嘴;5—汽缸;6—排汽口

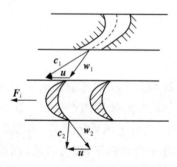

图2-1-3　蒸汽流过无膨胀动叶
通道时速度的变化

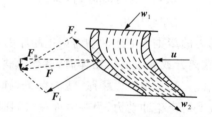

图2-1-4　蒸汽在动叶汽道内
膨胀时对动叶的作用力化

　　由上述可知,汽轮机工作时,首先在喷嘴叶栅中蒸汽的热能转变为动能,然后在动叶栅中蒸汽的动能转变为机械能,喷嘴叶栅和与它相配合的动叶片完成了能量转换的全过程,于是构成了汽轮机的基本工作单元——级。

1.3　汽轮机概述

　　汽轮机是将蒸汽的热力势能转换成机械能,借以拖动其他机械旋转的原动机。为保证汽轮机安全、经济地进行能量转换,需配置若干附属设备,汽轮机及其附属设备是由管道和阀门连成的整体,统称汽轮机设备。在火电厂中汽轮机用于拖动发电机,将机械能转换成电能,此汽轮机与发电机的组合称为汽轮发电机组。

具有较高压力和温度的蒸汽经过主汽门,调节阀进入汽轮机。由于汽轮机排汽口处的压力低于进汽压力,在这个压力差的作用下蒸汽向排汽口流动,其温度和压力逐渐降低,将一部分热力势能转换成机械能,最后从排汽口排出。汽轮机的排汽仍具有一定的压力和温度,因此仍具有一定的势能,这一部分能量没有转换成机械能,称为冷源损失。排汽的压力和温度越高,它所具有的能量就越大,冷源损失所占的比例也就越大。为了减少冷源损失,提高蒸汽动力循环的效率,常采用凝汽设备来降低排汽的压力和温度,此时汽轮机的排汽排入凝汽器,在较低的温度下凝结成水,由凝结水泵抽出供锅炉继续使用。为了吸收排汽在凝汽器内凝结所放出的热量,保持较低的凝结温度,必须用循环水不断地向凝汽器供应低温冷却水。在正常情况下,凝汽器内的压力等于凝结水温度所对应的饱和压力,若冷却水温度为 $20℃$,凝汽器内的压力约为 $0.05kg/cm^2$。由于汽轮机的尾部及凝汽器的接合面并非绝对严密,其内部压力又低于外界大气压,故周围的空气会漏入,最后进入凝汽器。空气在常温下不凝结,必须用抽气器将它抽出,否则空气在凝汽器内逐渐积累,会使凝汽器内的压力升高,从而导致冷源损失增大。因此凝汽设备由凝汽器、凝结水泵、循环冷却水和抽气器组成。它的作用是建立并保持凝汽器的真空,使汽轮机有较低的排汽压力,同时回收凝结水供锅炉使用,以减少冷源损失,提高汽轮机设备的经济性。除特殊用途的背压式汽轮机(排汽压力高于当地大气压)之外,所有的汽轮机都配置有凝汽设备。

即使这样,机组的冷凝损失仍占总能源的 60% 以上。为了进一步减少冷源损失,电厂所采用的汽轮机都配置有除氧器和若干台表面式回热加热器所组成的回热加热设备。凝结水泵出口的主凝结水经过几台低压加热器(因主凝结水的压力较低,故称低压加热器)送往除氧器(除氧器是一台混合式加热器,同时承担除去给水中溶解氧的任务),再由给水泵升压后经过几台高压加热器(因给水的压力较高,故称高压加热器)送往锅炉的省煤器。从汽轮机内抽出几股不同压力的蒸汽分别送入各加热器和除氧器,加热主凝结水和锅炉的给水,此时可使汽轮机的排汽量相应减少 20%~30%,冷源损失也相应减少。

为了保证供电的数量和质量,汽轮机的功率和转速都要根据用户的要求经常进行调整,所以每台汽轮机都必须有一套由调节装置所组成的调节系统。另外汽轮机的工作转速很高,动静部分间隙较小,又是电厂的核心设备,为保证其安全,必须有一套自动保护装置,在异常情况下,能自动发出声光报警提醒运行人员注意,在危急情况下能自动关闭主汽门切断汽轮机的进汽,紧急停机,或自动启动备用的附属设备。调节系统和保护装置常用压力油来传递信号和操纵有关部件,汽轮机的各轴承也需要不断地用油来润滑和冷却,故每台汽轮机都配置供油系统,以便向调节、保护装置及各轴承供油。

综上所述,汽轮机设备是以汽轮机为主体的一种动力设备,它的附属设备一般包括:凝汽设备(背压式汽轮机)、回热加热设备、调节和保护装置以及供油系统,它们协同工作,保证汽轮机安全、经济地进行能量转换。

汽轮机按热力过程特性可分为以下几类:

(1)凝汽式汽轮机:进入汽轮机内做功的蒸汽除回热抽汽和少量的漏汽外,其余的蒸汽做完功后全部排入凝汽器。

（2）背压式汽轮机：蒸汽在汽轮机做完功后，以高于大气压的压力排出，供工业或采暖用汽。

（3）调节抽汽式汽轮机：从汽轮机的某些级后抽出一部分做过功的蒸汽供工业或采暖用汽，其余蒸汽排入凝汽器，而且抽汽压力在一定范围内可以调整。

（4）中间再热式汽轮机：蒸汽在汽轮机若干级内做功后，用导汽管将其全部引入锅炉再热器再次加热到某一温度，然后又回到汽轮机中继续膨胀做功。部分汽轮机，尤其大机组设置有多台缸体，每台缸体内设置一组转子，多组转子共用一根大轴，通过锅炉再次被加热的蒸汽进入到下一个缸体继续做功，整台汽轮机的功率就是多台缸体内蒸汽做功的总和。

（5）多压式汽轮机：汽轮机的进汽不止一个参数，在汽轮机某个中间级前又引入其他来源的蒸汽，与原来的蒸汽混合共同膨胀做功。

汽轮机按主蒸汽参数可分为以下几类：

（1）低压汽轮机（主蒸汽压力小于 1.5MPa）；

（2）中压汽轮机（主蒸汽压力为 2～4MPa）；

（3）高压汽轮机（主蒸汽压力为 6～10MPa）；

（4）超高压汽轮机（主蒸汽压力为 12～14MPa）；

（5）亚临界汽轮机（主蒸汽压力为 16～18MPa）；

（6）超临界汽轮机（主蒸汽压力大于 22.15MPa）；

（7）超超临界汽轮机（主蒸汽压力大于 25MPa）。

第2章　设备主要规范、结构、特性

以南京汽轮电机(集团)公司生产的中温中压凝汽式汽轮机为例,型号为 N12-3.8-22,是典型的单轴、单缸单排汽汽轮机。最大连续出力为 13.2MW,额定出力 12MW。该汽轮机采用定压启动、停机方式。汽轮机有三级非调整回热抽汽,年运行时间可大于8040 小时,设计寿命不少于 30 年。

2.1　主要技术参数

2.1.1　汽轮机技术参数

汽轮机技术参数如表 2-2-1 所示。

表 2-2-1　汽轮机技术参数

名　称	单　位	数　值
汽轮机额定功率	MW	12
汽轮机最大连续功率	MW	13.2(110%额定功率)
汽轮机额定进汽压力	MPa	$3.8^{+0.2}_{-0.3}$
汽轮机额定进汽温度	℃	395^{+10}_{-15}
汽轮机保证汽耗率	kg/kW·h	不大于 5.055
汽轮机运转层标高	m	7
年平均凝汽器循环冷却水温度	℃	25
额定转数	r/min	3000
抽汽级数	级	3
冷态启动从空负荷到满负荷所需时间	min	60
汽轮机允许最高背压值	kPa	小于 41

汽轮机设有三级非调整抽汽,在额定工况下:一级抽汽供蒸汽-空气预热器,抽汽压力为 1.433MPa,抽汽温度为 305.6℃,抽汽量为 5.8t/h;二级抽汽供除氧器,抽汽压力为 0.775/0.27MPa,抽汽温度为 244.7℃,抽汽流量为 4.15t/h;三级抽汽供低压加热器,抽汽压力为 0.077MPa,抽汽温度为 92.5℃,抽汽流量为 4.684t/h。

2.1.2　发电机技术参数

发电机的主要技术参数如下：

发电机型号：QFW-12-2A；

频率范围：48.5～51.5Hz；

额定功率：12MW；

最大连续功率：13.2MW；

功率因数：0.8；

额定转速：3000r/min；

额定电流：825A；

出线电压：10.5kV；

效率：大于97%；

励磁方式：无刷励磁机；

冷却方式：密闭循环空气冷却；

定子绕组绝缘等级：F(其温升和最高温度不超过 B 级绝缘的允许值)；

转子绕组绝缘等级：F(其温升和最高温度不超过 B 级绝缘的允许值)；

定子铁芯绝缘等级：F(其温升和最高温度不超过 B 级绝缘的允许值)；

短路比：不小于 0.45；

定子线圈连接：星形；

负序电流承载能力：连续：$I2/IN \geqslant 10\%$，短时：$(I2/IN)^2 t \geqslant 15$；

出线套管数：6；

噪声：不超过 90dB(离 1.0m 处)；

电压变化范围：±5%；

发电机中性点接地方式：发电机中性点不接地或消弧线圈接地；

励磁系统：采用微机双通道自并励无刷励磁系统；

旋转方向：从汽轮机看发电机为顺时针。

2.2　运行工况

2.2.1　铭牌功率(TRL)工况

汽轮发电机组在寿命期内保证下列条件满足的情况下能够安全、连续运行：

(1)额定主蒸汽参数及所规定的汽水品质。

(2)汽轮机低压缸排汽平均背压为 11.8kPa。

(3)补给水量为 3%。

(4)最终给水温度约为 130℃。

(5)抽汽供空预器蒸汽压力为 1.25MPa,温度为 290℃,额定工况流量为 6.5t/h。

(6)发电机效率为 97.3%,额定功率因数为 0.8。

说明：发电机输出铭牌功率为 12MW（扣除采用无刷励磁系统及电动主油泵后所消耗的功率），此工况称为铭牌功率（TRL）工况，铭牌功率工况下的进汽量称为铭牌进汽量，铭牌功率工况为出力保证值的验收工况。

2.2.2 汽轮机最大连续功率（TMCR）工况

汽轮机进汽量满足 110％额定出力时，能在下列条件满足的情况下安全连续运行，此时发电机输出的功率（扣除采用无刷励磁系统及电动主油泵后所消耗的功率）称为最大连续功率（TMCR），其条件如下：

(1)额定主蒸汽及所规定的汽水品质。

(2)循环水进水温度为 25℃时汽轮机低压缸排汽平均背压为 7kPa。

(3)补给水量为 0％。

(4)所规定的给水温度。

(5)抽汽供空预器蒸汽压力为 1.25MPa，温度为 290℃，额定工况流量为 8t/h。

(6)发电机效率为 97.3％，额定功率因数为 0.8。

2.2.3 热耗验收（THA）工况

当机组功率（扣除采用无刷励磁系统及电动主油泵后所消耗的功率）为额定功率时，除进汽量以外其他条件与 TMCR 工况条件相同时称为机组的热耗率验收（THA）工况，此工况为热耗率保证值的验收工况。

2.2.4 汽轮机的特性数据

汽轮机的特性数据如表 2-2-2 所示。

表 2-2-2 汽轮机的特性数据

汽轮机的特性数据 (3.8MPa,395℃)	TRL 工况	TMCR 工况	热耗考核 THA工况	75% 出力工况	50% 出力工况	30% 出力工况	空气预热器 抽汽最大工况	长期运行 工况
出力(MW)	12.06	12.54	12	9.03	6.1	3.67	12.03	10.49
汽轮发电机热耗值 (kJ/kW·h)	12190	11783	11762	11814	12426	13526	11679	11661
主蒸汽压力(MPa)	3.82	3.82	3.82	3.82	3.82	3.82	3.82	3.82
主蒸汽温度(℃)	395	395	395	395	395	395	395	395
主蒸汽流量(t/h)	61.5	61.5	59	44.5	28.5	18.5	61	51.3
空预器加热蒸汽压力(MPa)	1.489	1.509	1.433	1.048	0.729	0.466	1.16	1.09
空预器加热蒸汽温度(℃)	308.4	309.6	305.6	284.5	266.4	255.4	304.8	288.8
空预器加热蒸汽流量(t/h)	5.8	5.8	5.8	4.35	0	0	8	5.25

（续表）

汽轮机的特性数据 （3.8MPa,395℃）	TRL 工况	TMCR 工况	热耗考核 THA工况	75% 出力工况	50% 出力工况	30% 出力工况	空气预热器 抽汽最大工况	长期运行 工况
排汽压力(kPa)	10.72	6.77	6.54	5.46	4.65	4.25	6.5	5.92
排汽流量(t/h)	46.005	45.416	43.302	32.445	23.067	14.985	42.968	37.295
补给水率(%)	3	0	0	0	0	0	0	0
给水温度(℃)	130	130	130	130	130	124.4	130	130
发电机功率(MW)	12.06	12.54	12	9.03	6.1	3.67	12.03	10.49

2.3　汽轮发电机组的基本性能

汽轮发电机组年运行时间大于 8040 小时,在额定工况下安全连续运行,发电机端输出功率为 12MW。

汽轮机设有可靠的防止意外超速、进冷气、冷水、着火和突发性振动的措施。汽轮发电机组具有从最大负荷到最低负荷下连续稳定运行的能力。汽轮机允许在 48.5～50.5Hz 范围内安全、连续运行而不至降低出力。

当汽轮机负荷从 100% 甩至零时,汽机的控制系统具有自动控制转速的能力,控制系统能保证在 100% 甩负荷时各项参数均达到国家和行业标准,防止汽轮机超速。

当机组做超速试验时能在 112% 额定转速下短时间空载运行,这时任何部件都不超过应力,各轴承座振动值不超过允许值。

汽轮发电机组在运行过程中汽轮发电机组、主汽门和高压油泵等设备外壳 1.0m 处测得的最大噪音不大于 85dB;汽轮发电机在稳定运行的任何工况下,在任何轴承座上测得的垂直、横向和轴向的双振幅不超过 0.03mm,通过临界转速时,轴承座上振幅值最大不超过 0.10mm。

汽轮机负荷变化率满足 2.5%/min,在特殊工况下满足 25% 的负荷突变。

汽轮机新蒸汽温度不超出允许变化的上限,全年运行时间累计不超过 400 小时。

汽轮机末级叶片有防水冲刷的措施。

汽轮机大修间隔期不小于 4 年。

汽轮机组的寿命不低于 30 年,年运行小时数不低于 8040 小时。

环境条件在 33℃ 时,机组仍能长期安全、满负荷地运行。且机组的背压和排汽温度值能维持在合理的范围内。

第3章 汽轮机本体

汽轮机本体主要由转子部分和静子部分组成,转子部分包括主轴、叶轮叶片、联轴器和主油泵叶轮等;静子部分包括汽缸、喷嘴组、隔板、汽封、轴承、轴承座和调节汽阀等。

3.1 静子部分

3.1.1 汽缸

汽缸是汽轮机的静子部分,它的作用是将蒸汽与大气隔绝,形成蒸汽完成能量转换的封闭空间。此外,它还要支撑汽轮机的其他静止部件,如隔板、隔板套和喷嘴汽室等。按蒸汽在汽轮机内流动的特点,汽缸的高中压部分承受蒸汽的内压力,低压部分有一部分缸体承受外部的大气压。由于汽缸的重量大、结构复杂,在汽轮机运行工况中,蒸汽的温度和比容变化较大,汽缸各部分承受的应力沿汽缸的分布有较大的差别,因此,在汽轮机运行过程中需要注意的是:汽缸及其结合面的严密性,汽轮机启动过程中的汽缸热膨胀、热变形和热应力。

垃圾发电汽轮机汽缸一般为单缸结构,由水平剖分的前、后缸两部分组成(图2-3-1)。前缸采用优质铸钢,后缸采用铸铁。前、后汽缸通过垂直中分面法兰连接成一体。上、下

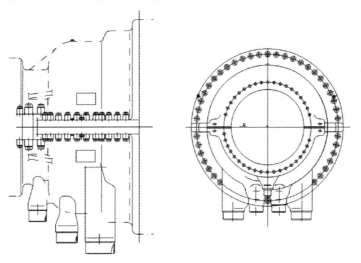

图2-3-1 汽缸结构图

半汽缸由水平中分面法兰螺栓连接。汽缸通常制成具有水平结合面的对分缸体,一般称为水平中分形式。上半部叫上汽缸,下半部叫下汽缸,上下缸间用法兰螺栓连在一起,法兰结合面光洁度极高,要求高度平整,保证上下缸结合面严密不漏汽。汽缸从高压侧向低压侧看,大致呈圆筒形或圆锥形。

前汽缸采用猫爪结构搭在前轴承座上,前轴承座通过前座架固定在汽轮机基础平台上,后轴承座与后汽缸一起铸造而成,后汽缸通过两个后座架固定在汽轮机基础平台上。汽缸的支撑形式有两种:一种叫作猫爪支撑,汽缸通过其水平法兰延伸的猫爪作为承力面,支撑在轴承座上;另一种是台板支撑,由于低压缸所处的温度低,而且低压缸外形尺寸较大,所以用下缸伸出的撑脚支撑在基础台板上。

3.1.2 喷嘴组、隔板

喷嘴组是装设在汽轮机调节级前的能量转换部件,分为若干组。每组喷嘴的进汽由一个阀碟与阀座的组合来控制。阀碟通过阀碟螺栓固定在阀樑上,当油动机通过调节汽阀连杆提起阀梁后,连接在上面的阀碟也按调节所需逐次提起。蒸汽通过阀座中的通孔进入喷嘴组,同时将蒸汽的一部分热能转化为动能。汽轮发电机组所采用的喷嘴组为焊接式结构,具有结构简单的特点,并具有优良的气动性能,喷嘴组与汽缸通过螺栓连接。

隔板是汽轮机各级的间壁,用以固定汽轮机各级的静叶片和阻止级间漏汽,并将汽轮机通流部分分成若干个级(图2-3-2)。它可以直接安装在汽缸内壁的隔板槽中,也可以借助隔板套安装在汽缸上。隔板通常做成水平对分形式,其内圆孔处开有隔板汽封的安装槽,以便安装隔板汽封。隔板与汽缸内壁一起,将汽缸分隔为具有一定压差的若干个腔室。蒸汽在这些腔室之间,通过隔板上的静叶所形成的通道逐级流动,蒸汽流经通流部分时所产生的轮周向推力推动叶轮旋转而对外做出机械功。汽轮机共有11级隔板,1～7为围带焊接式隔板,8～11级为铸造式隔板。隔板由悬挂销支持在汽缸内,底部有定位键,上下半隔板中分面处有密封键和定位键。

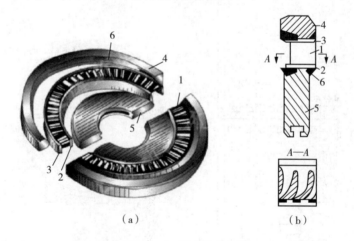

图2-3-2　隔板结构图

1—喷嘴静叶;2、3—喷嘴静叶的内外围带;4—隔板外缘;5—隔板体;6—焊接处

3.1.3　汽封

汽轮机汽封系统由汽封管路、阀门、汽封加热器和均压箱组成。

作为高速旋转的汽轮机,其动静部分必须留有一定的间隙,为了减小泄漏,必须安装防止泄漏的装置来提高汽轮机的工作效率,这种装置通常称为汽封。汽封从结构原理上讲,一般分为三种类型,即迷宫式汽封、炭精环式汽封和水环式汽封。

汽轮机汽封包括围带汽封、隔板汽封、前后轴端汽封。

1. 围带汽封

为了防止蒸汽绕过叶片顶部漏至下一级,在动叶片顶部与汽缸外伸部分设置的汽封,称为围带汽封。

通流部分汽封为动叶围带处的轴向汽封。前 9 级压力级叶轮的动叶顶部有此类汽封,以减少级间漏汽,提高效率。最后两级叶轮,由于动叶前后压差很小,漏汽量会很少,并且不影响机组效率,故不设叶顶汽封。

2. 隔板汽封

隔板前后有一定的压差,蒸汽就可以从隔板与主轴间的间隙流至下级,这股汽流未参加有用的能量转换,造成了损失。为了避免上述的不良影响,尽量减少级间的漏汽,而在隔板与主轴的间隙处设置汽封,此处的汽封称为隔板汽封。隔板汽封的作用是减少因压差而漏入下一级的蒸汽量,以提高机组效率。隔板汽封环装在每级隔板内缘上,每圈汽封环由两个弧块组成。每个弧块上装有两个压紧弹簧片。隔板汽封环上的汽封齿与装在转子上的隔板汽封套筒组成迷宫式汽封,以减少蒸汽向下一级的漏汽量。

3. 轴端汽封

轴端汽封是指高压缸和低压缸两端的汽封。高压缸的汽封作用是防止蒸汽沿转子漏出,低压缸的汽封则是防止空气漏入汽缸而影响真空。转子上装有汽封套筒,套筒上车有凹槽,与前、后汽封上的各级汽封齿构成迷宫式汽封。前、后汽封分为多级段,各级段后的腔室接不同压力的蒸汽管,回收汽封漏汽,维持排汽室真空,如图 2-3-3 所示。

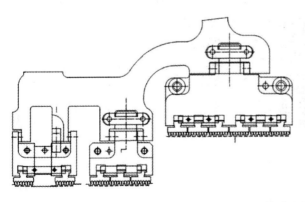

图 2-3-3　轴端汽封示例图

汽轮机前后汽封进大气端的腔室和主汽门、调节汽阀及各抽汽阀门的漏汽均有管道与汽封加热器相连,使各腔室保持−5.066～−1.013kPa 的真空,以保证蒸汽不漏入大气。同时可将此漏汽加热成凝结水以提高机组的经济性。前、后汽封的平衡腔室和各阀杆的高压漏汽端均与均压箱相连,均压箱上装有汽封压力调整分配阀,使均压箱保持2.94～29.4kPa 的压力,当均压箱中压力低于 2.94kPa 时,高于 2.94kPa 的抽汽通过该分配阀向均压箱补充,当均压箱中压力高于 29.4kPa 时,多余的蒸汽也通过汽封压力调整分配阀排入凝汽器中。

3.2　转子部分

3.2.1　转子

汽轮机是高速旋转的机械,转子在高温高压的环境下工作,转子的任何缺陷都会影响机组的安全、经济运行。转子除了在动叶通道完成能量转换、主轴传递扭矩外,还要承受很大的离心力和各部件的温差引起的热应力,以及由于振动产生的动应力,因此,转子必须用性能优良、高强度和高韧性的金属制造。为了提高流通部分的能量转换效率,转子、静子部件间保持较小的间隙,要求转子部件加工精密,调整、安装精细准确。

汽轮机采用套装转子,各级叶轮、隔板汽封套筒及联轴器按照合适的过盈值在热态时套装在转子上。汽轮发电机组共有一个单列调节级与十一个压力级,其末级叶片还通过在适当的区域激光合金化来防止湿蒸汽的水蚀。转子通过刚性联轴器与发电机转子连接。

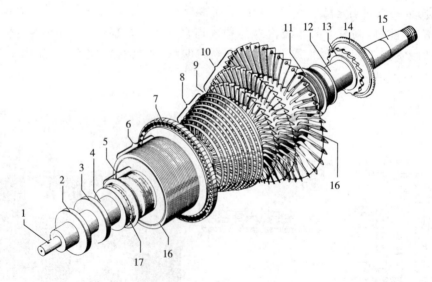

图 2-3-4　转子示例图

1—危急遮断器;2—凸角;3—推力盘;4—前轴颈;5—前汽封;6—内汽封;7—调节器;8—转鼓级;9、10—低压级;
11—后轴承;12—后轴颈;13—盘车棘轮;14—盘车油轮;15—联轴器;16—主平行面;17—后端平行面

3.2.2 动叶片

动叶片是汽轮机中最重要的零件之一,主要表现在它是作为蒸汽热能转换为机械能的主要做功部件,其结构、工作状态将直接对能量转换效率产生影响。

(1)数量最多,加工工作量相当大。

(2)动叶片是汽轮机中承受应力最高的零件,又必须在相当恶劣的条件下工作,事故率很高。因此,叶片的结构、性能不仅涉及设计制造,而且和汽轮机的经济性及运转的安全可靠性关系密切。

汽轮机的动叶片一般由三部分组成:

(1)通过横销紧固在转子的叶根。

(2)将蒸汽动能转化成机械能的叶高部分。

(3)引导蒸汽流动,并在叶轮外径设置护罩,即围带部分。

汽轮机叶片由于运行条件和作用不同,分为不同的类型。叶片按其截面是否沿叶高变化,可将叶片分为等截面叶片、变截面叶片和扭曲叶片。一般情况下,高中压转子的叶片采用等截面叶片,而低压转子后几级毫无例外地采用变截面扭曲叶片。

3.3 轴承

3.3.1 轴承座

前轴承座放置在前座架上,通过前座架固定。前轴承座用于支撑汽缸、转子,滑销系统保证汽缸、转子的正确位置。前轴承座内装有推力轴承、前轴承、主油泵和保安装置等。主油泵的进油口位于前轴承座的前下方,出油口分两处:一处通过内部管路接至安装在前轴承座体内的危急保安装置油路;另一处通过逆止阀接至油系统中的润滑油及调节控制油。调节汽阀所用的油动机放置于前轴承座上,油动机的回油通过前轴承座盖上的腔室直接回到前轴承座内。后轴承座与后汽缸铸为一体。

汽轮机在启动、停机过程中,汽缸的温度变化较大,将沿长、宽、高几个方向膨胀或收缩,不应直接连接固定,所以在汽缸与基础台板、汽缸与轴承座和轴承座与基础台板之间装上滑销,保证满足以下条件:

(1)汽缸和转子中心一致,避免因机体膨胀造成中心变化,引起机组振动或动、静之间的摩擦。

(2)汽缸和转子能自由膨胀,以免发生过大应力引起变形。

(3)使静子和转子的轴向与径向间隙符合要求。

根据构造、安装位置的不同,滑销可分为:

(1)横销:允许汽缸在横向能自由膨胀。装在低压缸排汽室的横向中心线或排汽室的尾部,左右各一个。

(2)纵销:其作用是允许汽缸沿中心线自由膨胀,限制汽缸纵向中心线的横向移动。

纵销中心线与横销中心线的交点称为"死点",汽缸膨胀时这点始终保持不动。汽轮机的死点在汽轮机纵向轴线与后汽缸下部后座架上横向键连线的交点上,汽轮机以此死点为中心,向四方自由膨胀。纵销安装在前轴承座的底部和低压缸后部,所有的纵销均在汽轮机的纵向中心线上。

(3)立销:其作用是保证汽缸在垂直方向上能自由膨胀,并与纵销共同保持机组的纵向中心不变。

(4)猫爪横销:其作用是保证汽缸横向膨胀,同时随着汽缸在轴向上的膨胀和收缩,推动轴承座向前或向后移动,以保证汽缸和转子的轴向位置。猫爪横销安装在前轴承座与高压缸之间。猫爪横销和立销共同保持汽缸中心与轴承座的中心一致。

(5)角销:装在前部轴承座的左右两侧,以代替连接轴承座与台板的螺栓,但允许轴承座纵向移动。

(6)斜销:它是一种辅助滑销,起横销和纵销的双重导向作用。装在排汽室前部左右两侧撑脚与台板之间。

3.3.2　轴承

为保证汽轮机转子在汽缸内的正常工作,汽轮机采用了径向支持轴承和推力轴承,如图2-3-5所示,径向支持轴承承担转子的重量和因部分进汽或振动引起的其他力,并确定转子的位置,保证转子与汽缸的中心线的一致;推力轴承承担汽流引起的轴向推力,并确定转子的轴向位置,确保汽轮机动静部分的间隙。由于汽轮发电机组属重载高速设备,轴承全部采用以油膜润滑理论为基础的滑动轴承。

(a)推力轴承　　　　　　　　　　　　(b)支持轴承

图2-3-5　轴承示意图

两平面间建立油膜的条件是:

(1)两平面间必须形成楔形间隙。

(2)两平面间有一定速度的相对运动,并承受载荷,平板移动的方向必须由楔形间隙的宽口移向窄口。

(3)润滑油必须有一定的黏性和充足的油量。润滑油的黏度越大,油膜的承载力越大,但油的黏度过大,会使油的分布不均匀,增加摩擦损失。温度过高会使油的黏度大大降低,以致破坏油膜的形成,所以必须有一定量的油不断流过,把热量带走。

汽轮发电机组在选用轴承时,主要考虑下列问题:主轴承要确保不出现油膜振荡,充分考虑汽流及振力的影响,具有良好的抗干扰能力,检修时不需要揭开汽缸和转子就能够把各轴承方便地取出和更换,轴承最好采用水平中分面轴承,不需吊转子就能够在水平和垂直方向进行调整。推力轴承能持续承受在任何工况下所产生的双向最大推力。各支持轴承均设轴承金属温度测点,测点位置和数量满足汽轮机运行监视的要求。

汽轮机前径向轴承和推力轴承成一体,组成联合轴承。推力轴承为整体瓦式,但分成若干个小块,每个小块与瓦体相连接处,按照旋转方向的需要开有细槽;其细槽的作用是使瓦块具有一定的弹性,以便推力盘在稍微倾斜的情况下,推力瓦会产生一定的弹性变形以便与推力盘贴合得更好。同时,小槽中的润滑油会将热量尽快带走以保持正常的运行温度。瓦块体上有安装孔,可配备热电阻,导线由导线槽引出,装配完毕后应注意将引线固定。轴承壳体顶部设有回油测温孔,径向轴承回油温度和推力轴承回油温度分别由两个回油孔测得。

3.3.3　联轴器

联轴器是将汽轮机各个转子及发电机转子连成一体,用以传递扭矩及轴向推力的重要部件。主要有刚性、半挠性和挠性联轴器三类。

汽轮机采用刚性联轴器,这种联轴器结构简单,连接刚度大,传递力矩大。另外,刚性联轴器连接的轴系只需要一个推力轴承平衡推力,简化了轴系的支承定位,缩短了轴系长度。但此种联轴器连接的轴系需要高精度的轴系对中,否则,各个转子相互影响较大,容易引起轴系振动。

3.4　盘车装置

汽轮机冲转前和停机后,进入或积存在气缸内的蒸汽使上汽缸温度比下汽缸温度高,从而使转子受热或冷却不均匀,转子产生弯曲变形。因而在汽轮机冲转前和停机后必须使转子以一定的速度持续转动,以保证转子受热或冷却均匀。

汽轮发电机组配置了电动盘车装置。本系统盘车装置为蜗轮蜗杆式盘车装置,是通过功率为 5.5kW 的交流电动机带动蜗轮,经蜗杆减速后盘动装在主轴上的盘车棘轮。电机的转速为 1500r/min,经蜗杆变速后的汽轮机转速约为 5r/min。在需要盘车时,扳动盘车手柄,接通盘车电机电源,即可开始盘车,必须注意,盘车前一定要确认各轴承已接通润滑油,如果在无润滑状态下盘车,会损坏轴承的巴氏合金。当汽轮机转速超过 5r/min 时,盘车齿轮自行退出。在进行汽轮发电机组的控制设定时,应把盘车退出后设计为自动切断盘车电源,以防盘车误投入而损坏。

第 4 章　汽轮机调节保安系统

4.1　汽轮机运行对调节系统性能的要求

汽轮机调节保安系统是保证汽轮发电机组安全、可靠、稳定运行的重要组成部分。汽轮发电机组采用数字电液控制系统(DEH)。DEH 与传统的机械液压调节相比,极大地简化了液压控制回路,不仅转速控制范围大、调整方便、响应快、迟缓小、能够实现机组自启停等多种复杂控制,而且提高了工作的可靠性,简化了系统的维护和维修。调节保安系统是数字电液控制系统的执行机构,它接收 DEH 发出的指令,完成挂闸、驱动阀门及遮断机组等任务。

汽轮机调速系统性能应符合下列要求:

(1)当汽温、汽压和真空正常,主汽门完全开启时,调速系统应能维持机组空转运行。

(2)当汽轮机突然甩去全部负荷时,调速系统应能控制汽轮机转速在危急保安器的动作转速下,最大升速不超过额定转速的 109%(3270r/min)。汽轮机危急遮断器应在额定转速的 109%~111%(3270~3330r/min)范围内动作。动作后飞锤复位转速为 2915r/min±15r/min。

(3)当危急保安器动作后,应保证主汽门、调速汽门关闭严密。

(4)主汽门和调速汽门门杆、错油门、油动机及调速系统连杆上的各活动连接装置没有卡涩和松动现象。当负荷改变时,调速汽门门杆应均匀、平稳地移动。当系统负荷稳定时,负荷不应摆动。

(5)转速不等率为 3%~6%。

(6)调速系统的迟缓率不超过 0.2%。

4.2　调节系统的概述

调节系统主要由液压油站及其设备、速关控制装置、转速传感器、数字式调节器、电液转换器、油动机和调节汽阀组成。

4.2.1　液压油站及其设备

电控专用供油系统与主轴承供油的润滑油系统分开,以保证电液转换器用油不受污染,确保机组安全、可靠地运行。独立电控专用供油系统由油箱、叶片泵、溢流阀、单向阀、精密双筒滤油器、冷油器、油压报警器、油温报警器、电加热器和蓄能器等设备组成。该套油系统为双泵系统,正常运行时一台泵工作、另外一台泵备用,当油温高时可投入冷却器,当工作压力降低时可投入另外一台油泵,运行前必须确保油质合格,双筒滤油器可在线切换,滤油精度为 $10\mu m$,滤油器压差大时可报警。油箱容量为 600L,泵流量为 30L/min,系统工作压力为 3.5MPa,油质采用 L-TSA46 汽轮机油,油液清洁度要求达到 NAS6 级。油箱安装在汽轮机中间平台。油压高低可用溢流阀调定,两个溢流阀调定压力可相差 0.5MPa。蓄能器容积为 10L,最小有效供油为 2.5L,最少有效供油时间为 5s。设系统最低工作压力为 1.2~2.5MPa,最高工作压力为 4MPa,蓄能器充气压力为 1.0~1.5MPa。冷却水阻约为 0.1MPa,流量为 60L/min。

4.2.2 电液转换器

1. 简述

在电气液压型调速器中,测速、综合比较、调差、缓冲和开度限制等均已由电气回路来完成,电气柜输出的是综合电气信号,机械柜仅是一个液压放大装置。为实现电气部分与机械部分的联系,需要将电气柜输出的综合电气信号转换成机械位移,通过液压放大,最后去操作导水机构。

电液转换器就是实现这个转换工作的关键元件。电液转换器能够将电气柜输出的综合电气信号转换成具有一定操作力和位移量的机械位移信号,或是转换成具有一定压力的流量信号。机械位移信号可以用来操作引导阀;流量信号则可以控制中间接力器或直接控制辅助接力器,但制造这种输出流量信号的电液转换器比较困难,而且对油的要求也比较高,国内较少采用,大多使用输出为机械位移的电液转换器。

电液转换器能够将小电功率的电信号输入转换为大功率的液压能(流量与压力)或位移输出。在电液伺服系统中,将电气部分与液压部分连接起来,实现电液信号的转换与放大。电液转换器是电液伺服系统的核心部件,它的性能直接影响整个系统的稳定性、控制精度和响应特性,也直接影响系统的可靠性和使用寿命。

2. 组成

电液转换器由两大部分组成:一部分是电气-位移转换部分,另一部分是液压放大部分。电气-位移转换部分就是在由永久磁钢、铁芯等组成的磁路气隙中置有一组线圈。线圈由弹簧平衡在中间位置。这一组线圈通常有三个,其中两个为工作线圈,在机组转速为额定值时,这两个工作线圈中通过大小相等、方向相反的电流,在磁场中处于相对平衡的位置,当机组转速变化时,电气柜输出的综合电气信号会使线圈中的电流产生一个差值,因而磁场对线圈产生一个沿轴线方向的作用力,作用力的方向决定于差动电流的方向。当线圈受力沿轴线方向移动时,带动与线圈相连的控制套沿轴向移动。第三个线圈为振动线圈,输入工频电流使控制套产生频率为 50Hz、振幅为 ±0.02mm 左右的振动,这样可以减小控制套和活塞杆之间的摩擦力,避免电液转换器的卡阻。

3. 类型

电液转换器的种类很多,一般可分为以下几种类型:

(1)从电磁部分的结构来分,有动圈式力矩马达和动铁式力矩马达。

(2)从电磁部分的励磁方式来分,有永磁式和外激式。

(3)从液压部分的结构来分,有断流式和继流式,或者滑阀式和蝶阀式。

(4)从油的工质来分,有汽轮机油和抗燃油。

(5)从使用工质的压力来分,有低压式(1.2MPa 和 2MPa)和高压式(8MPa 和 14MPa)。

4.2.3　速关控制装置

速关控制装置是汽轮机保安系统和控制系统的集合。它将原来该系统中单个部套组合在一起。这样,克服了管路繁多、安装复杂的缺陷,在运行中也避免了监控困难和产生漏油着火的事故,增加了汽轮机运行的可靠性和安全性。

速关控制装置能实现汽轮机正常启动与停机、电动与手动紧急停机、速关阀开启和关闭。为了增加安全性,速关控制装置还设置了电动紧急停机的冗余系统。

以上功能分别由基本模块、冗余模块和启动模块来实现。

1. 技术参数

(1)液压参数

油源压力:0.9MPa(0.8MPa～1.2MPa);

工作介质透平油:46♯;

过滤精度:不超过 $25\mu m$;

油温:10℃～70℃。

(2)电参数

电源电压:24V 直流电(1±10%)。

(3)环境温度

—20℃～80℃。

(4)保护种类

IP65(不防爆)。

2. 功能与原理

(1)基本模块

① 组成

手动停机阀(2274);

电磁阀(2225);

停机卸荷阀(2030);

调节油切换阀(2050);

速关阀在线试验阀(1845)。

② 功能

手动紧急停机;

电动紧急停机;

速关阀在线试验。

③ 作用原理

如图 2-4-1,高压油从"P"进入基本模块,在基本模块壳体内分为五路。

第一路经手动停机阀（2274）和电磁阀（2225）进入停机卸荷阀（2030），克服弹簧力使阀处于关闭状态。正常运行时，通向停机卸荷阀（2030）的速关油不泄油。速关油是由冗余模块内部管路引入的。

第二路经调节油切换阀（2050）变为调节控制油经冗余模块内部管路进入启动模块为电液转换器供油。

第三路通向速关阀在线试验阀（1845）以供速关活塞灵活性试验。

第四路进入冗余模块及启动模块，成为这两个模块的高压油源。

第五路供危急保安装置使用。

④ 手动紧急停机

操纵手动停机阀（2274），使控制油与回油接通，停机卸荷阀（2030）由于控制油压力下降迅速开启，这时速关油与回油接通，速关油压力下降使速关阀迅速关闭。同时，调节油切换阀（2050）动作切断了调节油源，调节油排放到油箱，使调节汽阀迅速关闭。

⑤ 电动紧急停机

电磁阀（2225）接收了电源信号（手动或远程自动），根据用户需要，可以设计为常开（NO）状态或常闭（NC）状态。

在常开状态时，电磁阀（2225）不带电，高压油经电磁阀（2225）通

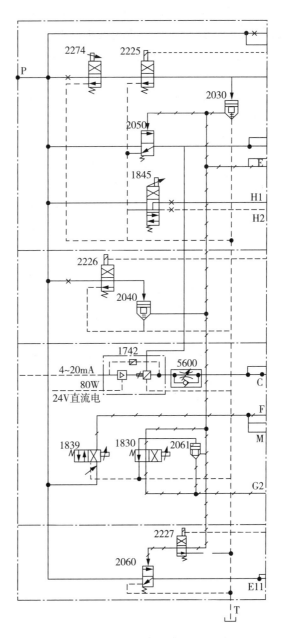

图 2-4-1 速关控制装置原理图

向停机卸荷阀（2030）活塞中，油压力克服弹簧力使阀处于关闭状态。当接通电源信号后，电磁阀（2225）动作并切断通向停机卸荷阀（2030）的控制油源，这时控制油与回油接通，停机卸荷阀（2030）开启，速关油泄压，速关阀迅速关闭。同时，调节油切换阀（2050）动作切断了调节油源，调节油排放到油箱，使其调节汽阀迅速关闭。

在常闭状态时，电磁阀（2225）带电，高压油经电磁阀（2225）通向停机卸荷阀（2030）活塞中，油压力克服弹簧力使阀处于关闭状态。当切断电源信号，电磁阀（2225）动作并切断通向停机卸荷阀（2030）的控制油源，这时控制油与回油接通。停机卸荷阀（2030）开

启,速关油泄压,速关阀迅速关闭。同时,调节油切换阀(2050)动作切断了调节油源,调节油排放到油箱,使其调节汽阀迅速关闭。

汽轮发电机组电磁阀选用常闭型(得电运行),其主要参数如下:

使用环境温度:-20℃～+50℃;

电磁阀电源要求:20.4～26.4V 直流电,30W;

防护等级:IP65;

防爆等级:无;

介质温度范围:-20℃～+80℃;

介质清洁度要求:油液最高污染等级按 NAS1638 第 9 级,过滤精度为 25;

功能:接受停机信号,通过切换油路来实现机组停机。

注意:在电器连接时,防护导线需按规定接地。

⑥ 速关阀在线试验

操作速关阀在线试验阀(1845)使滑阀移动,试验油流向速关阀对应接口,油压使试验活塞产生一个压力,试验活塞将推动阀杆活塞使弹簧模块沿关闭方向移动一个试验行程。然后反方向移动滑阀恢复到中间位置,试验活塞的油与回油接通,这时速关阀恢复到正常工作位置。速关阀在线试验阀(1845)是三位阀,中间位置为"0",平常不工作时处于中间位置。滑阀移动到"H1"检查一个速关阀,移动到"H2"检查另一个速关阀。用户只有一个速关阀时,可选用其中一位。标尺上"H1""H2"与壳体油口"H1""H2"相对应。

汽轮发电机组为两个速关阀结构。速关控制装置上速关阀在线试验阀(1845)用于在线试验速关阀是否卡涩,检验速关阀动作的灵活性。

许用试验油压:

$$P_1 = 0.1081 + 0.685(P_2 - 0.1)$$

其中 P_2 为速关油压实际值。如果实际试验值大于许用试验值 P_1,则说明有卡涩现象。

(2)冗余模块

① 组成

电磁阀(2226);

停机卸荷阀(2040)。

② 功能

电动紧急停机。

③ 作用原理

进入冗余模块的高压油是从基本模块内部供给的。高压油经电磁阀(2226)进入停机卸荷阀(2040),克服弹簧力使阀处于关闭状态。在正常运行时,通向停机卸荷阀(2040)的速关油不泄油。速关油是由启动模块引入的。

电动紧急停机时,电磁阀(2226)接收电源信号(手动或远程自动)。根据用户需要可以设计为常开状态或常闭状态。

在常开状态时,电磁阀不带电,高压油经电磁阀(2226)通向停机卸荷阀(2040)活塞中,油压力克服弹簧力使阀处于关闭状态。当接通电源信号后,电磁阀(2226)动作切断通向停机卸荷阀(2040)的控制油源,这时控制油与回油接通,停机卸荷阀(2040)开启后,速关油泄压,速关阀迅速关闭。同时基本模块中调节油切换阀(2050)动作切换了调节油源,调节油排放到油箱,使其调节汽阀迅速关闭。

在常闭状态时,电磁阀(2226)带电,高压油经电磁阀(2226)通向停机卸荷阀(2040)活塞中,油压力克服弹簧力使阀处于关闭状态,当切断电源信号后,电磁阀(2226)动作切断了通向停机卸荷阀(2040)控制油源,这时控制油与回油接通,停机卸荷阀(2040)开启,速关油泄压,速关阀迅速关闭。同时,基本模块中调节油切换阀(2050)动作切断了调节油源,调节油排放到油箱,使其调节汽阀迅速关闭。

(3)启动模块(手动)

① 组成

启动阀(1839);

关闭阀(1830);

电液转换器(1742);

单向阻尼阀(5600);

切换阀(2061)。

② 功能

汽轮机正常启动与停机;

汽轮机紧急停机时,速关油快速泄压;

将调速器的控制电信号转换为二次油压。

③ 作用原理

进入启动模块的高压油是冗余模块内管路供给的。高压油经启动阀(1839)变为启动油,经装置"F"接口与速关阀活塞上腔连通,通过危急保安装置出来的油由"G2"接口通入,经关闭阀(1830)和切换阀(2061)流入速关阀活塞盘下腔。其中切换阀(2061)是为了增大速关油的油量。

④ 启动(手动)

建立启动油:启动阀(1839)是两位阀。在停机状态时,启动阀(1839)处于启动油路和回油接通的位置,启动油不能建立。启动时,顺时针旋转启动阀(1839)手轮,启动阀(1839)在弹簧力作用下将滑阀向上移动到另一位,这时高压油经启动阀(1839)输出启动油从"F"接口通向速关阀活塞上腔,将速关阀活塞压向活塞盘。

建立速关油:关闭阀(1830)是两位阀。在停机状态时,关闭阀(1830)处于速关油路与回油接通的位置,速关油不能建立。

当启动油压建立后,逆时针旋转关闭阀(1830)手轮,滑阀随之在弹簧力作用下向上移动到另一位。速关油路与"G2"油路接通,速关油建立。速关油从"E"接口通入速关阀活塞盘下腔。

开启速关阀:速关油建立后,再逆时针缓慢旋转启动阀(1830)手轮,使启动油与回油接通,启动油经可调节流孔(可调节流孔设置在中间板上)回至油箱,启动油压下降,速关阀慢慢开启。调整可调节流孔开度,可调整开启时间。

只有当速关阀完全开启后,才允许DEH冲动汽轮机。

⑤ 停机(手动)

停机是操纵关闭阀(1830)进行的。顺时针旋转关闭阀(1830)手轮,使速关阀与回油接通,速关油压力下降,速关阀在弹簧力作用下自动关闭,关闭阀(1830)恢复到停机状态。与此同时,启动阀(1839)也处于停机状态中。启动阀(1839)的停机状态与运行状态是一致的。

(4)抽汽模块

① 组成

电磁阀(2227);

速关油切换阀(2060)。

② 功能

汽机紧急停机时,紧急关闭补汽速关阀。

③ 作用原理

关闭阀(1830)建立的速关油经电磁阀(2227)使速关油切换阀(2060)接通,高压油经速关油切换阀(2060)作为速关油到达非调抽汽速关阀操纵座,克服弹簧力作用,将抽汽速关阀打开。

电动紧急停机时,电磁阀(2227)接收电源信号(手动或远程自动)。根据用户需要可以设计为常开状态或常闭状态。

当处于常开状态时,电磁阀(2227)不带电,高压油经速关油切换阀(2060)作为速关油到达非调抽汽速关阀操纵座,克服弹簧力作用,将抽汽速关阀打开。当接通电源信号后,电磁阀(2227)动作使进入电磁阀(2227)的速关油形成回油,速关油切换阀(2060)在弹簧力作用下使高压油与回油接通,速关油泄压,抽汽速关阀迅速关闭。

在常闭状态时,电磁阀(2227)带电,高压油经速关油切换阀(2060)作为速关油到达非调抽汽速关阀操纵座,克服弹簧力作用,将抽汽速关阀打开。当切断电源信号后,电磁阀(2227)动作使进入电磁阀(2227)的速关油形成回油,速关油切换阀(2060)在弹簧力作用下使高压油与回油接通,速关油泄压,抽汽速关阀迅速关闭。

4.2.4 调节汽阀

调节汽阀的作用是按照控制单元的指令调节进入汽轮机的蒸汽流量,以使机组受控参数(功率或转速、进汽压力和背压等)符合运行要求。调节汽阀的结构如图2-4-2所示。

调节汽阀主要由调节阀、传动机构和油动机三部分组成。

调节阀包括阀座、阀碟、阀梁及阀杆等。

传动机构由支架、杠杆组成。

根据机组汽缸结构和不同的工况要求,一台汽轮机可配置3～6个不同规格的阀。

图2-4-3是调节阀的装配示意图。阀碟螺栓(16)按要求的旋紧力矩装入阀碟(6)后用定位销(17)定位防松,销孔端部翻边冲铆。每只阀的开启次序和升程由衬套(7)的长度 S 决定,h 是阀的空行程,第1只阀的 h 为2。阀座(8)配装在进汽室底部。

大部分机组的进汽室采用图2-4-3所示的结构形式,在这种机组中,阀碟与阀梁组装好后从进汽室侧面移入,两根阀杆(9)的下端加工成倒T形榫头,榫头穿出阀梁的型孔

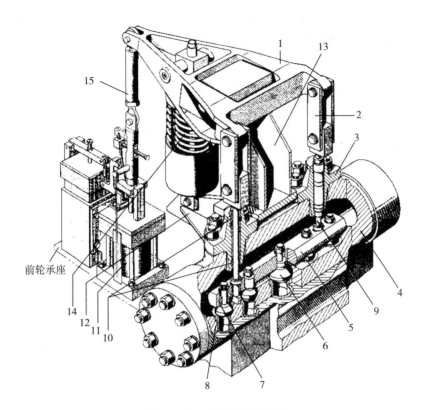

图 2-4-2 调节汽阀结构图

1—杠杆;2—连接板;3—阀盖;4—进汽室;5—阀梁;6—阀碟;7—衬套;8—阀座;
9—阀杆;10—导向套筒;11—油动机;12—托架;13—支架;14—弹簧组件;15—连接杆

后旋转 90°便将阀梁卡住,使阀梁吊挂在蒸汽室中处于静止状态,阀碟落座压在阀座上,开启阀门时,随着阀梁被阀杆提升,在阀碟螺栓与衬套接触后,阀碟离座,由阀碟螺栓将阀碟悬挂在阀梁上。阀杆穿出进汽室的部位装有阀盖(3),阀盖的上、下端装有导向套筒(10),导向套筒之间填装柔性石墨制成的密封环,必要时,可旋紧阀盖上端的调节螺母或压盖增加密封环的压紧力来阻止、减少阀杆漏汽。

在一些进汽参数较低的汽轮机中,进汽室结构与图 2-4-3 所示略有不同,为便于阀梁装入进汽室的操作,进汽室上部是开通的,孔口用平板形蒸汽室盖封闭,阀杆的导向、密封件装在蒸汽室盖中,其他结构与图 2-4-3 相同。

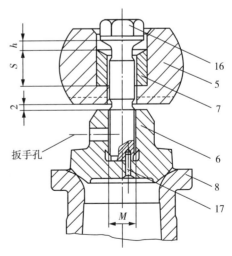

图 2-4-3 调节阀装配示意图

5—阀梁;6—阀碟;7—衬套;8—阀座;
16—阀碟螺栓;17—定位销

　　传动机构的支架(13)装在汽缸顶部且由圆柱销定位,支架的转轴是杠杆(1)的支点,杠杆的一端通过连接板(2)与阀杆连接,另一端与油动机活塞杆上端的杆端关节轴承铰接,这样,当油动机行程改变时,两根阀杆同步动作,阀梁的位置随之升降。

　　弹簧组件(14)用以克服阀杆上的蒸汽力,同时为阀门提供足够的关闭力。

　　托架(12)装在上缸前端面,它是弹簧组件(14)的支撑件。

　　油动机借助油缸与前轴承座固定连接,油动机活塞杆通两端带有杆端关节轴承的连接杆(15)与杠杆相连接,连接杆两端的螺纹是反向的。

　　为提高汽轮机单机试运行及发电机组空负荷运行的稳定性,第1只阀采用锥形阀碟(有个别机组第2只亦用锥形阀),其余为球形阀。在机组小负荷工况区域为改善汽缸及调节级叶片的受力状况,采取了第2只阀"提前"开启的措施,因此第1、2只阀有较大的重叠度。

4.2.5　油动机

　　油动机是调节汽阀的执行机构,它将由电液转换器输入的二次油信号转换为有足够做功能力的行程输出以操纵调节阀。油动机是断流双作用往复式油动机,以汽轮机油为工作介质,动力油用 0.8MPa 的调节油。油动机结构如图 2-4-4 所示。

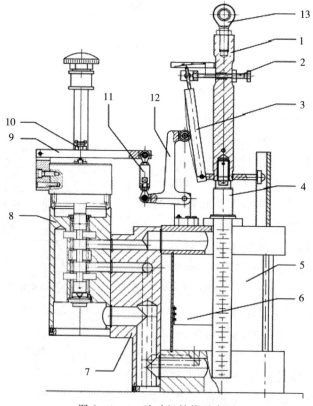

图 2-4-4　油动机结构示意图

1—拉杆;2—调节螺栓;3—反馈板;4—活塞杆;5—油缸;6—活塞;7—连接体;8—错油门(错油门壳体);
9—反馈杠杆;10—调节螺栓;11—调节螺母;12—弯角杠杆;13—关节轴承

油动机主要由油缸、错油门、连接体和反馈机构组成。

错油门(8)通过连接体(7)与油缸(5)连接在一起,错油门与油缸之间的油路由连接体沟通,油路接口处装有"O"形密封圈。连接体有铸造和锻件加工两种,图2-4-4中为锻件形式。

油缸由底座、筒体、缸盖、活塞和活塞杆等构成。筒体与底座、缸盖之间装有"O"形密封圈,它们由4只长螺栓组装在一起。活塞配有填充聚四氟乙烯专用活塞环。活塞动作时在接近上死点处有约10mm的阻尼区,用以减小活塞的惯性力和载荷力并降低其动作速度。缸盖上装有活塞杆密封组件,顶部配装活塞杆导轨及弯角杠杆支座。

油动机借助油缸底座固定在前轴承座上。油缸活塞杆(4)上端装有拉杆(1),通过两端带有关节轴承的连杆使拉杆与调节汽阀杠杆相连接。

错油门结构如图2-4-5所示。

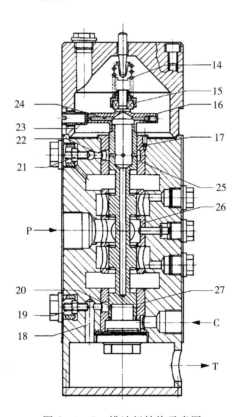

图2-4-5　错油门结构示意图

14—错油门弹簧;15—推力球轴承;16—转动盘;17—滑阀体;18—泄油孔;19—调节阀;
20—调节阀;21—放油孔;22—进油孔;23—测速套筒;24—喷油孔;25—上套筒;
26—中间套筒;27—下套筒;C—二次油;P—动力油;T—回油

套筒与壳体中的腔室构成5档功用不同的油路,对照图2-4-5可看出,中间是动力油进油,相邻两个分别与油缸活塞上、下腔相通,靠外端的两个是油动机回油。在工作时,油的流向由错油门滑阀控制,滑阀是滑阀体(17)和转动盘(16)的组合件,滑阀在套筒中作轴向、周向运动,在稳定工况下,滑阀下端的二次油作用力与上端的错油门弹簧(14)

力相平衡,使滑阀处在中间位置,滑阀凸肩正好将中间套筒的油口封住,油缸的进、出油路均被阻断,因此油缸活塞不动作,汽阀开度亦保持不变。若工况发生变化,如瞬时由于机组运行转速降低等原因出现二次油压升高情况时,滑阀的力平衡改变使滑阀上移,于是,在动力油通往油缸活塞上腔的油口被打开的同时,活塞下腔与回油接通,由于油缸活塞上腔进油,下腔排油,因此活塞下行,使调节汽阀开度加大,进入汽轮机的蒸汽流量增加,使机组转速上升。与此同时,随着活塞下行,通过反馈板(3)、弯角杠杆(12)和反馈杠杆(9)等的相应动作,使错油门弹簧的工作负荷增大,当作用在滑阀上的二次油压力与弹簧力达到新的平衡时,滑阀又恢复到中间位置,相应汽阀开度保持在新的位置,机组也就在新工况下稳定运行。如出现二次油压降低的情况,则各环节动作与上述过程相反,不再赘述。

为提高油动机动作的灵敏度,在油动机中采用了特殊结构的错油门,其主要特征是:在工作时错油门滑阀转动,上、下颤振。在构成滑阀的滑阀体和转动盘中加工有油腔和通油孔,在转动盘上端紧配有推力球轴承(15)。

套筒(25、26、27)装在错油门壳体(8)中,其中上套筒(25)及下套筒(27)与错油门壳体用骑缝螺钉固定,中间套筒(26)在装配时配作锥销与错油门壳体定位固定。

图2-4-6是转动盘的工作原理图。压力油从进油孔(22)进入滑阀中心腔室,进而从转动盘的3只径向、切向喷油孔(24)喷出,在油流力作用下滑阀连续旋转,转矩取决于喷油量,滑阀转速可借助调节阀(20)来加以调节,滑阀的推荐工作转速为300～800r/min(小尺寸滑阀用高转速),转速可从测速套筒(23)处测量,不过通常靠经验判断,也可从错油门壳体上盖的冒汽管口观察滑阀的转动情况。

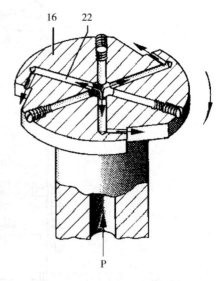

图2-4-6　转动盘工作原理图
16-转动盘;22-进油孔

伴随着转动,滑阀还产生上、下颤振,这是因为滑阀每转动一转,滑阀下部径向的一只放油孔(21)便与泄油孔(18)通一次,在它们相通的瞬时,由于部分二次油泄放,二次油压略有下降,致使滑阀下移,而当随着滑阀的旋转,放油孔被封住时,滑阀又上移。只要滑阀转动,上述动作就一直重复,二次油压有规律的脉动使滑阀产生颤振,而滑阀的颤振引起油动机活塞、活塞杆和调节汽阀阀杆产生微幅振荡,这样油动机就能灵敏地对调节系统控制信号做出响应。

错油门滑阀的振幅可利用调节阀(19)来调整,振幅由油缸活塞杆的振幅间接测定,活塞杆振幅通常控制在0.2～0.3mm。

错油门壳体通过螺栓与两端的上盖、下盖连接在一起,盖与错油门壳体接合面装有"O"形密封圈以防漏油。动力油及二次油从错油门壳体侧面的接口P、C分别接至错油门壳体,错油门泄油及油缸回油接回油管。

　　输入油动机二次油的变化范围是 0.15～0.45MPa,二次油压与油缸活塞杆行程的对应关系与反馈板型线(反馈板与弯角杠杆上滚柱轴承接触点的轨迹)有关,根据汽阀特性,反馈板型线有直线和特定曲线两种,在反馈板型线已确定的情况下,二次油压与油缸活塞杆行程关系可利用拉杆(1)上的调节螺栓(2)改变反馈板安装角的方法来加以修正,不过要注意,改变反馈板安装角必然会改变油动机活塞动作的初始值,活塞起始动作时的二次油压值通常是通过错油门顶部的调节螺栓(10)进行调整,必要时也可借助调节螺母(11)来调整(调节螺母两端的螺纹旋向是相反的)。

4.3　保安系统概述

　　本系统包括机械液压保安装置和电气保护装置两部分。调节保安系统的组成按功能可分为危急遮断综合装置、伺服执行机构、机械超速及手动停机装置。本系统包括机械液压保安装置和电气保护装置两部分,机组设置了三套遮断装置:运行人员手动紧急脱扣的危急遮断装置;机械超速停机的危急遮断器和危急遮断油门。通过 ETS 系统热工保护停机的危急遮断综合装置,主要保护项目有超速、轴向位移、润滑油压低、轴承回油温度高、油开关跳闸和 DEH 保护停机等。当出现保护(停机)信号时,立即使主汽门、调节汽门关闭,同时报警;DEH 系统发出超速保护控制系统(OPC)信号时,通过 OPC 电磁阀关闭调节汽门。

4.3.1　速关阀

　　速关阀也称为主汽门,是主蒸汽管路与汽轮机之间的主要关闭机构,在紧急状态下切断汽轮机的进汽,使机组快速停机,以达到保护机组的目的。

　　速关阀由阀体部分和油缸部分组成(图 2-4-7)。在运行过程中,速关阀通过速关油克服弹簧的阻力保持开启。当速关油失压时,在弹簧的作用力下,油缸内的活塞盘与活塞会脱开,速关油与排油口相通,使速关油瞬间泄去,活塞盘与阀杆、主阀碟被推向关闭位置。

　　控制阀由液压控制系统控制。控制阀的上端连接一个弹簧。在控制阀关闭的时候,弹簧在油压力的作用下处于伸长状态,当收到使阀打开的指令时,液压腔内的压力瞬时消失,油压力卸载,控制阀在弹簧力的作用下向上运动将液压腔内的液压油排除使控制阀打开。当需要关闭控制阀时,就向液压腔内注入液压油。则控制阀在液压油和弹簧力的共同作用下向下运动,直至将阀口关闭。控制部分除了液压控制阀外,还有手动轮盘控制部分。当液压控制阀出现故障而又需要速关阀关闭的时候,需要手动关闭速关阀。

　　保护装置是保安调节系统中的另一重要组成部分,主要有危急保安装置、危急遮断器和机械轴位移保护装置。当危急遮断器、机械轴位移保护装置中的任何装置动作后,均能使危急保安装置动作,切断速关油路,使速关阀在最短时间(约 0.3s)内关闭,切断进入汽轮机的蒸汽。

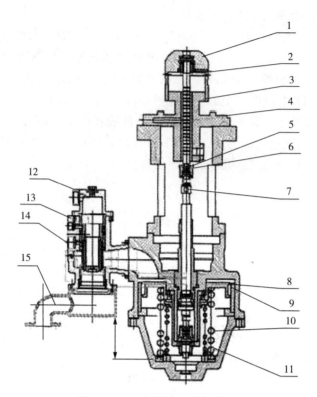

图 2-4-7　速关阀结构示意图

1—阀头;2—上阀杆;3—上盖板;4—导向套筒;5—内轴套;6—外轴套;7—下阀杆;8—缸套;
9—活塞;10—大弹簧;11—小弹簧;12—顶盖;13—控制阀;14—进油孔;15—出油孔

4.3.2　危急保安器

危急保安器是汽轮机的机械式超速保护设备,当机组转速超出设定的脱扣转速时,它产生动作,通过遮断油门关闭速关阀和调节汽阀。

危急保安器装在位于汽轮机转子前轴承座的轴段上,结构如图 2-4-8 所示。导向套筒(8)装在转子上按配装要求加工的孔中并被弹簧(9)压住,弹簧的另一端压在飞锤(5)的台面上,飞锤的支承面顶着导向环(4)的定位面,导向环被压紧螺母(2)紧压在轴孔的定位面上,飞锤中心的孔中装有配重销(6),为防止销串位,在压紧螺母上加装了限位栓(1)。压紧螺母及限位栓均用螺钉(10)骑缝锁紧。在导向环和导向套筒中分别嵌装有用聚四氟乙烯制作的导向片(3、7),它们对飞锤起定位导向作用。

飞锤和配重销的质心与转子中心之间存在偏心距,因此当转子旋转时,飞锤便产生离心力,由于在运行转速范围内,弹簧力始终大于飞锤离心力,所以飞锤也就在它的装配位置保持不动,但当汽轮机转速超出设定的脱扣转速时,由于飞锤离心力大于弹簧力,飞锤在离心力作用下产生位移并随着偏心距的增加离心力阶跃增大,飞锤从转子中击出(行程为 H)撞击遮断油门的拉钩,使油门脱扣关闭速关阀和调节汽阀。

危急保安器的复位转速(飞锤击出后使其恢复到装配位置的转速)高于额定转速,因此在转速降至额定转速时便可进行遮断油门挂闸复位操作,使机组重新启动。

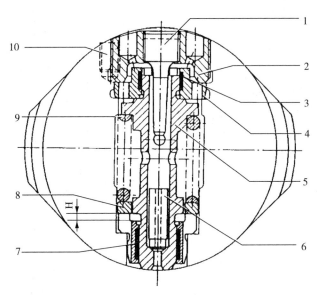

图 2-4-8　危急保安器结构示意图

1—限位栓；2—压紧螺母；3—导向片；4—导向环；5—飞锤；

6—配重销；7—导向片；8—导向套筒；9—弹簧；10—螺钉

在汽轮机大修后必须要进行一次跳闸试验，如果超出本厂跳闸数据，通过调整件配重销（6）来重新使跳闸转速达到要求，到位后给予一定的紧力。

危急保安器脱扣转速设定值见说明书内的技术数据。

危急保安器在厂内试验时的动作转速记录在产品合格证明书内。

装拆危急保安器时可使用随机供应的工具。

4.3.3　危急遮断油门

当机组发生特殊情况时，可手拍危急遮断油门紧急停机，手拍危急遮断油门的小弹簧罩，关闭主汽门和调节汽阀。重新启动时需按下大弹簧罩复位，使油路正常。

危急遮断综合装置由两个并联的自动停机危急遮断系统（AST）电磁阀和两个并联的 OPC 电磁阀组成，机组正常时 AST 电磁阀和 OPC 电磁阀都是得电动作。AST 电磁阀用于机组停机、接受不同来源的停机信号（即 ETS 系统停机信号），电磁阀得电动作，泄掉安全油并通过插装阀建立 OPC 泄掉控制油、关掉主汽门、调速汽门。信号来源可以是转速超限、轴向位移超限、润滑油压降低、轴承回油温度高或瓦温高、凝汽器真空降低等信号，也可是手控开关停机信号等。OPC 电磁阀接受 OPC 信号，关闭调节汽阀。

4.3.4　调速系统的试验与调整

1. 调速系统静态特性包含的关系曲线

（1）调速器特性曲线：调速器的转速与其控制信号（一次油压或滑环位移之间）的关系曲线。

（2）传递机构特性曲线：转速信号（或滑环位移）与调速器汽阀开度的关系曲线。

（3）配汽机构特性曲线：调速器开度与功率之间的关系曲线。

（4）调速系统静态特性曲线：根据以上三条特性曲线，即可用作图法求出转速与负荷的关系曲线。

为了便于求出调速系统的静态特性，利于研究分析及改进调速系统的特性，一般都将上述四组特性曲线绘制在一张图的四个象限内，常称为调速系统的四象图，或者称为调速系统的四方图（图 2-4-9）。

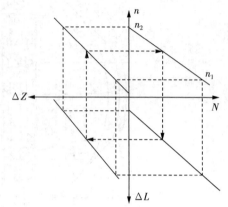

图 2-4-9　调速系统的四象图

2. 对调速系统静态特性的要求

（1）速度变动率 δ

当汽轮机的功率从零增到额定值时，机组转速由 $n_{最大}$ 降到 $n_{最小}$ 的差值与机组额定转速 n_0 之比称为速度变动率（亦称速度不等率，不均匀度），用式（2-4-1）表示：

$$\delta = (n_{最大} - n_{最小}) \times 100\% / n_0 \qquad (2-4-1)$$

速度变动率不应大于 6%，局部最小变动率平均应不小于 0.4δ。

（2）迟缓率 ε

调速系统的迟缓率 ε 为机组同一负荷时，机组的转速 $n_{最大}$ 与 $n_{最小}$ 的差值和机组额定转速 n_0 之比，用式（2-4-2）表示：

$$\varepsilon = (n_{最大} - n_{最小}) \times 100\% / n_0 \qquad (2-4-2)$$

调速系统迟缓率的存在必然恶化调节过程，当迟缓率过大时，将会引起调节过程不稳定，并网运行时会出现负荷晃动，单机运行时则会出现转速晃动，晃动值可用式（2-4-3）估算：

$$\Delta N = N_0 \times \varepsilon / \delta, \Delta n = n_0 \times \varepsilon \qquad (2-4-3)$$

一般情况下，迟缓率应该小于速度变动率的 10%，才能使调速系统符合要求。新机组的调速器迟缓率不应超过 0.2%，调速系统迟缓不应超过 0.5%。

3. 调速系统静态特性试验

（1）调速系统静止试验

① 试验内容

a. 传递（传动放大）机构特性试验，求得转速信号与油动机位移的关系曲线。

b. 油动机位移（或转角）与调速汽阀开度的关系户曲线。

c. 传递放大机构的迟缓率试验。

② 试验应具备的条件

供压力油。此时因机组主油泵尚未转动，不能供给压力油。对于小型余热发电机组来说，各有关制造厂对于不同机组的辅助油泵的配套各不相同，如青岛汽轮机厂一般均供有高压汽动辅助油泵，可替代主油泵供高压油。而有的制造厂仅配套供应润滑用的低压电动油泵或手摇油泵,因此建议安装一台"Y"形电动油泵,即可解决向调速系统供给压力油的问题。供油压力应当调节到主油泵在额定转速下的供油压力或稍低一些。只要能使主汽阀全开启即可。

③ 产生转速信号

a. 机械式:对于机械离心式调速器,应先不装调速器主弹簧,利用适当长度的螺丝杆来移动调速器滑环,如对上海汽轮机厂生产的机械离心式调速系统,可以拆下调速器顶部油杯,装入一长丝杆,旋动定位在外壳上的螺母来代替调速器移动传动杠杆,使滑环移动,即可使调速系统动作。

b. 液压式:对于液压式调速系统,要切断原脉冲油路,另用人工产生一可调节的油压来代替,此油压可以由压力表检验台产生供给,使其产生的油压与波形管下相连,调节可控油压,即可使调速系统动作。但为了减少可控油的耗油量,试验时应切断波形管至旋转阻尼器的通路。

c. 维持正常油温。试验时应设法将油系统加热,使进入调速系统的油温维持在正常运行时的范围内(35℃～45℃)。这一点对于液压式调速系统尤为重要,因油温不同,将影响油的黏滞特性及流动特性,会对试验产生影响。欲加热油温,可使用简易油温加热装置,如无此装置,则需提前启用汽动油泵,利用消耗油泵的功率来加热。

④ 试验步骤与记录

a. 调节油温至额定值范围内。

b. 调整油压至额定值。

c. 将同步器放在低限位置,缓慢改变人工产生的转速信号,即升高调速器滑环或者升高脉冲油压,使调速系统动作,记录以下各项:调速信号、错油门滑环位移、调速器滑环的富裕行程、油动机位移(或转角)、调速汽阀的开度、润滑油压以及冷油器进出油温等有关参数,在相当于转速升高或者降低的整个试验过程中,记录的次数不少于 10 个,特别是一些参数开始变动的状态,要准确记录下来,在开始动作和特性曲线的转折处,尽可能多作几点,以便能较准确地画出曲线,进行分析。为了求出传递放大机构的民主迟缓率,在改变调速信号(滑环)时应向同一方向移动,向上时一直向上,向下时一直向下,切忌在同方向试验过程中滑环一会儿向上一会儿向下,因为这样将使试验没有意义。

d. 速度信号升到最高值时,即离心式调速器的滑环升高到上限位置,液压式调速系统的油压升高到相应于额定转速的 107% 的数值时,然后改变方向开始降低调速器滑环或者脉冲油压。

e. 分别将同步器处于中间位置和上限位置,重复上述步骤。

(2)空负荷试验

① 试验内容

空负荷是在开机后不带负荷的(一般情况下,也希望不要使发电机带励磁)条件下进行的,主要试验内容为:

a. 转速与转速信号的关系,亦即调速器特性。

b. 测定转速信号与油动机及滑环位移的关系,亦即传动放大机构特性。

c. 同步器的调节范围。

d. 调速器的迟缓率。

② 试验需具备的条件

调速系统的空负荷试验是整个静态中相当重要、也比较难以做得准确的一个关键性试验,由于试验是在转动情况下进行的,为了保证机组的安全和实验能顺利进行,必须做好以下各项工作:各项辅助设备均已经过试转,运行良好,蒸汽、凝结水、空气、油及冷却水等系统均经过冲洗,清理干净,具备机组启动的条件。

在调整好调速和润滑油压的基础上,尽可能在转子未转动状态下对一些保护装置进行初步实验。

a. 手动危急遮断器试验:在机组启动前,应进行手动危急遮断器试验,检查在危急遮断油门动作后是否能使自动主汽阀、抽汽(油压)逆止阀以及调速汽阀等迅速关闭,而不应有任何卡涩以及关闭不严密等现象。

b. 自动主汽阀关闭时间试验:关闭主汽阀前的隔离汽阀,切断蒸汽系统,启动辅助油泵,挂上危急遮断油门,全开自动主汽阀,然后手动危急遮断器,主汽阀应迅速关闭,从动作开始到汽阀全关的时间应符合制造厂的规定,一般应少于 1s。

c. 调速汽阀关闭时间试验:切断汽源,启动辅助油泵,挂上危急遮断油门,将同步器插到高限位置,使调速汽阀全开,然后手动危急遮断器。调速汽阀从全开到全关,亦即调速汽阀油动机结束全行程的时间,应符合制造厂的规定,一般要求关闭时间少于 0.5s。

以上试验应分别重复一次。对于主汽阀及调速汽阀关闭时间较精确的测定,可用电秒表或者电气周波表。

d. 辅助油泵自启动保护装置试验:当润滑油压(在有些机组中是控制油压)降低到某一定数值后,辅助油泵(汽动或电动)应自动启用供油,以防轴承油压过低时烧毁轴承,发生重大事故。

e. 磁力断路油门及轴向位移等保护装置试验:磁力断路油门接收各种电气讯号,如由电气控制室发出的手动按钮、机组低真空、低油压和低油位等电接点讯号动作后,主汽阀应立即关闭而紧急停机。

总之,机组启动前应分别对轴向位移等保护装置进行各项试验,以确保机组在试验中的安全。

③ 实验步骤与记录

a. 按照现场运行规程规定启动机组,升速至额定转速后,首先调整调速及润滑油压,待机组运行稳定后,进行全面检查,然后进行手动和自动危急保安器等项目试验,各项检查及试验合格后,方可进行空负荷试验。

b. 用关小或者开大主汽阀来改变转速,这里关键是要由有经验的运行人员进行熟练地操作,缓慢调整阀门的开度,使转速慢慢下降或者上升。其中尤为重要的是控制好调速器刚开始动作(上行和下行)时主汽阀的开度,由于主汽阀一般均有空行程,因而实际操作时比较难以掌握,为此可在主汽阀的手轮边相应于调速器开始动作时的位置上分别做好下行和上行的记号,在关小或开大主汽阀时,当阀门开度接近记号时,就应缓慢操作,当上行调速器——调速汽阀刚开始动作时,应立即停止操作主汽阀,让转速自然地缓慢下降(或上升),转速每改变 25r/min,记录一次(对于额定转速为 3000r/min 的机组而言），转速不再变化时，可略微关小（或开大）主汽阀，改变转速，使试验继续进行，直到调速汽阀不再动作为止。若未见转速下降（或上升），不要着急，耐心调整，否则阀门开度稍一关小（或开大）转速将会迅速改变，致使有关数据来不及读出和记录。此外，在正式开始试验记录之前，可先让操作人员模拟几次，以便更好地熟练掌握。试验最好先从高速（一般为同步器高限位置）往下降，至油动机全开后，再缓缓提升转速，继续完成上升试验。

（3）带负荷试验

① 试验内容

a. 油动机位移，各调速汽阀开度与负荷的关系，即配汽机构特性。

b. 同步器位置与功率的关系。

c. 各调速汽阀开度与阀门前后压力、压差的关系，从而求得各调速汽阀开启时的重叠度。

d. 结合静止和空负荷试验数据，绘制调速度系统静态特性曲线。

② 试验需要具备的条件

a. 试验前有关热工仪表及电气仪表均应经过校验。

b. 试验时，汽轮机的进汽及排汽等参数与电网周波等应尽可能稳定，最好维持在额定值，或在额定值允许变动的范围内，以减少功率的修正工作和修正时的误差。

c. 机组带负荷后，便将低压和高压加热器一起投运，这样可避免在投入高压加热器时由于功率变化使调速系统的事态特性有突变，须进行抽汽功率修正，增加整理数据的困难。这样，待抽汽压力稍高于除氧器压力时，便立即向除氧器供汽。

d. 试验时负荷的调整最好由司机操作同步器进行。

③ 试验步骤与记录

a. 按规程开机和并列，记录机组下列主要项目：负荷、油动机行程。参考项目：进汽压力、温度、流量、凝汽器真空（或背压）以及同步器行程等。必要时，记录各调速汽门开度与阀门前后的压力关系，以测定调速汽阀的重叠度。

b. 由汽轮机司机操作同步器升负荷，升负荷速度按规程规定，自空负荷至满负荷测量应不少于 10 次，在空负荷与满负荷附近，以及调速汽阀重叠点负荷的附近，特性曲线变化较陡，故测量点相应要多些。测量点的负荷稳定时间不少于 3min，待各参数稳定后，再进行记录。

c. 在升到额定负荷后，可进行降负荷试验，其步骤与方法同升负荷试验。

d. 带负荷试验在机组带额定负荷 72 小时试运行完成后结合进行，此时可先做降负荷试验，后做升负荷试验，必要时应重复一次。

第 5 章　汽轮机润滑油系统

5.1　系统概述

汽轮发电机组是高速运转的大型机械,其支持轴承和推力轴承需要大量的油来润滑和冷却,因此汽轮机必须有供油系统用于保证上述装置的正常工作。供油的任何中断,即使是短时间的中断,都将会引起严重的设备损坏。

润滑油系统主要向汽轮发电机组各支承轴承(包括发电机轴承)提供合格的润滑油,向保安系统提供油压。汽轮机润滑油系统确保汽轮发电机组各轴承在机组正常运行、启停及升速等工况下正常工作。润滑油系统还起到冷却机组各轴承的作用。各轴承进油温度保持在 35℃~45℃,温升一般不超过 15℃,润滑油压保持在 0.08~0.12MPa。

润滑油油压建立前禁止投入盘车装置。

汽轮机润滑油系统正常工作时,调节和润滑油由主轴传动的主油泵供给,启停、事故及转子惰走时由交流辅助油泵提供调节和润滑用油,当交流辅助油泵故障时,启动直流事故油泵。

每台机组设置两台冷油器,一台运行、一台备用。

油箱和润滑油系统其他部件的容量能够满足交流电源消失、冷油器断水以及机组安全停机时的要求。甩负荷时油箱能容纳系统的全部回油。事故排油口及排油系统满足失火及机组惰走的需要。油箱中油温一般不高于 70℃。

汽轮机润滑油系统由主油箱、主油泵、双联冷油器、滤油器、注油器、高压电动油泵、交流润滑油泵、直流事故油泵、油净化系统设备(离心式)、滤网(含整套汽轮发电机组的所有滤阀)、进油回路管路及阀门油箱排烟机等整套油系统管路及附件组成。

5.2　润滑油主油箱

润滑油箱是由不锈钢钢板制成的长方形容器。机组所需的全部润滑系统和部分调速系统用油全部储存在主油箱内。主油箱位于机组的下方,尽量避开高温蒸汽管道和部件。各轴承及相关设备回油可借助重力自流至主油箱。主油箱采用了组合油箱结构,由电动机驱动的油泵、液位指示器以及压力表等都装在油箱顶部。这种布置方式具有紧凑、简化系统的优点,而且由于转动设备均装在油箱内,其回油直接泻入油箱内,因此对转动设备的密封要求不高,减轻了维护工作量。

主油箱顶部有一根回油总管,该总管引至主油箱内的集油槽。集油槽上设有一个滤网,所有回油经滤网后自流至主油箱。当滤网脏污而使集油槽油位升高时,未经过滤的回油就会溢出而直接进入油箱。为此在集油槽中设有一个油位开关,在油位过高时发出报警,以提醒滤网已脏。在回油总管接入集油槽的部分设有几块磁性部件,以吸附铁质颗粒。

主油箱内部各种泵的出口管道连接到相应的供油总管,各出口逆止阀用以防止油从系统中回流。

主油箱上留有和冷油器、油净化装置的接口管路。油箱顶部有人孔门,底部有排污口。在人孔门的对应部位专门设有防水堰。人孔门的四周又有耐油密封橡胶。如此,主油箱区域水幕式消防水动作不会使水流入主油箱,从而保护油质。密封橡胶的另外一个用途是当人孔门关闭后,保证主油箱成为一个密闭容器,当主油箱排油烟风机运行时,使主油箱内形成微负压,以保证各轴承及其他部位的回油,防止油烟外泄。油系统运行时,油箱内宜维持微负压。

5.3　主油泵

主油泵安装在前轴承箱内,在汽机高压转子的延伸短轴上,由主机主轴直接驱动,是蜗壳型双吸离心泵。由于主油泵的这种驱动方式能利用转子的动能在惯性期间向轴承供油,因而是最可靠的。它容量大,出口压头稳定,在额定转速或接近额定转速运行时,主油泵供给润滑油系统所需的全部油。由于主油泵的安装标高大大高于主油箱位置,且其又为离心泵,因此在机组转速小于90%额定转速时,由辅助油泵向主油泵提供进口压力油;在90%额定转速以上时,主油泵的入口压力油则由油涡轮泵提供,用以维持离心泵的吸入口油压为正值,防止空气的漏入和不能出油。主油泵出口由管道回到油箱与油涡轮泵进口相连,并有一逆止门以防止油从系统中倒流。

5.4　注油器

注油器装在主油箱里,注油器也叫射油器,是油系统中提供润滑油和主油泵入口油压的设备。相当于电动油泵,也有叫喷射泵的,但是注油器的动力不是电力,而是来自主油泵(停机时用高压油泵)出口的压力油,我们将注油器分为一级注油器和二级注油器。一级注油器出口压力为0.1MPa,给主油泵提供用油;二级注油器出口压力为0.22MPa,经冷油器和滤油器后供各轴承润滑冷却用油。

5.5　交流高压辅助油泵及直流事故油泵

润滑油系统的交流高压辅助油泵设计成能满足自动启动、远方及就地手动启停的要求,并且有独立的压力开关以及能用来试验油泵自启动的按钮。它是由交流电机驱动的立式单级离心泵。

交流高压辅助油泵可向主油泵进口及润滑油系统提供压力油,当汽轮机启停机和盘车时,如果主油泵不能提供足够的油压和油量,此时应启动高压辅助油泵。当主油泵出口压力低于设定值时,高压辅助油泵将自动启动。机组在正常运行时,高压辅助油泵的就地操作开关处于"AUTO"位置,作热备用。高压辅助油泵进口装有滤网,出口装有逆止阀,泵轴与电机用刚性联轴器连接。

交流高压辅助油泵是交流电动机驱动的单级离心泵。其出口逆止阀在泵出口管上,在交流高压辅助油泵的进口装有不锈钢滤网。启动和停机过程中,以及盘车投运和高压缸第一级内上缸金属温度超过 150℃时,必须启动交流辅助油泵,向主机润滑油系统供油。在紧急情况下也作为主油泵的备泵使用。

当主机达到额定转速时,交流高压辅助油泵可以停用。此时主油泵能够提供全部所需用油。

直流事故油泵和交流高压辅助油泵在结构和运行上是完全相同的,但它是由 220V 直流母线供电的直流电机驱动的,它的压力控制开关整定值低于交流高压辅助油泵的压力开关整定值,因此直流事故油泵是交流高压辅助油泵的后备泵,也是汽轮发电机组轴承润滑油的最后保障。在启动过程中,交流高压辅助油泵建立了足够的轴承油压以后,把直流事故油泵的控制开关打在"自动"位置上。当轴承油压降到 0.04MPa 时,直流事故油泵就会投入运行。而机组蓄电池的容量应能在正常惰走过程中提供足够的动力供泵运行。

5.6　冷油器

汽轮机有两台冷油器,正常情况是一用一备,汽轮机润滑油流过大轴轴承处,不仅润滑转动部分,而且还带走了转动部分的摩擦发热量,所以需要将润滑油冷却后重新使用。冷油器可起到冷却热润滑油的作用,冷油器有很多管子,有的管子流过冷却水,通过管壁润滑油交换热量,达到冷却润滑油的目的,一般我们要求冷油器的出口油温控制为 35℃～45℃。冷油器参数表如表 2-5-1 所示。

表 2-5-1　冷油器参数表

型　号	YL-40-8	出口油温	35℃～45℃
冷却面积	40m²	水阻	11.8kPa
冷却水量	117.5m³/h	水侧压力	0.2MPa

（续表）

型 号	YL-40-8	出口油温	35℃～45℃
油流量	800L/min	油阻	19.6kPa
进水温度	24℃～35℃	油侧压力	0.22MPa

冷油器投入操作的注意事项：

（1）润滑油冷油器的切换/投入操作应在运行专责的监护下进行,切换操作前应检查确认汽轮机交流、直流油泵完好、正常备用、联锁投入,汽轮机低油压保护投入。

（2）检查投入备用冷油器的冷却水(全开出水门,调节开启进水门)。

（3）检查汽轮机润滑油压不低于0.1MPa,否则开启滤网旁路门或启动交流油泵。

（4）检查冷油器放油门关闭。

（5）微开冷油器进油门,开启空气门,将空气放尽,关闭空气门。

（6）在操作中严格监视油压、油温、油位和油流是否正常。

（7）缓慢开启冷油器进油门,直至开足,微开出油门,使油温在正常范围内。

（8）投入冷油器冷却水,开足出油门,并调节油温。

第6章　主蒸汽系统

6.1　系统概述

来自锅炉的新蒸汽经隔离阀到主汽门,主汽门内装有蒸汽滤网,以分离蒸汽中的水滴和防止杂物进入汽轮机。蒸汽经主汽门后分两路进入汽轮机蒸汽室两侧,蒸汽在汽轮机中膨胀做功,一部分蒸汽在调节级后被抽出进入蒸汽空气预热器、除氧器和低压加热器,其余蒸汽排入冷凝器凝结成水,借助凝结水泵打入汽封加热器,经低压加热器、除氧器后借助给水泵升压进入锅炉。凝结水泵有一路凝结水可引入凝汽器上部,在启动、低负荷或作滑参数启动时用于冷却蒸汽和主汽门前来的疏水,降低后汽缸的温度。

6.2　自动主汽门

自动主汽门是汽轮机保护系统的一个执行装置,当机组启动保护动作后,可以立即切断汽轮机进汽,并使汽轮机停止运行。因此,它是保护装置的执行元件,属于快关门。对其的要求:一是动作可靠、迅速,通常要求其关闭时间不大于 0.5s;二是严密性要好,关闭后汽轮机转速应能降到 1000r/min 以下。

自动主汽门由两部分组成:主汽门操纵部分(自动关闭器)和主汽门阀体,主要作用就是紧急停机时可以瞬间关闭,切断汽源,另外自动主汽门内有滤网可以保护机组喷嘴和叶片。

机组启动时,首先检查机组 ETS 各保护正常,复位 AST 电磁阀,再建立复位油,关闭各个泻油点,然后建立安全油,安全油在形成油压后,建立启动油压。启动油通入活塞之后形成压力克服弹簧力,顶起主汽门。当机组 ETS 保护动作或危机遮断器动作之后,安全油卸去,同时主汽门活塞下油压也卸去,于是自动主汽门在弹簧力作用下迅速关闭,切断汽轮机的进汽,实现停机。

第7章 轴封系统及抽汽回热系统

7.1 轴封系统概述

汽轮机工作时,转子高速旋转而静止部分不动,动静部分之间必须留有一定的间隙,避免相互碰撞或摩擦。而间隙两侧一般都存在压差,这样就会有漏汽,使汽轮机效率降低。为了防止和减少这种漏汽现象,以保证机组正常启停和运行,以及回收漏汽和利用漏汽热量,减少系统的工质损失和热量损失,汽轮机设有轴封系统,主要由轴端汽封、均压箱、轴封压力调整分配阀、轴封加热器、轴加抽风机、相连接的管道及阀门、疏水管道等组成的闭式轴封系统。

7.1.1 轴封冷却器

轴封加热器(轴封冷却器)是回收轴封漏汽并利用其热量来加热凝结水的装置,减少能源损失,提高机组的热效率。汽轮机采用内泄式轴封系统时,一般设轴封加热器用来加热凝结水或除盐水,回收轴封漏汽,从而减少轴封漏汽及热量损失,并改善车间的环境条件。

随轴封漏汽进入的空气,常用连通管引到轴加风机处,靠后者的负压来抽除,从而确保轴封加热器的微真空状态。这样,各轴封与轴封加热器所连接的腔室压力降低,轴封汽不外泄。

汽轮机前后汽封近大气端的腔室、主汽门和调节汽阀等各阀杆近大气端的漏汽均有管道与轴封冷却器相连,使各腔室保持$-5.066 \sim -1.013 \mathrm{kPa}$的真空,以保证蒸汽不漏入大气。同时可用此漏汽加热凝结水,以提高机组的经济性。

7.1.2 均压箱

均压箱的主要作用就是汇集、分配及均衡汽压,是针对汽封设立的。其作用:①将接入箱体和漏入箱体的汽源扩容减压均衡,启机前调整轴封所需压力为$2.94 \sim 29.4 \mathrm{kPa}$,温度为$120 ℃ \sim 140 ℃$,启机前给前后轴封供汽,正常运行时前轴封漏汽还可补充后轴封汽源;②防止汽机前轴封往外漏汽,以改善车间环境;③防止低压段轴封往里吸气,影响真空;④热态启动时,给前后轴封提供高温轴封蒸汽。

前后汽封的平衡腔室和各阀杆的高压漏汽端均与均压箱相连,均压箱上装有汽封压力调整分配阀,使均压箱保持 $2.94\sim29.4$ kPa,当均压箱中压力低于 2.94kPa 时,高于 2.94kPa 的抽汽通过该分配阀向均压箱补充,当均压箱中压力高于 29.4kPa 时,多余的蒸汽也通过汽封压力调整分配阀排入凝汽器中。

7.1.3　轴加风机

机组运行中依靠轴加风机使轴封加热器里形成微负压(为 $-5.0\sim6.3$ kPa),倘若轴加风机全部故障停运,那么加热器内负压将消失,势必造成汽轮机各汽(轴)封回汽不畅,无法正常吸入轴加风机。它的直接影响将是造成汽缸两侧轴端处向外大量冒汽,浪费工质且影响环境,危害最大的间接影响是会使轴封汽进入轴承油腔室内,严重恶化油质,使油中带水,甚至乳化,直接对机组安全性带来危害。

7.2　抽汽回热系统概述

单台机组分别设置了一台低压加热器,低压加热器采用汽轮机 3 级抽汽供热。

回热系统是指与汽轮机回热抽汽有关的管道及设备,在蒸汽热力循环中,通常是从汽轮机数个中间级抽出一部分蒸汽,送到给水加热器中用于锅炉给水的加热(即抽汽回热系统)及各种厂用汽等。采用回热循环的主要目的是提高工质在锅炉内吸热过程的平均温度,以提高机组的热经济性。

抽汽回热系统是原则性热力系统最基本的组成部分,采用蒸汽加热锅炉给水的目的在于减少冷源损失,一定量的蒸汽做了部分功后不再至凝汽器中向空气放热,即避免了蒸汽的热量被空气带走,使蒸汽热量得到充分利用,热耗率下降,同时,由于利用了在汽轮机中做过部分功的蒸汽加热锅炉给水,提高了给水温度,减少了锅炉受热面的传热温差,从而减少了给水加热过程中的不可逆损失,在锅炉中的吸热量也相应减少。综合以上可知,抽汽回热系统提高了机组循环热效率。因此,抽汽回热系统的正常投运对提高机组的热经济性具有决定性的影响。

影响抽汽回热系统经济性的主要参数:回热加热分配、相应的最佳给水温度和回热级数,三者紧密联系,互相影响。

汽轮机设有 3 级不可调抽汽。

一级抽汽压力为 1.433MPa,抽汽温度为 305.6℃,MCR 工况下,汽轮机抽汽量为 5.8t/h,供给焚烧炉空气预热器加热一次风和二次风。

二级抽汽压力为 0.775MPa/0.27MPa,抽汽温度为 244.7℃,MCR 工况下,汽轮机抽汽量为 4.15t/h,供给除氧器加热锅炉给水。

三级抽汽压力为 0.077MPa,抽汽温度为 92.5℃,MCR 工况下,汽轮机抽汽量为 4.684t/h,供给低压加热器用。

空气预热器和除氧器的加热蒸汽除汽机抽汽外,均有相应压力的减温减压器作为备用汽源。

三级抽汽管道由汽轮机接到低压加热器的加热蒸汽入口上。一级、二级和三级抽汽管道上均设有关断阀。除氧器加热蒸汽进口管道上设有电动调节阀,用于调节除氧器的工作压力。

7.2.1　低压加热器

根据汽水介质传热方式的差异,加热器可分为混合式加热器与表面式加热器两种。在混合式加热器内,汽水两种介质是直接接触混合,并进行传热,而在表面式加热器中,汽水两种介质是通过金属受热面来实现热量的传递。

表面式加热器按水侧承受的压力不同,又可分为低压加热器和高压加热器两种。位于凝结水泵和给水泵之间的加热器,它的水侧承受的是压力较低的凝结水泵出口压力,故称为低压加热器。位于给水泵和锅炉之间的加热器,其水侧表面承受的是比锅炉压力还要高的给水泵出口压力,故称为高压加热器。

为了减小端差,提高表面式加热器的热经济性,现代大型机组的高压加热器和少量低压加热器采用了联合式表面加热器。该类加热器由三部分组成:

(1)过热蒸汽冷却段利用加热蒸汽的过热度的降低释放热量来加热给水。在该加热器中,加热蒸汽不允许被冷却到饱和温度,因为在达到该温度时,管外壁会形成水膜,使加热器的过热度因水膜吸附而消失,热量得不到利用,此段的蒸汽都保留有剩余的过热度,被加热水的出口温度接近或略超过加热蒸汽压力下的饱和温度。

(2)凝结段加热蒸汽在此段中是凝结放热,其出口的凝结水温是加热蒸汽压力下的饱和温度,因此被加热水的出口温度低于该饱和温度。

(3)疏水冷却段设置该段冷却器的作用是使凝结段的疏水进一步冷却,进入凝结段前的被加热水温得到提高,其作用一方面使本级抽汽量有所减少,另一方面,由于流入下一级的疏水温度降低,从而降低本级疏水对下一级抽汽的排挤,提高了系统的热经济性。疏水冷却段是一种水-水热交换器,该段加热器出口的疏水温度低于加热蒸汽压力下的饱和温度。

7.2.2　抽汽逆止阀

抽汽逆止阀是保证汽轮机安全运行的重要设备之一,当汽轮机甩负荷时,它们迅速关闭,保护汽轮机不致因蒸汽的回流而超速,并防止加热器及管路带水进入汽轮机。机组正常运行中,运行人员要特别注意各抽汽逆止阀处于正常状态,以保证在事故情况下能可靠动作,保护汽轮机。

7.3　除氧器

凝结水流经负压系统时,在密闭不严处会有空气漏入凝结水中,而凝结水补给水中也含有一定量的空气。这部分气体在一定条件下不仅会腐蚀系统中的设备,而且会使加热器及锅炉的换热能力降低。给水中的氧与金属作用后生成的氧化物会使得管壁沉积盐垢;蒸汽凝结时析出的不凝性气体能导致传热热阻增加,引起换热设备传热恶化,造成凝汽器真空下降。因此,要保证机组的安全、经济运行,防止给水系统的腐蚀,必须不断除去溶解在除盐水及凝结水中的气体,以保证锅炉给水的品质。

采用热除氧的方法进行锅炉给水除氧,价格便宜,能除去水中其他气体,还没有残留物质(盐类),所以热力发电厂普遍采用热力除氧方法来去除给水中溶解的气体,并辅以化学方法进行除氧。除氧器就是利用热力除氧原理进行工作的混合式加热器,既能解析除去给水中的溶解气体,又能储存一定量的给水,在异常工况时缓解凝结水与给水的流量不平衡。在热力系统设计时,也用除氧器回收高品质的疏水。

热除氧系统所需的加热源主要来自汽轮机的抽汽,这将增加回热抽汽流量,从而提高机组运行的热经济性。除氧器的汽源设计决定于除氧器系统的运行方式。当除氧器以带基本负荷为主时,多采用定压运行方式,这时,供汽汽源管路上设有压力调节阀,要求汽源的压力略高于定压运行的压力值,并设有更高一级压力的汽源作为备用。这种方式节流损失大、效率较低,而以滑压运行为主的除氧器,其供汽管路上不设调节阀,除氧器的压力随机组负荷而改变。因不发生节流,其效率较高。

7.3.1　除氧器的工作原理

热力除氧的原理建立在亨利定律和道尔顿定律的基础上。亨利定律即为气体的溶解定律;道尔顿定律为气体混合物全压与各组成气体分压之间相互关系的定律。这两个定律共同提供了用加热方法来消除水中溶解气体的理论基础。

当水和任何气体或气体混合物接触时,就会有一部分气体溶解于水中。亨利定律指出:当水和气体处于平衡状态时,对应一定的温度,单位体积水中溶解的气体量与水面上气体的分压力成正比。其表达式为:

$$b = k \frac{p}{p_0} \qquad\qquad (2-7-1)$$

式中:b—— 气体在水中的溶解量;

$\quad\ \ p$—— 平衡状态下水面气体的分压力;

$\quad\ \ p_0$—— 物理大气压;

$\quad\ \ k$—— 气体的重量溶解系数,它随气体的种类和温度而定。

显然,如用某种方法降低水面上气体的分压力时(平衡压力 p_b 大于气体在水面上的实际分压力 p 时),则气体就会在不平衡压差作用下从水中离析出来,直至达到新的平衡状态为止。如果能将某种气体从水面上完全清除掉(即实际分压力为0),就可把气体从液体中完全清除。当水温升高时,水的蒸发量增大,水面上水蒸气的分压力升高,气体分压力相对下降,导致水中的气体不断析出,达到新的动平衡状态,除氧器就是利用这种原理进行除氧的。

道尔顿定律指出:混合气体的压力等于组成它的各气体分压力之和。对于给水而言,水面上混合气体的全压力则等于水中溶解气体的分压力与水蒸气分压力之

和 。即：

$$p = \sum p_i + p_s \qquad\qquad (2-7-2)$$

在除氧器中,水被定压加热时,其蒸发水量增加,从而使水面水蒸气的分压力增高,相应地水面上其他气体的分压力降低。当水被加热至除氧器压力下的沸点时,水蒸气的分压力就接近水面上混合气体的全压力,此时其他气体的分压力趋近于0,于是溶解于水中的气体会在不平衡压差的作用下从水中逸出,并从除氧器排气管中排走。这样,道尔顿定律的理论意义在于,提供了加热水至沸腾状态使水面上其他气体分压力为0的方法。

综上所述,除氧器的除氧原理就是根据亨利定律和道尔顿定律提供的热除氧方法,将给水加热至除氧器工作压力下的饱和温度,使溶解于水中的气体从水中逸出,并从排气管中及时排走。

热力除氧过程不仅是个传热过程,还是一个传质的过程,传热过程是把水加热到除氧器压力下的饱和温度,传质过程是使溶解于水中的气体离析出来。

气体从水中离析出来的过程大致可分为以下两个阶段：

第一阶段为除氧的初期阶段。此时由于水中气体含量较多,其分压力远大于水面以上气体的分压力,气体会以气泡的形式克服水的黏滞力和表面张力析出,以此除去水中80%～90%的气体。

第二阶段为深度除氧阶段,经过初级除氧的给水中仍含有少量气体,这部分气体的不平衡压差很小,气体离析的能力弱,已无法以气泡形式克服水的表面张力而逸出,只有靠单个分子的扩散作用慢慢离析出来。为达到深度除氧目的,可采用加大汽水接触面水膜(水膜表面张力小)面积和形成水的紊流来加强扩散作用,强化水中气体的析出。

为达到良好的热力除氧效果,必须满足以下条件：

(1)有足够量的蒸汽将水加热到除氧器压力下的饱和温度。即使有少量的加热不足,都会引起除氧效果恶化,使水中的残余溶氧增高。

(2)必须把析出的气体及时排走,以保证水面上氧气及其他气体的分压力减至0或最小,防止水面的气体分压力增加,影响析出。

(3)被除氧的水与加热蒸汽应有足够的接触面积,蒸汽与水应逆向流动,增加水与蒸汽接触的时间,以维持足够大的传热面积和足够长的传热、传质时间,并保证有较大的不平衡压差。

在除氧器中,凝结水首先经过高压喷嘴形成发散的锥形水膜向下进入初级除氧区。在初级除氧区,水膜与上行的蒸汽充分接触,迅速将水加热到除氧器压力下的饱和温度,大部分氧气从水中析出,聚集在喷嘴附近。为防止氧气积聚过多,在每个喷嘴的周围设有排气口,以及时排出析出的氧气。经过初级除氧的水在除氧器水箱下部汇集,深度除氧则在水面以下进行,利用引入水面以下的蒸汽将水加热至沸腾,实现深度除氧。除氧过程析出的气体经排气管排出,除氧后的水则在水箱内与回收的疏水等混合。这种喷雾除氧的优点在于其除氧效率几乎不受水温的影响。

7.3.2　除氧器的参数与性能

1. 除氧器的运行参数

除氧器运行参数见表 2-7-1 所示。

表 2-7-1　除氧器运行参数

项　　目	参　　数
除氧器数量	2 台
额定出力	75t/h
工作压力	0.27MPa/0.4MPa
工作温度	130℃/230℃

2. 除氧器的主要技术参数

除氧器主要技术参数见表 2-7-2 所示。

表 2-7-2　除氧器主要技术参数

项　　目	参　　数
工作压力	0.17MPa
设计压力	0.4MPa
工作温度	130℃
设计温度	230℃
水箱有效容积	35m³
工作介质	水、蒸汽
额定出力	75t/h
水压试验压力	0.55MPa
运行方式	定压

3. 除氧器的性能

除氧器通过将给水雾化加热的方法,把给水加热到除氧器运行压力下的饱和温度,除氧器设有一个汽水分离的区域,以保证除去给水中的溶解氧和其他不凝结的气体,达到所要求的水质。经过除氧器处理的给水,其出水的溶解氧不应超过 $5\mu g/L$,并除去所有可逸出的游离二氧化碳和其他不凝结气体。

当除氧器的前一级低压加热器停运,进入除氧器的凝结水温度下降而抽汽量增加,在这种紧急情况下,除氧器能通过增加的流量,并加热凝结水温度到该压力下的饱和温度,出水仍能保持 $5\mu g/L$ 的含氧量。

除氧器储水箱的低压给水管管径能通过最大给水流量。为能把水箱内的积水排尽,除氧器储水箱底部设有管径适当、数量足够的排水管。

7.3.3 除氧器的并列运行

除氧器的并列运行操作的注意事项如下：

(1)需并列运行的除氧器检修工作结束,工作票终结、满足投运条件。

(2)检查需投入的除氧器下水电动门关闭,人孔门关闭,底部放水门关闭及除氧器紧急放水电动门、前后手动开出,电动紧急放水门关闭,微开排氧门,投入水位计及压力测点,联系化学启除盐水泵向除氧器上水至 500mm 左右,停止上水。

(3)开启二抽母管至所需并列运行的除氧器的电动隔离门、加热蒸汽进汽电动调节门前后手动门及再沸腾电动门,通过除氧器进气调节门控制温升 2℃ 左右,就地检查系统没有异常振动及就地水位与 DCS 上水位校对正常,并通知化学化验水质合格。

(4)当水温、压力提高到与运行的除氧器压力温度相等时,检查调整水位相同。

(5)关闭再沸腾电动门,开启除氧器正常进气加热电动门,控制好温度、压力与运行除氧器温度及压力相同,且不超温超压。

(6)缓慢全开启除氧器平衡手动门,检查两台除氧器压力相同。

(7)开启锅炉蒸预器疏水至需并列的除氧器的调节门前后手动门,保持调节门关闭,当出现压力偏差时可作为调节压力的备用手段。开启给水泵再循环母管至需并列除氧器的电动门。

(8)检查除氧器平衡手动门全开,并汽正常,检查两台除氧器水位(500mm)左右水位差小于 100mm,压力差小于 0.01MPa,水温差小于 10℃ 且水质合格。

(9)缓慢开启需并列的除氧器的下水电动门,注意两台除氧器的水位及压力变化,及时调整两台除氧器的压力水位平稳运行。

(10)当出现压力偏差时,要及时通过调整除氧器进汽调节门、锅炉蒸预器疏水至除氧器的调节门和除氧器补水调节门来控制压力水位正常,若并列后无法控制水位时及时隔离并列除氧器,保证运行除氧器及给水泵运行正常。重新调整具备并列条件后再并列。

(11)当除氧器并列运行稳定后,可将水位投入自动控制。

(12)开启除氧器加药手动门及微开除氧器排氧门,保证除氧器含氧量合格。

(13)压力调整为 0.17MPa,温度为 130℃。

(14)全面检查除氧器并列后运行正常。

第8章 给水系统

8.1 系统概述

给水系统是指从除氧器出口到锅炉省煤器入口的全部设备及其管道系统。给水系统的主要功能是将除氧器水箱中的凝结水通过给水泵提高压力输送到锅炉省煤器入口，作为锅炉的给水。

8.2 给水泵

给水泵是汽轮机的重要辅助设备，它将电能转化为旋转机械能再转变为给水的压力能和动能，向锅炉提供所要求压力下的给水。

汽轮机内配置了三台给水泵，其型号及具体参数见表 2-8-1。

表 2-8-1 给水泵参数表

给水泵		电动机	
型号	DG85-80X9A	型号	YKK450-2
流量	85m³/h	功率	280kW
扬程	720m	电压	10kV
转速	2950r/min	电流	20A
轴功率	256.3kW	转速	2982r/min
配用功率	280kW	接线方式	Y
效率	65%	绝缘等级	F
必需气蚀量	4.5m	功率因数	0.87
冷却方式	水冷	冷却方式	IC611

8.3　给水泵的运行与维护

给水泵运动中主要监控参数如下：

(1)给泵电流：不超过 18A。

(2)给水母管压力：不小于 7MPa。

(3)给泵轴承温度许可值：不超过 75℃。

(4)电动机线圈温度许可值：不超过 110℃。

(5)电动机轴承温度许可值：不超过 75℃。

(6)轴承振动许可值：不超过 0.06mm。

第 9 章　凝结水系统

9.1　系统概述

凝结水系统的主要功能是将气缸的排汽通过凝汽器冷凝,形成冷凝水汇入热井,再通过凝结水泵将热井中的凝结水送至轴封冷却器。凝结水系统还向各有关用户提供水源,如有关设备的密封水、减温器的减温水、各有关系统的补给水以及汽轮机低压缸喷水等。凝结水系统的最初注水及运行时的补给水来自化水车间的除盐水箱。

9.2　凝汽器

9.2.1　结构

凝汽器采用双流程,同时设有分隔水室,允许单侧运行,另一侧检修凝汽器换热面积为1200m²。凝汽器能在最大负荷和循环水入口水温为 33℃的工况下连续运行。

凝汽器出口凝结水的含氧量:在凝汽器的补充水率小于等于 5%时,正常负荷范围内不超过 30μg/L。

凝汽器内设有二级减温减压器,可作为旁路凝汽器用,二级减温减压器进口压力为0.6MPa、温度小于等于 140℃、含 100%旁路蒸汽量。

凝汽器的具体结构如图 2-9-1 所示,凝汽器外壳用钢板焊成,包括前水室(7)、汽室(3)及后水室(1),为了保证壳体和换热管(9)之间的相对热膨胀,在壳体靠近后水室(1)端装有波纹膨胀节(13),凝汽器两端水室与汽室用管板(4)隔开。冷却水从进水口(8)进入前水室(7),流经上下两组换热管(9)形成冷却水的两个流程,再从出水口(5)排出。汽轮机排汽由进汽室(2)进入汽室(3),在汽室与管内冷却水进行热交换,并形成凝结水,流向凝汽器下部的热井(11),汽室中的不凝结汽气混合物从抽气口(12)经抽气器抽出。

凝汽器进汽室、进出水管和热井处装有温度表,进汽室装有真空表,热井装有凝结水液位指示表、液位高低报警装置。为避免凝汽器中的压力超过大气压,在凝汽器上部还装有排汽安全膜板。凝汽器管子与管板用胀接形式连接,进汽室、隔板、管板、热井与壳体用焊接方法组合。

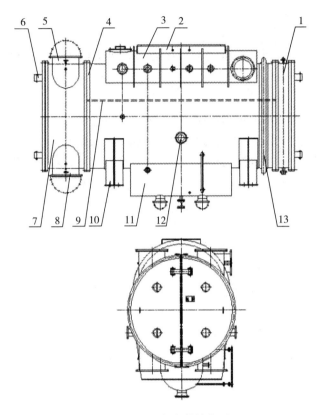

图 2-9-1 凝汽器结构图

1—后水室;2—进汽室;3—汽室;4—管板;5—出水口;6—铰链;7—前水室;
8—进水口;9—换热管;10—座架;11—热井;12—抽汽口;13—波纹膨胀节

9.2.2 凝汽器的作用

凝汽器的主要作用如下:

(1)在汽轮机排汽口处建立并维持高度真空,使蒸汽在汽轮机内膨胀到尽可能低的压力,将更多的热焓转变为机械功。

(2)将汽轮机的排汽凝结为水,补充锅炉给水,起到回收工质的作用。

(3)收集回热抽汽系统加热器的疏水、本体疏水膨胀箱内的疏水及其他可循环利用的洁净工质;具有一定的真空除氧作用。

9.2.3 凝汽器的工作过程

正常运行时,循环水泵将循环冷却水从进水管打入前水室下半部,并分别流入各铜管中,再经过铜管到后水室转向,再流经上半部钢管,回到前水室上部,从出水管排出。汽轮机的排汽经喉部进入凝汽器的蒸汽空间(铜管外的空间),流过铜管外表面与冷却水进行热交换后被凝结。部分蒸汽由中间通道和两侧通道进入热井,对凝结水进行加热,以消除过冷度,起到除氧作用,剩余的小部分的汽气混合物和不凝结的气体,经抽汽口由真空泵抽出。

9.2.4 运行

凝汽式汽轮机的凝汽装置,原则上应在进汽管线供汽之前投入运行,这包括下述一些操作步骤:

1. 供冷却水

冷却水供应时,凝汽器的进出口阀门必须处于全开位置。

本系统汽轮机使用三台公用的循环水泵,循环水泵的投入方式与普通的离心泵相同。首先将泵的吸入管腔灌满水或使工作轮浸在水中,启动前先关闭出口阀门,待泵启动且达到额定转速后再缓慢全开出口阀门。这时,要注意观察泵是否有效地排除了空气,以及泵的出水压力及电机电流是否达到要求并保持稳定。

本系统共有 3 台循环水泵,2 台运行,1 台备用联锁运行。

2. 启动凝结水泵

启动凝结水泵的一个条件是凝汽器热井中必须有凝结水,凝结水泵的启动应在抽汽设备投入运行之前。并且所有的截止阀包括泵出口支管上的调节阀和出口的水位调节阀等均应全部打开。

凝结水泵出口通常设置有再循环管,部分凝结水回输到凝汽器中,并由一只液位调节阀来调节。再循环管能使凝汽器的热井液位处于正常范围之内,保证凝结水泵的正常运行。

凝结水泵的投运步骤通常如下:

(1)打开凝结水泵的吸入阀门。这个阀门通常是常开的。

(2)打开通往凝汽器平衡管线上的阀门。这个阀门通常是常开的。

(3)排放泵内空气。

(4)启动电动机,同时按泵的特性调节水压。

(5)全开原来关闭的出口阀门,稍许开启再循环阀。这时,在凝结水管路上压力不能出现明显的下降。

(6)投入液位调节阀。

凝结水泵正常运行的基本条件是真空一侧没有空气渗入。因此,要特别注意防止由于法兰或压力表的接头以及由于水泵轴封处的空气漏泄而吸入管线。

3. 启动抽气设备

抽气器抽去凝汽器中的空气,同时保持凝汽器中的真空。

4. 向汽封送密封蒸汽

向轴封供汽用蒸汽去密封汽轮机汽封,以防止空气进入,使凝汽器真空达到要求。密封蒸汽略高于大气压,从冒汽管上看到有微量的蒸汽冒出即可。

在低负荷时,为了保证所有汽封的可靠性,通常使用新蒸汽来密封汽封。高负荷时,可以用前汽封的漏汽来密封后汽封。当漏汽量增加到一定数量时,就可以完全切断新蒸汽的供应,一部分漏汽还将导入凝汽器中。

凝汽装置的操作运行,应注意下述几点:

(1)凝结水泵应能把凝汽器热井中凝结水不断地输出。凝汽器热井中的凝结水水位是受出口水位调节阀控制的,应定期检查水位调节阀,保证正常运行。凝结水流量不得超过水泵的最大设计流量。

(2)在启动之前和运行期间,应定期检查润滑油的供给情况和泵的状态,同时,也要监视轴封性能和泵的运转情况。

(3)在凝汽器中,凝结水位过高可能是下列原因引起的:

① 凝结水泵渗入了空气而使输出量减少。

② 热井中的过滤器或真空平衡管发生堵塞。

③ 凝汽器冷却水管渗漏,凝结水泵就不能吸出那么多水量。这种情况,除了对凝结水进行化学分析外,还可以比较排汽温度以及凝结水温度,从凝结水温度降低的程度来做出判断。

④ 出口水位调节阀失效。

(4)如果真空明显地下降,应对真空系统进行检查。关闭抽气器进汽阀门,检查抽气器。使用射汽抽气器时,还应关闭附加在二级抽汽器上的疏水管道截止阀。为了保证凝结水的出水安全,后一种措施尽可能在最短时间内采用。如果从抽气器上确定的真空度大致等于理想值的 99%,那么,故障就不是抽气器引起的,而是由于凝汽器、汽轮机汽封以及汽轮机汽缸结合面等存在渗漏引起的。

在这种情况下,还应检查一下接到真空表上的管子是否存在渗漏或水滴堵塞。可以用关闭凝汽器一侧的隔离考克及短时间打开真空表侧的冒气阀来判断。如果无法找出造成密封系统工作失常的渗漏点,那么可以用漏泄探测设备对凝汽设备进行全面检查。此处,也可以用水充满汽侧空间对凝汽器进行密封检查。

真空的下降还可能是由以下原因造成的:

① 冷却水入口温度过高。

② 补充水温度过高。

③ 冷却水量不符合设计要求。

④ 凝汽器管道污染削弱了热交换。

(5)除了由于凝结水水位过高或渗入了冷却水造成过冷外,还可以通过冷却水进出口水温的温差和凝结水出口与冷却水出口的温差来判断凝汽器是否正确运行。正常温差和使用中的真空度填写在试车报告内,这些数据可以作为比较的依据。非正常过高的冷却水温差主要是供水系统流量减少的缘故。冷却水与凝结水出口水温的温差过高,说明凝汽器冷却水管被污染或空气渗入引起真空下降。

(6)运行时,进行渗入检查的简单的方法是关闭抽气器进口阀门,关闭后,真空度大约以每分钟 0.5～1mmHg 的速度下降。相应的数值在投运时测得,同时填写在试车报告内。

(7)真空通常是由真空压力表测量。它的指示值不仅取决于凝汽器内建立的真空,同时也取决于大气压力。一般不需要计算大气压力变化下高精度的真空值。一个工程大气压的数值对应于 735.5mmHg,由此可以算出任何情况下的真空值,也能容易地化成大气压力。

最后,根据排汽接管的温度以及凝汽器建立真空的管道饱和温度,可以得出足够近似的真空值。排汽管道中的温度应该是在带负荷的情况下测得,因为在空负荷运行时,凝汽器进口接管中的蒸汽经常有轻微过热。

(8)当机组短时间停运时,为了防止冷却水管(凝汽器、冷油器、空冷器)的腐蚀,可以不中断冷却水的供应。

当机组长期停运时,应该中断冷却水供应,同时排除污垢,仔细清洗管道,然后干燥。清洗时,注意不要破坏管道的防护层。

9.2.5　维护

1. 凝汽器冷却表面积垢

判断凝汽器冷却表面是否积垢,应与冷却表面洁净时的运行数值进行比较。如果做了空气严密性试验,凝汽器漏汽不增加,则可能冷却水管产生了积垢,其表现为:

(1)汽轮机排汽温度与循环水出口温度差值增大。

(2)抽气器抽出的汽气混合物温度增高。

(3)凝汽器冷却管内流体阻力增大。

积垢的主要原因是冷却水的水质不良而引起在冷却管内壁沉积一层软质的有机垢或硬质的无机垢,这种垢层会严重影响管子的传热能力,降低冷凝效果,减少管子的通流面积,既增加了流体的阻力,又减少了冷却水的流量,影响冷却效果。

解决积垢的基本措施是改善水质,严格控制水质指标,另一方面,当积垢过多,真空下降过大时,应对凝汽器进行清洗。

2. 凝汽器管子堵塞的一般表现

(1)冷却水流动阻力增大。

(2)冷却水进、出水压差增大。

(3)冷却水泵出口压力及凝汽器冷却水进口压力增高。

在确定凝汽器管子阻塞后,应对凝汽器进行清扫处理。对于双通道管式凝汽器,可以在降低负荷($50\%\sim60\%$负荷)情况下,一半进行清洗,一半进行工作。对于单通道凝汽器,则应采用停机清洗。

3. 循环水水管泄漏

(1)冷却水管泄漏迹象

① 凝汽器热井水位不断升高。

② 凝结水中的含盐量增加。

泄漏原因:冷却水管破裂漏水,冷却水管与管板接合处密封不严漏水。

(2)寻找泄漏管子的方法

① 在凝汽器凝汽侧充满水或用加压水(不超过 $2kg/cm^2$),从水室内侧观察,就能发现水经管子破漏处从管端内侧流出。

② 管子与管板间的连接若不严密,则水从两者的结合缝隙中流出。

③ 用涡流检查法检查管子,对于装在凝汽器上的管子,用探针对管内移动的内发送器进行涡流检查,可较准确地确定管子损伤的形式、深度及位置。

对破漏的管子应予更换,机组不能停运或无法拆换管子时,可将此破漏管子从两端堵塞。

对管子与管板连接处不严密的处理,原来是胀管的应再重新胀管一次。

4. 凝汽器非运行时的维护保养

(1)凝汽器运到现场,应放置在平整的场地上,禁止凝汽器遭雨淋,防止锈蚀。

(2)安装阶段,严防一切杂物掉进凝汽器汽室,以防管子受损。

(3)汽轮机短期停运如三天以内,不应切断冷却水,可将凝汽器充满水进行保护,以防水管发生腐蚀。

(4)当汽轮机长时间停用时,可将冷却水切断,将凝汽器内的积水彻底地排放干净,然后将管子清理干净,而且要打开人孔门自然通风或强制通风,并使之干燥。

9.3　凝结水泵

凝结水泵本体通过压水接管用螺栓与吐出弯管相连接,安装在带有安装板的外筒体内,外筒体安装在安装座上。泵的结构大致分为外筒体部件、筒内壳体部件、转子部件和轴封部件等。转子部件由导轴承径向支承,轴承用自身输送介质润滑。轴封有填料密封和机械密封两种形式,汽轮发电机组的凝结水泵轴封是机械密封。凝结水泵所产生的轴向推力由凝结水泵本体承受。

凝结水泵出厂时分为两大部分:外筒体和带吐出弯管的内壳部件。凝结水由吸入管经外壳体进入喇叭状吸入口,水流通过首级叶轮两侧的导流器被吸进首级叶轮;首级叶轮的排水由环形导叶通道引入后五级叶轮,经升压后由出水管排出。凝结水泵将凝汽器热井中的凝结水输送到轴封加热器。其工作环境恶劣,抽吸的是处于真空和饱和状态的凝结水,容易引起汽蚀,因此要求叶轮有良好的轴端密封和抗汽蚀性能,汽轮发电机组凝结水泵的结构特点如下:

(1)泵体立式安装,降低了泵的吸入口高度,提高有效汽蚀余量,改善了泵的吸入性能。

(2)首级叶轮采用双吸叶轮,降低了泵的必须汽蚀余量,其材料采用具有良好抗汽蚀性能的 ZG0Cr18Ni9,保证汽蚀余量均大于必须汽蚀余量。

(3)其首级双吸叶轮两侧设有导流器,使首级叶轮的入口水流分布均匀,降低吸入口带气的可能性。

(4)首级叶轮进口处壳体设计成喇叭状,增大了吸入口的直径和首级叶轮叶片的进口宽度,使叶轮入口部分流体的流速降低,减少了泵的必须汽蚀余量。

(5)外壳体上是设有一个进水排空管接至凝汽器,将泵入口水中的空气抽走,防止泵吸入空气。泵投运前必须充分注水排空,正常运行中此门也保持一定的开度。

电动机在热态下能承受 150% 的额定电流,在过电流时间少于 30s 的情况下,不会变形损坏。电动机冷态下可连续启动两次,热态下可连续启动一次。电动机轴承温度不超过 80℃。电动机空载时测得的振动速度有效值不大于 2.8mm/s,电动机轴承处测得的双振幅值不大于 0.051mm。

凝结水泵的运行参数如表 2-9-1 所示。

表 2-9-1 凝结水泵的运行参数

项 目	额定工况	最大流量工况
流量	59t/h	65t/h
扬程	130mH₂O	120mH₂O

9.4 凝结水补水系统

凝结水补水采用的是合格的除盐水,通过除盐水泵注入凝汽器热井,满足机组凝结水损耗与补充的平衡。

第 10 章 循环水系统

10.1 系统概述

循环冷却水系统采用带冷却塔的循环供水系统,母管制运行。本系统主要供给主厂房内凝汽器冷却水、机组开式冷却水等,系统中的冷却水进入凝汽器加热后,再送到冷却塔中冷却,冷却后经循环泵升压后重复进入凝汽器,如此进行再循环。系统中损失的水量由本工程的补给水系统供给。循环水系统包括:一座中央水泵房,泵房内设有循环水泵及相应的进口电动蝶阀、泵出口止回阀、电动蝶阀、平板滤网、钢闸门、悬挂式起重机等设备;双曲线逆流式自然通风冷却塔。

循环水系统采用带双曲线逆流式自然通风冷却塔的再循环供水系统。一般 2 台机组配循环水泵 3 台(2 用 1 备)、冷却塔 1 座、循环水供水和回水管母管各 1 根。

10.2 循环水泵参数

循环水泵的主要参数如表 2-10-1 所示。

表 2-10-1 循环水泵的主要参数

循环水泵		电动机	
型号	600S32A	型号	YKK450-6
流量	3274m³/h	功率	280kW
扬程	23m	电压	10kV
转速	970r/min	电流	21.47A
效率	86%	转速	991r/min
轴功率	—	绝缘等级	F

10.3　循环水泵性能

循环水泵在电机超速 20% 的条件下仍能正常运行,扬程允许偏差不超过 5%。

泵组在各种条件下能够全电压直接启动。水泵轴承及密封装置采用无须预润滑启动,运行时无须外部供水润滑。

10.4　中央循环水泵房及主要设备

二台机组合用 1 座中央循环水泵房。泵房地下部分宽度为 17.3m,进水方向长度为 17.1m,深为 4.7m;进水间上部建筑为全露天敞开式结构,设检修单轨吊,泵房间(包括检修场地、加药间及电控间)地上部分宽度为 25.2m,进水方向长度为 9.5m,梁底高 5m。

泵房内设有 5 台循环水泵及相应的进出口电动蝶阀、安装伸缩节、平板滤网及检修闸门门槽(也可作为平板滤网槽用,钢闸门为中央循环水泵房公用,共设 2 块)。泵房间安装检修设 5t、跨度为 6m 的电动单梁悬挂起重机 1 台,进水间设 2t 及 3t 的电动葫芦各 1 台,分别用于起吊平板滤网及钢闸门。泵房的两侧为循环水加药间、配电间和检修场地。

10.5　冷却塔

冷却塔是用水作为循环冷却剂,从一系统中吸收热量排放至大气中,以降低水温的装置。其利用水与空气流动接触后进行冷热交换产生蒸汽,蒸汽挥发带走热量达到蒸发散热、对流传热和辐射传热等原理来散去循环水带来的热量,降低水温的蒸发散热,以保证系统的正常运行。

10.6　胶球清洗系统

胶球清洗系统利用胶球泵将胶球从装球室打入凝器循环水进水管,经凝器循环水进水管后由布置在凝器循环水出水管上的收球网回收,再经胶球泵回到装球室。胶球清洗装置投运时,应保证所有胶球在凝汽器水室中分布均匀地进入凝汽器换热管中,对管子内壁进行有效的清洗。机组在正常运行条件下,正常投运胶球清洗装置应能保持凝汽器冷却管的洁净,清洁系数为 0.9 以上。

10.6.1 胶球清洗系统的规范

胶球清洗系统的规范见表 2-10-2。

表 2-10-2 胶球清洗系统的规范

序号	参数名称	单位	数值	备注
1	胶球泵流量	t/h	80	
2	扬程	mH$_2$O	18	
3	轴功率	kW	6.8	
4	转速	r/min	1470	
5	需要吸入净正压头(NPSHr)	mH$_2$O	正压即可	
6	泵的效率	%	90	
7	收球网型式	—	立式	
8	运行水阻	kPa	不大于 2	
9	电动执行器型号	—	HITEWELL(国产海特威尔)	扭矩 2000N·m
10	装球室型式	—	立式 AFZQS-30	
11	电动执行器型号	—	HITEWELL(国产海特威尔)	扭矩 300N·m
12	胶球型号	—	AFJQ-20B	
13	胶球干态直径	mm	19	
14	胶球密度分布	kg/m^3	250	
15	胶球使用寿命	h	1400	连续使用时间
16	PLC 型号	—	西门子 S7-200	

10.6.2 胶球清洗系统启动前检查

(1)确认胶球清洗装置工作票均已总结(或已交回)。

(2)执行胶球清洗装置投入检查操作卡,对系统进行全面检查、调整。

(3)确认胶球就地程控装置,胶球泵及系统各电动阀门有关电源均已送上,系统已符合投运条件。

(4)挑选出 500 只已在温水中浸泡过 2~4h 的新胶球。

(5)手动盘转胶球泵,转动灵活。

(6)将 500 只胶球放入装球室内。

(7)检查装球器进、出口阀关闭。

(8)开启装球器排气阀和放水阀。

(9)开启装球器顶盖,胶球装完后关闭集球器顶盖。

(10)关闭装球器排水阀。

(11)开启装球器出口阀和注球管隔离阀。

(12)当装球器全部注满水后,开启装球器进口阀和排气阀。

10.6.3 就地手动运行方式

1. 投球操作

(1)加球、换球,在保证装球室前后电动阀门都关闭的情况下,打开装球室的放水阀,再打开放气阀,将装球室中的水放没,打开装球室,将胶球浸泡好(浸泡 4h)的胶球放入到装球室,关闭装球室。

(2)检查收球网状态,要确保收球网处在关闭状态,从控制柜上的按钮状态可以看到,显示收球网电动执行器的关灯处于亮的状态。

(3)将装球室入口阀门打开,就是按控制按钮"装球室入口执行器开"。

(4)等待"装球室入口执行器开"灯亮起后,打开装球室上盖上的放气阀,直到放出水为止,关闭放气阀。

(5)然后在控制柜上按"装球室出口执行器开",打开装球室出口执行器。

(6)等待灯亮起后,按"胶球泵电机启动"按钮,启动胶球泵。

(7)等待灯亮起后,按"装球室切换阀执行器开"按钮,打开装球室,进行投球。投球时间自己控制,最好为 30～60min。

2. 收球操作

(1)投球 30～60min 后,按"装球室切换阀执行器关"按钮,关闭装球室,进行收球。收球时间根据水压和水流速度确定,一般为 60～120min,收球时间可以为 90min。

(2)收球时间到后,按"胶球泵电机停止""装球室入口执行器关""装球室入口执行器关",关闭胶球泵、装球室入口电动阀门、装球室出口电动阀门。

(3)整个手动过程结束,并统计好收球效率,保证收球效率达 90%以上。

(4)收球率低的原因分析及处理办法见表 2-10-3。

表 2-10-3 收球率低的原因及处理办法

序号	检查项目	解决方法
1	各阀门是否有坏损	更换阀门
2	各阀门是否开关到位	调整到位
3	胶球管路是否畅通	疏通管道
4	胶球管道交接处是否合理	顺着水流方向采用"Y"形连接,不符合的要调整
5	胶球是否运行老化、涨大或者磨损	更换新胶球
6	收球网开关是否到位	调整到位
7	收球网收球与反冲洗位置指示是否正确	调整正确
8	收球网出球口上窥视孔观察网板上挂有胶球或者胶球在出球口堆积	网面脏,立即对网面进行反冲洗,清洁网面
9	收球网无法正常开启、关闭	检查是否网面过于脏污;有无其他大型杂物卡涩;收球网是否定期反冲洗;收球网传动轴盘是否定期更换

第 11 章　抽真空系统

11.1　系统概述

抽真空系统是由水环式真空泵、汽水分离器、水环冷却装置、自动补水电磁阀、泵组内部相关连接管道、阀门、驱动电机及入口电动门等组成。单机组采用两台水真空泵,正常运行时一用一备。汽水分离器补水采用凝结水,冷却水为循环水。

11.2　真空泵

11.2.1　工作流程

由凝汽器抽吸来的气体经手动闸阀、电动蝶阀进入真空泵,由泵排出进入汽水分离器,分离后的气体排向大气。分离出的水与补充水一起经冷却后称为工作水,一路喷入真空泵进口,把即将抽入泵内气体中的可凝结部分凝结;另一路直接进入泵体,维持真空泵水环和降低水环温度。

11.2.2　水环式真空泵的工作原理

水环式真空泵是一种容积式泵,其工作原理如下:

泵在圆筒形泵壳内偏心安装着叶轮转子,其叶片为前弯式。当叶轮旋转时,工作水在离心力的作用下形成沿泵壳旋转流动的水环。由于叶轮的偏心布置,水环相对于叶片做相对运动,这使得相邻两叶片之间的空间容积随着叶片的旋转而呈周期性变化。对相邻两叶片之间的空间来说,工作水犹如可变形的"活塞",随着叶片的转动而在该空间做周期性的径向往复运动。当真空泵右侧的叶片从右上方旋转到下方时,两叶片间的"水活塞"就离开旋转中心面向叶端退去,使叶片间的空间容积由小逐渐变大。当叶片转到下部时,空间容积达到最大。轴向吸气窗口安装在右侧,叶片转过这个地方的时候,正是其空间容积由小变大的时候,故能将气体抽吸进来。而叶片由最下方向左上方转动过程中,"水活塞"沿着叶片向旋转中心压缩进去,使得两叶片间的空间容积由大逐渐变小,被抽吸入叶片之间的气体受到压缩,压力升高。排气窗口则安装在左上方叶片之间的容积最小处,气体被压缩到最高压力,由此排出。这样,随着叶片的均匀转动,每两个叶片之间的容积在"水活塞'作用下呈周期性变化,使得吸气、压缩和排气过程持续不断地进行下去。

水环式真空泵在排气时,工作水也不可避免地要和气体一起被排出一部分,因此其工作水必须连续不断地加以补充,维持汽水分离器水室水位在1/2～2/3处,以保持稳定的水环厚度。而且在水环式真空泵中,水环除起抽吸和压缩气体的"活塞"作用外,还起密封工作腔和冷却气体等作用。因此,被抽吸气体必须既不溶于工作液体,也不与工作液体发生化学反应。

11.3　真空严密性试验

1. 实验前应具备的条件

(1)试验时凝汽器真空必须大于-90kPa。

(2)试验时负荷及其他运行状况稳定。

(3)保持机组负荷在80%额定负荷。

2. 试验方法

(1)记录试验前负荷、真空及当地大气压力值。

(2)关闭运行抽汽器空气门。

(3)1min后开始记录,每半分钟记录一次真空值,5min后开启抽汽器空气门,恢复正常。

(4)取后3min的真空下降值,求取每分钟真空下降平均值。

3. 真空严密性标准

(1)真空下降率小于0.13kPa/min(1mmHg/min)则为优。

(2)大于0.13kPa/min(1mmHg/min)小于0.27kPa/min(2mmHg/min)则为良。

(3)大于0.27kPa/min(2mmHg/min)小于0.4kPa/min(3mmHg/min)则为合格。

4. 注意事项

试验过程中应严密监视凝汽器真空下降情况,当真空下降速度过快时,应立即恢复汽轮机抽真空系统运行。

11.4　真空下降的原因及处理原则

凝汽器设备工作恶化的主要现象之一是凝汽器中的真空下降。真空下降有两种情况:急剧下降和缓慢下降。

1. 凝汽器中真空急剧下降(真空破坏)的原因

(1)冷却水泵工作失常:如由于冷却水泵或其驱动机械故障造成冷却水量不足或中断等。

(2)抽气器工作失常:如抽气器工作喷嘴处的工作蒸汽压力太低或汽量不足,造成抽气能力下降,由于工作蒸汽中的杂质造成抽气器喷嘴喉部堵塞;喷嘴安装不严密及喷嘴经过几年后造成磨损等都会造成抽气能力下降。

2. 真空缓慢下降原因

(1)真空系统与凝汽设备不严密,漏汽量增大,从而使真空下降,由真空严密性试验可确定其程度。

(2)凝汽器汽侧空间水位过高或满水会引起真空下降,这是由于凝结水泵故障,冷却管子破漏,热井水位调节阀失灵,备用凝结水泵的逆止阀损坏或不严,正常运行时误将凝结水泵的再循环阀门开大等造成的。

(3)凝汽器冷却表面积垢使真空下降。

在汽轮机运行过程中,对凝汽器真空要密切监视,一旦发现真空降落,首先要迅速查明原因,然后采取相应措施,以保证机组出力及效率。

第 12 章　疏放水系统

　　汽轮发电机组在启动、停机和变负荷工况下,蒸汽与汽轮机本体和蒸汽管道接触,蒸汽一般被冷却。当蒸汽温度低于与蒸汽压力相对应的饱和温度时,蒸汽就凝结成水。若不及时排出这些凝结水,它会积存在某些管段和汽缸中。运行中,由于蒸汽和水的密度、流速不同,管道对它们的阻力也不同,这些积水可能引起管道水冲击,轻则使管道振动,产生噪声,污染环境;重则使管道产生裂纹,甚至破裂。更为严重的是,一旦部分积水进入汽轮机,将会使动静叶片受到水冲击而损伤、断裂,使金属部件因急剧冷却而造成永久性变形,甚至导致大轴弯曲。另外汽轮机本体疏放水应考虑一定的容量,当机组跳闸时,能立即排放蒸汽,防止汽轮机超速和过热。

　　为了有效防止汽轮机发生这些恶劣的工况,必须及时地把汽缸和蒸汽管道中积存的凝结水排出,以确保机组安全运行。同时尽可能地回收合格品质的疏水,以提高机组的经济性。为此,汽轮机都设置有疏水系统,包括汽轮机的主汽门前后管道、各调节阀前后管道及这些高温高压阀门的阀杆漏汽疏水管道、抽汽管道和轴封供汽母管等。

　　疏水有直接排放至疏水扩容器后回收至凝汽器的,也有直接排放至地沟的。汽轮机疏放水主要由以下部分组成:主蒸汽管道上低位点疏水,汽轮机缸体及主汽调门、抽汽管道疏水,辅助蒸汽,除氧器加热管道疏水,轴封系统疏水以及其他辅助系统的疏放水等。

12.1　汽轮机本体疏水系统

　　汽轮机本体疏水、导气管疏水及各段抽汽电动门前疏水,通过输水管道引入本体疏水扩容器,扩容降压后,排至凝汽器。

12.2　辅助疏水系统

　　辅助疏水系统分为两个部分,启动初期疏水水质不合格时,直接排往地沟,当水质合格时,通过疏水扩容器扩容降压减温后,回收至凝汽器,保证工质回收。

12.3 疏水扩容器

疏水扩容器是将压力疏水管路中的疏水进行扩容降压,分离出蒸汽和疏水,将蒸汽引入换热器或除氧器中,充分利用其热能,而疏水则被引入疏水箱中定期送入给水系统。主要是降低压力,如果高压蒸汽直接进入凝汽器,容易引起凝汽器超压,通过它可以降低压力,避免超压,同时还有减温装置,可以降低温度。

12.4 汽轮机防进水

12.4.1 防止低加满水倒灌汽轮机

运行中防止低加满水倒灌汽轮机的注意事项:

(1)运行中低加水位增高时,应开启至凝结器危急疏水门,保持低加正常水位。

(2)运行中应保持低加水位正常,当出现低加水位异常应通过核对就地水位计、低加出口水温、就地是否有水击声音等方法确认低加是否满水,如无法监视低加水位,应退出低加汽水侧进行查漏。

(3)按规程要求定期对各段抽汽止回阀开关的灵活性进行检查,并检查开关是否到位。定期对抽汽止回阀进行解体检查,以及对各段抽汽电动门的严密性进行检查。

12.4.2 防止轴封供汽带水

运行中防止轴封供汽带水的注意事项:

(1)正常运行中应保持除氧器正常水位运行,防止满水导致轴封供汽带水进入汽封。

(2)运行中进行轴封供汽切换时应加强疏水,只有待所有管段彻底疏完水后方允许倒换轴封供汽。

(3)运行中低压轴封一般不需要投用轴封减温水,如确需投运应及时开启疏水,防止因雾化不好使轴封供汽带水。

12.4.3 防止蒸汽带水造成水冲击

运行中防止蒸汽带水造成水冲击的注意事项:

(1)汽机运行中蒸汽温度突然急剧下降50℃以上及运行规程中有明确规定的水冲击现象应按事故规程处理。

(2)机组并网及升负荷时应注意汽包水位变化,尽量避免汽包水位较高时突然加负荷,以防止蒸汽带水。

(3)机组启、停过程中要密切监视主蒸汽温度变化,注意锅炉投用主蒸汽减温水和调整汽包水位时,大幅提高给水泵转速,可能会造成蒸汽带水。

12.4.4 防止停机后汽轮机进水事故的预防措施

防止停机后汽轮机进水的措施：

（1）汽轮机打闸后应将低加进汽电动门、轴加进汽门和二抽至除氧器电动门关闭；停机后将凝结器补水门全部关严。

（2）停机后应轴封供汽调节总门，定期对相关阀门进行严密性检查。

（3）停机后严密监视低压加热器、除氧器和凝汽器水位，水位涨高时应检查水位上涨原因，并设法降低水位。

（4）停机后应严密监视汽轮机缸的温度，发现上下缸温差不正常时应查明原因，采取必要的隔离措施。

第 13 章 辅助系统

13.1 开式冷却水系统

汽轮发电机组开式冷却水系统采用水质较差、流量较大的循环水,由凝汽器循环水进水蝶阀前母管引接向空气冷却器、冷油器提供冷却水源,经各设备吸热后排至循环水排水管排入冷却塔。

每台机组共设置 2 台空气冷却器、4 台冷油器。

13.2 旁路、减温减压装置

13.2.1 旁路装置

旁路系统:主蒸汽系统设 1 套公用旁路装置,即 2 台机组配 1 套 30％锅炉容量的旁路,从主蒸汽各母管接出,旁路装置出口分别接入 2 台机组的凝汽器。

旁路装置由旁路阀(包括减温器)、电动喷水调节阀、电动喷水隔离阀等组成。

旁路装置的技术参数见表 2-13-1。

表 2-13-1 旁路装置的技术参数

	技术参数名称	单位	标准工况
高压蒸汽旁路阀	型式	—	角式、水平进下出、执行机构垂直向上布置
	入口蒸汽压力	MPa	4.1
	入口蒸汽温度	℃	405
	入口蒸汽流量	t/h	20
	出口蒸汽压力	MPa	0.6
	出口蒸汽温度	℃	140
	出口蒸汽流量	t/h	23.6
	进/出口管道设计压力	MPa	4.31/2.5
	进/出口管道设计温度	℃	410/200
	装置蒸汽进口接管规格/材料	—	$\phi89\times5$/20G
	装置蒸汽出口接管规格/材料	—	$\phi219\times6$/钢20

（续表）

技术参数名称		单位	标准工况
高压喷水调节阀	工作压力	MPa	1.2
	工作温度	℃	40
	流量	t/h	3.6
	减温水管道设计压力	MPa	2.5
	减温水管道设计温度	℃	50

13.2.2 减温减压装置

一、二级减温减压装置满足不同负荷的需要。旁路装置和一、二级减温减压装置均要先减压后减温。

减温减压装置由减温减压阀、安全阀、电动喷水调节阀、电动及手动喷水隔离阀等组成。

减温减压装置的技术参数见表 2-13-2。

表 2-13-2   减温减压装置的技术参数

序号	设备名称　　　　　参数	一级减温减压装置	二级减温减压装置
1	装置出口蒸汽流量(t/h)	11	4.5
2	一次蒸汽工作(MPa)	4.2	1.575
3	一次蒸汽工作温度(℃)	405	311.4
4	二次蒸汽工作压力(MPa)	1.575	0.853
5	二次蒸汽工作温度(℃)	311.4	250
6	减温水工作压力(MPa)	7.22	7.22
7	减温水工作温度(℃)	130	130
8	装置蒸汽进口接管规格/材料	$\phi76\times4.5/20G$	$\phi89\times3/20G$
9	装置蒸汽出口接管规格/材料	$\phi144\times4/$钢20	$\phi133\times6/$钢20
10	装置总长(mm)	2500	2500

13.2.3 汽轮机旁路系统及减温减压装置的用途

改善机组的启动性能,机组在各种工况下(冷态、温态、热态和极热态)启动时,投入旁路系统控制锅炉蒸汽温度使之与汽轮机缸金属温度较快地相匹配,从而缩短机组启动时间和减少蒸汽向空气中排放,减少汽机循环寿命损耗,实现机组最佳启动。

机组突然甩负荷时,汽轮机不允许蒸汽进入,旁路系统回收工质,减少噪音。

13.3 生活污水系统

13.3.1 系统概况和相关设备

生活污水处理设备负责处理厂区内生活污水、管道收集的厂区生活污水,使厂区生活污水处理后达到《污水综合排放标准》(GB 8978—1996)中的一级标准。

压力过滤器对二级处理完的排放达标污水继续做简单深度处理,进一步去除其中的SS、浊度、BOD$_5$、COD 和磷等有害物质,使其水质标准达到《城市污水再生利用 城市杂用水水质》(GB/T 18920—2002)中规定的绿化用水指标。当过滤器进出水压差达到设定值时,由压差变送器联锁启动反冲洗泵,进行自动反洗,也可根据调试及运行经验,定时进行反冲洗,处理完毕的回用水作为反冲洗水源。污水处理达标后,由污水回用水泵升压用于厂前区绿化用水。

污水处理流程:建筑室内下水道→厂区自流污水下水道→污水调节池→污水升压泵→生活污水处理设备(曝气风机、污泥回流泵)→污水二次升压泵→压力过滤器(反冲洗水泵)→回用水池→污水回用水泵→厂前区绿化浇洒。生活污水处理设备包括生活污水调节水池中的升压泵两台,3m^3/h 生活污水处理装置(兼氧池、一级接触氧化池、二级接触氧化池、沉淀池、风机池、污泥池、消毒池、曝气风机两台、污泥提升泵两台、污水二次升压泵两台)一套,压力式过滤器(回用水深度处理)一套,污水回用水池中过滤器反冲洗水泵一台及污水回用泵两台,动力/控制箱一套。

生活污水处理设备采用二级生化处理工艺,以生物接触氧化为核心,经兼氧、接触氧化、沉淀、污泥回流和消毒等工艺流程,有效地去除生活污水中的 SS、浊度、BOD$_5$、COD、色度、总大肠杆菌群以及油脂等污染物的同时,兼有脱氮除磷的功能,使换流站生活污水达到《污水综合排放标准》中的一级标准后外排。污泥池中的污泥除部分回流后,由市政卫生部门统一抽走。

运行方式:连续运行,自动控制,主要工序无须人工操作管理。

13.3.2 生活污水处理设计参数

1. 设计进水水质

生活污水处理设备设计进水水质标准见表 2-13-3。

表 2-13-3 设计进水水质标准

悬浮物 SS	100~400mg/L
五日生化需氧量 BOD$_5$	100~300mg/L
化学需氧量 COD	200~500mg/L

（续表）

氨氮 NH_3-N	$20\sim85mg/L$
磷酸盐	$15mg/L$
油脂	$50\sim100mg/L$
pH 值	$6\sim9$

2. 设计出水水质部分指标

设计出水水质部分指标见表 2-13-4,且所有指标均需满足《污水综合排放标准》中的一级标准。

表 2-13-4　设计出水水质部分指标

悬浮物 SS	不超过 $70mg/L$
五日生化需氧量 BOD_5	不超过 $30mg/L$
化学需氧量 COD	不超过 $100mg/L$
氨氮 NH_3-N	不超过 $15mg/L$
磷酸盐	不超过 $0.5mg/L$
动植物油	不超过 $20mg/L$
色度(稀释倍数)	不超过 50
pH 值	$6\sim9$

13.3.3　生活污水处理设备

生活污水处理设备应有完善的多级工艺流程,包括沉淀池固液分离、二级接触氧化和添加氯片消毒等方式,设备尺寸应保证足够的停留时间,填料体积应保证足够的比表面积,沉淀池容积应保证足够的表面负荷,配套曝气风机出力应保证足够的曝气强度,以保证出水水质。

设备为地下式安装,下设混凝土底板基础,其结构尺寸应保证在各种工作条件下均具有足够的机械强度、刚度和稳定性。

设备应具有振动小、噪声低、效率高、异味少和更换填料方便等特点,设备本体设置一个进液口、出液口及必要的检修人孔。沉淀下的污泥排至污泥池,污泥池中设污泥回流泵,将部分污泥回流。

13.3.4　压力过滤器

压力过滤器应具有体积小、处理水量大、流速高、去污效果好、使用及维护方便和寿命长等特点,可以根据设定压差或定时自动进行反洗工作,无须专人看管、操作。

13.3.5　污水升压泵

污水升压泵的运行由池内导波雷达液位计调节，开关自动/手动控制，一用一备，高液位时主泵自动启动，低液位时主泵自动关闭，超高液位报警并联动备用泵自启动。主泵故障时，可自动转换启动备用泵。平时主/备用泵按时间自动交替运行，调试、维护时可在动力/控制箱上进行人工操作。

13.3.6　生活污水处理设备

由污水升压泵启/停信号自动联锁，同时启/停污水处理设备配套曝气风机、污泥回流泵等电动设备，污水处理设备相应投运或停运。

无论污水处理装置是否处于运行工况下，曝气风机仅运行一台，呈一用一备并联运行状态。主风机故障时，可自动转换启动备用风机，平时主/备用风机按时间自动交替运行。污水长时间断流，污水处理装置处于停止工况下，风机还能自动间歇运行。

污水二次升压泵运行由消毒池内液位浮子开关自动控制，均为一用一备并联运行，高液位时主泵自启动，低液位时主泵自动关闭，超高溢流液位报警并联动备用泵自启动。每套污水处理设备中主二次升压泵故障时，可自动转换启动备用二次升压泵，平时主/备用二次升压泵按时间交替运行。

压力过滤器由一次升压泵启停信号自动联锁启停主过滤器；当主过滤器进出水压差达到设定值时，同时利用备用过滤器的出水对主过滤器进行反冲洗。

13.3.7　污水回用泵

污水回用泵的运行由工作人员手动控制，当站内场地或道路需要冲洗时，手动打开水泵（一用一备），低液位报警时，主泵自动关闭，超高液位报警后可手动开泵，此时两台泵可同时运行。主泵故障时，可自动转换启动备用泵。平时主/备用泵按时间自动交替运行。

13.4　工业电视监视及门禁系统

13.4.1　系统简介

本系统分为六个模块，分别是人事系统、门禁系统、梯控系统、访客系统、视频系统和系统管理。

13.4.2　系统特点

系统管理模块属于公共部分，具有以下特点：
(1)强大的数据处理能力，能管理个人员的数据。
(2)建立在多级管理角色上的权限管理，保证用户数据的保密性。
(3)实时收集系统数据并反馈给管理者。

13.4.3　人事系统简介

主要包括两部分,一是人员管理,即设置系统内的主要部门和人员;二是卡管理设置,为系统内的人员发卡。

13.4.4　门禁系统简介

基于门禁管理系统,能够实现普通和高级门禁功能,通过计算机对网络门禁控制器进行管理,实现对人员进出的统一管理。设置已登记人员的开门时间及权限,即在某个时间段内,在某些门上,允许某些人员可以验证开锁。

13.4.5　梯控系统简介

通过计算机网络对网络电梯控制器进行管理。配置设备参数(如电梯刷卡间隔、电梯按键驱动时长等)、管理人员楼层权限、监控梯控事件和管理梯控时间等。设置已登记人员的电梯楼层到达权限,即在某个时间段内,在某些楼层上,允许已授权的人员可以验证通过。

13.4.6　访客系统简介

访客系统实现了证件登记、卡登记、现场抓拍照片和访客人数统计等功能,与门禁、梯控等系统高度集成,安全高效地管理来访人员。

13.4.7　视频系统简介

视频系统可以对设置了联动事件的门禁或梯控进行视频录像和图片抓拍,也可以查看录像和抓拍的图片。

13.4.8　系统管理简介

系统管理主要是分配系统用户并配置相应用户的角色;管理数据库,如备份、初始化等;设置系统参数;管理系统操作日志等。

13.5　SIS 介绍

厂级监控系统(SIS)包括实时监测、趋势分析、生产报表、性能计算、指标考核、启停统计以及超限统计等模块。

13.5.1　实时监测

1. 主页

主页(图 2-13-1)可以对全厂生产状况进行实时监视,展示机组主要参数、全厂重要参数等信息。

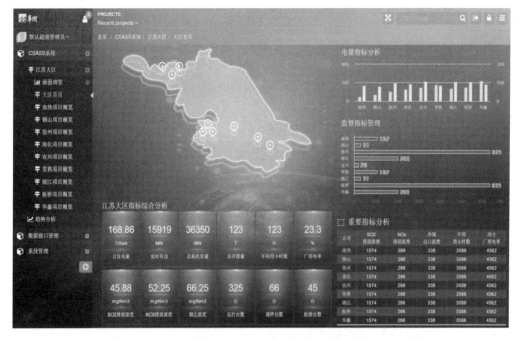

图 2-13-1　实时监测主页

2. 生产实时画面

实时数据库组态画面包括一、二号机组的机组监测、脱硫系统和其他辅网系统的组态画面,画面为矢量图,可随意放大缩小,也可全屏显示(图 2-13-2)。

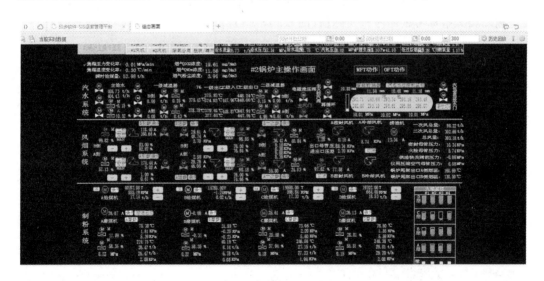

图 2-13-2　生产实时画面

3. 趋势分析

用户可通过模拟量查询趋势,实现电厂同一机组不同参数、不同机组相关参数在同一时间范围内的趋势分析,趋势可实时更新。

13.5.2 生产报表

报表主要有查询报表、浏览报表和下载报表三个展示功能。

1. 查询报表

发电量报表:可以查询每月不同班值每天的发电量(图2-13-3)。

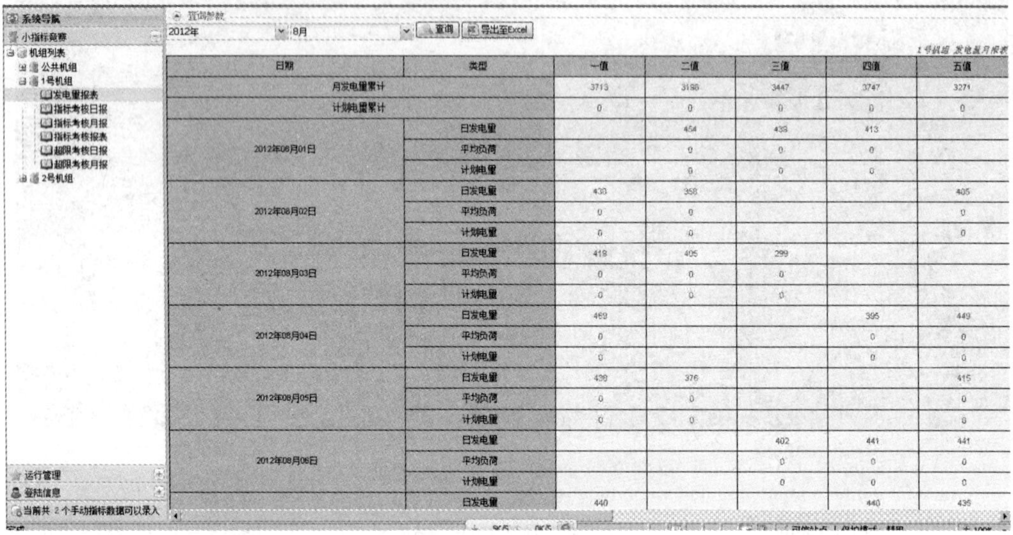

图2-13-3 报表查询界面

指标考核日报:根据小时考核的配置规则进行考核后,输出当天的所有考核数据,主要是输出当天指标考核的考核实际值(图2-13-4)。

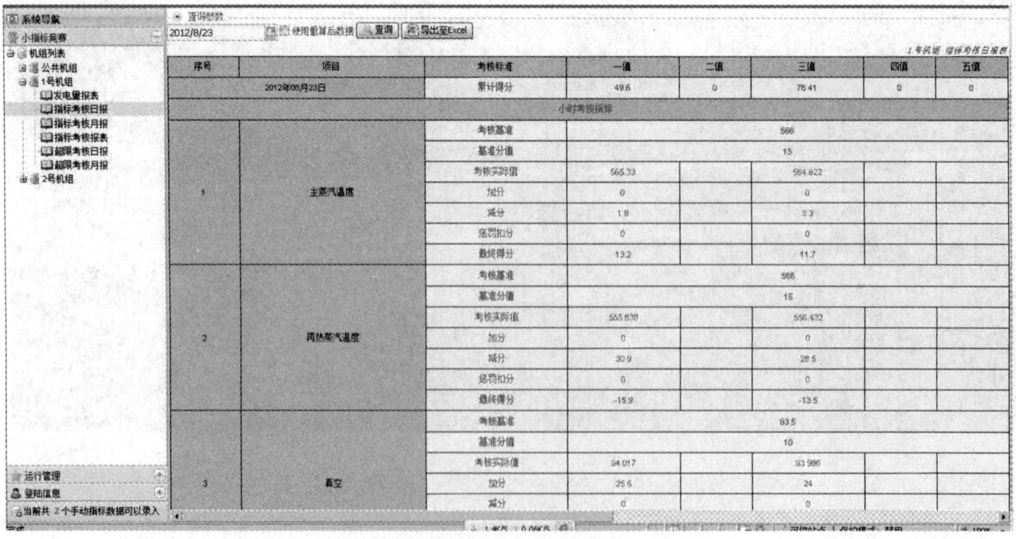

图2-13-4 指标考核日报界面

指标考核月报:会根据小时考核的配置规则进行考核,输出当天的所有考核数据,主

要是输出当月指标考核的考核基准,考核实际值、加分、减分、总得分、惩罚扣分等信息
(图2-13-5)。

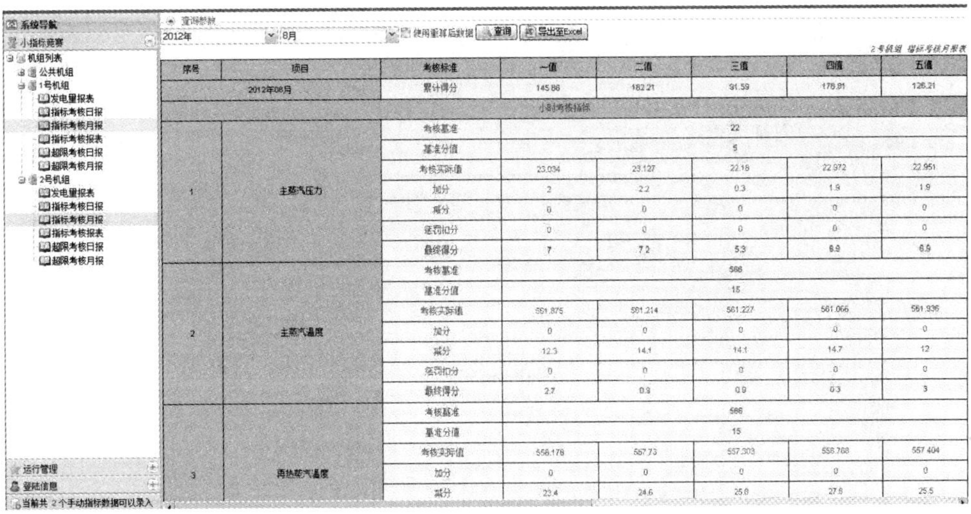

图 2-13-5　指标考核月报界面

指标考核报表:以日期为维度,列出该月所有考核指标的考核信息,更直观地对考核
记录进行查看(图 2-13-6)。

图 2-13-6　指标考核报表界面

2. 浏览报表

进入相应的报表页面,这里以"指标考核日报"为例说明,先选择需要查看的时间

,点击 查询 按钮,即可查看该时间内的报表数据(图 2-13-7)。

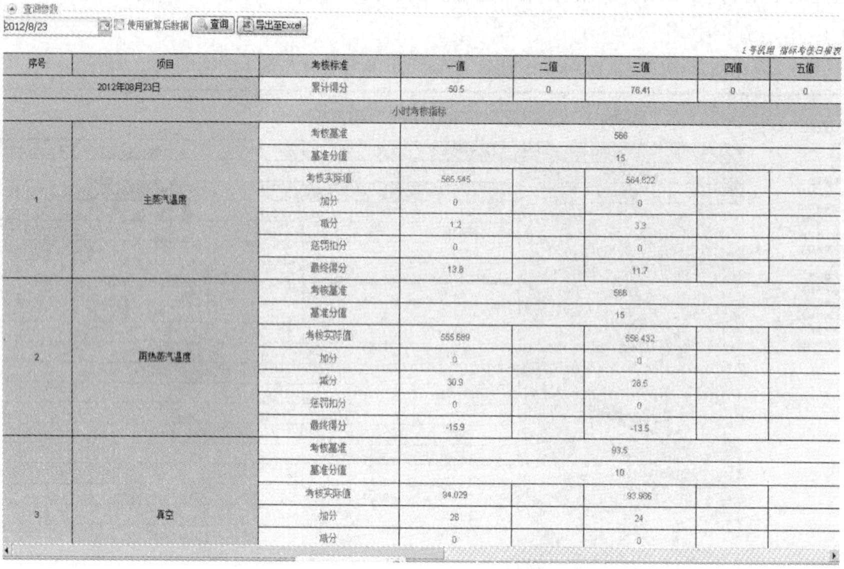

序号	项目	考核标准	一值	二值	三值	四值	五值
2012年08月23日		累计得分	50.5	0	76.41	0	0
小时考核指标							
1	主蒸汽温度	考核基准	566				
		基准分值	15				
		考核实际值	565.545		564.822		
		加分	0		0		
		减分	1.2		3.3		
		惩罚扣分	0		0		
		最终得分	13.8		11.7		
2	再热蒸汽温度	考核基准	568				
		基准分值	15				
		考核实际值	555.589		556.432		
		加分	0		0		
		减分	30.9		28.5		
		惩罚扣分	0		0		
		最终得分	-15.9		-13.5		
3	真空	考核基准	93.5				
		基准分值	10				
		考核实际值	94.029		93.966		
		加分	28		24		
		减分	0		0		

图 2-13-7　浏览报表

3. 下载报表

点击 导出至Excel ,弹出如下对话框：

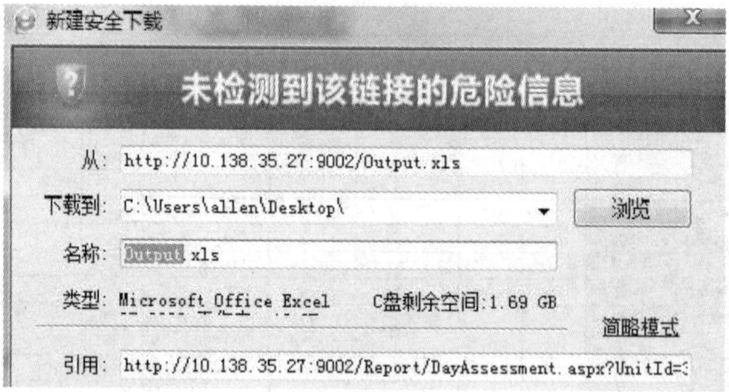

选择路径即可将报表保存到本地。

指标考核包括以下几种：

(1)指标考核日报。

(2)指标考核月报。

(3)指标考核报表。

13.5.3 性能计算

1. 前台展示

性能计算前台展示利用了画面的展示，画面在 SIS 中的“性能计算”画面中，包括性能指标监视画面、锅炉性能、锅炉效率、质量和能量平衡、汽轮机性能以及高低加抽汽性能等，如图 2-13-8 至图 2-13-10 所示，点击即可查阅。

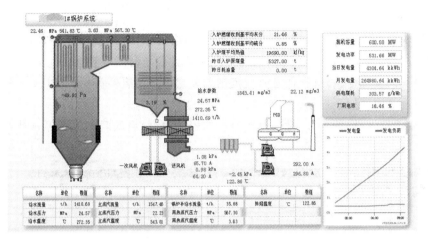

图 2-13-8　锅炉系统

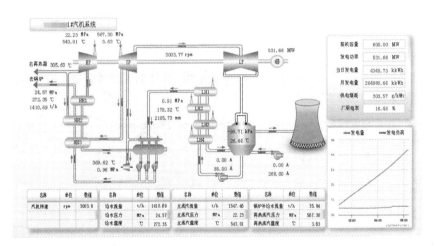

图 2-13-9　汽机系统

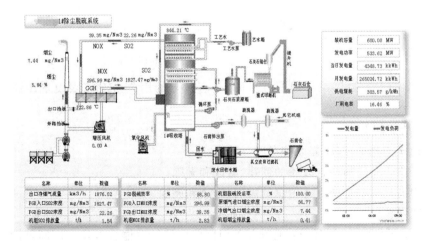

图 2-13-10　除尘脱硫系统

2. 启停统计

该模块提供以小时、日、周、月以及年等时间间隔统计并能查询任意时间范围内的各设备启停次数、启停起止时间、累计运行时间和累计停止时间等功能。

启停查询及统计：可选择任意时间范围内关键设备的启停等相关信息。

主要显示内容如下：

(1)启停查询：设备名称、设备每次停止的停用时刻、启动时刻以及停止持续时间（图2-13-11）。

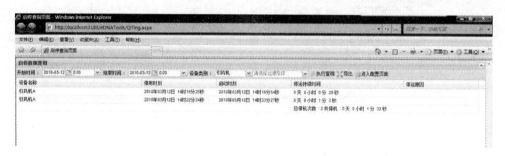

图 2-13-11　启停查询页面

(2)启停统计：设备名称、点名、累计运行时间、累计启动次数、累计停止时间以及累计停止次数（图2-13-12）。

图 2-13-12　启停统计页面

(3)启停配置：提供灵活的配置页面，具有权限的用户可对超限设备相关信息进行配置。

主要功能如下：

① 设备类别的创建、修改和删除。

② 某类设备中所包含设备的创建、修改和删除。

③ 设备启停对应测点等信息的添加、修改和删除。

3. 超限统计

该模块提供以小时、日、周、月和年等时间间隔统计并能查询任意时间范围内的越限参数、越限值、越限次数以及越限起止时间的功能。

可选择任意时间范围内关键参数的越限相关信息。

主要显示内容:参数名称、超限开始时间、超限结束时间、超限持续时间、超限类型、超限最值等。

超限配置:提供灵活的配置页面,具有权限的用户可对超限设备相关信息进行配置。

主要功能如下:

① 设备类别的创建、修改和删除。

② 某类设备中所包含设备的创建、修改和删除。

③ 设备超限对应测点的添加、修改和删除。

④ 测点上下限值的设置。

13.5.4　个人设置

个人设置包括修改个人信息设置和系统设置等。

① 个人设置:修改当前用户的密码和个人邮箱。

② 系统设置:系统公告、用户设置和日志查询。

③ 用户设置:当前账户的权限和能够管理的用户的权限进行配置。

④ 日志查询:查阅系统中用户更改的一些信息。

⑤ 填报系统:负责整理手工填报的菜单及参数,用户可以根据权限添加手工填报的菜单及相应的参数,如添加填报组、删除填报组、删除填报点、上传填报点等。

第三部分　电气专业

第1章　发电厂及电力系统

1.1　电力系统概述

由发电机、升压和降压变电所、送电线路以及用电设备有机连接起来的整体,称为电力系统。

电力系统加上发电机的原动机(如汽轮机、水轮机),原动机的力能部分(如热力锅炉、水库、原子能电站的反应堆),供热和用热设备,则称为动力系统。

电力系统中,由升压和降压变电所和各种不同电压等级的送电线路连接在一起的部分,称为电力网。

1.2　电力系统对电压的规定

所谓额定电压,就是某一用电设备(电动机、电灯等)、发电机和变压器等长期正常运行时的最佳电压。

我国规定了电力设备的统一电压等级标准。电力网中各点的电压是不同的,其变化情况如图 3-1-1。

设供电给电力网的发电机 G 是在电压 U_1 下运行的,由于线路中有电压降落,对于由发电机直接配电的部分,线路始端电压 U_1 大于末端电压 U_2。为便于讨论,设直线 U_1U_2(实际应为折线)代表电压的变化规律,受电器 1~4 将受到不同的电压。而受电器是按标准化生产的,不可能按照图示各点的不同电压来制造电器,而且电力网中各点的电压也并不是恒定的。为了使所有受电器的实际端电压与它的额定电压之差最小,显然应该采取一个中间值,

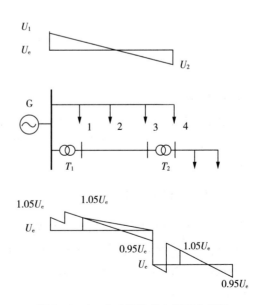

图 3-1-1　电力网各点电压变化情况

即取 $U_e = (U_1 + U_2)/2$ 来作为受电器的额定电压。该电压也就规定为电力网的额定电压。

如果认为用电设备一般允许电压偏移±5%，而沿线的电压降一般为10%，这就要求线路始端电压为额定值的105%，以使其末端电压不低于额定值的95%。发电机接于线路始端，因此发电机的额定电压取为电力网额定电压的105%。

接到电力网始端即发电机电压母线的变压器（如 T_1），由于发电机电压一般比电力网额定电压高5%，而且发电机至该变压器间的连线压降较小，为使变压器一次绕组电压与发电机额定电压相配合，可以采用高出电力网额定电压5%的电压作为该变压器一次绕组的额定电压。

接到电力网受电端的变压器（如 T_2），其一次绕组可以当作受电器看待，因而其额定电压取与受电器的额定电压即电力网额定电压相等。

变压器二次绕组的额定电压是指变压器空载情况下的额定电压。当变压器带负载运行时，其一次绕组、二次绕组均有电压降，二次绕组的端电压将低于其额定电压，如按变压器满载时一次绕组、二次绕组压降为5%考虑，为使满载时二次绕组端电压仍高出电力网额定电压5%，则必须选变压器二次绕组（如 T_1、T_2）的额定电压比电力网额定电压高出10%。

当电力网受端变压器供电的线路很短时，如排灌站专用变压器，其线路压降很小，也可采用高出电力网额定电压加上5%（如 3.15kV、6.3kV、10.5kV），作为该变压器二次绕组的额定电压。

由于电力网中各点电压是不同的，而且随着负荷及运行方式的变化，电力网各点的电压也要变化，为了保证电力网各点的电压在各种情况下均符合要求，变压器均有用以改变变压比的若干分接头的绕组（一般为高、中压绕组）。适当地选择变压器的分接头，可调整变压器的出口电压，使用电设备处的电压能够接近它的额定值。

1.3　中性点运行方式

电力系统中性点接地方式有两大类：一类是中性点直接接地或经过低阻抗接地，称为大接地电流系统；另一类是中性点不接地，经消弧线圈或高阻抗接地，称为小接地电流系统。其中采用最广泛的是中性点不接地、中性点经消弧线圈接地和中性点直接接地三种方式。

1.3.1　中性点不接地系统

当中性点不接地的系统中发生一相接地时，接在相间电压上的受电器的供电并未遭到破坏，它们可以继续运行，但是这种电网长期在一相接地的状态下运行，也是不能允许的，因为这时非故障相电压升高，绝缘薄弱点很可能被击穿，从而引起两相接地短路，将严重地损坏电气设备。

所以，在中性点不接地电网中，必须设专门的监察装置，以便使运行人员及时地发现一相接地故障,从而切除电网中的故障部分。

在中性点不接地系统中,当接地的电容电流较大时,在接地处引起的电弧就很难自行熄灭。在接地处还可能出现所谓的间歇性电弧,即周期地熄灭与重燃的电弧。由于电网是一个具有电感和电容的振荡回路,间歇电弧将引起相对地的过电压,其数值可达 $2.5U_x \sim 3U_x$。这种过电压会传输到与接地点有直接电连接的整个电网上,更容易引起另一相对地击穿,而形成两相接地短路。

在电压为 $3 \sim 10\mathrm{kV}$ 的电力系统中,一相接地时的电容电流不允许大于 $30\mathrm{A}$,否则电弧不能自行熄灭。在 $20 \sim 60\mathrm{kV}$ 电压级的电力系统中,间歇电弧所引起的过电压,数值更大,对于设备绝缘更为危险,电弧更难自行熄灭。因此,在这些电网中,规定一相接地电流不得大于 $10\mathrm{A}$。

1.3.2　中性点经消弧线圈接地系统

当一相接地电容电流超过了上述的允许值时,可以用中性点经消弧线圈接地的方法来解决,该系统即称为中性点经消弧线圈接地系统。

消弧线圈主要由带气隙的铁芯和套在铁芯上的绕组组成,它们被放在充满变压器油的油箱内。绕组的电阻很小,电抗很大。消弧线圈的电感,可用改变接入绕组的匝数加以调节。在正常的运行状态下,由于系统中性点的电压三相不对称,数值很小,所以通过消弧线圈的电流也很小。采用过补偿方式,即使系统的电容电流突然减少(如某回线路被切除),也不会引起谐振,而是离谐振点更远。

在中性点经消弧线圈接地的系统中,一相接地和中性点不接地系统一样,故障相对地电压为零,非故障相对地电压升高至 $\sqrt{3}$ 倍,三相线电压仍然保持对称和大小不变,所以,也允许暂时运行,但不得超过两小时,消弧线圈的作用对瞬时性接地系统故障尤为重要,因为它使接地处的电流大大减小,电弧可能自动熄灭。接地电流小,还可减轻对附近弱点线路的影响。

在中性点经消弧线圈接地的系统中,各相对地绝缘和中性点不接地系统一样,也必须按线电压设计。

1.3.3　中性点直接接地系统

中性点的电位在电网的任何工作状态下均保持为零。在这种系统中,当发生一相接地时,这一相直接经过接地点和接地的中性点短路,一相接地短路电流的数值最大,因而应使继电保护立即动作,将故障部分切除。

中性点直接接地或经过电抗器接地系统,在发生一相接地故障时,故障的送电线被切断,因而使用户的供电中断。运行经验表明,在 $1000\mathrm{V}$ 以上的电网中,大多数的一相接地故障,尤其是架空送电线路的一相接地故障,大都具有瞬时的性质,在故障部分切除以后,接地处的绝缘可能迅速恢复,而送电线可以立即恢复工作。目前在中性点直接接地的电网内,为了提高供电可靠性,均装设自动重合闸装置,在系统一相接地线路切除后,立即自动重合,再试送一次,如为瞬时故障,送电即可恢复。

　　中性点直接接地的主要优点是它在发生一相接地故障时,非故障相对地电压不会增高,因而各相对地绝缘即可按相对地电压考虑。电网的电压愈高,经济效果愈大;而且在中性点不接地或经消弧线圈接地的系统中,单相接地电流往往比正常负荷电流小得多,因而要实现有选择性的接地保护就比较困难,但在中性点直接接地系统中,实现就比较容易,由于接地电流较大,继电保护一般都能迅速而准确地切除故障线路,且保护装置简单,工作可靠。

　　目前我国电力系统中性点的运行方式大体如下:

　　(1)对于 110kV 及以上的系统,主要考虑降低设备绝缘水平,简化继电保护装置,一般均采用中性点直接接地的方式。并采用送电线路全线架设避雷线和装设自动重合闸装置等措施,以提高供电可靠性。

　　(2)20～60kV 的系统,是一种中间情况,一般一相接地时的电容电流不是很大,网络不是很复杂,设备绝缘水平的提高或降低对于造价影响也不是很显著,所以一般均采用中性点经消弧线圈接地方式。

　　(3)对于 6～10kV 系统,由于设备绝缘水平按线电压考虑对于设备造价影响不大,为了提高供电可靠性,一般均采用中性点不接地或经消弧线圈接地的方式。

　　(4)1kV 以下的电网的中性点采用不接地方式运行。但电压为 380/220V 的系统,采用三相五线制,零线是为了取得相电压,地线是为了安全。

第2章 电力系统电气设备

2.1 系统运行方式

在发电厂中,由各种一次电气设备及其连接线所组成的输送和分配电能的电路,称为变电站的电气一次回路。电气一次回路中电气设备根据它们的作用,按照连接顺序,用规定的文字和符号绘成的图形称为电气主接线图,下面以海口环保电能为例进行说明。

2.1.1 主系统的正常运行方式

35kV Ⅰ段、Ⅱ段并列运行,经 35kV 垃圾发电厂 AB 厂 Ⅰ线开关 3511 向 35kV 垃圾发电厂 AB 厂 Ⅰ线供电至澄迈县供电局老城变电站,或经 35kV 垃圾发电厂 A 厂 Ⅱ线开关 3522 向 35kV 垃圾发电厂 A 厂 Ⅱ线供电至澄迈县供电局老城变电站。

35kV Ⅲ段、Ⅳ段并列运行,经 35kV 垃圾发电厂 AB 厂 Ⅰ线开关 3533 向 35kV 垃圾发电厂 AB 厂 Ⅰ线供电至澄迈县供电局老城变电站,或经 35kV 垃圾发电厂 B 厂 Ⅱ线开关 3544 向 35kV 垃圾发电厂 B 厂 Ⅱ线供电至澄迈县供电局马村变电站。

注:根据澄迈县供电局要求,35kV 垃圾发电厂 AB 厂 Ⅰ线、35kV 垃圾发电厂 A 厂 Ⅱ线、35kV 垃圾发电厂 B 厂 Ⅱ线中,单一线路输送功率应低于 3.6MW。

2.1.2 10kV 系统运行方式

♯1 发电机经出口开关 1010 向 10kV Ⅰ段供电;♯2 发电机经 1 出口开关 1020 向 10kV Ⅱ段供电;♯3 发电机经出口开关 1030 向 10kV Ⅲ段供电;♯4 发电机经出口开关 1040 向 10kV Ⅳ段供电;10kV Ⅰ段、Ⅱ段、Ⅲ段、Ⅳ段分段运行;10kV Ⅰ段经♯1 主变升压至 35kV,向 35kV Ⅰ段供电;10kV Ⅱ段经♯2 主变升压至 35kV,向 35kV Ⅲ段供电;10kV Ⅲ段经♯3 主变升压至 35kV,向 35kV Ⅲ段供电;10kV Ⅳ段经♯4 主变升压至 35kV,向 35kV Ⅳ段供电。

2.1.3 400V 常规运行方式

♯1 厂用变向 400V Ⅰ段供电;♯2 厂用变向 400V Ⅱ段供电;♯0 厂用变 400V 保安段供电;♯3 机变向 400V ♯3 机段供电;♯3 炉变向 400V ♯3 炉段供电;♯4 机变向 400V ♯4 机段供电;♯4 炉变向 400V ♯4 炉段供电;♯01 备用变向 400V 01 备用段供电;

400V Ⅰ 段、400V Ⅱ 段、400V 保安段、400V♯3 机段、400V♯3 炉段、400V♯4 机段、400V♯4 炉段、400V 01 备用段分段运行。

2.2　系统接线方式

一次系统接线采用单母分段接线方式，其特点见图 3-2-1。

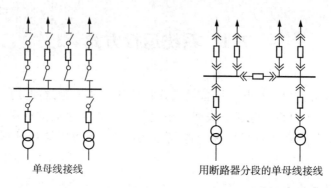

单母线接线　　　　　　　用断路器分段的单母线接线

图 3-2-1　单母线接线特点

单母线接线只有一组母线，每个电源和引出线的电路都通过断路器和隔离开关接到母线上，任一回路故障，该回路的断路器能够切除该电路，而使其他的电源和线路能继续工作。

单母线接线优点：接线简单明了，配电装置的建造费用低，运行时操作方便，便于扩建。

为了提高单母线接线的供电可靠性，海口环保用隔离开关或断路器将单母线分段，大多数情况下，分段数等于主变压器的数量，引出线在各分段上分配时，应该尽量使母线各分段的授受功率平衡。

单母线分段接线的缺点：当任一分段母线或母线隔离开关进行检修或故障时，必须将分段母线上的进线电源开关和联络开关断开，接在该段上的负荷供电中断。

第3章 发电机部分

3.1 发电机概述

以海口环保为例,项目采用4台容量为15MV·A,型号为QFW-12-2A的同步发电机,制造厂家为南京汽轮电机有限责任公司,励磁系统采用三级无刷励磁方式,冷却方式为空气冷却。发电机及其附属设备技术规范见表3-3-1。

表3-3-1 发电机及其附属设备技术规范

发电机		励磁机		永磁机	
型号	QFW-12-2A	型号	TFLW70-3000	型号	TFY2.85-3000C
额定容量	15MV·A	额定功率	70kW	额定功率	2.85kV·A
额定有功功率	12MW	额定电压	235V	额定电压	190V
额定定子电压	10.5kV	额定电流	297A	额定电流	15A
额定定子电流	825A	绝缘等级	F	绝缘等级	F(按B级考核)
额定转子电流	258A	转速	3000r/min	转速	3000r/min
相数	3	整流方式	三相桥式整流	励磁方式	永磁
定子接法	Y	接线方式	Y	相数	1
极数	2	励磁电压	34.63V	额定频率	400Hz
功率因数	0.8(滞后)	励磁电流	5.33A	功率因数	0.9
频率	50Hz	额定频率	150Hz		
额定转速	3000r/min				
绝缘等级/使用等级	F/B				
进口风温	不大于40℃				
质量	37.38t				
制造厂家	南京汽轮电机有限责任公司				

3.2 发电机的结构和分类

3.2.1 发电机的结构

发电机及其附属设备平面图见图3-3-1。

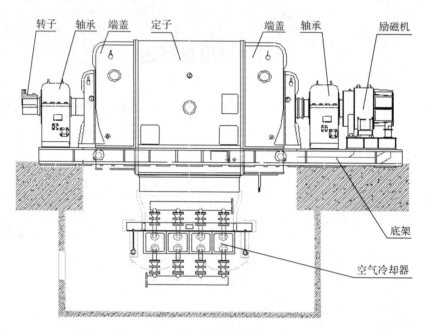

图3-3-1 发电机及其附属设备平面图

发电机通常由定子、转子、端盖及轴承等部件构成。

定子由定子铁芯、线包绕组、机座以及固定这些部分的其他结构件组成,见图3-3-2。

图3-3-2 定子示意图

转子由转子铁芯、励磁绕组、集电环、风扇及转轴等部件组成,见图 3 - 3 - 3。

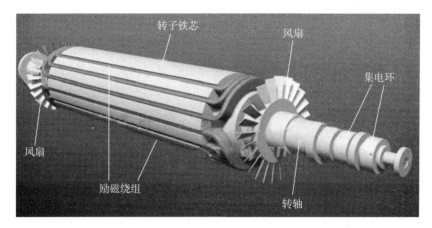

图 3 - 3 - 3　转子示意图

3.2.2　主要部件及功能

发电机的主要部件及其功能见表 3 - 3 - 2。

表 3 - 3 - 2　发电机的主要部件及功能

部件名称	功　　能
定子	生产感应电流
机座	结构支承用,构成冷却空气回路
铁芯	磁场回路
线圈	电流载体
转子锻件	线圈支承及磁场回路
线圈	产生电磁场
护环	线圈端部支承
风扇	2 只,强迫冷却空气循环
轴承	转子支承
底板及锚定装置	支承定子、轴承及其与基础的连接
空气冷却器	冷却冷却介质(空气)
主励磁机	为转子提供励磁电流
副励磁机	为主励磁机提供励磁电流
旋转整流盘	将主励磁机产生的交流电整流为直流电供转子励磁
励磁调节器	将副励磁机发出的交流电整流为直流电,直流电供给主励磁机的励磁线圈并控制输出电流的大小,间接调节发电机转子的励磁电流
接地检测用滑环	检测接地用
测温元件	检测铁芯和线卷温度

3.2.3　励磁系统

♯1、♯2发电机励磁系统由一台主励磁机和一台副励磁机组成,主励磁机采用一台三相交流无刷励磁机,副励磁机采用一台单相交流永磁发电机。主励磁机是一台三相同步发电机,其磁场静止、电枢旋转,电枢输出的三相交流电经同轴旋转的三相旋转整流装置整流为直流,通入发电机磁场绕组,供给发电机励磁,因它取消了电刷和滑环所以称为无刷励磁机。副励磁机是一台单相同步永磁发电机,磁极在转子上,极身用永久磁钢制成。励磁机转轴通过联轴对轮与同步发电机连接在一起。主励磁机和副励磁机设计在同一个闭路管道通风壳内,它的进风、出风全通到励磁机底架,然后再通到同步发电机进风口处。

3.2.4　励磁系统工作原理

发电机尾部拖着永磁机和励磁机,励磁机尾部装有旋转二极管整流盘,随机组一起同步旋转。当机组转子达到3000r/min时,永磁机定子线圈产生约400Hz的交流感应电势,送入励磁装置交流输入端,励磁微机系统再根据励磁机反馈的发电机机端电压大小与内部设定值比较,由微机装置自动调节输出直流励磁电流,经励磁输出端子送入励磁机定子绕组,由电磁感应原理在励磁机转子产生交流电动势,此交流电最后被送入励磁机尾部的旋转整流盘,该整流盘共六个二极管,分别为三个一组分布于盘的两侧,整流盘输出一对直流电正负极到发电机转子内,在发电机硕大的转子线圈中就流入了直流电,由于转子是旋转的,所以该直流电产生的磁场也为旋转磁场,它切割发电机定子线圈,在定子中产生交流感应电动势,就是我们常说的发电机机端电压,也就是通俗说的发电机向外发出的电。该电压大小在未并网时可调节,幅值大小由励磁装置给予的励磁电流大小决定,但并网后电压大小受电网网压所影响,无法通过励磁调节,而此时励磁电流输出的大小只控制发电机输出的无功功率,原动机的机械功率大小才是直接影响发电机的输出有功功率。

3.3　发电机的运行、试验及维护

3.3.1　发电机正常运行监视

1. 发电机正常运行时,应根据"发电机正常运行方式"的额定参数监视及调整。

各表计应在铭牌规定的参数范围内正常变化,此时发电机可长期运行。

(1)正常运行时电压为10.5kV±0.5kV,最多不应超过额定电压的±10%。在周波不变时,当电压增加5%、电流须降5%,电压降低5%、电流可升高5%,当电压继续下降时,定子电流也不得超过额定值105%。

(2)定子电流不超过825A时三相平衡,不平衡电流差小于10%的额定电流。

(3)正常运行频率为49.5~50.5Hz,发电机额定容量不变。

(4)励磁电流不超过额定值。

(5)功率因数 0.8~0.95(滞后)可保证发电机的出力。

2. 根据电压的高低情况、有功和无功的比值与功率因数的关系调整无功。母线电压高,可适当减少无功,有功大于 12MW,可适当减少无功;有功太少,可适当增加无功,功率因数一般不大于 0.95(滞后),机组不进相运行,自动励磁经常投入,只有在其调整无效时,方可投入手动励磁,并向值长汇报。

3. 出现异常及事故时应立即做出相应处理。

4. 按照运行日志规定每小时正确抄表一次,并应将运行情况及出现的问题做好记录。

5. 发电机满负荷时,轴承振动不超过 0.03mm,轴向窜动不超过 0.3mm。

6. 发电机主要部件不允许超过温升限度。

7. 发电机及其附属设备的外部检查,每班每两小时一次。

3.3.2 发电机主要项目检查

1. 检查发电机有无不正常的音响和异常的振动,各部温度正常范围内,冷却通风系统是否良好。

2. 转子测量电压碳刷及大轴接地电刷应接触严密,无破裂现象。

3. 通过发电机端盖上的窥视窗检查定子绕组端部有无异常的振动,绝缘有无损伤、发热变色等现象。

4. 发电机外壳保持清洁,外壳有无漏风现象,各部螺丝应紧固。

3.3.3 发电机的异常现象和事故处理

1. 发电机过负荷

在正常情况下,发电机禁止过负荷运行,只有在事故状态下,才允许发电机定子绕组短时间内过负荷运行,同时允许转子绕组有相应的过负荷,其过负荷倍数及允许运行的时间可参考表 3-3-3。

表 3-3-3 过负荷倍数及允许运行的时间参考表

过负荷电流/额定电流(倍)	1.10	1.12	1.15	1.25	1.3	1.4	1.5
允许运行时间(min)	60	30	15	5	4	3	2

发电机定子电流超过允许值运行时,应检查发电机的温度、电压和功率因数。当发电机定子电流的数值和时间超过上述规定时,应减小励磁电流,使发电机的定子电流下降到允许值以内,但不得使功率因数提高到 0.95 以上,如果不能使发电机定子电流降到允许值,则必须降低发电机的有功负荷。

在额定负荷运行时,发电机各相电流之差不得超过额定电流的 10%,同时任何一相电流不得大于额定值。

2. 10.5kV 系统单相接地故障

(1)现象

① 接地光字牌亮,警铃响。

② 绝缘监视电压三相显示不平衡,其中一相电压降低或等于零,另外两相电压升高或接近线电压。

(2)处理

① 检查是否启动高压电机,若启动令其停下,查看故障是否消除。

② 检查厂内 10kV 系统及附属高压设备、发电机出线有无放电痕迹,有无接地物或弧光,检查、处理过程中必须穿绝缘鞋,戴绝缘手套,使用绝缘杆。

③ 倒换厂用变压器,查看故障是否消除。

④ 单机组运行时倒换主变压器运行方式,查看接地是否消失。

⑤ 发电机不允许单相接地运行,如发现单相接地时,应立即报告值长和调度员,要求查明原因,尽快消除,如接地点在发电机内部,则采取措施,迅速降低负荷,停机消除。

⑥ 10kV 系统在一点接地的情况下运行时间不超过 2h。

3. 发电机温度超过允许值

(1)现象

发电机某一部分温度超过允许值。

(2)处理

① 迅速检查空气冷却系统,滤水器是否堵塞,发电机两端盖是否漏风,空气冷却器水量是否充足,滤网是否堵塞,发电机定子三相电流是否平衡,励磁电流是否超过允许值。

② 适当减低发电机的励磁电流,但不得使功率因数提高到 0.95(滞后)以上。

③ 经上述处理无效,降低有功负荷直到温度降到许可值为止。

3.3.4 发电机振荡

1. 发电机同步振荡现象

(1)定子电压表、电流表、有功表、无功表、母线电压表指示有节奏地摆动,通常电压降低,电流升高。

(2)频率表指示升高或降低,并略有摆动。

(3)转子电流表指示也有节奏地在正常值附近摆动。

(4)发电机发出有节奏的呜呜声,并与表计摆动合拍。

(5)发电机保护无动作。

(6)振荡周期稳定清晰。

(7)母线电压保持较高水平,一般不低于 80%。

2. 发电机异步振荡现象

(1)定子电压表、电流表、有功表、无功表、母线电压表指示摆动频率较高,且抖动剧烈。

(2)通常电压降低,电流升高。

(3)频率表指示升高或降低,摆动频率较高。

(4)振荡周期不清晰。

(5)发电机发出不正常且有节奏的呜呜声与表计摆动合拍。

(6)发电机有保护动作。

(7)母线电压变化很大。

3.3.5　发电机振荡处理

1. 发电机同步振荡处理

(1)当发电机出现同步振荡时,应立即查看发电机励磁回路各仪表指示。

(2)若振荡是由于发电机非同期并列或失磁引起,应立即将发电机解列。

(3)若振荡是由于发电机励磁调节器有异常引起,应立即将发电机故障励磁调节器切至备用励磁调节器运行。

(4)若振荡是由于汽轮机调速器有异常,应立即消除调速器的故障。如一时无法消除,则应立即停机将发电机解列。

(5)若因系统故障而引起发电机振荡,在手动励磁运行时,应尽可能增加励磁电流提高电压。在自动励磁投入运行时,严禁将励磁调节器切至手动励磁方式。

(6)按值长的指令增加或降低有功负荷,使振荡消失,但不能使频率低于频率保护动作值。

2. 发电机异步振荡处理

(1)汇报值长,并听候调度指令。

(2)当发电机出现异步振荡时,应不待调度的指令,立即增加发电机的励磁电流,提高无功出力。

(3)当发电机出现异步振荡时,若发现频率降低,应不待调度指令,增加机组的有功出力至最大值,直至振荡消除。

(4)当发电机出现异步振荡时,若发现频率升高,应不待调度指令,减少机组有功出力以降低频率,但不得使频率低于 49.5Hz,同时应保证厂用电的正常供电。

(5)若由于机组失磁而引起系统振荡,可不待调度指令,立即将失磁机组解列。

(6)系统发生振荡时,未得到值长的允许,不得将发电机从系统中解列(现场事故规程有规定者除外)。

3.3.6　发电机出口断路器自动跳闸

1. 现象

(1)报警器响,主断路器指示灯由红变绿。

(2)若主断路器跳闸,灭磁开关未跳,则有功、无功、定子电流表指示为零,定子电压属于正常。

(3)若保护动作,主断路器和灭磁开关同时跳闸,发电机参数显示全部为零。

2. 原因

(1)发电机发生内部故障,如定子绕组短路或接地、转子两点接地、发电机着火等。

(2)发电机发生外部故障,如发电机母线故障、开关故障或汽轮机保护联锁跳闸等。

(3)值班人员误操作。

(4)保护装置及断路器机构的误动作。

3. 处理

(1)检查自动灭磁开关是否跳开,如未跳开,应立即断开;机侧按紧急停机处理。

(2)查明是否由误操作引起。

(3)查明保护及自动装置动作情况。

(4)如果发电机是由于主保护,如纵差、转子两点接地等保护动作而跳闸时,要详细检查保护区内的一切设备,并通知有关人员检查,保护动作是否正常,应进行以下检查。

① 检查发电机的冷却空气室内是否有烟雾。

② 打开发电机外壳的窥视孔,检查有无焦味、冒烟。

③ 测量定子绕组和转子绕组的绝缘电阻。

④ 检查发电机的电流互感器,电缆和隔离开关。

⑤ 打开发电机端盖,检查定子绕组情况。

如上述检查未发现任何故障现象时,可将发电机重新升压,如在升压过程中,未发生异常现象,即可将发电机并入电网,否则应立即停机处理。

(5)如果发电机是由于后备保护,如复合过流等动作而跳闸,应进行外部检查,此时若发现是电力系统或发电机母线、厂用电等故障而引起后备保护动作时,则无须检查发电机内部情况,待发电机与故障隔离后,即可将发电机并入电力系统运行。

(6)如果发电机是由于汽轮机"危急保安器"动作而跳闸,此时应立即与汽轮机值班人员联系,并问清原因。若是误动作,则降低转速后,重新升速至额定值,即可将发电机并入电力系统运行。

(7)当发电机跳闸后,应迅速查明跳闸原因,确认为误跳闸后,则立即将发电机并入电力系统运行。

3.3.7 发电机的非同期并列

1. 现象

合上待并发电机断路器的瞬间,出现定子电流迅速升高,系统电压迅速下降,定子电流剧烈摆动;机组发生强烈的"嗡嗡"声,其节奏与表计显示波动合拍;系统电压表和发电机电压表指示波动不停止。

2. 原因

发电机与电力系统并列时,在没满足同期并列条件其中之一或几个同期条件同时不满足的情况下产生的。

3. 处理

发电机能拉入同期,并无显著异常响声和振动,则不需停机。若发电机组产生很大的冲击电流和强烈的振动而且不衰减时,应立即将发电机解列并停止发电机,然后打开发电机端盖,检查定子绕组端部有无变形情况,查明无受损后方可再次启动。

3.3.8 发电机的无励磁异步运行(失磁运行)

1. 现象

(1)转子电流表指示为零,或接近为零,转子电压正常。

(2)定子电流可能增加并摆动。

(3)发电机及母线电压降低并摆动。

(4)有功表指示降低并摆动。

(5)功率因数表示进相。

(6)无功表指示为负。

(7)发电机转速升高。

2．处理

(1)减少有功带基本负荷，若电压严重下降时，应立即解列。

(2)解列停机检查励磁回路。

3.3.9 系统周波降低的事故处理（发电机并网）

一般规定周波范围为 49.5～50.5Hz；当发电机并网运行时，若周波降至 48.5～49.5Hz 时，值班人员应加强监视，密切注意发电机各部位温度及振动，运行时间不超过 15min，汽轮机加大出力；当降至 46～46.5Hz 时，1～2min 不能恢复应立即解列发电机，启动柴油机保证厂用电，在这一过程中，电气人员应与系统调度联系，尽快恢复周波。

3.3.10 系统周波、电压同时降低

系统周波、电压同时降低的处理方式如下：

1．可同时采取提高周波及电压的方法，同系统调度联系，确认异常原因，按照调度要求进行调整。

2．若处理无效，电压继续下降，电流增加很大，立即解列发电机，启动柴油机保证厂用电运行，与系统调度联系，待电压恢复正常后，应申请立即将发电机与系统并列。

3.3.11 发电机着火

1．现象：从发电机机端盖上和窥视孔内以及风道中和其他地方发现有烟气、火星或焦臭味。

2．处理方式如下：

(1)立即将发电机解列，断开灭磁开关，发电机出口开关停电。

(2)通知汽轮机紧急停机，并维持低速(200～300r/min)运转。

(3)接通灭火装置(本机组采用喷水灭火，慎用)。

3.3.12 发电机轴承着火

1．现象：发电机轴承油温高，有油焦味，轴承缝内向外冒烟。

2．处理方式：立即将发电机解列，通知汽轮机紧急停机，并用二氧化碳或干粉灭火器灭火。

3.3.13 励磁机着火

(1)现象：励磁机、电柜及励磁绕组冒火，发电机的无功功率、励磁电流、电压下降。

(2)处理：立即解列发电机，断开灭磁开关，维持低速(200～300r/min)运转，用二氧化碳或干粉灭火器灭火。

3.4　柴油发电机

以海口环保为例,发电项目根据海南省电网以及孤网运行特点,海口环保配置了一台容量为 1000kV·A、额定功率为 800kW 的柴油发电机,作为保安电源。

3.4.1　柴油发电机技术规范

型号:AMG 0400CL04 DBPI;
额定功率:800kW;
额定容量:1000kV·A;
额定频率:50Hz;
额定转速:1500r/min;
功率因数:0.8;
励磁方式:无刷励磁;
启动电压:24V(DC)。

3.4.2　柴油发电机运行及维护

1. 运行维护
(1)柴油发电机严禁长时间空载运行,且空载运行的时间不得超过 5min。
(2)工作电源恢复后,必须在 5min 后发电机才能停止运行,让润滑油和冷却水带走燃烧室、轴承轴等部位的热量。
(3)定期暖机最好每星期带负荷运转 30min,使机件润滑,避免电气接点氧化。
(4)室内温度高于 25℃时,关闭加热器电源。
(5)油箱油位正常不低于 1/2 以上,且无漏油,油质清洁。
(6)冷却水量不低于水箱开口处约 10mm 位置。
(7)启动电瓶电压不低于 DC24V,不高于 DC32V。
(8)机油油位靠近油标尺的高油门且不过量。
(9)柴油发电机严禁与 380V 保安段并列运行,切换时采用"先断后合"的原则,即采用保安段瞬时失电的方法。
(10)当冷却水系统没有水或引擎正在运行时,不可启动加热器,否则会造成损害。
(11)在打开冷却水系统的盖子前,须检查系统已冷却。
2. 柴油发电机的启动
(1)检查引擎油位正常。
(2)检查冷却水位、水温、水位指示灯正常且水循环畅通。
(3)检查油路畅通,油箱有足够的燃油,不低于油箱的 1/3。
(4)插入启动钥匙,顺时针旋转至"ON"位置启动,按下启动按钮,检查柴油发电机的电压、电流、频率、转速和水位、水温、油压等参数正常。

3. 现场控制盘停机

停机前,应先让柴油发电机组空载运行 3～5min,按下停机按钮,或逆时针旋转钥匙至"OFF"位置停机。

4. 柴油发电机的维护

(1)检查柴油发电机室通风良好,无易燃易爆物。

(2)检查柴油发电机油位正常,冷却水位、水温正常。

(3)检查发电机有无损坏、渗漏。

(4)检查皮带是否松弛或磨损。

(5)检查空气滤清器清洁。

(6)定期放出燃油箱及燃油滤清器中的水或沉积物。

(7)检查水过滤器无沉垢物。

(8)检查启动蓄电池接头无腐蚀、极板无极化现象。

(9)定期清洗冷却器前后端的散热片。

(10)定期清洗曲轴箱通风器。

(11)油箱内油质正常、无渗漏油现象。

第4章 变压器

4.1 设备概述

变压器是一种把电压、电流转变成另一种（或几种）同频率的不同电压、电流的电气设备。为保证电能运行安全、可靠、经济，发电机发出的电功率需要升高电压才能送至远方用户，而用户则需把电压再降成低压才能使用，这个任务由变压器完成。以海口环保为例主变压器采用 4 台容量为 16000kV·A，铁芯为三相三铁芯柱、冷却方式为油浸自冷的三相变压器，厂变压器采用 7 台冷却方式为风机自冷的干式变压器（表 3-4-1）。

表 3-4-1 变压器技术规范

参 数	主变压器	厂用变压器
型号	S11-16000/35	SCB11-2500/10
额定容量/(kV·A)	16000	2500
高压侧额定电压/(kV)	38.5±3×2.5%	10.5±2×2.5%
低压侧额定电压/(kV)	10.5	0.4
高/低压额定电流/(A)	239.9/879.8	137.5/3608
接线组别	YNd11	Dyn11
短路电压	7.656%/7.566%	6.42%/6.051%/6.049%
绝缘等级	—	F
冷却方式	油浸自冷	风机冷却
周波	50Hz	50Hz
空载损耗/(kW)	12.100	—
负载损耗/(kW)	68.375	—
总重/(kg)	27980	5830
制造厂	福州天宇电气公司	福州天宇电气公司
制造年月	2010 年 7 月	2010 年 8 月

4.2　油浸式变压器

4.2.1　冷却方式

油浸式电力变压器在运行中,绕组和铁芯的热量先传给油,然后通过油传给冷却介质。油浸式电力变压器的冷却方式按容量的大小可分为以下几种:

(1)自然油循环自然冷却。

(2)自然油循环风冷。

(3)强迫油循环水冷却。

(4)强迫油循环风冷却。

4.2.2　油浸式变压器应特别注意其防火安全措施

(1)油量在 2500kg 以上的油浸式变压器与油量在 600～2500kg 的充油电气设备之间,其防火间距不应小于 5m。

(2)当相邻两台油浸式变压器之间的防火间距不满足要求时,应设置防火隔墙或防火隔墙顶部加防火水幕。单相油浸式变压器之间可只设置防火隔墙或防火水幕。

(3)当厂房外墙与屋外油浸式变压器外缘的距离小于 0.8m 时,该外墙应采用防火墙。

(4)厂房外墙距油浸式变压器外缘 5m 以内时,在变压器总厚度加 3m 的水平线以下及两侧外缘各加 3m 的范围内,不应开设门窗和孔洞;在其范围以外的该防火墙上的门和固定式窗,其耐火极限不应低于 0.9 小时。

(5)油浸式变压器及其他充油电气设备单台油量在 1000kg 以上时,应设置储油坑及公共集油池。

4.3　干式变压器

相对于油式变压器,干式变压器因没有油,也就没有火灾、爆炸、污染等问题,故电气规范、规程等均不要求。干式变压器置于单独房间内,特别是新系列的产品,损耗和噪声降到了很低的水平,更为变压器与低压屏置于同一配电室内创造了条件。

4.3.1　干式变压器的防护方式

根据使用环境特征及防护要求,干式变压器可选择不同的外壳。通常选用 IP20 防护外壳,可防止直径大于 12mm 的固体异物及鼠、蛇、猫、雀等小动物进入,造成短路停电等恶性故障,为带电部分提供安全保障。若需将变压器安装在户外,则可选用 IP23 防护外壳,除具有上述 IP20 防护功能外,更可防止与垂直线成 60°角以内的水滴入。但 IP23 外壳会使变压器冷却能力下降,选用时要注意降低其运行容量。

4.3.2 干式变压器的冷却方式

干式变压器冷却方式分为自然空气冷却（AN）和强迫空气冷却（AF）。AN 时，变压器可在额定容量下长期连续运行。AF 时，变压器输出容量可提高 50%，适用于断续过负荷运行，或应急事故过负荷运行；由于过负荷时负载损耗和阻抗电压增幅较大，处于非经济运行状态，故不应使其处于长时间连续过负荷运行。

4.4 变压器工作原理

变压器的基本原理是电磁感应原理，现以单相双绕组变压器为例说明其基本工作原理（图 3-4-1）：当一次侧绕组上加上电压 $\dot{U}_1$ 时，流过电流 $\dot{I}_1$，在铁芯中就产生交变磁通 $\dot{\Phi}_{1\sigma}$，这些磁通称为主磁通，在它作用下，两侧绕组分别感应电势 $\dot{E}_1$、$\dot{E}_2$，感应电势公式为：

$$E = 4.44 f N \Phi_{\mathrm{m}}$$

式中：E——感应电势有效值；

$\quad f$——频率；

$\quad N$——匝数；

$\quad \Phi_{\mathrm{m}}$——主磁通最大值。

由于二次绕组与一次绕组匝数不同，感应电势 $\dot{E}_1$ 和 $\dot{E}_2$ 大小也不同，当略去内阻抗压降后，电压 $\dot{E}_1$ 和 $\dot{E}_2$ 大小也就不同。

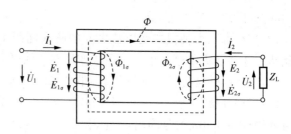

图 3-4-1 变压器工作原理图

当变压器二次侧空载时，一次侧仅流过主磁通的电流（$\dot{I}_0$），这个电流称为激磁电流。当二次侧加负载流过负载电流 $\dot{I}_2$ 时，也在铁芯中产生磁通，力图改变主磁通，但一次电压不变时，主磁通是不变的，一次侧就要流过两部分电流，一部分为激磁电流 $\dot{I}_0$，一部分为用来平衡 $\dot{I}_2$，所以这部分电流随着 $\dot{I}_2$ 变化而变化。电流乘以匝数，就是磁势。

上述的平衡作用实质上是磁势平衡作用，变压器就是通过磁势平衡作用实现了一次侧与二次侧的能量传递。

4.5 变压器的运行与维护

4.5.1 变压器投入前的检查、操作和注意事项

1. 变压器投入前的检查（新安装或大修后）

（1）检查所有紧固件连接件是否松动，并重新紧固一次（对铜螺母紧固扭矩不能过大，以免造成滑丝）。

(2)检查变压器(特别是风道内)是否有异物存在,如有过多灰尘,使用干燥压缩空气(2~5个标准大气压)吹净通风道中的灰尘,以保证空气流通和防止绝缘击穿,特别要注意变压器的绝缘子、下块垫凸台处。

(3)检查风机、温控设备和其他辅助器件能否正常运行,风机正常转向时,风从线圈底部向上吹入线圈,否则就为反转(及时变更风机电源相序),对温控、温显等其他辅助设备,要有正确可靠的接地。

(4)调压分接片应连接正确。

(5)外壳接地连接紧固无断股。

2. 变压器投入前的注意事项

(1)变压器投入运行前,应根据变压器铭牌和分接指示牌将分接片调到合适的位置。

(2)无载调压时,应根据电网电压把调压分接头的连接片按铭牌和分接指示牌上的标志接到相应位置上。

① 当输出电压偏高时,在确保变压器断电的情况下,将分接头的连接片往上接。

② 当输出电压偏低时,在确保变压器断电的情况下,将分接头的连接片往下接。

③ 在断电情况下,分接开关调试正常后方可投入运行。

(3)变压器的温控与温显调试正常后,先将变压器投入运行,后投入温控和温显。

(4)变压器应在空载时合闸投入运行,合闸涌流峰值最高可达10倍额定电流,对变压器的电流速动保护设定值应大于涌流峰值。

(5)变压器投运后,所带负荷应由轻到重,且变压器无异响,切忌盲目一次大负荷投入。

(6)变压器退出运行后,一般不需要采取其他措施即可重新投入运行,但在高温度下且变压器已发生凝露现象,那么必须经干燥处理后,变压器才能重新投入运行。

(7)新安装或更换线圈后的变压器投入运行前必须进行5次冲击合闸试验,大修后的变压器必须进行3次冲击合闸试验,同时查核在励磁涌流下继电保护装置是否动作。

3. 变压器的冲击合闸

(1)变压器的冲击合闸必须由装有保护装置的电源侧进行。

(2)变压器进行空载合闸一般不在低压侧进行,以防止励磁涌流过大造成保护误动。

(3)变压器高、低压侧都有电时,一般应采用从高压侧充电、低压侧并列的操作方法,停用时相反。

(4)当变压器为单电源,送电时应先合装有保护装置侧断路器。

4. 厂用变并列倒换操作

(1)厂用变停电时,先断开低压侧开关,后断开高压侧开关,送电时反之。

当备用变压器带有负荷时,工作变压器因故需退出运行,将其所带负荷倒至备用变运行,备用变正常过负荷数值应在规程规定范围。

(2)厂变进行切换时,必须在两台厂变高压侧并列情况下进行,测量两台变压器低压侧同相电压差不大于20V且环流不超过70A时,可以使用低压刀闸或母线分段刀闸进行并列倒换,若不满足上述条件,可转移负荷使其满足,或转移全部负荷,使用瞬时失压法进行倒换。

5. 变压器并列运行的条件

发电厂常将两台或以上变压器的一次绕组和二次绕组分别连接在同一母线上运行，这种运行方式称为变压器的并列运行，最理想的变压器并列运行状态应是在空载时，此时，并列运行各台变压器之间的循环电流为零；带负载时，各台变压器应按各自的容量成比例地合理分配负荷，使容量得到充分利用，此状态，很难达到。变压器的并列运行应该符合下列条件。

(1)接线组别相同

假设两台并列运行的变压器，其变比相等，短路电压也相等，而接线组别不同时，将会出现相当大的循环电流。因为不同接线组别的变压器，其二次空载电压相位不同，即出现了电压表。如两台变压器的接线组别分别为 Yyo 和 Yd11，并列运行时，一次侧电压相位相同，二次侧对应线电压则产生了 30° 的相位差，因而形成电压差 ΔU，在电压差 ΔU 作用下，将产生循环电流，由于变压器的绕组电阻和漏抗均相当小，故循环电流较大，严重时可能会烧坏变压器，因此，接线组别不同的变压器是不允许并列运行的。

(2)变比相同

对接线组别相同，短路电压相等而变比不同的变压器，在并列运行时，在相同一次电压作用下，二次绕组中出现电势差 ΔE，在 ΔE 作用下，二次绕组中产生循环电流 I_b，由于电磁感应的结果，在一次绕组中同样感应出循环电流 I_b，增加变压器损耗。

(3)短路电压(即短路阻抗百分数)相等

短路电压不等时，不会产生循环电流(指变比相等，接线组别相同)，但是会造成两台变压器的负荷分配不合理。虽然两台变压器并列运行，但所流过的负荷电流并不相等，因此，客观上造成了负荷不能合理分配。

另外，当额定容量不同的变压器并列运行时，即使变比、接线组别都相等，但由于容量不同，其短路阻抗也不会一样，一般来说，额定容量大的变压器其短路阻抗较大。并联运行时，容量差别越大，短路阻抗的差别也越大，这样，在一定负载情况下，小容量变压器将严重超载而无法控制，只能将其退出运行，因此，对并联运行的变压器，必须考虑其容量不能相差太大。

4.5.2　变压器运行中的监视及检查

为了保证变压器能长期安全、可靠地运行，减少不必要的停用和异常情况的发生，运行人员应经常对运行中的变压器进行定期监视和检查。

1. 变压器运行中检查

变压器在运行中应全面检查。

2. 主变压器运行中的检查项目

(1)变压器的油枕油位正常，油色透明，无渗油、漏油现象。

(2)变压器的声音正常。

(3)变压器本体及套管清洁、无破损裂纹和放电痕迹及其他异常现象。

(4)瓦斯继电器内充满油，无气体，通往油枕的阀门在打开位置。

(5)变压器的温度、温升满足运规要求。

(6)压力释放器应完好无损。

(7)引线接头、电缆、母线无过热、变色现象。

(8)各控制箱和二次端子箱应关严,无受潮。

3. 干式变压器运行中检查项目

(1)变压器保护按规定使用,内部运行声音正常,无焦味。

(2)变压器各接头紧固,无过热变色现象,导电部分无生锈、腐蚀现象,套管清洁无硬化、爬电现象。

(3)线圈及铁芯无局部过热和绝缘烧焦的气味,外部清洁,无破损,无裂纹。

(4)电缆无破损,变压器本体无杂物搭挂。

(5)线圈温度正常,变压器温控仪工作正常。

(6)变压器各开关运行状态及远方指示正确,与运行日志记录一致。

(7)变压器前后柜门均应在关闭状态。

(8)变压器室内通风设备正常,消防器材齐全。

4. 检查干式变压器时的注意事项

(1)运行中不得私自进入温控仪参数设定状态,为了避免引起变压器误跳闸,输出功能检测不允许模拟超温跳闸状态。

(2)变压器投入运行后,禁止触摸变压器本体,必须保持相应的安全距离。

5. 下列情况应对变压器进行特殊检查,增加巡视检查次数

(1)新设备或经检修、改造过的变压器在投入运行72h内。

(2)有严重缺陷时。

(3)气象突变(如雷雨、大雾、台风等)。

(4)雷雨季节,特别是雷雨后。

(5)高温季节、高峰负载期间。

(6)变压器过负荷运行时,应加强检查变压器油温和油位的变化,接头有无过热的现象。

(7)雷雨天气,应检查变压器瓷瓶、套管有无放电、闪络现象。

(8)大雾天气,应检查变压器瓷瓶、套管有无放电、闪络现象。

(9)短路后,检查各部位有无变形,变压器是否有喷油现象。

6. 重点针对性检查

运行经验表明,下列情况下的重点针对性检查是必要的:

(1)薄弱环节、易损部件重点检查。油位计、冷却系统、套管等属于这一类设备。

(2)重负荷、过负荷情况加强检查。非正常工况,应对承载大电流的部位加强检查。

(3)重视气候条件变化时所产生的运行特性和运行条件的薄弱环节。历次发生过气温突然下降时变压器油枕油位下降至瓦斯继电器以下的例子;大雾天气变压器套管闪烁放电情况。因此,在天气及自然环境变化时必须对变压器的运行情况予以足够重视。

(4)新投运设备和检修过的变压器重复检查,特别是投入运行早期,会逐步暴露其薄弱部分,例如漏油、接头发热、冷却系统故障等。

(5)频发性缺陷和已发现的缺陷应针对性跟踪监视,以便及时掌握其出现的情况。

4.5.3 变压器允许运行方式

1. 允许温度和温升

变压器运行中，对温度随时进行监视，干式变压器各部分的温升不得超过表 3-4-2 中的规定（环境温度为 30℃）。

表 3-4-2　允许温度和温升

变压器的部位		温升极限（℃）	测量方法
绕　组	F 级绝缘	100	电阻法
	H 级绝缘	125	
铁芯表面及结构零件表面		最大不得超过接触绝缘材料的允许温度	温度计法

2. 电流、电压的允许值

（1）当电压低于变压器的额定电压时，对变压器本身无危害，只是降低了变压器的出力，但当电压高于变压器的额定值时，对变压器的运行将会产生影响，过电压会使电器设备的绝缘损坏。

（2）电流、电压允许在不超过各分接头额定值的 ±5% 范围内变动，在此范围内变压器的额定容量保持不变。

（3）外加一次电压可以较高于额定值，但一般不得超过额定值的 105%。

（4）无论电压分头在何位置，若外加一次电压不超过额定值的 105%，在变压器二次侧可带额定电流。

（5）电压变动范围超过额定值时，电压升高 5%，其电流降低 5%；电压降低 5% 时，其电流升高 5%。

（6）变压器三相电流不平衡不得超过 10%，其中任何一相不得大于额定值。

3. 变压器的过负荷

变压器负荷应随时监视，使其不超过额定容量，干式变压器事故过负荷的允许值应遵照制造厂家的规定执行，无规定时，过负荷数值可参照表 3-4-3 中的规定（环境温度为 30℃）。

表 3-4-3　干式变压器过负荷能力

过负荷电流/额定电流（倍）	1.2	1.3	1.4	1.5	1.6
过负荷持续时间（min）	60	45	32	18	5

当环境温度为 20℃ 时，过负荷持续时间应是表 3-4-3 规定的 2 倍。

当环境温度为 40℃ 时，过负荷持续时间应是表 3-4-3 规定的 0.5 倍。

4. 绝缘电阻的允许值及注意事项

新安装的变压器或检修后的变压器，长期停用和备用的变压器（超过 15 天），在投入运行前，均应测定绝缘电阻，其目的是检查变压器绕组的绝缘水平。

5. 绝缘电阻的允许值

(1)在用同一等级的摇表,换算至同一温度下绝缘电阻值(MΩ)与上次所测的结果比较,若低于70%,则认为不合格。

(2)变压器低压绕组用500V摇表测量不得低于0.5MΩ,变压器绕组电压等级在500V以上的,用1000～2500V摇表测量,每千伏不得低于1MΩ。

(3)高、低压绕组对地绝缘电阻应用吸收比法测量,若$R60/R15 \geqslant 1.3$,则认为合格。

(4)对双绕组变压器,应测量一次侧对二次侧以及对地、二次侧对一次侧以及对地的绝缘电阻。

4.5.4 变压器异常现象和事故处理

1. 变压器事故处理原则

值班人员在变压器运行中发现有任何不正常的现象(如温度异常、声音异常、冷却风机异常等)应尽快排除,并报告值长。

2. 变压器出现下列情况之一时应立即停止使用

(1)变压器内部声音很大,有不正常的爆裂声。

(2)在正常负荷和冷却条件下,变压器温度不正常并不断上升。

3. 电缆接头严重过热

(1)温度超过130℃或温升超过90℃(极限温度为150℃)。

(2)变压器着火,首先断开电源,切断负荷后,迅速用专用灭火装置灭火。

4. 低压厂用变压器运行中自动跳闸

(1)检查有无明显故障,如无过流速断保护动作,备自投装置不动作,立即用备用电源强送一次。

(2)若强送未成功,立即检查400V母线,若母线有明显故障,则转移负荷,若母线无明显故障,应拉掉该变压器所有负荷,再次强送电,成功后先对重要负荷进行检查,无问题应立即送电。

(3)根据保护动作报警显示及故障现象,判明并找出故障点,报告值长,检查处理。

5. 变压器油位降低

(1)如因长期轻度漏油引起,应加补充油,并视泄漏情况,安排检修。

(2)如因大量漏油而使油位迅速下降时,必须迅速采取消除漏油措施,并立即加油。必要时需停用变压器消除缺陷。

(3)变压器油位降低,补油前禁止将重瓦斯保护改投"信号"。

(4)变压器油位须按油位曲线变化,如因温度上升而高出油位计标线时,应通知检修放油。

(5)应控制油位与当时温度相对应。

6. 变压器温度升高且超过允许值时的处理

(1)检查变压器的负荷在相同冷却条件下核对温度。

(2)核对温度计指示是否正确。

(3)检查冷却装置运行情况,并投入全部冷却器。

（4）检查外壳及散热器温度是否均匀,有无局部过热现象。

（5）若发现油温在相同负荷和冷却条件下高出10℃以上,或变压器负荷不变,但油温仍不断上升,应汇报值长,要求减小负荷或将变压器停下检查。

（6）若不能判断为温度计指示错误时,应汇报值长,并适当减小负荷致使温度降低在允许范围内。

7. 变压器发出"轻瓦斯动作"信号,应进行下列检查处理

（1）迅速检查油位、油温、油色、声音等,以查明动作原因,并加强对电流、电压的监视。

（2）如漏油使油面降低引起瓦斯继电器动作并发出信号,应立即采取措施消除,并禁止将重瓦斯保护改投"信号"位置。

（3）如外部检查未发现问题,则应收集气体进行分析,可根据表3-4-4判断故障性质。

表3-4-4　气体分析对比

气体性质	故障性质	处理方法
无色、无味、不可燃	空气侵入	放气后继续运行
黄色、不易燃	木质故障	停止运行
淡灰色、强烈臭味、可燃	绝缘材料故障	停止运行
灰色、黑色、易燃	油故障	停止运行

① 若确定信号动作是空气引起的,值班人员应放出瓦斯继电器内聚积的空气,并注意相邻两次信号动作的间隔时间,做好记录,汇报值长。

② 若确定信号动作不是空气引起,则严禁将重瓦斯改投"信号",而应取油样检查油的闪点,根据情况确定是否需要停下变压器进行检修。

8. 重瓦斯跳闸处理

（1）重瓦斯动作后,主变开关应跳闸,如未跳闸,应立即手动拉闸。

（2）除按轻瓦斯动作的有关项目检查外,还应检查相关项目,并立即通知化学取油样。

（3）防爆筒是否喷油,油位是否正常,油枕、油箱、散热器等各部件接头、焊缝是否损坏、漏油。

（4）测量变压器绝缘电阻,检查线圈是否绝缘损坏。

（5）检查是否为保护误动。

（6）经上述检查未发现异常,测绝缘及耐压、介损等实验正常后,经生产部主管批准,用高压侧对主变冲击合闸试验,正常后,可投入运行,若再次跳闸则不允许投入运行。

9. 差动保护动作后的处理

（1）检查主变开关是否跳闸。如未跳闸,应立即手动分闸。

（2）若重瓦斯同时动作,按重瓦斯跳闸处理。

（3）对差动保护范围内所有设备进行检查，是否有短路、闪络、爆炸等现象发生。

（4）外部检查无明显异常时，应检测差动范围内所有一次设备绝缘电阻，正常时可投入。

（5）检查差动保护是否误动，如经检查纯属误动，可重新投入运行。

10.　过流保护动作处理

（1）过流保护动作跳闸如伴随重瓦斯保护动作，则按重瓦斯保护动作进行处理。

（2）若母线上所带负荷线路故障拒跳而造成越级跳闸，应检查线路动作情况，切除故障线路，经检查绝缘良好，将变压器重新投入运行。

（3）如经检查无任何问题，从高压侧冲击合闸试验。

11.　变压器着火处理

（1）首先退出该变压器运行，停用冷却装置，迅速采取措施进行灭火。

（2）如油在变压器顶盖上燃烧，应从故障放油阀将油面降低。

（3）当外壳破裂燃烧时，在条件可能的情况下将油全部放到鹅卵石池内。

（4）如变压器内部故障而燃烧着火时，则不能放油，以防止重大爆炸事故发生。

（5）灭火时用干粉灭火器，必要时用干燥的沙子灭火。

4.5.5　变压器的维护

为保证变压器能正常运行，需对变压器定期维护。

（1）一般在干燥清洁的场所，每年或更长一点时间进行一次停机检查；在其他场所，如可能有灰尘和化学烟雾污染的空气进入时，每四个月进行一次检查。

（2）检查时，如发现过多的灰尘聚集，则必须清除，以保证空气流通和防止绝缘击穿，特别要清洁变压器的绝缘子、下块垫凸台处，并使用干燥压缩空气（2～5 个标准大气压）吹净通风道中的灰尘。

（3）检查紧固件，连接件是否松动，导电零件有无生锈、腐蚀的痕迹，还要观察绝缘表面有无爬电痕迹和炭化现象，必要时应采取相应的措施进行处理。

（4）变压器运行五年要进行线圈绝缘电阻、铁芯绝缘电阻的测试，以此来判断变压器能否继续运行，一般无须进行其他测试。

4.6　变压器的安全注意事项

变压器安装完毕后，应对其接地系统的可靠性进行严格地检查，其接地部分应绝对安全可靠。

变压器投入运行之后，禁止触摸变压器主体，以防事故发生。

第5章 电动机

5.1 电动机概述及技术规范

在生产过程中,需要多种机械为主要设备和辅助设备配套,这些机械总称为厂用机械,例如给水泵、引风机、送风机、一次风机、循环水泵、油泵及射水泵等。这些机械一般都由电动机带动。电动机比其他原动机可靠、经济、轻便,且启动、安装和检修较简单,易于实现操作过程自动化。若带动重要厂用机械的厂用电动机出现故障,即便在极短时间内停止工作,也都会引起出力减少,甚至被迫停炉停机,造成巨大的经济损失。

5.1.1 厂用电动机的技术参数(部分)

厂用电动机的技术参数(部分)见表3-5-1。

表3-5-1 厂用电动机技术参数表(部分)

序号	名 称	型 号	功率 (kW)	电压 (V)	电流 (A)	功率 因数	接线 方式	绝缘 等级	台数
1	引风机	YVPT500-6	630	690	647		△	F	2
2	一次风机	YVP355L1-4	280	380	560		△	F	2
3	二次风机	YVP280M-4	90	380	160		△	F	2
4	引风机冷却风机		3	380	6				2
5	炉墙冷却引风机	YVP180M-4	18.5	380	35		△	F	2
6	炉墙冷却送风机	YVP225S-4	30	380	68		△	F	2
7	空压机电机	GA110-8.5	110	380	201	0.85	△	F	3
8	液压站主油泵	280S/M-06	75	380	143			H	4
9	循环泵电机	YKK500-6	355	10000	25.6		Y	F	3
10	给水泵电机	YKK450-2	250	10000	18		Y	F	2
11	低压给水泵	YSP355M2-2	250	380	433		△	H	1
12	凝结泵电机	Y200L-2	37	380	67.9			B	4
13	疏水泵电机	Y2-160L-2	18.5	380	34.8		△	B	2
14	高压电动油泵电机	HM2-180M-2	22	380	41		△	F	2

（续表）

序号	名　　称	型　　号	功率 (kW)	电压 (V)	电流 (A)	功率 因数	接线 方式	绝缘 等级	台数
15	盘车电机	Y2－160M1－8	4	380	10.3	0.73	△	F	2
16	交流润滑油泵电机	HM2－132S1－2	5.5	380	11		△	F	2
17	直流油泵电机	Z2－41	5.5	220	31			B	2
18	消防炮泵电机	Y2－315S－4	110	380	201		△	F	2
19	冷却塔风机电机	YD280M－4/6	75/25	380	131/.750		2Y/△	F	4
20	轴抽风机电机	Y2－100L－2	3	380	6.3	0.87		F	4
21	调速油泵电机	Y112M－4	4	380	8.8		△	F	4
22	生产水泵电机	Y2－160M2－2	15	380	28.7		△	F	3
23	消防栓泵电机	Y2－250M－4	55	380	104	0.87	△	F	2
24	消防稳压泵	Y2－160L－2	18.5	380	34.8	0.8	△	F	2
25	射水箱回用水泵	Y2－132S2－2	7.5	380	14.9	0.88	△	F	2

5.1.2　异步电动机的结构

异步电动机的结构如图 3－5－1 所示。

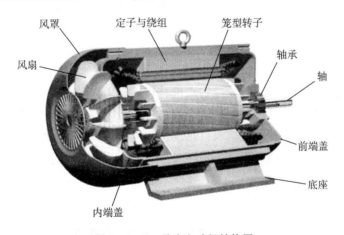

图 3－5－1　异步电动机结构图

1. 异步电动机的转差率

转差率是异步电动机特性的需要数据之一，根据异步感应电动机的工作原理，异步电动机的同步转速（定子旋转磁场转速）为 n_1，转子转速为 n_2，且 n_2 总是小于 n_1。因此 n_2 与 n_1 之间总存在着转差 Δn，将同步转速 n_1 与转子转速 n_2 之差对同步转速 n_1 之比值称为异步电动机转差率，用 S 表示，即：

$$S=\frac{n_1-n_2}{n_1} \text{ 或 } S=\frac{n_1-n_2}{n_1}\times100\%$$

当转子尚未转动时，$n_2=0$ 时，$S=\dfrac{n_1-n_2}{n_1}=1$；当转子转速接近同步转速时，$n_2\approx n_1$，此时 $S=\dfrac{n_1-n_2}{n_1}\approx0$。可见异步电动机转差率范围为 $0<S<1$。同极数的电动机，转速愈高，转差率愈小。

2. 异步电动机的启动及其启动电流

电动机从接通电源开始转动到正常运行转速为止的这一过程，称为电动机的启动过程。此过程中，电动机定子和转子绕组的电流是变化的。在电动机刚接通电源的瞬间，转子是静止的，定子产生的旋转磁场对静止的转子有着很高的相对转速，转子绕组中感应出的电动势很大，转子电流大，使启动时的定子电流大。当转差率 S 等于 1 时。转子绕组和定子绕组中流过的电流称为电动机的启动电流，一般用它与电动机的定子额定电流的倍数来表示。电动机的启动电流约为定子额定电流的 4～7 倍。

3. 电动机启动对厂用电的影响

厂用电动机的启动往往会引起厂用电供电母线电压的波动。因此，对于大容量电动机，需进行必要的启动试验。

异步鼠笼式电动机在启动过程中，其启动电流大。因此，厂用供电母线上的电压波动大，往往由于厂用变压器的选择余度不大，在大容量电动机启动过程中，使母线电压下降过多，有可能使接于同一母线上的其他辅助设备停止工作或出力降低。

为了保证厂用电源可靠供电和维持一定的电压水平，厂用电动机的启动往往采用重要和不重要电动机分批启动方式。厂用电动机的启动不仅要考虑到机组的启动成功与否，还要考虑到它对整个厂用电系统供电的影响。

4. 电动机启动时的发热

异步鼠笼式电动机在启动过程中出现很大的启动电流，并伴随有很大的电能损耗，使绕组发热而温度升高，因此，当缺乏电动机允许飞轮力矩数据时，需要校验启动时定子绕组和转子异条的温升。根据异步鼠笼式电动机的运行经验，电动机损坏往往是由于启动电流和不合理的频繁启动致使绕组过热所引起的。因此，大容量电动机（如给水泵、引风机、送风机等）一般需要在正常条件下做启动试验，以作为电动机正常运行方式时的参考。

5.2　电动机的运行及维护

5.2.1　电动机的启动及检查

1. 电动机启动前的检查

(1)电动机周围清洁，无杂物，无漏水、漏汽，且无人工作。

(2)电动机及其控制箱应无异常现象，外壳接地应完好，电动机接线牢固。

(3)机械部分应完好，旋转外露部分应装有装置完善的防护罩。

（4）如电动机停运的天数超过规定时间或受潮时,应由值班人员测量其绝缘电阻是否合格。

（5）电动机底座螺栓应牢固不松动,轴承油的油位和油色正常。

（6）如有可能时,盘动电动机机械部分,应无卡住、摩擦现象。

（7）检查传动装置应正常,例如传动皮带不应过紧或过松且不断裂,联轴器安装良好等。

（8）检查电动机有关各部测温元件的显示或指示正常。

（9）检查冷却器装置良好,水冷却器水源应投入,且无漏水现象,压力流量正常。

上述检查内容应按现场规定的分工由专责人员负责。

2. 电动机的启动

对大、中容量的电动机,启动前应通知值长和有关值班员,并采取必要的措施以保证电动机能顺利启动。

电动机的启动电流很大,但随着电动机转速的上升,在一定时间内,电流表指示应逐渐返回到额定值以下,如果在预定时间（对各种机械有不同的启动时间,各岗位应了解其数据）内不能回到额定电流以下,应立即停运电动机,并通知有关部门检查原因,否则不允许再次启动。

电动机启动时,应监视从启动到升速的全过程直至转速正常,如启动过程中发生振动、异常声响、着火等情况,应立即停运。

对新投入运行的或检修后初次启动的电动机,应注意其旋转方向必须与设备上标定的方向一致,否则应停止后纠正。

3. 电动机启动次数

电动机应避免频繁启动或尽量减少启动次数。大的启动电流将对电机产生很大的影响,特别是频繁启动将会使电动机经常流过较大的电流而造成热量积累,可能使电动机的绝缘因过热而老化,缩短使用寿命。另外,也将使供电线路产生较大的线路压降而影响负载的电压,特别是大功率电动机,电压下降更为明显。电动机的转矩与电压平方成正比,如果电压下降严重,不仅使该台电动机启动困难,而且将使线路或者所接电源上的其他电动机因电压过低而转矩减小,影响了电动机的出力,甚至不能启动。为此,对各类电动机的启动次数都有明显的规定:

正常情况下,鼠笼式电动机的启动次数应遵照制造厂的规定执行,无规定时,一般允许在冷态下启动两次,每次间隔不少于 5min,允许在热态下启动一次,大容量电动机的启动间隔不得少于 0.5~1h。

在事故处理及电动机的启动时间不超过 3s 时,允许在比正常情况下多启动一次。

这里指的冷态和热态,是指电动机本身热量与周围空气温度相比较而言,所谓冷态,是指电动机任何部分的温度与周围空气温度之差不超过 3℃ 的状态;热态则是指电动机停机后热量尚未散走时的状态,为了便于掌握和记忆,现场一般对冷态的规定为停止运行 4h 后,热态则是指电动机在运行状态或是在刚刚停止运行后。

对电动机启动次数的限制,是考虑到频繁启动时,原来的热量还来不及散发,而下一次启动时的启动电流将在电动机原有温升的基础上再次产生热量,对绕组的威胁比冷态下更为严重,因为绕组的绝缘损坏不仅与温度高低有关,还与温度作用的时间有关,作用的时间越长,影响也越大。另外,启动电流大的电动机对绕组特别是端部绕组的威胁也不能忽视。

对于绕线式转子的电动机,由于转子回路内增加了电阻,改善了启动特性,使启动电流减小,对启动次数没有专门规定。

5.2.2　电动机运行中的监视

电动机运行中的外部检查过程应由巡检值班员负责,当值班员在检查过程中发现电动机运行不正常时,应立即通知值长改变其运行方式;仅当发生必须立即停运的故障时,才可先停止电动机的运行,但应尽快通知值长。

1. 运行中电动机的检查项目

(1)监视电动机电流不超过额定值。

(2)电动机各部温升不超过规定值,测温装置完好。

(3)电动机及其轴承的声音正常,无异常气味。

(4)电动机的振动、窜动不应超过规定值。

(5)轴承润滑情况良好,不缺油,不甩油,油位、油色正常,强制油系统工作正常。

(6)电动机冷却系统包括冷却水系统正常。

(7)电动机周围清洁,无杂物,无漏水、漏汽现象。

(8)电动机各护罩、接线盒、控制箱等无异常现象。

2. 电动机绝缘电阻允许值

新安装的电动机或大修后的电动机在投入运行前或停运时间较长的电动机启动前,均应由值班员测量其绝缘电阻,测量电阻时根据设备的电压等级选用摇表的电压等级。

电动机绝缘电阻值的标准:在热状态(75℃)条件下,高压电动机每千伏工作电压定子的绝缘电阻值不低于 $1M\Omega$,对低压电动机及绕组式电动机的转子差不低于 $0.5M\Omega$,电动机绝缘电阻测量后的数值应登记在专用记录簿上。

3. 电动机对电压及频率的允许变化范围

电动机的电磁转矩与外加电源电压的平方成正比,因此,电动机外加电压的变化直接影响电动机的转矩,若电源电压稍有降低,电动机转矩将会变小,通常由于机械负荷不变,将使电动机转速下降,引起电动机负载电流增大,但由于空载电流随电压的降低而减小,此时,由负载电流和空载电流合成的定子电流一般变化很小,通常情况下因负载电流的增加略占优势而使定子电流稍有增加。

在低电压情况下,启动力矩相应减小,从而使电动机的启动时间延长,甚至发生不能启动的情况。对于运行中的电动机,当电压大幅度下降时,可能造成停转。

当外加电压升高时,电动机的磁通增加,转矩增加,转速略有升高,但外加电压增加较多时,由于磁路饱和,激磁电流急剧上升,使铁芯严重发热,影响电动机的绝缘。因此,规定频率为额定值时,电动机电压在 $-5\%\sim+10\%$ 额定电压范围内变化时,其额定出力不变。

另外,还应该注意保持外加三相电压的平衡。在三相电压不平衡的情况下,三相电流也不平衡,导致电动机的温升增加和电磁力矩减小。这是因为负序电流将产生的负序磁场对电动机转子产生了制动作用,电动机从电网得到的功率变成了损耗,形成了额外发热。三相电压不平衡时还会产生振动和噪音,所以,电动机应在三相电源电压基本平衡的状态下工作,为此,规定了三相电流电压的不平衡或不对称度不得超过5％,即:

$$\frac{U_X-U_P}{U_P}\times100\%\leqslant5\%$$

式中:U_X——任一相电压;

U_P——三相电压的平均值。

在电源频率发生变化时,也将对电动机产生各种影响。我国工频交流电源的额定频率为50Hz,如果供电电源的频率与额定值的偏差不超过±1％时,即电源频率为49.5～50.5Hz时,电动机可以按额定工况运行。

当频率降低时,由电势平衡公式 $E=4.44fN\Phi K$ 可知,因绕组匝数 N 和定子绕组系数 K 都是一定的,E 不变时,频率下降,磁通 Φ 将增大,因为电动机的电磁转矩 $Mdc=KM\Phi_1 I_2\cos\Phi_2$,即电动机的电磁转矩也要增加。电动机定子电流中负载电流的变化基本上与频率成正比。而空载激磁电流则与频率的变化成反比。在一般情况下,以前者为主,但如磁通 Φ_1 增大很多,则由于饱和而使空载激磁电流明显增加,可见,定子电流的变化要视频率的变化而决定。

电动机的转速随频率的降低而降低。当机械负载的出力与转速有关时,例如给水泵,则电动机的出力将因频率的降低而明显降低。

至于电动机的发热,其情况比较复杂。因为热源是绕组和铁芯,而散热主要是靠空气的对流,但这与电动机的转速有关,因此,对发热与散热应综合考虑,当频率降低时,温度的变化略有上升。

综上所述,电动机在外加电压大小不变而频率变化时,影响并不是很大,但若长期偏离额定值运行则是不适应的,在电源频率降低时,由于辅机出力下降,将会影响全厂总出力,总出力下降又会引起频率的降低,这样,会引起频率降低的恶性循环,严重的会造成系统瓦解。

5.2.3　电动机异常及事故处理

1. 电动机产生振动的原因及振动允许值

发生下列情况时可引起电动机的振动:

(1)转子不平衡,轴中心未对准,轴承损坏。

(2)电动机轴上所带的皮带轮、飞轮、齿轮等不平衡,轴承偏心。

(3)转子铁芯变形,轴承弯曲。

(4)底脚固定螺栓松动或电动机安装不符合规定要求。

(5)三相电动机缺运行或个别线圈断线。

当电动机振动超过标准时,应立即停电,检查其原因并进行消除。否则,可能损坏设备,甚至烧毁电动机。

电动机的允许振动规定见表3-5-2。

表3-5-2 电动机的允许振动规定

转速(r/min)	3000	1500	1000	750
振动标准(μm)	60	100	130	160

电动机运行中可能发生的故障种类很多,原因也较复杂,不少故障的现象很相似,但产生的原因却不一样,例如,电动机三相电流不平衡,既可能是电动机本身的问题,也可能是运行过程中的问题(如电压不对称,气隙不均匀,绕组短路、断线、嵌反、接线错误等)。所以,要确定产生故障的原因,就必须了解故障的各种现象,通过分析,才能做出正确的判断,从而消除故障。

2. 电动机运行中跳闸

正在运行的电动机如果突然发出故障信号,且电流指示到零,指示信号显示开关跳闸,电动机停转等现象,说明电动机已跳闸,此时值班员应立即按下列原则和步骤进行处理。

(1)如果备用电动机自动投入,应复归信号,将各控制开关复置到对应位置。

(2)值班人员将故障电动机停电,并检查原因。

3. 电动机运行自动跳闸的原因

(1)电动机及其电气回路发生短路故障,由保护装置动作跳闸,例如,电动机因绝缘损坏而短路,因绕组过热而烧断,因外界大量水浸而短路或接地,因轴承磨损电机扭膛等。

(2)电动机所带机械严重故障,负荷急剧增大,而由过负荷或过流保护动作跳闸。

(3)电动机本身保护误动作跳闸,例如继电器故障,保护整定有误,直流系统两点接地等,此时电气系统并无冲击现象。

(4)电动机电源发生故障。如380V电动机经常因电源电压瞬间降低或消失而造成电磁铁接触器失压跳闸,或者是开关本身故障以及人为或小动物碰动开关引起,如因老鼠碰动开关机构造成跳闸或因老鼠钻入电缆接线盒造成短路而跳闸。

(5)电动机两相运行,如电源熔断器熔断一相,电源缺相,电缆断线,开关一相接地接触不良等。

运行中电动机自动跳闸后,例如,当检查发现跳闸原因为熔断器熔断一相或热断电器保护动作时,不应单纯地进行熔断器更换或复归热断电器后便要求重新启动,而应先检查、分析发生这些情况的原因,如测量电动机绝缘电阻、检查机械部分是否有异物卡住、检查所带负荷是否过重等,情况正常后方可重新启动,如重新启动后,又出现相同原因的跳闸时,则应通知检修试验人员处理。

另外,对热继电器的整定值,运行人员不得改动,必须由专业人员通过专用设备校准后才能改变,并履行相应变更手续,以免由于整定值太大而烧坏电动机。

4. 电动机运行中声音异常

(1)机械方面的原因

① 电动机风叶损坏或紧固风叶的螺栓松动,造成风叶与端差相碰,它所产生的声音随着碰击的轻重时大时小。

② 由于轴承磨损或中心不正,造成电动机转子偏心,严重时可能使定子转子相擦,使电动机产生振动和不均匀的碰擦声。

③ 电动机基础不牢或长期使用致使底脚螺栓松动,因而在电磁转矩作用下产生不正常的振动声。

④ 电动机轴承内缺少润滑油形成干磨运行或轴承内钢珠损坏,因而在电动机轴承座内发生异常的"咝咝"声或不规则的"嚓嚓"声。

(2)电磁方面的原因

① 电动机负载运行时,转速明显下降,并发出低沉的吼声,可能是三相电流不平衡,负载过重,或者是两相运行。

② 定、转子绕组发生短路故障,或者是鼠笼式电动机转子断条,则电动机发出时高时低的"嗡嗡"声,机身伴随着轻微振动。

运行中遇到上述情况时,有条件的应投入备用机组,无备用机组的应视情况轻重分别处理,如出现振动超过规定值、明显的两相运行等情况,应立即停运电动机,性质较轻的也应及早争取停用检查处理。

5. 电动机发热

运行中的电动机如发现本体温度显著上升,且电流增大时,值班人员应迅速查找原因并进行处理。

(1)检查所带机械部分有无故障,是否有摩擦或卡住现象,如为机械原因,应迅速启用备用机组,停用故障机组。

(2)检查机械负荷是否增大,若属负荷增大,应设法减少负荷,并查明负荷增大的原因。

(3)检查电动机通风系统有无故障,如属通风不良等原因,应迅速排除。否则,应采取强制风冷措施,在使用冷却水时,要检查水温和流量是否正常,管道是否有阻塞现象,否则要减少负荷,或者启动备用机组后停运该电动机,以免电动机因过热损坏。

(4)判断是否缺相运行,属实时按前述原则处理。

(5)检查电动机各相电流及振动情况,判断内部是否发生故障,根据检查结果,必要时应停用电动机,进行检查处理。

6. 电动机起火

电动机在启动和运行中,电动机本身接线错误或电动机内部定子短路,电动机转子弯曲,转子扫膛,两相运行等,会引起电动机过热,严重的会引起电动机着火。当发现电动机在运行中起火时,应紧急停运,并隔离其电源,然后按照消防规程的规定,使用消防器材灭火。电动机为电气设备,灭火使用的消防器材可以是二氧化碳、四氯化碳、1211、干粉等类型的灭火器。

7. 电动机紧急停运规定

(1)遇有下列情况,应将电动机紧急停用并立即汇报值长:

① 发生需要立即停用电动机的人身事故时。

② 电动机所带机械损坏至危险程度不能继续运行时。

③ 电动机或其调节装置起火时。

④ 电动机发生强烈振动时。

(2)遇有下列情况时,则可先启动备用机组,然后停用故障机组,无备用时仍应停用:

① 电动机有不正常声音或者绝缘烧焦气味时。

② 电动机内或启动调节装置内出现火花或冒烟时。

③ 电动机出现不正常振动(超过规定)时。

④ 电动机轴承温度超过规定值时。

第6章　真空断路器

6.1　真空断路器概述及技术规范

　　真空断路器配置在铠装型移开式交流金属封闭开关设备(以下简称"开关柜")中。开关柜系三相交流50Hz的户内成套配套装置,具有防止误操作断路器、防止带负荷推拉手车、防止带电合接地刀闸、防止接地刀闸在接地位置送电和防止误入间隔的功能,真空断路器在柜内采用中置式布置,如图3-6-1所示。真空断路器技术规范见表3-6-1、表3-6-2,高压断路器结构如图3-6-2。

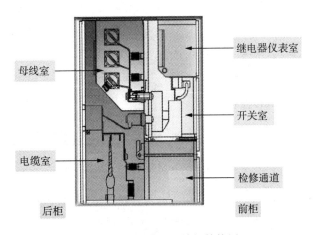

图3-6-1　开关柜结构图

表3-6-1　35kV真空断路器技术规范

序号	项　目	技术参数
1	型号	EVH1-40.5/T1250-31.5
2	额定电压	40.5kV
3	额定电流	1250A
4	额定短路开断电流	31.5kA
5	额定雷电冲击耐压	185kV

（续表）

序号	项　　目	技术参数
6	合闸装置额定电源电压	220V
7	分闸装置额定电源电压	220V
8	操作机构	弹簧储能
9	制造厂	天水长城开关厂有限公司

表 3 - 6 - 2　10kV 真空断路器技术规范

序号	项　　目	技术参数
1	型号	YDDMB - 12/D630 - 31.5
2	额定电压	12kV
3	额定电流	1250A(1030 和 1040 开关 1600A)
4	额定短路开断电流	31.5kA
5	额定短路持续时间	4s
6	额定雷电冲击耐压	75kV
7	合闸装置额定电源电压	220V
8	分闸装置额定电源电压	220V
9	操作机构	弹簧储能
10	制造厂	天水长城开关厂有限公司

极　柱
触　臂
手车框架及内置机构
梅花触头
底盘车

图 3 - 6 - 2　高压断路器结构图

6.1.1　总体结构

断路器总体结构采用操动机构和灭弧室前后布置的形式,主导电回路部分为三相落地式结构,真空灭弧室纵向安装在一个管状的绝缘筒内,绝缘筒由环氧树脂采用浇注而成,可提升爬电性能。这种结构设计大大地减小了粉尘在灭弧室表面的聚积,不仅可以防止真空灭弧室受到外部因素的损坏,而且可以确保即使在湿热及污染严重环境下也可对电压效应呈现出高阻态。断路器在合闸位置时主回路电流路径:上出线座经固定在灭弧室上的上支架到真空灭弧室内部静触头,经动触头及其连接的导电夹,软连接至下支架,下出线座由绝缘拉杆与内部碟形弹簧经过断路器连杆系统来完成断路器的操作运动及保持触头接触。

6.1.2　真空灭弧室

断路器配用中间封接式陶瓷或玻璃真空灭弧室,采用铜铬触头材料、杯状纵磁场触头结构,其触头的电磨损速率小,电寿命长,触头的耐压水平高,介质绝缘强度稳定,弧后恢复速度快,截流水平低,开断性能强。

6.1.3　操作机构

操作机构是平面布置的弹簧储能式操作机构,具有手动储能和电动储能功能,操作机构置于灭弧室前的机构箱内,断路器的机构箱同时用作操作机构的构架。机构箱被四块中间隔板分成五个装配空间,其中分别装有操作机构的储能部分、传动部分、脱扣部分和缓冲部分;前部设有合、分按钮,手动储能操作孔,弹簧储能状态指示牌,合分指示牌。这样,灭弧室和机构前后布置组成一个整体,使两者更加吻合,减少了不必要的中间传动环节,降低了能耗和噪声,使断路器的功能更加可靠。

断路器具有寿命长、维护简单、无污染、无爆炸危险、噪音低等优点,比较适用于频繁操作等比较苛刻的工作条件。

6.2　真空断路器的运行及维护

6.2.1　真空断路器的检查和操作

1. 送电前的检查和准备

(1)断路器检修工作结束后,在送电前应收回所有工作票,拆除安全措施,恢复常设遮拦,并对断路器进行全面检查。

(2)检查断路器时,断路器应摇出。

(3)本体清洁,无遗留工具。

(4)套管清洁、无裂纹及放电痕迹。

(5)操作机构应清洁完整,连杆、拉杆瓷瓶、弹簧等完整无损,操作机构应完好灵活。

(6)玻璃壳上无大片的沉积物。

(7)分、合闸机械位置指示器应指示在"分"的位置。

(8)二次回路的导线和端子排完好。

(9)断路器的接地装置应紧固不松动,断路器柜内的照明等完好。

(10)对断路器的进行分、合闸试验,检查其动作的灵活性。

2. 送电操作

上述各项准备工作完好后,根据值长指示可合闸送电:

(1)根据分、合闸机械位置指示器的指示,确认断路器在断开位置,操作机构已释能,且控制、合闸电源已断开。

(2)将断路器摇至工作位置,真空灭弧室内无红色或乳白色的辉光。

(3)合上控制、合闸电源。

(4)核对断路器编号及名称无误后,在电气控制系统(ECS)画面上进行合闸操作。

(5)做好记录报告值长。

3. 停电操作

(1)核对断路器的编号及名称无误后,在 ECS 画面上进行停电操作。

(2)根据分、合闸机械位置指示器的指示,确认其在断开位置。

(3)断开柜内控制、合闸电源开关。

(4)将其摇至试验位置。

6.2.2 真空断路器的运行与联锁

1. 真空断路器的运行

(1)在正常运行时,断路器的工作电流、最大工作电压、开断电流不得超过额定值。

(2)禁止将有缺陷、异常情况的断路器投入运行。

(3)注意分、合闸机械指示器检查核对断路器断开或合闸的实际位置,禁止将已合闸的断开。

(4)断路器摇至工作位置或从工作位置摇出。

(5)检查辅助接点的状态应良好。

(6)检查断路器的同时性,若一相未合应立即停止其运行。

2. 手车位置与断路器联锁

(1)只有当手车上的断路器处于分闸状态时,手车底盘车内阻止手车移动的联锁才能解锁,手车才能离开断开位置/试验位置或工作位置。

(2)只有当手车锁定在试验位置或工作位置时,手车上的电气控制回路才能接通,同时手车底盘车内阻止断路器合闸的联锁才能解锁,断路器才能合闸。

(3)当手车处于中间位置时,断路器的电气合闸回路和合闸机械传动系统均被闭锁,断路器不能合闸。

3. 手车位置与接地开关的联锁

(1)只有当手车处于试验位置或检修位置时,手车阻止开关柜接地开关关合的连锁才能解锁,这时开关柜的接地开关才能合闸。

(2)接地开关处于合闸状态时,接地开关操作轴上的联锁结构将阻挡手车移动,以使手车不能向工作位置推进。

4. 手车位置与二次插头的联锁

(1)只有当手车处于断开位置/试验位置时才能插拔二次插头。

(2)手车离开断开位置/试验位置后,在向工作位置推进的过程中和到达工作位置以后,不能拔开二次插头。

5. 接地开关与电缆室盖板间的联锁

只有当接地开关处于合闸状态时,开关柜的下门或电缆室的后封板才能打开,也只有在电缆室的后封板封闭时接地开关才可以拉开。

开关柜还可以在接地开关操作机构上加装电磁锁定装置以提高可靠性。

6. 带电显示装置

开关柜还可设带电显示装置以监测一次回路运行情况。该装置还可以与电磁锁配合,实现强制闭锁操作手柄、按钮、网门等操作要素,从而强化开关柜的防止误操作性能。

6.2.3 操作

1. 打开手车室柜门

打开手车室柜门前应仔细观察柜门上各项指示,核对柜体名称、编号,确认本柜为操作对象,确认柜内元件处于正常的状态。

2. 推进手车

手车由柜外推进柜内时,应使用专用的转运车。进车时柜门开启应大于 90°。进车前应确认断路器已分闸。进柜时需先用人力将手车推到试验位置。

从试验位置推进手车前,必须确认断路器已处于分闸状态,如果断路器尚未分闸,推进手车之前必须先将断路器分闸,确认接地开关已分闸。

3. 从工作位置抽出手车

从工作位置抽出手车前,必须确认断路器已处于分闸状态。如果断路器尚未分闸,抽出手车之前必须先将断路器分闸。

4. 从柜内抽出手车

由柜内抽出手车时,应使用专用的转运车。出车时柜门开启应大于 90°。出车前应确认活门已完全关闭并且接地开关处于分闸状态,拔下二次插头,用人力将手车抽出柜外。

5. 断路器的合、分闸

一般情况下,不需要人直接进行断路器的合、分闸操作。手车面板上设有手动按钮,供调试人员在调试断路器时使用。

6. 紧急情况下断路器的分闸

打开柜门,手车面板上设有供操作者在紧急情况下对断路器进行分闸操作的紧急分闸装置。紧急情况下直接按动分闸按钮,就可使断路器分闸。

7. 合、分接地开关

接地开关的操作轴端在柜体右前部。接地开关的操作应使用制造厂提供的专用操作把手。进行接地开关合闸操作前应首先确认手车已退到试验位置或移出柜外,查看带电显示器的指示确认电缆不带电,确认柜体的后盖板没有打开,确认接地开关处于分闸状态。将专用操作把手插入接地开关的操作轴轴端,逆时针转动操作把手约 90°,就可完成接地开关的合闸操作。接地开关合闸后,遮挡操作孔的弯板将锁住不复归。进行接地开关分闸操作前应首先确认柜体的后盖板已经完全盖好,确认接地开关处于合闸状态。

将专用操作把手插入接地开关的操作轴轴端,顺时针转动操作把手约 90°,就可完成接地开关的分闸操作。此时遮挡操作孔的弯板复归挡住操作孔。

6.3　低压断路器

低压断路器主要分为框架式与抽屉式两种。

6.3.1　框架式断路器结构

框架式断路器一般也被称作开启式断路器或者万能式断路器,有手操作、机械杆操动、储能式、非储能式以及电动式操作等形式(图 3-6-3)。框架式断路器的最大特点是容量大、极限分断能力高和足够的短时耐受电流,这使得框架式断路器有很好的选择性和稳定性。正是由于这些优秀的特点,使得框架式断路器的价格较高,多用于低压配电系统的主开关,以及重要的、负载较大的主干线和大型电动机的保护,如海口环保厂用电系统中配置此类断路器作为常用变压器低压侧出线开关。

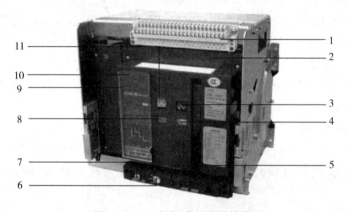

图 3-6-3　框架式断路器结构图

1—二次回路接线端子;2—面板;3—合闸接钮;4—储能/释能指示;5—摇手柄插入位置;
6—"连接""试验"和"分离"位置指示;7—摇手柄存放处;8—主触头位置指示(01);
9—智能型脱扣器;10—故障跳闸指示/复位按钮;11—分闸按钮

6.3.2　框架式断路器操作

1. 储能操作

(1)手动储能

① 储能时将储能手柄上下反复扳动适当次数(6~7 次),当手感觉不到反力时就完成了储能。

② 储能完毕后,"储能、释能"指示器在"储能"位置。

(2)电动储能

控制回路通电后,电动储能即自动运行(控制电路已接成自动预储能形式时)。

6.3.3　断路器本体摇入操作

（1）抽出手柄，并将手柄完全插入抽屉座手柄内。

（2）顺时针转动手柄，直至指示器转至"连接"位置为止，并能听见抽屉座两侧有"咔嚓"两声声响，拉出手柄并放入原位。

6.3.4　断路器本体摇出操作

（1）首先将断路器本体从"连接"位置移动至"分离"位置（将手柄向逆时针方向摇动）。

（2）将手柄拔出后，拉出断路器本体。

6.3.5　抽屉开关的进出操作

1. 合闸

当开关手柄在" | "位置，开关处于接通状态，按下启动按钮或控制系统上的开关即可使接触器合闸。

2. 分闸

手柄在" ○ "位置，开关处于断开状态，必要时可在手柄上挂锁，以避免误操作。

3. 试验

在" Å "位置做控制回路试验时，可避免马达启动及负载带电。

4. 抽屉的抽出与插入

（1）抽出抽屉

抽出抽屉时，开关手柄应处于" ⇅ "位置，拉抽屉手柄，抽屉即可抽出。当要全部抽出抽屉时，应用另一只手托住抽屉下部。

（2）插入抽屉

插入时，操作手柄须处于" ⇅ "位置，抽屉带有导轨，应沿导轨插入并平稳地将抽屉推入，推入时用力适当，保证抽屉完全插入。

（3）隔离

把手柄置于隔离位置上，将抽屉抽出 30mm 的距离，主回路及二次回路均断开。如果在手柄上加上挂锁，抽屉将不可再抽出或插入。

6.4　配电装置的异常运行与事故处理

6.4.1　开关合不上闸

1. 原因

（1）操作方法不正确，开关合闸条件不满足，合闸闭锁。

（2）保护装置动作后，出口中间继电器未复归。

(3)操作电源中断。

(4)直流操作电压太低。

(5)开关没有闭锁在"工作"或"试验"位置。

(6)开关未储能。

(7)开关机械部分故障或操作、合闸回路有故障。

(8)远方就地切换开关未切至远方位置。

(9)10kV 开关的热工控制回路中有持续的跳闸信号。

2.处理

(1)若操作电压过低,应调整电压。

(2)检查控制、储能回路是否正常。

(3)检查开关的辅助接点是否切换良好,10kV 小车开关二次插头是否插入正常。

(4)检查开关保险是否熔断,有无保护动作信号。

(5)检查操作合闸回路是否是有端子接线脱落,线圈烧毁、断线情况。

(6)检查热工跳闸信号是否未复归,复归后可进行试合。

(7)如合闸线圈励磁正常,则是机械问题,应断开电源,通知检修处理。

(8)若 ECS 显示 ECS 控制条件不满足,则检查远方就地切换开关是否切至远方位置、是否接触良好。

6.4.2　开关断不开

1.原因

(1)操作方法不正确或分闸闭锁。

(2)操作电源中断。

(3)操作电源电压太低。

(4)跳闸时间太短。

(5)开关跳闸线圈烧损。

(6)跳闸回路有故障。

2.处理

运行人员查明机械还是回路故障,若跳闸线圈烧毁,则应先手动打闸,并汇报值长,通知检修人员处理。

6.4.3　开关事故跳闸后应进行如下检查

(1)开关各接头处有无发热烧伤痕迹,有无变形松动现象。

(2)套管有无损坏。

(3)开关有无其他异常现象。

(4)开关有无变形、拉开断裂现象。

6.4.4　发生下列情况之一,应立即停用开关

(1)人身触电。

（2）开关接头、引线接头熔化。

（3）套管爆炸，支持瓷瓶脱落。

6.5　隔离开关概述

隔离开关是一种没有灭弧装置的开关设备，主要用来断开无负荷电流的电路，隔离电源，在分闸状态时有明显的断开点，以保证其他电气设备的安全检修。在合闸状态时能可靠地通过正常负荷电流及短路故障电流。因它没有专门的灭弧装置，故不能切断负荷电流及短路电流。因此，隔离开关只能在电路已被断路器断开的情况下才能进行操作，严禁带负荷操作，以免造成严重的设备和人身事故。以海口环保为例分别在 35kV AB 厂Ⅰ线出线、35kV•A 厂Ⅱ线出线、10kVⅠ和Ⅱ段母联、35kVⅢ和Ⅳ段母联、10kVⅧ和Ⅳ段母联配置了与断路器相配套的隔离开关，其隔离开关均为户内式。

6.5.1　隔离开关运行、维修

1. 隔离开关应与配电装置同时进行正常巡视

（1）检查隔离开关接触部分的温度是否过热。

（2）检查绝缘子有无破损、裂纹及放电痕迹，绝缘子在胶合处有无脱落迹象。

（3）检查 10kV 架空线路用单相隔离开关刀片锁紧装置是否完好。

2. 隔离开关维修项目

（1）清扫瓷件表面的尘土，检查瓷件表面是否掉釉、破损，有无裂纹和闪络痕迹，绝缘子的铁瓷接合部位是否牢固。若破损严重，应进行更换。

（2）用汽油或酒精擦净刀片、触点或触指上的油污，检查接触表面是否清洁，有无机械损伤、氧化和过热痕迹及扭曲、变形等现象。

（3）检查触点或刀片上的附件是否齐全，有无损坏。

（4）检查连接隔离开关和母线、断路器的引线是否牢固，有无过热现象。

（5）检查软连接部件有无折损、断股等现象。

（6）检查并清扫操作机构和传动部分，并加入适量的润滑油脂。

（7）检查传动部分与带电部分的距离是否符合要求；定位器和制动装置是否牢固，动作是否正确。

（8）检查隔离开关的底座是否良好，接地是否可靠。

3. 隔离开关操作

当隔离开关与断路器、接地开关配合使用时，应有机械闭锁或电气闭锁来保证正确的操作程序。

（1）合闸时，在确认断路器等开关设备处于分闸位置上，才能合上隔离开关，合闸动作快结束时，用力不宜太大，避免发生冲击；若单极隔离开关，合闸时应先合两边相，后合中间相；分闸时应先拉中间相，后拉两边相，操作时必须使用绝缘棒来操作。

（2）分闸时，在确认断路器等开关设备处于分闸位置，应缓慢操作，待主刀开关离开静触点时迅速拉开。操作完毕后，应保证隔离开关处于断开位置，并保持操作机构锁牢。

（3）用隔离开关来切断变压器空载电流、架空线路和电缆的充电电流、环路电流和小负荷电流时，应迅速进行分闸操作，以达到快速有效地灭弧。

送电时，应先合电源侧的隔离开关，后合负荷侧的隔离开关；断电时，顺序相反。

4. 隔离开关允许直接操作的项目

（1）开、合无故障电压互感器和避雷器回路。

（2）电压为 35kV，长度为 10km 以内的无负荷运行的架空线路。

（3）电压为 10kV，长度为 5km 以内的无负荷运行的电缆线路。

（4）电压为 10kV 以下，无负荷运行的变压器，其容量不超过 320kV·A。

（5）电压为 35kV 以下，无负荷运行的变压器，其容量不超过 1000kV·A。

（6）开、合母线和直接接在母线上的设备的电容电流。

（7）开、合变压器中性点的接地线，当中性点上接有消弧线圈时，只能在系统未发生短路故障时才允许操作。

（8）与断路器并联的旁路隔离开关，断路器处于合闸位置时，才能操作。

（9）开、合励磁电流不超过 2A 的空载变压器和电容电流不超过 5A 的无负荷线路，对电压为 20kV 及以上时，必须使用三相联动隔离开关。

5. 错误操作隔离开关，造成带负荷拉、合隔离开关后，应按下列要求处理

（1）当错拉隔离开关，在切口发现电弧时应急速合上；若已拉开，不允许再合上，如果是单极隔离开关，操作一相后发现错拉，而其他两相不应继续操作，并将情况及时上报有关部门。

（2）当错合隔离开关时，无论是否造成事故，都不允许再拉开，因带负荷拉开隔离开关，将会引起三相弧光短路，并迅速报告有关部门，以便采取必要措施。

6. 隔离开关操作要求

（1）在隔离开关和断路器之间应装设机械联锁，通常采用连杆机构来保证在断路器处于合闸位置时，使隔离开关无法分闸。

（2）利用油断路器操作机构上的辅助触点来控制电磁锁，使电磁锁能锁住隔离开关的操作把手，保证断路器未断开之前，隔离开关的操作把手不能操作。

（3）在隔离开关与断路器距离较远而采用机械联锁有困难时，可将隔离开关的锁用钥匙存放在断路器处或在该断路器的控制开关操作把手上，只能在断路器分闸后，才能将钥匙取出打开与之相应的隔离开关，避免带负荷拉闸。

（4）在隔离开关操作机构处加装接地线的机械联锁装置，在接地线未拆除前，隔离开关无法进行合闸操作。

（5）检修时应仔细检查带有接地刀的隔离开关，确保主刀片与接地刀的机械联锁装置良好，在主刀片闭合时接地刀应先打开。

6.6 照明系统的检修及维护

6.6.1 照明系统的基本要求

(1)在重要生产厂房和升压所内,除正常照明外,一般应有事故照明,当停电事故发生后正常照明中断时,事故照明应能自动投入运行。

(2)在有爆炸性危险的场所内,无论是固定式或携带型照明灯具都要采用防爆灯具,灯具应符合该场所防爆等级的要求。

(3)在有爆炸性危险的场所,导线截面载流量的选择应不小于额定电流的125%。

(4)在特别潮湿和多灰尘的室内,应采用防水、防尘的灯具和密闭的开关,或把普通的开关装在邻近的室内,室外的装置应用密闭开关。

(5)在三相四线制的照明回路中,三相负荷分配应尽量平衡,应注意防止在检修时或中性线断开时造成超压。

(6)照明线路的末端的压降,不应大于额定电压的7.5%。

(7)照明回路熔断器的选择应与照明负荷相配合,但不应超过线路允许电流。

(8)新安装的照明装置在投用前,应以交流1000V做耐压试验,时间为1min;或使用1000V摇表测量绝缘电阻。

(9)照明回路每一段(以熔断器分开)的绝缘电阻值,用500V摇表测量,应不低于1kΩ/V。

(10)安全照明电压,按下列规定执行:

① 220V照明禁止带电移动,如移动必须停电。

② 一般携带型作业灯不得超过36V。

③ 在金属容器内或者潮湿的场所,携带型作业灯不得超过12V。

④ 禁止把非携带型灯具作为携带型灯具移动使用。

6.6.2 照明正常检查

1. 检查时间

(1)照明装置的清扫和绝缘电阻的测定,每年至少一次。

(2)事故照明装置至少应每月进行切换一次,以确认其处于良好状态。

(3)生产装置、道路以及公共场所照明每天检查一次。

(4)对检查存在的问题按照设备缺陷进行登记,并进行处理。

2. 检查内容

(1)照明配电开关是否完整、可靠,有无接触不良和烧坏的痕迹,配件是否有丢损,操作是否灵敏。

(2)照明回路接线是否安全可靠,有无松动、氧化和烧坏的现象,线路绝缘有无老化、破损、接地等现象。

(3)生产装置和生活设施的照明装置是否符合防爆、防潮、防尘的要求。

(4)照明回路的电压值,不应大于额定电压的5％,不应小于额定电压的10％。

(5)测量照明回路的负载情况是否超过线路允许电流,三相负荷是否平衡。

(6)检查中性线接触是否良好,有无断线、氧化或接触不良的现象。

(7)事故照明检查,应停掉交流供电回路,确认电池放电情况。

(8)装置照明有两段电压互相切换的设备,应人为进行切换,看其动作是否正确。

(9)路灯照明装置应检查路灯控制器动作是否正确,时间控制是否准确,有无误动、拒动现象。

(10)路灯照明灯具是否完整,灯罩有无松动、脱落现象。

(11)装置内照明金属管线支持物及金属照明配电盘(箱)是否可靠接地。

(12)照明回路、熔断器是否完整,是否符合照明负荷及线路的要求。

(13)固定式照明灯具是否固定牢固,有无松动、摇摆、脱落的现象。

3.　完好标准

(1)照明设备能满足生产和生活的需要,各项参数符合运行要求。

(2)开关控制灵活可靠,无锈蚀、氧化、烧损、接触不良等现象。

(3)导线连接紧固,绝缘符合要求,无老化、破皮、绝缘损坏等现象。

(4)照明灯具完好无损,附件齐全,每盏灯能做到开能亮、关能灭。

(5)事故照明和照明自控设备动作可靠,无误动、拒动现象。

(6)防爆、防潮、防尘场所的照明装置及灯具能满足特定条件的要求。

(7)各配电箱铭牌清楚,箱体无油漆脱落、无锈蚀,箱内无灰尘、无杂物,无零乱线头。

(8)各配电开关应标有负荷名称,配出电缆应悬挂标有负荷名称、电缆型号及规格的标牌。

(9)各种照明回路走线整齐美观,符合安全要求。

(10)照明用的金属护管、支持物、照明配电盘均可靠接地。

(11)照明装置、灯具以及连接导线应无螺丝松动,附件齐全、完好无损。

(12)具备必要的熔芯和开关备件。

4.　资料齐全

(1)有配电回路的安装图和平面布置图。

(2)有隐蔽工程的安装施工图。

(3)有投入运行前的试验记录和数据。

(4)有检修记录,并记录有各次检修内容及各种故障现象。

(5)有各类照明控制设备的接线图和使用说明书。

第7章　互感器

7.1　电压互感器概述

电压互感器(PT)是交流电路中一次系统和二次系统间的联络元件,它统属于特种变压器,所以其工作原理与变压器基本相同,一般常采用高压电互感器均为三相、浇注绝缘式电压互感器(图3-7-1)。

电压互感器一次绕组并接于一次系统。电压互感器相当于一个副边开路的变压器,它们的二次负载变化都不会影响一次系统的相应电压。

7.1.1　电压互感器的作用

(1)将一次回路的高电压转为二次回路的标准低电压(通常为100V),可使测量仪表和保护装置标准化,使二次设备结构轻巧、价格便宜。

(2)使二次回路可采用低电压控制电缆,且使屏内布线简单,安装方便,可实现远方控制和测量。

图3-7-1　电压互感器

(3)使二次回路不受一次回路的限制,接线灵活,维护、调试方便。

(4)使二次与一次高压部分隔离,且二次可设接地点,确保二次设备和人身安全。

7.1.2　电压互感器的型号含义说明

第1位:J——电压互感器。

第2位:D——单相;S——三相;C——串级;W——五铁芯柱。

第3位:G——干式;J——油浸;C——瓷绝缘;Z——浇注绝缘;R——电容式;S——三相。

第4位:W——五铁芯柱;B——带补偿角差绕组。

连字符号后面:GH——高海拔;TH——湿热区。

7.2　电压互感器的工作原理

电压互感器的工作原理和变压器相同。图 3-7-2 所示为电压互感器的工作原理图，电压互感器的特点是：容量很小，类似一台小容量变压器；二次侧负荷比较恒定，所接测量仪表和继电器的电压线圈阻抗很大，因此，在正常运行时，电压互感器接近于空载状态。电压互感器的一、二次线圈额定电压之比称为电压互感器的额定电压比，即

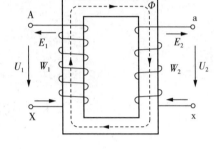

图 3-7-2　电压互感器的工作原理

$$k_n = U_{1n}/U_{2n}$$

其中，一次线圈额定电压 U_{1n} 是电网的额定电压，且已标准化，二次电压 U_{2n}，则统一定为 $100\mathrm{V}$（或 $100/\sqrt{3}\,\mathrm{V}$），所以 k_n 也已标准化。

使用电压互感器应注意以下事项：

（1）电压互感器的二次侧在工作时不能短路。在正常工作时，其二次侧的电流很小，近于开路状态，当二次侧短路时，其电流很大（二次侧阻抗很小），将烧毁设备。

（2）电压互感器的二次侧必须有一端接地，防止一、二次之间绝缘击穿时，高压窜入二次侧，危及人身和设备安全。

（3）电压互感器接线时，应注意一、二次侧接线端子的极性，以保证测量的准确性。

（4）电压互感器的一、二次侧通常都应装设熔丝作为短路保护，同时一次侧应装设隔离开关作为安全检修用。

（5）一次侧并接在线路中。

7.3　电流互感器概述

常用的电流互感器也是按电磁感应原理制成的，其原边绕组串接于一次电路中，副边绕组与测量仪表和继电器的电流线圈串连，副边绕组的电流按一定的比例反映原边电路的电流，电流互感器的原副绕组之间无电的联系。电流互感器与电压互感器的情况相似，其副绕组也必须有一点接地。串接在副边绕组里的负载阻抗都很小，所以，电流互感器在正常运行时接近于短路状态。右图的高压电流互感器为浇注绝缘支柱式电流互感器（图 3-7-3）。

图 3-7-3　烧注式电流互感器

电流互感器副边绕组在运行中绝对不允许开路,因此在电流互感器的二次回路中不允许装设熔断器。当需要将正在运行中的电流互感器副边回路中仪表设备断开或退出时,必须将电流互感器的副边短接,保证不致开路。

电流互感器的型号含义说明如下:

第1位:L——CT。

第2位或第3位:A——穿墙式;M——母线型;B——支柱式;C——瓷绝缘;S——塑料注射绝缘;D——单匝贯穿式;W——户外式;F——复匝式;G——改进型;Y——低压式;Z——浇注绝缘式支柱式;Q——母线型;K——塑料外壳;J——浇注绝缘或加大容量。

第4位或第5位:B——保护级;C——差动保护;D——D级;J——加大容量;Q——加强型。

7.4 电流互感器的工作原理

电力系统中广泛采用的是电磁式电流互感器(以下简称"电流互感器"),它的工作原理和变压器相似。电流互感器的工作原理如图3-7-4所示。

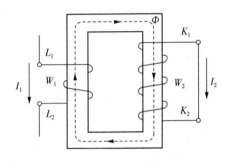

7.4.1 电流互感器的特点

(1)一次线圈串联在电路中,并且匝数很少,因此,一次线圈中的电流完全取决于被测电路的负荷电流,而与二次电流无关。

(2)电流互感器二次线圈所接仪表和继

图3-7-4 电流互感器的工作原理

电器的电流线圈阻抗都很小,所以正常情况下,电流互感器在近于短路状态下运行。

电流互感器一、二次额定电流之比称为电流互感器的额定变比,即:

$$k_n = I_{1n}/I_{2n}$$

因为一次线圈额定电流 I_{1n} 已标准化,二次线圈额定电流 I_{2n} 统一为 5A(1A 或 0.5A),所以电流互感器额定变比也已标准化。

7.4.2 电流互感器使用注意事项

(1)电流互感器的二次侧在使用时绝对不可开路。使用过程中拆卸仪表或继电器时,应事先将二次侧短路。安装时,接线应可靠,不允许二次回路中安装熔丝。

(2)二次侧必须有一端接地。防止一、二次之间绝缘损坏,高压窜入二次侧,危及人身和设备安全。

(3)接线时要注意极性。电流互感器一、二次侧的极性端子都用字母标明极性。

(4)一次侧串接在线路中,二次侧的继电器或测量仪表串接在二次回路中。

第8章　电力电缆、避雷器

8.1　电力电缆

电力电缆在电力系统中作为输送、分配电能和各种电气设备间的连接之用,其使用范围极为广泛。电缆具有较好的机械强度、弯曲性能、防腐性能,较长的使用寿命,对周边环境影响较小,供电传输性能稳定、安全可靠、容量大,敷设方便等特点。图3-8-1所示为电缆实例图。

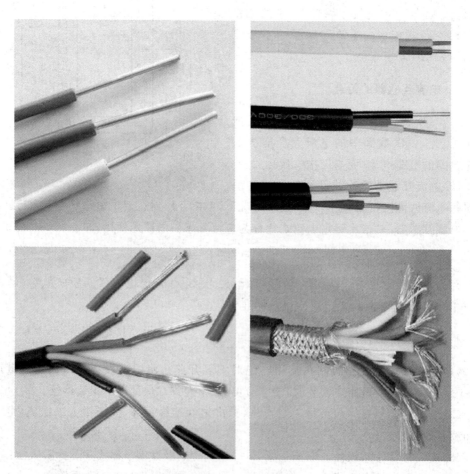

图3-8-1　电缆实例图

8.1.1 电缆的基本结构

1. 导体结构

电缆的导体通常用导电性好和具有一定韧性、一定强度的高纯度铜或铝制成。导体截面常用的有圆形和扇形。较小截面（16mm² 以下）的导体由单根铜丝制成，较大截面（16mm² 及以上）的导体由多根铜丝分数层绞合制成，绞合时相邻两层的扭绞方向相反。

电缆的绝缘层用来使多芯导体间及导体与护套间相互隔离，并保证一定的电气耐压强度，它应有一定的耐热性能和稳定的绝缘质量。绝缘层的厚度与工作电压有关。一般来说，电压等级越高，绝缘层的厚度也越厚，但并不成正比例。电缆常用绝缘材料有三种：①聚氯乙烯绝缘是一种热塑性材料，电缆最高运行温度不得超过 70℃，常用于低压电缆；②交联聚乙烯绝缘是一种热固性材料，电缆最高运行温度不得超过 90℃，高低压电缆均适用；③橡胶绝缘，其突出优点是柔软、可挠性好，常用于移动用电场合。

2. 电缆护层

电缆护层使电缆绝缘不受损伤，并满足各种使用条件和环境的要求，分内护层和外护层。

（1）内护层是包覆在电缆绝缘上的保护覆盖层，用以防止绝缘受潮、机械损伤以及光和化学侵蚀性媒质等的作用，同时还可以流过短路电流。常用内护层有非金属的聚乙烯护套、聚氯乙烯护套、金属皱纹铝护套等。

（2）外护层是包覆在电缆内护层外面的保护覆盖层，主要起机械加强和防腐蚀等作用。常用外护层有金属带铠装或金属丝铠装再加聚氯乙烯或聚乙烯护套组成。

3. 电缆的分类

按导电芯数分类，电力电缆常用芯数有单芯、二芯、三芯、四芯、五芯。单芯电缆常用来传送单相交流电、直流电及其他一些有特殊要求的地方（如高压电机引出线、大截面电缆等）。二芯电缆多用于传送单相交流电与直流电。三芯电缆主要用于三相交流电网中，在 35kV 及以下各种电缆线路中得到广泛的应用。四芯电缆多用于低压配电线路、中性点接地的三相四线制系统。五芯电缆用于三相五线制的低压配电系统中，三条主线芯分别接三相线，第四芯接工作零线（N），第五芯接保护接地线（PE）。

4. 电力电缆的型号及表示方法

用汉语拼音第一个字母的大写表示导体材料、绝缘种类、内护层材料和结构特点。

导体材料：铜——T，铝——L。

绝缘材料：聚氯乙烯——V，聚乙烯——Y，交联聚乙烯——YJ，橡胶——X。例如：YJV 表示交联聚乙烯绝缘（YJ）、聚氯乙烯护套（V）、铜芯电缆（T——铜芯，省略）。

用数字表示外护层，有两位数字。第一位表示铠装材料，第二位表示外护层材料。第一位数字——钢带铠装（2）、钢丝铠装（3）。第二位数字——聚氯乙烯（2）、聚乙烯（3）。例如：YJLV22 表示交联聚乙烯绝缘（YJ）、聚氯乙烯护套（V）、钢带铠装（2）、铝芯电缆（L）。

电缆型号按电缆结构的排列一般按下列顺序：绝缘材料、导体材料、内护层、外护层。

一般电缆产品都能用型号、额定电压、规格完整地表示出来。

例如：YJV32－0.6/1kV－3×150＋70 表示铜芯、交联聚乙烯绝缘、细钢丝铠装、聚氯乙烯护套、额定电压 1kV、标称截面为 3×150＋70 的 4 芯电力电缆。

8.1.2　电缆运行中的检查

1. 电缆运行中的检查项目

(1)电缆沟及盖板完整盖好，无变形情况。

(2)电缆线路上不应堆放物品。

(3)电缆头接地线应完好。

(4)电缆头应清洁、无放电痕迹和放电现象。

(5)电缆不应浸于水中运行，电缆外皮应完好无损伤、无渗油，保护接地完好。

(6)电缆及中间接头无过热现象，绝缘层外观无异常。

(7)电缆沟中应无积水，有积水应及时抽干。

(8)电缆防火设施完好无损。

(9)并联使用的电缆外皮温度应一致，有明显差别时应查明原因并消除之。

2. 电力电缆运行的要求

正常运行时，不允许过负荷。事故情况下，6～10kV 级电缆允许过负荷 15%，3kV 以下电缆允许过负荷 10%，过负荷运行时间不超过 2h。

电缆温度不得超过允许值，当超过允许值时应测三相电流是否均衡，并设法降低负荷电流。运行中的电缆温度按制造厂规定执行，如无制造厂资料，可按表 3-8-1 执行（与制造厂规定相抵触时，应按制造厂规定为准）。表 3-8-1 为电缆在正常运行工况下的最高允许温度。

表 3-8-1　电缆运行最高允许温度

材　　料	最高允许温度(℃)			
	电压 35kV 及以上	电压 6kV	电压 10kV	电压 20~35kV
橡胶绝缘	65	65	—	—
聚氯乙烯绝缘	60	60	—	—
聚乙烯绝缘	70	70	—	—
交联聚乙烯绝缘	80	80	80	80

实际温度高于表 3-8-1 时，需减低负荷或加强散热。

电缆线路的正常工作电压不应超过电缆额定电压的 15%。

停用时间超过一星期，但不满一个月的电缆，在重新投入运行前应测量绝缘性能，一般不低于 1MΩ/kV，停用时间超过一个月的电缆，投运前需经专业检查或耐压试验合格后方可送电。

系统短路时，电缆中间及引出线锡焊接头温度不允许超过 120℃，压接接头温度不允许超过 150℃。

3．电力电缆发生下列情况之一,应立即停电

(1)电缆爆炸,冒烟着火。

(2)绝缘击穿,接地放电。

(3)有明显的机械损伤。

(4)有危及电缆完整的灾害时。

4．电缆着火的处理

(1)立即切断电缆电源,通知消防人员。

(2)使用四氯化碳、二氧化碳灭火器,禁止使用泡沫灭火器或水灭火。

(3)在电缆沟、隧道或室内的灭火人员,必须戴氧气防毒面具、绝缘手套,穿绝缘靴。灭火人员禁止触摸不接地金属和移动电缆。

(4)当电缆沟内或室内电缆着火,用沙土封闭通往相邻电缆层门通道防止火势蔓延。

8.2　避雷器

8.2.1　电力系统过电压定义

过电压是指在电气线路或电气设备上出现的超过正常工作要求的电压,可分为内部过电压和雷电过电压两大类。

1．内部过电压

内部过电压是由于电力系统内的开关操作、发生故障或其他原因,使系统的工作状态突然改变,从而在系统内部出现电磁振荡而引起的过电压。内部过电压又分操作过电压和谐振过电压等形式。内部过电压一般不会超过系统正常运行时相电压的 $3\sim4$ 倍,因此对电力线路和电气设备绝缘的威胁不是很大。

2．雷电过电压

雷电过电压又称大气过电压或外部过电压,它是由于电力系统内的设备或建筑物遭受来自大气中的雷击或雷电感应而引起的过电压。雷电过电压产生的雷电冲击波,其电压幅值可高达 1 亿伏,其电流幅值可高达几十万安,对供电系统的危害极大。

8.2.2　避雷器的作用

避雷器在正常工作电压下,流过避雷器的电流仅有微安级,相当于一个绝缘体,当遭受过电压的时候,避雷器阻值急剧减小,使流过避雷器的电流可瞬间增大到数千安,避雷器处于导通状态,释放过电压能量,从而有效地限制了过电压对输变电设备的侵害。

8.2.3　避雷器的运行参数

(1)避雷器的持续运行电压是指允许长期连续施加在避雷器两端的工频电压有效值,基本上与系统的最大相电压相当(系统最大运行线电压除以 $\sqrt{3}$)。

（2）避雷器的额定电压即避雷器两端之间允许施加的最大工频电压有效值。避雷器正常工作时能够承受暂时过电压，并保持特性不变，不发生热崩溃。

（3）避雷器的残压是指放电电流通过避雷器时，其端子间所呈现的电压。

8.2.4　避雷器的正常检查

（1）表面完好、清洁、无破损裂纹和放电现象。

（2）放电记录器应完好。

（3）避雷器接地良好。

（4）避雷器的引线应无松动现象。

8.2.5　避雷器发生下列故障应立即停电处理

（1）瓷套管破裂。

（2）连接线松动有断脱现象。

（3）内部有轻微放电声。

（4）接地线或引线松动。

（5）避雷器瓷套爆炸。

（6）发生严重放电。

（7）发生冒烟、冒火现象。

第 9 章　直流系统

9.1　直流系统概述

电气设备分两类：一次设备和二次设备。发电机、变压器、电动机、断路器、隔离开关等属于一次设备。为了安全、经济地发电和供电。对一次设备及其电路进行测量、操作和保护而装设的辅助设备称作二次设备。如各种测量仪表、控制开关、信号器、继电器等。二次设备互相连接而成的电路叫作二次回路。向二次回路中的控制、信号、继电保护和自动装置等设备供电的电源称作操作电源。操作电源一般用直流电。

9.1.1　直流系统配置原则

为了保证对各机组的控制、信号、继电保护、自动装置等负荷（简称控制负荷）、直流油泵、交流不停电电源装置等负荷（简称动力负荷）及直流事故照明负荷的供电，一般装设二组直流 220V 阀控式密封铅酸蓄电池组互为备用。控制与动力负荷共用一组蓄电池，不设端电池。直流系统接线为单母线分段、辐射状供电方式，每组蓄电池设两套高频充电装置，互为备用。直流系统设置微机直流系统绝缘监测装置，可监测直流系统的对地绝缘情况。以海口环保为例，♯1、♯2 机组直流负荷计算见表 3-9-1。

表 3-9-1　机组直流负荷计算表

序号	负荷名称	计算容量（kW）	计算电流（A）	经常电流（A）	冲击放电电流（A）		事故放电时间（h）	事故放电容量（A·h）
					初期	末期		
1	经常负荷	4	18.2	18.2	18.2	—	1	18.2
2	直流油泵	2×5.5×0.9	45	—	75	—	0.5	22.5
3	事故照明	15	68.2	—	68.2	—	1	68.2
4	热控电源	4.5	20.5	20.5	20.5	—	1	20.5
5	分、合闸冲击电流	—	10	—	—	10	—	—
6	UPS 电源	—	181	—	181	—	0.5	90.5
合计	—	—	274.7	294.7	10	1	219.9	—

9.1.2　直流系统蓄电池容量计算与选择

按满足事故全停电状态下事故放电容量选择：

$$C \geqslant 1.25 \times 219.9/0.43 = 639 (A \cdot h)$$

选择蓄电池容量为 $600A \cdot h$。

微机监控装置和热工仪表合用一套不间断电源(UPS)。

9.2　蓄电池的结构及维护

蓄电池是一种独立可靠的直流电源装置。尽管它具有投资大、寿命短，需要很多的辅助设备(如充电和浮充电设备、保暖、通风、防酸建筑等)，以及建造时间长、运行维护复杂等缺点，但它具有独立且可靠的优点。在发生任何事故时，即使在交流电源全部停电的情况下，都能保证直流系统用电设备可靠而连续地工作。不论如何复杂的继电保护装置、自动装置和任何类型的断路器进行远距离操作时，均可用蓄电池作为操作电源。因此，蓄电池组不仅是操作电源，也是事故照明和一些直流自用机械的备用电源。

蓄电池是储存直流电能的一种设备，它能把电能转变为化学能储存起来(充电)，使用时再把化学能转变为电能(放电)，供给直流负荷用，这种能量的变换过程是可逆的。也就是说，当蓄电池已部分放电或完全放电后，两电极表面形成了新的化合物，这时如果用适当的反向电流通入蓄电池，可以使已形成的新化合物还原成原来的活性物质，可供下次放电使用。

在放电时，电流出的电极称为正极或阳极，以"＋"表示，电流经过外电路之后，返回电池的电极称为负极或阴极，以"－"表示。

根据电极和电解液所用物质的不同，蓄电池一般分为铅酸蓄电池和碱性蓄电池两种。

9.2.1　铅酸蓄电池的构造及工作原理

1. 极板

极板是蓄电池的核心部分，蓄电池充、放电的化学反应主要是依靠极板上的活性物质与电解液进行的。极板分正极板和负极板，由栅架和活性物质组成。

栅架的作用是固结活性物质。栅架由铅锑合金铸成，具有良好导电性、耐蚀性和一定的机械强度。铅占 94%，锑占 6%。加入锑是为了改善力学强度和浇铸性能。为了增加耐腐蚀性，加入 0.1%～0.2% 的砷，提高硬度与机械强度，增强抗变形能力，延长蓄电池使用寿命。

正极板上活性物质是二氧化铅 (PbO_2)，呈棕红色；负极板上活性物质是海绵状纯铅 (Pb)，呈青灰色。

将正、负极板各一片浸入电解液中,可获得 2V 左右的电动势。为了增大蓄电池的容量,常将多片正、负极板分别并联,组成正、负极板组。在每个单格电池中,正极板的片数要比负极板少一片,每片正极板都处于两片负极板之间,可以使正极板两侧放电均匀,避免因放电不均匀造成极板拱曲。铅酸蓄电池结构如图 3-9-1 所示。

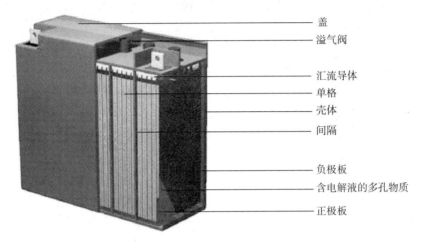

盖
溢气阀

汇流导体
单格
壳体
间隔

负极板
含电解液的多孔物质

正极板

图 3-9-1 铅酸蓄电池结构图

2. 隔板

隔板插放在正、负极板之间,防止正、负极板互相接触造成短路。隔板耐酸,具有多孔性,有利于电解液的渗透。常用的隔板材料有木质、微孔橡胶和微孔塑料等。微孔塑料隔板孔径小、孔率高、成本低,因此被广泛采用。

3. 电解液

电解液在铅酸蓄电池的化学反应中,起到离子间导电的作用,并参与铅酸蓄电池的化学反应。电解液由纯硫酸(H_2SO_4)与蒸馏水按一定比例配制而成,其密度一般为 $1.24 \sim 1.31 g/cm^3$。

电解液的纯度对铅酸蓄电池的电气性能和使用寿命有重要影响,一般工业用硫酸和普通水中含有铁、铜等有害杂质,绝对不能加入蓄电池中,否则会自行放电,损坏极板。

4. 壳体

壳体用于盛放电解液和极板组,应耐酸、耐热、耐震。壳体多采用硬橡胶或聚丙烯塑料制成,为整体式结构,底部有凸起的肋条以搁置极板组。壳内由间壁分成 3 个或 6 个互不相通的单格,各单格之间用铅质条串联起来。

5. 铅酸蓄电池的工作原理

电池是通过充电将电能转换为化学能储存起来,使用时再将化学能转换为电能释放出来的化学电源装置。它是用两个分离的电极浸在电解液中而成的。由还原物质构成的电极为负极,由氧化态物质构成的电极为正极。当外电路接近两极时,氧化还原反应就在电极上进行,电极上的活性物质就分别被氧化或还原了,从而释放出电能,这一过程称为放电过程。放电之后,若有反方向电流流入电池时,就可以使两极活性物质恢复到原来的化学状态。这种可重复使用的电池,称为二次电池或蓄电池。如果电池反应的可逆变性差,那么放电之后就不能再用充电方法使其恢复初始状态,这种电池称为原电池。

电池中的电解液通常是电离度大的物质,一般是酸和碱的水溶液,但也有用铵盐、熔融盐或离子导电性好的固体物质作为有效的电池电解液。以酸性溶液(常用硫酸溶液)作为电解质的蓄电池,称为酸性蓄电池。铅酸蓄电池是酸性蓄电池中较为常用的一类,其视使用场地可分为固定式和移动式两大类。铅酸蓄电池单体的标称电压为2V。实际上,电池的端电压随充电和放电的过程而变化。

铅酸蓄电池在充电终止后,端电压很快下降至2.3V左右。放电终止电压为1.7~1.8V。若再继续放电,电压急剧下降,将影响电池的寿命。铅酸蓄电池的使用温度范围为 $-40℃\sim+40℃$。凡需要较大功率并有充电设备可以使电池长期循环使用的地方,均可采用蓄电池。铅酸蓄电池价格较廉、原材料易得,但维护工作量大,而且能量低。碱性蓄电池维护容易、寿命较长、结构坚固、不易损坏,但价格昂贵,制造工艺复杂。从技术经济性综合考虑,目前环保电站应以主要采用铅酸蓄电池作为储能装置为宜。

9.2.2 铅酸蓄电池的日常维护

1. 清洁

(1)经常保持铅酸蓄电池外表及工作环境清洁、干燥状态。

(2)铅酸蓄电池的清洁应避免产生静电。

(3)用湿布清洁铅酸蓄电池,禁止使用汽油、酒精等有机溶剂,也不要使用含这些物质的布抹电池。

2. 检查与维护

为了了解电池和设备的运行状况和防止检查过程中电池意外损坏,直流系统铅酸蓄电池按表 3-9-2 所列方法定期检查电池并做记录。

表 3-9-2 检查项目

项 目	内 容	基 准	维 护
铅酸蓄电池组浮充总电压	用电压表测量铅酸蓄电池组正负极输出端电压	测量值与表盘显示浮充电压一致并符合当时温度浮充电压标准;温度补偿后的浮充电压值误差不大于 $\pm50mV$	对于通过监控模块进行调整后仍然达不到允许误差范围的,要将监控模块进行修理或返厂
铅酸蓄电池外观	检查电池壳、盖有无鼓胀、漏酸及损伤	外观正常	外观异常先确认其原因,若影响正常使用则加以更换
	检查有无灰尘污渍	外观清洁	用湿布清扫灰尘污渍
	检查连接线、端子等处有无生锈等异常	无锈迹	出现锈迹则进行除锈、更换连接线、涂拭防锈剂等处理
铅酸蓄电池温度	利用远红外温度测试仪测定铅酸蓄电池的端子及电池壳的表面温度	35℃以下	温度高于标准值时,要调查其原因,并进行相应处理

（续表）

项　目	内　容	基　准	维　护
连接部位	利用扳手检查紧固螺栓、螺母有无松动	连接牢固（扭矩见扭矩表）	发现有松动现象要及时拧紧松动的螺栓螺母
	蓄电池组连接条、端子清洁	无腐蚀现象	轻微腐蚀时将连接条拆下，用清水浸泡清除；严重腐蚀时更换连接条，各连接点用钢刷清洁后重新连接拧紧

3. 维护检测的基本要求

（1）在进行铅酸蓄电池检测时要遵循"查隐患、保安全"的原则。

（2）要严格按照作业计划执行铅酸蓄电池的日常维护作业项目和性能分析。

（3）严格遵循维护规程和铅酸蓄电池相关要求进行铅酸蓄电池的参数设置和相关操作。

（4）做好安全防护工作，要戴好绝缘手套，并将金属工具进行绝缘处理。

（5）使用符合检测要求的工具、仪表。

4. 使用注意事项

（1）不要在指定用途之外使用铅酸蓄电池，如在指定用途外使用，有可能使铅酸蓄电池漏液发热、爆炸。

（2）禁止将铅酸蓄电池分解、改造、破坏、强烈冲击或投掷，否则有可能造成铅酸蓄电池漏液、发热、爆炸。

（3）禁止将铅酸蓄电池投入水中、火中或加热。

（4）禁止短路连接铅酸蓄电池。

（5）应采用绝缘手套等安全措施后再开始对铅酸蓄电池作业。

（6）维修测量时，面部不得正对电池顶部，应保持一定角度或距离。

（7）电池内极板、隔板均吸附硫酸，如电池受机械损伤，应防止硫酸接触到皮肤、衣服上，更不能溅入眼中。如遇上述情况应立即用大量清水清洗，严重者去医院治疗。

9.3　直流系统的运行、监视与维护

9.3.1　正常运行时的检查

（1）母线电压应为 225～230V，否则应进行调整浮充电流。

（2）当直流系统有异常情况时，母线电压不得低于额定值 80%。

（3）直流系统绝缘良好，如有接地现象，应迅速处理。

（4）直流微机监测装置运行正常，指示仪表均正确。

（5）充电装置工作正常，无过热、杂音，各表计指示在规定范围内。

（6）直流屏上各开关的实际位置应与运行方式相符合,各元件无发热、冒烟现象。

（7）对事故照明切换设备的检查。

（8）电源开关应无过热、松动现象。

（9）各接触器应无异常响声。

（10）电压继电器工作正常,无过热现象。

（11）定期检查事故照明动作、切换正常。

（12）各仪表指示正常。

9.3.2　直流系统异常及处理

1. 直流系统接地

现象:"直流接地"报警,蜂鸣器响。

处理方法如下:

（1）复归音响信号。

（2）通过绝缘监测装置判断接地极性。

（3）检查各支路绝缘情况和对应的电阻值。

（4）与各部门联系,试验断开故障支路开关,接地信号消失,证实绝缘监测巡检指示正确。

（5）合上接地故障支路开关,试拉各分路直流电源,当接地预告信号消失,证明此分路接地。

（6）通知检修班对接地分路进行检查,排除接地故障后恢复送电。

（7）寻找接地的先后顺序原则:

① 接地发生时,直流回路是否有操作检修工作;

② 易受潮的设备及回路;

③ 事故照明;

④ 合闸电源;

⑤ 操作电源;

⑥ 主控直流电源;

⑦ 浮充整流设备。

（8）断开接地线路的开关。

（9）测量已停电线路无电压后,摇测绝缘,如无问题且接地现象仍在电源母线上,则证明蓄电池或电源母线故障。

（10）按以上顺序解停,当停至哪一路接地消除,则停止下一步的瞬停工作。

2. 蓄电池柜着火

处理方法如下:

（1）调高频开关电源,维持直流母线电压正常。

（2）断开蓄电池组输出熔断器。

（3）用二氧化碳灭火器灭火后,加强蓄电池柜通风。

（4）处理结束,清理现场,检查蓄电池组正常后恢复正常运行。

第 10 章 交流不间断电源(UPS)

10.1 交流不间断电源(UPS)概述

随着机组的自动化水平日益提高,各种自动控制系统和自动装置、保护装置已成为发电机组安全运行必不可少的保证。所以,越来越多地采用了各种先进的热工自动化控制保护设备和自动化仪表等,用以对运行中的机组进行自动控制、监测、调节和保护,这类设备由于十分重要,所以对供电电源的要求非常高,主要应符合以下几点:

1. 供电电源不中断

热工自动装置、保护装置的供电电源运行中不能中断,有的设备供电电源中断几十毫秒,就不能正常工作,甚至在某些情况下中断供电还会发生机组掉闸和重要设备损坏的事故,电源中断还会造成热工保护和控制系统失灵等,危及机组的安全运行。所以,供给这些设备的电源应保证在任何情况下不得中断,包括在机组正常运行时和事故停运时甚至在机组停机期间也不能中断供电。

需要指出的是,这里所讲的都是指采用交流低压电源(一般为交流 220V 电源)的热控装置。对于采用直流电源的装置,由于电厂都设有直流蓄电池组,所以采用直流电源可以保证对其供电的需要。

2. 供电电源的品质合格

除要求电源不中断外,为了保证计算机和自动控制系统的正常工作,供电电源的电压波动不得过大,电源频率应稳定,电压波形不应有大的畸变。不间断电源系统就是为满足上述要求而设置的。它是机组的交流保安电源设施之一,又称不停电电源,简称 UPS。

3. 不停电电源所带的负荷

不停电电源的负荷是指在机组运行期间以及停机(包括事故停机)过程中,甚至在停机以后的一段时间内,需要进行连续供电的负荷。这种负荷主要是:

(1)机组计算机系统电源。

(2)机组的热工保护联锁装置。

(3)汽机的电调装置。

(4)主要的热工测量仪表的电源。

(5)电气仪表的电源。

(6)远动装置变送器电源。

(7)某些电气控制电源。

(8)火灾报警系统。

(9)消防控制系统。

10.2　UPS 的结构与特性

不停电电源的主要元件有逆变器、静态开关、整流器、蓄电池、自动控制回路以及相应表计、切换开关。

10.2.1　UPS 结构

1. 整流器

UPS 装置内的整流电路作用是把来自工作电源的三相交流电源整流为直流电送至逆变器。

整流器的第二个作用是为专用蓄电池组充电。当 UPS 装置设有独立的蓄电池组时,正常运行中,整流器在给逆变器供电的同时还给蓄电池组充电,所以,整流电路应具有能进行浮充电和增压充电的功能。为了达到上述目的,UPS 装置内的整流电路采用三相桥式可控整流方式。这样可以更方便地自动调节输入逆变器的电压,使其保持稳定,有利于整套装置的稳定供电,同时也能满足各种充电方式的需要。

2. 逆变器

把直流电逆变成交流电的电路称为逆变电路,逆变电路又分两类,一类为有源逆变,另一类为无源逆变。

有源逆变是指逆变器的交流侧接到交流电源上,这样逆变器可把直流电逆变为同频率的交流电反送到电网去。

无源逆变的交流侧不与电网连接,而直接连到负载。它可把直流逆变为某一频率的交流电供给负载,不停电电源装置中应用的就属于无源逆变电路。

3. 静态开关

所有不停电电源装置的输出开关都必须采用静态开关,由于不停电电源失电时间要求不大于 5ms,也就是说工作开关与备用开关之间的切换时间不得大于 5ms。如果采用两台交流接触器进行切换,一般要 0.1～0.2s,而静态开关是由晶体管元件组成的,速度快,切换时负荷不受影响。

静态开关实际上就是一个由双向可控硅组成的无触点开关电路,每相由正、反向两个可控硅组成。如果在每个可控硅的控制极加上一定规律的控制信号,就可以使三相交流电的正半波和负半波都能通过,电路导通,也可以通过控制使其截止,电路关断,从而起到开关作用。

静态开关的可控硅元件在导通时有一定压降,会产生一定的功率损耗。为了减少损耗,有的装置在静态开关上并联一个交流接触器,运行中可以用它来消除可控硅管压降的影响,但它不能取代静态开关进行电路的切换。

4. 蓄电池

蓄电池是 UPS 用来作为储存电能的装置，它由若干个电池串联而成，其容量大小决定了其维持放电（供电）的时间。其主要功能是：①当市电正常时，将电能转换成化学能储存在电池内部；②当市电故障时，将化学能转换成电能提供给逆变器或负载。

5. 逆变器的基本原理

逆变器的基本原理如图 3-10-1 所示。

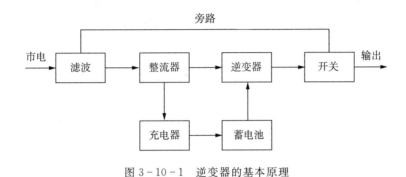

图 3-10-1 逆变器的基本原理

10.3 UPS 的运行及维护

10.3.1 UPS 的使用

要为 UPS 的运行提供较好的使用环境，在可能的情况下，尽量避免灰尘、油烟等侵入 UPS，以减少 UPS 因使用环境差而造成的故障。

在开关 UPS 时，要按照开关机的顺序来操作，即开机时为市电开、UPS 开、负载开，关机时为负载关、UPS 关、市电关。不要频繁开启 UPS，UPS 开启间隔应该保持在 5min 以上。

UPS 输出负载各回路中的空气开关、插座、接线等要确保接触良好。如出现打火现象，要及时处理或更换。

UPS 的输出不允许接感性负载（如空调、电动机、电钻等），尽量不要满载，甚至过载下运行。如果出现过载告警，要立即卸掉部分负载。

满载会影响 UPS 寿命。一般按照 UPS 额定功率的 50%～80% 来考虑负载的接入情况。过度轻载也不正确，一是浪费能源、资源，二是过度轻载也会影响 UPS 寿命。

定期（2～3 个月）清扫 UPS 的进风孔。用毛刷在机壳外对前面板的横条形进风孔和侧板小圆孔进行清扫，以利通风散热，保证 UPS 工作稳定。

UPS 的防磁能力也不是很好，所以不应把强磁性物体放在 UPS 上，否则会导致 UPS 工作不正常或损坏机器。

10.3.2 蓄电池的日常维护

定期检查蓄电池的状态，保持蓄电池室和电池容器、支架、外壳清洁。定期检查电池串联接线端子，使之接触良好，防止电流放电时产生打火和压降增大现象。

假若 UPS 在运行 2～3 个月很少发生停电或没有停电现象，建议进行核对性放电。将市电人为断开，放出电池容量的 30%～40%，然后再接入市电正常运行。

电池使用环境要求温度为 0℃～40℃，避免阳光直射并且保持清洁。

第 11 章 继电保护装置

11.1 继电保护及自动装置概述

11.1.1 继电保护的定义及分类

1. 继电保护的定义

当电力系统中的电力元件(如发电机、线路等)或电力系统本身发生了故障或发生危及其安全运行的事件时,需要向运行值班人员及时发出警告信号,或者直接向所控制的断路器发出跳闸命令,以终止这些事件发展的一种自动化措施和设备。实现这种自动化措施、用于保护电力元件的成套硬件设备,一般称为继电保护装置。

2. 继电保护在电力系统中的基本任务

当被保护的电力系统元件发生故障时,应该由该元件的继电保护装置迅速、准确地向脱离故障元件最近的断路器发出跳闸命令,使故障元件及时从电力系统中断开,以最大限度地减少对电力系统元件本身的损坏,降低对电力系统安全供电的影响,并满足电力系统的某些特定要求(如保持电力系统的暂态稳定性等)。

反映电气设备的不正常工作情况,并根据不正常工作情况和设备运行维护条件的不同(例如有无经常值班人员)发出信号,以便值班人员进行处理,或由装置自动地进行调整,或将那些继续运行会引起事故的电气设备予以切除。反映不正常工作情况的继电保护装置允许带一定的延时动作。

3. 对继电保护的四项基本要求

为使继电保护装置能更好地完成上述两项任务,应满足以下四项基本要求:可靠性、选择性、灵敏性和速动性。

4. 继电保护的分类

(1)按被保护的对象分类

线路保护、发电机保护、变压器保护、母线保护等。

(2)按保护原理分类

电流保护、电压保护、距离保护、差动保护、方向保护、零序保护等。

(3)按保护所反映故障类型分类

相间短路保护、接地故障保护、匝间短路保护、失步保护、失磁保护等。

(4)按保护所起的作用分类

主保护、后备保护、辅助保护等。

11.2　继电保护及自动装置的配置

11.2.1　35kV 垃圾发电厂线路保护配置

保护装置型号：CSC - 167T、CSI - 200E　NL：600/5A　NY：35000/100V

表 3 - 11 - 1　保护装置型号表

序号	保护名称	保护出口
1	光纤差动保护	跳开 3533 开关（或 3544 开关）
2	过流Ⅰ段保护	跳开 3533 开关（或 3544 开关）
3	过流Ⅱ段保护	跳开 3533 开关（或 3544 开关）
4	过流Ⅲ段保护	跳开 3533 开关（或 3544 开关）
5	低周减载保护	跳开 3503 开关及 1003 开关（或 3504 开关及 1004 开关）
6	低压减载保护	跳开 3503 开关及 1003 开关（或 3504 开关及 1004 开关）
7	重合闸	未投
8	过负荷保护	发告警信号，跳开 3533 开关（或 3544 开关）

11.2.2　♯3、♯4 发电机保护配置

差动保护型号：CSC - 326GD　NL：1500/5A　NY：10/0.1kV
后备保护型号：CSC - 306E　　NL：1500/5A　NY：10/0.1kV

表 3 - 11 - 2　保护装置型号表

序号	保护名称	保护出口
1	差动保护	跳 1030 开关（或 1040 开关），灭磁开关，关闭主汽门
2	过电压保护	跳 1030 开关（或 1040 开关），灭磁开关，关闭主汽门
3	定子接地保护	跳 1030 开关（或 1040 开关），灭磁开关，关闭主汽门
4	过负荷保护	发报警信号
5	反时限过流保护	跳 1030 开关（或 1040 开关），灭磁开关，关闭主汽门
6	失磁保护	跳 1030 开关（或 1040 开关），灭磁开关，关闭主汽门
7	复合电压过流保护	跳 1030 开关（或 1040 开关），灭磁开关，关闭主汽门
8	反时限负序过流保护	跳 1030 开关（或 1040 开关），灭磁开关，关闭主汽门
9	转子一点接地	发报警信号
10	转子两点接地	跳 1030 开关（或 1040 开关），灭磁开关，关闭主汽门
11	PT 断线	发 PT 控制回路断线报警信号
12	非电量保护	跳 1030 开关（或 1040 开关），灭磁开关

11.2.3 ♯3、♯4 主变压器保护配置

差动保护型号:CSC-326GD　NL:600/5A　1500/5A

高后备保护型号:CSC-326GH　NL:600/5A　NY:35/0.1kV

低后备保护型号:CSC-326GL　NL:1500/5A　NY:10/0.1kV

表 3-11-3　主变压器保护配置表

序号	保护名称	保护出品
1	差动保护	跳开 3503 开关及 1003 开关(或 3504 开关及 1004 开关)
2	高后备电流Ⅰ段保护	跳开 3503 开关及 1003 开关(或 3504 开关及 1004 开关)
3	高后备电流Ⅱ段保护	跳开母联 3532 开关
4	高后备电流Ⅲ段保护	跳开 3503 开关及 1003 开关(或 3504 开关及 1004 开关)
5	高后备过负荷保护	发告警信号
6	低后备电流Ⅰ段保护	跳开 3503 开关及 1003 开关(或 3504 开关及 1004 开关)
7	低后备电流Ⅱ段保护	跳开母联 1034 开关
8	低后备电流Ⅲ段保护	跳开 3503 开关及 1003 开关(或 3504 开关及 1004 开关)
9	低后备过负荷保护	发告警信号
10	油温高	跳开 3503 开关及 1003 开关(或 3504 开关及 1004 开关)

11.2.4 ♯3、4 机变,♯3、4 炉变,♯0 备用变压器保护配置

保护型号:CSC-1241C　NL:1500/5A　4000/5A　NY:10/0.1kV

表 3-11-4　备用变压器保护配置表

序号	保护名称	保护出口
1	过流保护	跳开故障厂用变高低压侧开关
2	零序保护	发告警信号
3	过负荷保护	发告警信号
4	低电压保护	跳开故障厂用变低压侧开关
5	温度高保护	跳开故障厂用变高低压侧开关

11.2.5 35kV 母联 3532 开关保护配置

保护型号:CSC-211M　NL:600/5A　NY:35/0.1kV

表 3 - 11 - 5　母联 3532 开关保护配置表

序号	保护名称	保护出口
1	过流保护	跳 35kV 母联开关
2	充电保护	跳 35kV 母联开关

11.2.6　10kV 母联 1034 开关保护配置

保护型号:CSC - 215　NL:1000/5A　NY:10/0.1kV

表 3 - 11 - 6　母联 1034 开关保护配置表

序号	保护名称	保护出口
1	过流保护	跳 10kV 母联开关

11.3　继电保护及自动装置的运行及异常处理

11.3.1　继电保护的运行

继电保护及自动装置的投入、退运及改变定值,属于调度管辖的设备必须得到值班调度员的许可,属于本厂管辖的设备由生产副总经理批准。

设备送电前应将保护及自动装置全部投入,禁止在无保护情况下将设备投入运行。

在继电保护回路上工作时,值班人员应做好安全隔离措施,以防误碰、误动、误试验运行中的设备。

发生事故时,值班人员应根据保护信号的动作情况判断事故性质,果断处理,并对保护动作情况详细记录。

继电保护和自动装置的运行条件(如温度、湿度、含尘率、振动值等)应符合制造厂技术条件的规定,当环境条件与规定不符合时应采取相应的措施进行处理。

值班人员对保护和自动装置的操作内容,主要为接通或断开压板、切换转换开关及装卸保险等工作。在操作保护压板时,应注意不得与相邻压板或盘面相碰,以防保护误动或造成直流接地。

直流电压不应低于额定值的 80%。

11.3.2　继电保护装置的检查

设备投入前应对所属继电保护及二次回路、自动装置等进行如下检查:

(1)各接头应牢固,插入式接点应接触良好,接线正确,信号齐全,设备完整清洁,传动动作正确。

(2)正常运行时,值班人员应对继电保护装置、设备每班检查一次。

(3)各继电器的外壳是否完整,整定值的位置是否有变动。

(4)仪表指示、信号指示应与实际运行情况相符。

(5)继电器的检查位置是否正确,有无卡住、变位、倾斜、烧灼以及有碍动作的故障。

(6)长期处于带电状态的继电器接点有无大的抖动或磨损,线圈附加电阻是否过热,各连接片应压接牢固,无异常音响、发热、冒烟及烧焦气味。

(7)接线端子是否有松脱、锈蚀现象。

(8)压板、切换片、转换开关的位置应与运行要求一致,接触良好。

(9)操作电源为直流电源时,应注意直流母线电压是否正常,自动开关是否跳闸。

(10)对于运行设备因故障将连接片断开,当再将连接片恢复投入前,必须用电压表(一般其内阻不应小于 $1M\Omega/V$)测量连接片两端无电压后再投入。

(11)运行中保护 PT 断线而不能及时恢复时,应将保护退出运行,以防误动作。

(12)保护装置各指示、仪表应完好、正确。

11.3.3 当设备发生异常及事故时,值班人员必须进行以下工作

(1)复归音响信号。

(2)检查 ECS 上显示报警记录。

(3)检查保护装置及重动箱的信号指示情况。

(4)检查断路器动作情况及位置指示是否正确。

(5)检查保护装置动作情况。

(6)继电保护动作后,应检查保护运行情况,并查明故障原因、故障出现的时间、故障性质,恢复送电前应将所有的掉牌信号全部复归,并记录在值班记录中。

(7)故障发生时,应查明系统出现了哪些不正常现象,如电压、负荷的急剧变化和异常音响等。

(8)运行中的继电保护和自动装置出现异常情况时,值班人员应采取果断措施,立即处理,并加强巡视和报告主管部门。

(9)在运行设备上进行工作时,只有在必须停用保护才能保证安全时(例如,工作时可能引起保护误动作的可能),方可允许停用保护,时间应尽量的短。雷雨或恶劣天气时严禁退出保护。

(10)如果要停用电源设备,如电压互感器或部分回路的熔断器等,必须考虑停用后的影响,以防停用后造成保护误动或拒动。

11.4 故障录波器

故障录波器用于电力系统,可在系统发生故障时自动、准确地记录故障前后过程的各种电气量的变化情况,通过对这些电气量的分析、比较,对分析处理事故、判断保护是否正确动作、提高电力系统安全运行水平有着重要作用。下面以 ZH-3B 嵌入式发电机变压器组动态记录装置为例进行分析。

11.4.1 故障录波器简介

1. 装置简介

ZH-3B嵌入式发电机变压器组动态记录装置是采用嵌入式图形系统，以及数字信号处理器（DSP）与32位嵌入式中央处理器（CPU），结合高性能的嵌入式实时操作系统而设计的。装置采用了全嵌入式设计，使用了嵌入式图形操作系统、最新的DSP技术、大规模现场可编程门阵列（FPGA）技术、嵌入式实时操作系统技术、网络通信技术，并结合了电力系统的最新发展，特别是嵌入式图形操作系统的使用，大大提高了装置的可靠性和稳定性。

本装置主要由DSP插件、CPU插件、液晶屏和信号变送器等组成，可以满足96路模拟量和256路开关量的接入。内置1000Hz的连续记录功能，也可以选配独立的连续记录插件，可实现高达5000Hz的连续记录功能。

2. 系统结构示意图

系统结构示意图如图3-11-1所示。

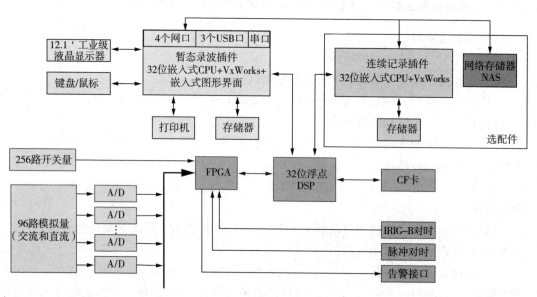

图3-11-1　系统结构示意图

3. 日常维护、性能检测

（1）在日常巡视时，目测正面指示灯是否正常。

（2）正常状态下，"运行"灯闪烁，"故障"灯熄灭。

（3）装置启动录波时，"录波"灯亮，录波复归后，"录波"灯熄灭。

（4）如果装置连接了全球定位系统（GPS），则收到对时信号时，对时指示灯会闪烁。

4. 预防性维护

（1）维护项目

电源插件检查及更换。

（2）维修要求

注意用电安全。身体接触电子插件之前应释放静电，并佩戴防静电手环。

(3)维修频度

5 年为一个周期,视装置运行情况和运行环境而定,可以适当提前或推迟。

5. 维修步骤

所有部件采用模块化设计,更换部件时,仅需要松开该模块紧固螺丝,向外拔出插件即可。然后插入新模块,紧固固定螺丝即可完成工作。

6. 停运设备的维护

设备停运期间应保持环境温度为 $-5℃～+45℃$,相对湿度为不超过 75%,无凝露。大气压力在 68~108kPa。保持环境干燥,无扬尘,无腐蚀性气体。

11.4.2　故障诊断与处理

1. 用户或密码错误

可能的故障原因:不知道或忘记密码。

故障排除的操作步骤:本装置内置一个管理员用户,用户名为"zyhdadm",出厂密码为空白(即在密码框什么都不用输入)。使用该用户登录后,可修改其他用户的密码。如果该用户无法登录,应联系售后服务人员处理。

2. 频繁启动录波

可能的故障原因:定值设置不合理。

故障排除的操作步骤:

(1)在主界面下部的"最近录波"列表中仔细查看每个录波数据的启动原因。

(2)根据启动原因,向录波装置管理部门汇报相关情况,并申请适当地调整对应的定值。

备注:如果需要修改定值,且装置长期处于录波状态,必须首先在"调试"菜单选择"禁止录波",装置自动停止录波 5min,在此段时间内修改完定值。5min 后定值自动恢复启用,或执行菜单"允许录波"。

3. 不能启动录波

可能的故障原因:定值未投入;信号未接入;硬件故障。

故障排除的操作步骤:

(1)按下前面板的"录波"按钮,人工启动录波。

(2)点击"查看录波",检查定值是否投入。

(3)打开第一步所录波形,检查接入信号是否正常,如果波形不正常,请检查外部接线是否正确(使用万用表测量端子排输入端是否正常,重新拧紧接入插件上的 D 型头)。

(4)外部问题排除后,故障仍不能消失,则可能是接入插件或变送器故障,请联系供应商。

4. 液晶屏幕无显示

可能的故障原因:屏幕保护、自动熄屏。

故障排除的操作步骤:移动鼠标或按下"录波"按钮,屏幕重新点亮。如果依然不亮,请联系供应商。

5. 告警信号或光字牌异常

可能的故障原因：告警回路故障；录波告警信号设置为自动或人工复归。

故障排除的操作步骤：

（1）请根据图纸从录波装置的输出端子开始，使用万用表的电压档逐级检查告警回路。

（2）如果录波装置的信号输出端子信号异常，请通知售后服务人员。

（3）录波告警信号通常是自动复归，也可设置为人工复归。无论如何设置，按下"复归"按钮总是可以复归该信号。若仍然异常，请通知售后服务人员处理。

第四部分　热控专业

第 1 章 专业术语

热控专业全称为热工监测与控制技术专业。如果把火力发电厂比作一个人的话,机务专业相当于人的躯干,电气专业相当于人的动、静脉,热控专业则相当于人的大脑和神经系统。热控专业负责确保热力系统中温度、压力、流量、液位、转速、振动、位移、功率、化学成分等测量信号有效传递至 DCS 系统,并接受运行操作人员对热力系统参数调整的需求,将所有的信号、参数经过既定的控制逻辑进行运算,输出控制指令操纵热力系统各设备的运转,使得发电厂各系统和设备协调、高效、安全、经济地运行。热控专业在电厂运行中具有重要意义,本章节就与运行人员日常工作紧密相连的热控系统的相关知识做简要介绍。

电厂运行主要接触到的热控系统和部件的英文名称、缩写及中文释义如表 4-1-1 所列。

表 4-1-1 热控系统和部件的英文名称

缩 写	英文全称	中文释义
DCS	Distributed Control System	分散控制系统
FSSS	Furnace Safeguard Supervisory System	锅炉炉膛安全监控系统
DEH	Digital Electric Hydraulic Control System	汽轮机数字电液控制系统
ETS	Emergency Trip System	汽轮机紧急跳闸系统
TSI	Turbine Supervisory Instrumentation	汽轮机安全监视系统
ECS	Electric Control System	电气控制系统
SIS	Supervisory Information System	厂级监控系统
DAS	Data Acquisition System	数据采集系统
CCS	Coordinated Control System	协调控制系统
MCS	Modulating Control System	模拟量控制系统
SCS	Sequence Control System	顺序控制系统
EMS	Energy Management System	能量管理系统
ACC	Automatic Combustion Control	自动燃烧控制
AGC	Automatic Generation Control	自动发电控制
ATC	Automatic Turbine Control	汽轮机自动(启停)控制
AST	Automatic Stop Trip	自动停机跳闸

（续表）

缩　写	英文全称	中文释义
OPC	Overspeed Protection Controller	超速保护控制
MFT	Main Fuel Trip	主燃料跳闸
OFT	Oil Fuel Trip	燃油跳闸
SOE	Sequence Of Events	时间顺序记录
FCB	Fast Cut Back	快速甩负荷
RB	Run Back	（辅机故障）快速减负荷
BF	Boiler Follow	锅炉跟踪
TF	Turbine Follow	汽机跟踪
PID	Proportional Integral Derivative	比例-积分-微分

第2章　DCS介绍

2.1　DCS概述

分散控制系统(Distributed Control Systems,DCS),又称为集散控制系统,即所谓的分布式集中控制。它的特点是以多层计算机网络为依托,以多台微处理机为控制核心形成子系统,将分布在全厂各处的多种控制设备连接在一起,达到控制功能分散、风险分散、显示操作集中、各系统数据共享,兼顾分而自治和综合协调的设计原则,实现火电机组的数据采集系统(DAS)、模拟量控制系统(MCS)、顺序控制系统(SCS)、协调控制系统(CCS)等功能。

DCS在新能源垃圾焚烧发电企业中被广泛应用,结合垃圾焚烧发电的特点,规划和设计新能源垃圾焚烧发电全厂DCS的独有构架。以典型的两炉两机母管制垃圾焚烧发电厂为例,其DCS总体结构一般如图4-2-1所示。

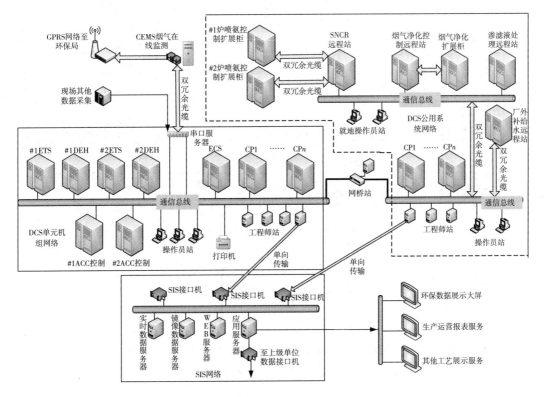

图4-2-1　DCS总体结构

2.2　DCS 结构及基本原理

DCS 按控制功能分为 DAS、MCS、SCS 三大类，其包含 FSSS、DEH、ETS、ECS 以及各设备的自动、保护、联锁功能等。DCS 的硬件主要由上位机系统、高速数据总线、分散控制单元组成。上位机系统主要由数据服务器、操作员站、历史数据站组成；高速数据总线一般为冗余配置，具备多种通信协议的接口；分散控制单元则由冗余配置的控制器和多种 I/O 模块、通信模块组成。典型的 DCS 硬件结构如图 4-2-2 所示。

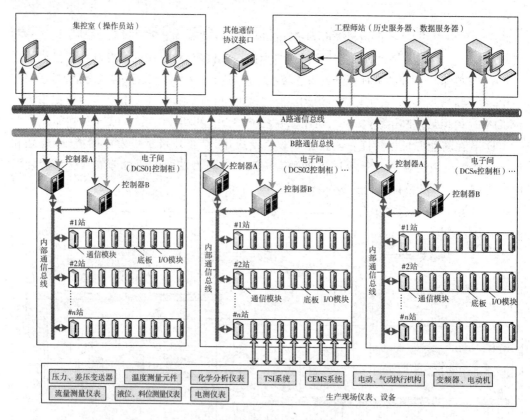

图 4-2-2　DCS 硬件结构

2.3　DCS 逻辑介绍

在 DCS 中，控制逻辑具有十分重要的意义，理解控制逻辑不仅能帮助运行人员了解设备运行方式，也能在设备故障时第一时间确定故障原因，为后续应急处理提供明确的方向。

DCS 的控制逻辑主要有如下三类：

(1)数据采集系统(DAS)相关控制逻辑。它的主要功能是实现数据的采集,并将采集来的数字量按照既定的量程和计算公式转换成工程量,同时还对某些特殊的数据进行补偿、校正、限幅、滤波、延时等控制和处理。发电厂中常见的 DAS 相关逻辑主要有流量孔板的差压值转换为流量值、热电偶测温的冷端补偿、修正因安装高度落差导致的压力测量、蒸汽流量的温度和压力补偿等。

(2)顺序控制系统(SCS)相关控制逻辑。SCS 是一组存在因果关系逻辑的控制程序的集合,它的控制对象一般为一个子系统或多个相互关联的设备,以某一条件成为程序开始执行的条件,执行过程中会对多个系统参数进行比较和判断,并以比较和判断的结果为条件执行各分支程序,发出控制指令,操纵各设备按照既定的逻辑运作。垃圾焚烧发电厂中常见的 SCS 相关逻辑主要有锅炉布袋除尘器喷吹顺控、脉冲吹灰顺控、膜处理机组启停顺控、飞灰固化顺控、蒸汽吹灰顺控等。需要注意的是,联锁、保护逻辑也是 SCS 逻辑的重要组成部分。

(3)模拟量控制系统(MCS)相关逻辑。顾名思义,模拟量控制逻辑所要控制和调整的对象主要为模拟量,如流量、水位、频率、压力、温度等,其主要表现形式为 PID 调节、分段函数、周期递进或递减等。该逻辑一般会由操作员为控制对象设定一个给定值,程序将给定值和实际参数反馈做偏差运算,根据偏差大小通过比例、积分或微分计算,输出控制指令至相应设备,使得被控变量与给定值的偏差减小到一定的允许范围内。对于垃圾焚烧发电厂来说,锅炉 ACC 调节、汽包水位三冲量调节等都属于 MCS,其他诸如主汽温度控制、轴封压力调节、炉膛压力控制等也都属于此范畴。

2.3.1 DCS 常用逻辑符号

DCS 的控制逻辑一般是由多个功能各异的逻辑控制块组成的程序集合,除 DCS 厂商自定义或自行开发的扩展功能块或函数外,组成控制逻辑的主要基本模块如表4-2-1所示。

表 4-2-1 DCS 常用逻辑符号

名　称	符　号	说　明
与	A —[&]— Y B	只有当输入 A 和 B 的值均为"1"时,输出 Y 才为"1",其他情况下,输出 Y 均为"0"
或	A —[≥1]— Y B	只有当输入 A 和 B 的值均为"0"时,输出 Y 才为"0",其他情况下,输出 Y 均为"1"
非	A —[1]o— Y	当输入 A 的值为"0"时,输出 Y 的值为"1";当输入 A 的值为"1"时,输出 Y 的值为"0";Y 的值总是与 A 的值相反

（续表）

名　称	符　号	说　明
异或	A ── [=1] ── Y　B ──	当输入 A 和 B 的值相同时,输出 Y 为"0";当输入 A 和 B 的值不同时,输出 Y 为"1"
RS 触发器（复位优先）	S ── [=1] ── Y　R ──	当输入 S 由"0"变为"1",且不论后续的 S 的值如何变化,输出 Y 均为"1";任何情况下,无论输入 S 的值如何变化,当输入 R 的值为"1"时,输出 Y 总是被置"0"
三取二	A ── [≥2] ── Y　B ──　C ──	当输入 A、B、C 中任意两路或两路以上的值为"1"时,输入 Y 的值为"1";否则,输出 Y 为"0"
单脉冲	A ── [⊓ t] ── Y	当输入 A 的值由"0"变为"1"时,输出 Y 的值由"0"变为"1",并持续 t 秒
连续脉冲	A ── [⊓⊓ t] ── Y	当输入 A 的值由"0"变为"1"时,输出 Y 的值为连续的、宽度为 t 秒的脉冲信号,直到输出 A 的值由"1"变为"0",输出 Y 的值才会回到"0"
启动延时	A ── [TD_on] ── Y　t ──	当输入 A 的值由"0"变为"1"时,输出 Y 的值在经过 t 秒延时后,才变为"1"
关闭延时	A ── [TD_off] ── Y　t ──	当输入 A 的值由"1"变为"0"时,输出 Y 的值在经过 t 秒延时后,才变为"0"

2.3.2　垃圾焚烧发电厂典型 DCS 控制逻辑

1. 汽包水位三冲量调节

垃圾焚烧发电厂采用的余热锅炉基本为汽包炉,汽包水位是锅炉生产过程的主要工艺指标,同时也是保证锅炉安全运行的主要条件之一。汽包水位过高,使蒸汽产生带液现象,不仅降低蒸汽的产量和质量,而且还会使过热器结垢,或使汽轮机叶片损坏;当汽包水位过低时,轻则影响水汽平衡,重则烧干锅炉,若是后续处理不当,贸然进水,还会导致锅炉受热面大面积爆管,带来不可估量的经济损失。所以锅炉水位是一个极为重要的被控变量。在具体工艺生产过程中,常常由于蒸汽负荷的波动和给水流量的变化打破汽包内的平衡状态,对汽包水位造成干扰,最终导致"假液位"。所谓"冲量"实际就是变量,多冲量控制中的冲量,是指引入系统的测量信号。在锅炉控制中,主要冲量是水位。辅助冲量是蒸汽负荷和给水流量,它们是为了提高控制品质而引入的。

目前新能源公司下属各垃圾焚烧发电项目对于锅炉汽包水位均采用了"三冲量调节"方式,即调节系统利用汽包水位、蒸汽流量、给水流量三个参数进行液位调节,其广泛使用的控制策略为:汽包水位为主参数,给水流量和蒸汽流量为副参数构成串级回路。它的基本原理如图 4-2-3 所示。

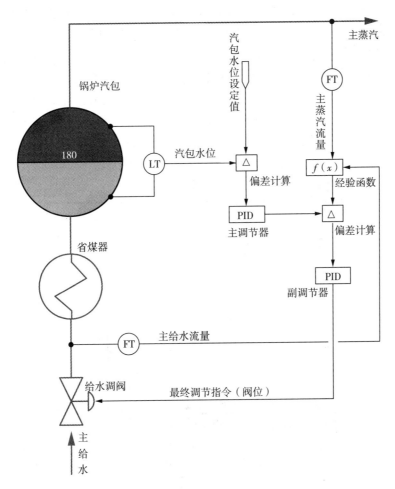

图 4-2-3　汽包水位三冲量调节原理

在该调节系统中,主要冲量是水位,辅助冲量是主蒸汽流量和给水流量。汽包水位为主变量,也是被控变量,它是反映锅炉汽包工作状态的主要工艺指标,也是保证锅炉安全工作的必要指标。蒸汽流量信号的引入,是为了克服蒸汽流量的波动对汽包液位的影响,并有效地克服由于假液位现象引起的控制系统误动作。给水流量为副变量,引入该变量的目的是利用串级控制系统中副回路克服干扰的快速性来及时克服给水压力变化对汽包液位的影响。锅炉汽包水位控制方案有很多种,实际应用中可根据每台锅炉的特性及实际工况确定汽包水位调节策略。

2. 蒸汽温度控制

蒸汽温度控制是通过维持过热器出口蒸汽温度在允许的范围之内,保护过热器,使其管壁温度不超过允许的工作温度。它是检验锅炉运行质量的重要指标之一,在火电厂机组控制中,主蒸汽温度是一个非常重要的被控参数,是提高电厂经济效益、保证机组安全运行不可缺少的环节之一。

在蒸汽温度控制系统中,影响蒸汽温度的扰动因素主要有三个:减温水量、蒸汽流量、烟气传热量。这三个参数对蒸汽温度的扰动都具有惯性和延迟性。为克服蒸汽温度控制中的扰动,提高调节品质,发电厂主汽温度控制方法一般分为串级汽温控制、分段汽温控制、相位补偿汽温控制及导前微分信号的双冲量汽温控制等。基于垃圾焚烧锅炉多选用汽包炉的特性,主汽温度控制方式一般采用导前微分信号的双冲量汽温控制系统,这种系统结构特点是只用一个调节器,调节器的输入取了两个信号,一个是主汽温度信号,另一个是减温器后的温度经过微分器后送入调节器的信号。在时间相位上,后一个信号超前于主信号(即主汽温度),因为该系统由两个信号直接送入到调节器,所以称为导前微分信号的双冲量汽温控制,其基本原理如图4-2-4所示。

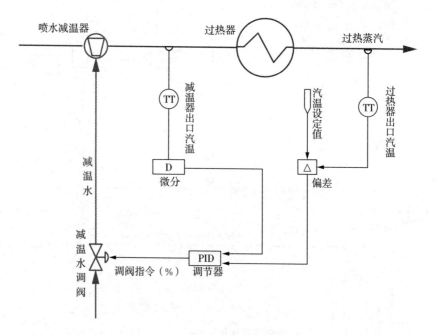

图4-2-4 蒸汽温度控制原理

由图4-2-4可知,加入导前微分环节后,调节器的提前动作使得汽温动态偏差得以大幅度减小,可以有效地减小阀门开度或减温水扰动下蒸汽温度的动态偏差,且不像反馈控制那样根据被调量偏差反复调节,因而可以减小控制系统的调节过程时间。

第 3 章 ACC 系统介绍

3.1 ACC 系统概述

ACC,即 Automatic Combustion Control,也就是自动燃烧控制,该系统实现了垃圾入炉燃烧、助燃风量合理配比、各级炉排协调运作乃至锅炉负荷按需调整等燃烧过程各级工艺的控制,是垃圾发电工艺流程的重要组成部分。ACC 的控制目标为:确保锅炉主蒸汽产汽量和垃圾供应的稳定化、热灼减量最小化以及降低污染因子的排放,以符合国家标准《生活垃圾焚烧污染控制标准》(GB 18485—2014)的要求。

3.2 ACC 系统硬件组成

作为 DCS 的组成部分,ACC 系统相关控制逻辑在 DCS 控制器中进行组态(根据项目实际需求,也可采用独立的 PLC 控制),控制画面整合在锅炉主画面中,方便运行人员的操作。参与 ACC 的现场设备主要为一次风机、二次风机、推料器液压执行器、各级炉排液压执行器、锅炉出渣机、各级炉排一次风挡板执行器、锅炉二次风执行器、主燃烧器、辅燃烧器等;参与 ACC 的现场仪表主要为一次风量、二次风量、各级炉排风量、推料器线性反馈、各级炉排末端位置反馈、余热锅炉出口氧量、垃圾料层差压、炉膛各层温度、炉排上部温度、炉膛压力、主蒸汽流量等。

3.3 ACC 系统基本控制原理

ACC 系统以入炉垃圾热值和锅炉出口需求蒸汽量为主要设定参数,计算出焚烧炉入炉垃圾需求量,根据入炉垃圾需求量和炉排垃圾层厚度去控制推料器和各级炉排的推料速度;同时,目标蒸汽量所需热值经过经验公式的转换,可计算出稳定燃烧所需风量,再结合过量空气系数的设定,并通过将风量需求合理分配到各级炉排的一次风量上来完成燃料配风的过程。为更加环保、高效地控制燃烧过程,ACC 系统还对一次风温、二次风温、炉膛氧量、炉膛负压进行控制。ACC 系统的基本控制框架如图 4-3-1 所示。

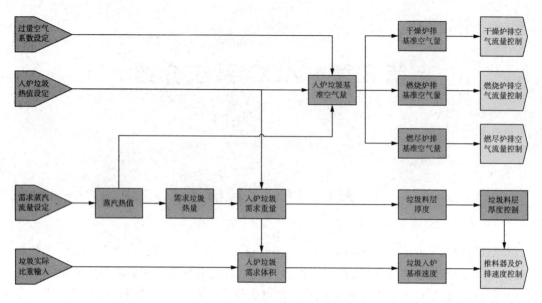

图 4-3-1　ACC 系统控制架构

ACC 系统的控制方式有三种,分别为级联模式、自动模式、手动模式。在级联模式下,操作员只需对入炉垃圾热值、需求蒸汽流量、过量空气系统进行设置或调整,后续所有控制环节均由系统自动完成;在自动模式下,操作员需要对每一个控制环节的给定值进行设定,再由系统完成对应设备的自动控制;在手动模式下,操作员直接在 DCS 画面上点对点操作设备的启停运转,此种模式一般用于焚烧炉启停过程或是故障处理状态下。ACC 系统的入炉垃圾热值的给定值实际应为经验估算值,一般根据焚烧炉前 6 小时入炉垃圾热值(反向计算)的平均值加上偏置得来。

ACC 系统主要由以下子调节系统组成:

(1)主蒸汽流量控制系统。

(2)炉排风量控制系统,包括干燥炉排、燃烧炉排、燃尽炉排。

(3)垃圾料层厚度控制系统。

(4)燃尽炉排上部温度控制系统。

(5)推料器速度控制系统。

(6)炉排速度控制系统,包括干燥炉排、燃烧炉排、燃尽炉排。

(7)炉膛两秒后温度计算。

(8)锅炉出口氧浓度控制系统。

(9)炉温控制系统。

(10)二次风量控制系统。

3.3.1　主蒸汽流量控制系统

主蒸汽流量控制系统的基本原理如图 4-3-2 所示。

由图 4-3-2 可知,主蒸汽流量实测值在经过温度、压力补偿后减去焚烧炉助燃热值

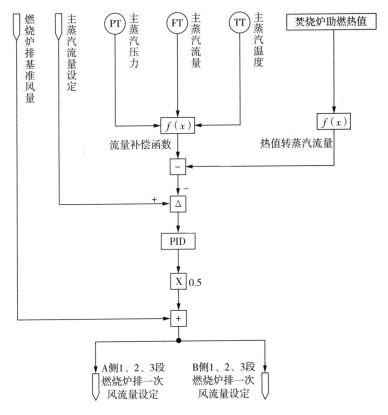

图 4-3-2　主蒸汽流量控制系统的基本原理

所对应的蒸汽量,得出焚烧垃圾所产生的蒸汽量,该值与操作员设定的需求蒸汽量的偏差送入调节器进行运算,运算的结果在燃烧炉排基准风量的基础上进行调整,最终送至燃烧炉排各段一次风调节系统作为级联设定值。该控制逻辑中,燃烧炉排基准风量来自图 4-3-1 中的"燃烧炉排基准空气量"。需要注意的是,控制和改变燃烧炉排的风量是改变需求蒸汽量的最直接手段,但是当需求蒸汽量改变后,相应的炉排速度也会发生改变,也即入炉垃圾量发生改变。因此,在 ACC 系统中,无论是级联模式还是自动模式,所有风量和炉排速度设定值的改变都应遵循燃料和助燃空气量协调配比,确保燃烧充分的原则,这里不再赘述。

3.3.2　燃烧炉排风量控制系统

　　燃烧炉排风量控制与干燥炉排风量控制逻辑基本一致,以燃烧炉排风量控制为例,燃烧炉排风量控制系统的基本原理如图 4-3-3 所示。

　　在燃烧炉排风量控制系统中,设定值有两路,一是图 4-3-2 中最终输出的风量设定级联指令,二是操作员手动设定的风量指令,可通过"级联/自动"模式开关进行切换。燃烧炉排风量平衡系数需要手动设定,设定范围为 0～1,有效范围为该段 A、B 两侧,计算函数输出值为本段设定值/各段设定值之和。图 4-3-3 中"炉排两侧垃圾料层偏差系数"来自垃圾料层厚度控制系统。

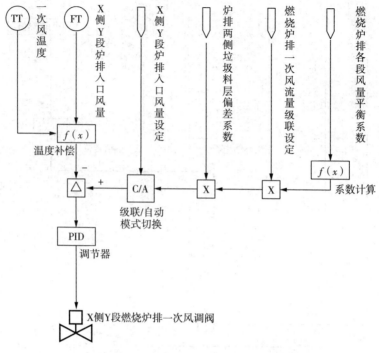

图 4-3-3　燃烧炉排风量控制系统的基本原理

3.3.3　燃尽段炉排风量控制系统

燃尽段炉排风量控制系统的基本原理如图 4-3-4 所示。

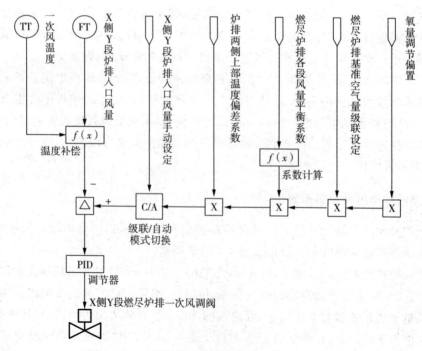

图 4-3-4　燃尽段炉排风量控制系统的基本原理

燃尽炉排风量控制的级联设定值来源于图4-3-1中的"燃尽炉排基准空气量",并经过氧量和燃尽段上部温度的修正。风量平衡系数需要手动设定,设定范围为0~1,有效范围为该段A、B两侧,计算函数输出值为本段设定值/各段设定值之和。图4-3-4中"氧量调节偏置"和"炉排两侧上部温度偏差系数"分别来源于氧量控制系统和燃尽炉排上部温度控制系统。

3.3.4　垃圾料层厚度控制系统

垃圾料层厚度控制系统的基本原理如图4-3-5所示。

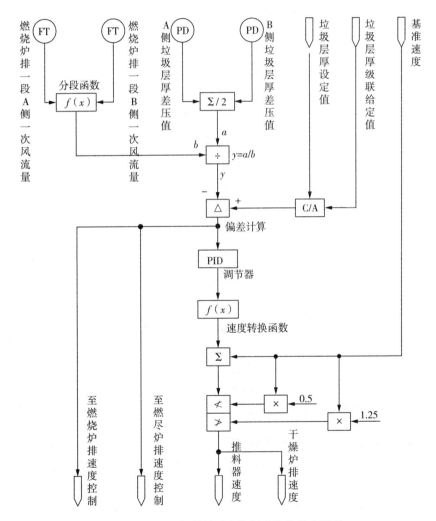

图4-3-5　垃圾料层厚度控制系统的基本原理

由图4-3-5可知,垃圾料层厚度是由垃圾料层差压值(即燃烧炉排上下层差压实测值)除以燃烧炉排一次风流量对应垃圾层厚度特征值的分段函数得来,该分段函数实际为经验函数,需现场调试得出。垃圾层厚级联给定值由图4-3-1中"垃圾料层厚度"得来,也可由操作员通过"级联/自动"模式切换后自行设定。垃圾料层厚度控制的输出将直接影响推料器速度和干燥炉排的速度。

垃圾料层厚度控制逻辑中还包含对干燥炉排和燃烧炉排 A、B 侧风量的微调,以确保炉排助燃风量可满足垃圾料层厚度(即入炉垃圾量)的配比需求。

垃圾料层左右侧偏差计算逻辑如图 4-3-6 所示。

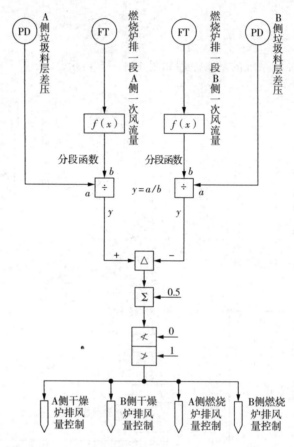

图 4-3-6　垃圾料层左右侧偏差计算逻辑

3.3.5　燃尽炉排上部温度控制系统

通过测量燃尽炉排上部的温度来监测燃尽炉排上未燃烧的垃圾,并根据温度来调节燃尽炉排的速度,同时它也平衡进入燃尽炉排的空气流量,使得炉排两侧温度一致。当燃尽炉排上有还未燃烧的垃圾时,燃尽炉排上的温度将上升,此时温度控制的输出将使燃尽炉排减速以获得燃尽所需的足够的时间,并增加进入燃尽炉排的空气流量,使得垃圾热灼减率控制在 5% 以下。因此,燃尽炉排上部温度控制实际功能为垃圾燃烧后的热灼减量最小化控制。其基本原理如图 4-3-7 所示。

图 4-3-7 中,需求垃圾量来源于图 4-3-1 中的"入炉垃圾需求重量",为级联给定值;图 4-3-7 中经验函数为垃圾量与燃尽炉排上部温度的转换函数,是由现场调试确定的分段函数关系。

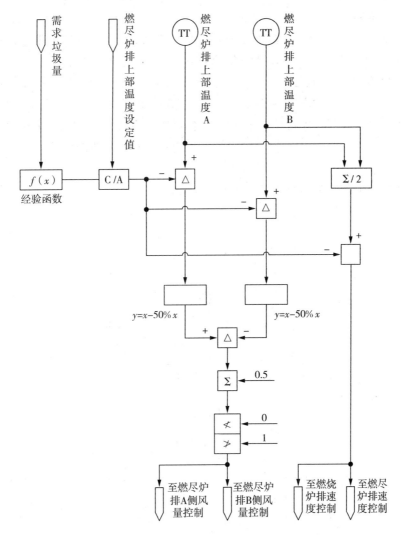

图 4-3-7 燃尽炉排上部温度控制系统的基本原理

3.3.6 推料器速度控制系统

垃圾焚烧炉的推料器由液压驱动,布置在锅炉前墙,垃圾进料口的下方,是控制焚烧炉入炉垃圾量的最主要设备。同时,为确保入炉垃圾在炉排上部均匀分布,要求所有的推料器动作必须同步,除了特殊情况(故障或燃烧不均的),推料器前进和后退的速度及位置都是保持一致的。

推料器的控制方式有两种,一是位置控制方式,二是速度控制方式。位置控制方式只能工作在级联模式中。推料器速度的基准值来源于垃圾层厚度控制系统的输出指令,在经过速度平衡系数和操作员速度设定偏置的修正后,该参数将被转换为推料器速度对应推料器位置并随着系统时间叠加的位置指令,例如:在推料器开始运行的第一个系统扫描周期,推料器在位置 A,此时速度指令为 s1,则第二个系统扫描周期(间隔时间为 t1)

推料器位置指令 B1 的值为:B=A+(s1×t1),第三个扫描周期时速度指令改变为 s2(间隔时间为 t2),推料器位置指令 B2 的值为:B2=A+(s1×t1)+(s2×t2),以此类推。该位置指令与推料器实际位置反馈进行偏差运算后输入调节器,输出至推料器的液压系统流量比例调节阀改变液压驱动装置的流量,从而动态地调整推料器速度。速度控制方式在级联模式和自动模式下均可投入,通过级联/自动模式的切换,流量控制方式的设定值可在垃圾料层厚度控制系统指令与操作员设定值之间切换,再通过"推料器速度—流量比例阀开度"转换函数(该函数需经过现场调试,当推料器或控制油路检修后,应根据该函数对推料器进行调整),输出控制指令至推料器的液压系统的流量比例调节阀。

推料器控制系统的基本原理如图 4-3-8 所示。

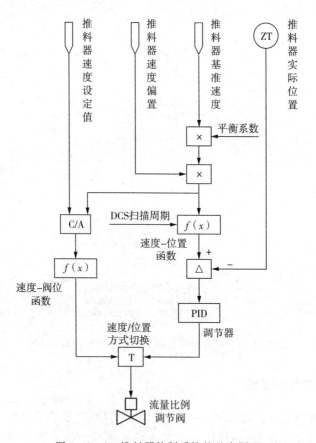

图 4-3-8　推料器控制系统的基本原理

3.3.7　干燥炉排速度控制系统

除推料器外,干燥炉排、燃烧炉排、燃尽炉排的运动速度都是固定的,对炉排速度的控制实际是对炉排的每一个运行周期的控制,以干燥炉排为例,假设干燥炉排往复一个来回的时间固定为 50s,而操作员设定干燥炉排的运行周期为 500s,则干燥炉排在运行 50s 后将等待 450s,直至下一个运行周期的开始。由图 4-3-5 可知,干燥炉排基准速度与推料器基准速度均来源于垃圾料层厚度控制系统的输出,干燥炉排在配合推料器完成入炉垃圾的量控制的同时,也对炉膛左右侧垃圾层厚度进行调整,确保将垃圾因体积不均导致两侧料层厚度不均或燃烧不均的影响控制在可以接受的范围之内。

干燥炉排速度控制系统的基本原理如图4-3-9所示。

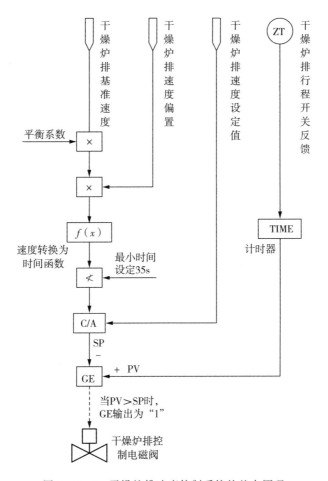

图4-3-9 干燥炉排速度控制系统的基本原理

3.3.8 燃烧炉排速度控制系统

燃烧炉排控制系统的基准速度来源于图4-3-1中"垃圾入炉基准速度",通过垃圾料层厚度偏差系数和燃尽端上部温度偏差系数的修正,得出燃烧段炉排速度级联指令,速度指令经过函数转换为燃烧段炉排时间指令对炉排运行周期进行控制。在运行中,当锅炉实际主蒸汽流量小于主蒸汽流量设定值达到设定值的10%及以上时,逻辑中会将燃烧炉排时间指令强制设定为35s,并保持该指令120s,以炉排的快速推动加强垃圾层的扰动,增加燃烧速度使得短时间内提高垃圾燃烧的热量。燃尽段炉排速度控制的原理和燃烧段炉排速度控制的原理基本相同,这里不再赘述。燃烧段炉排速度控制系统的原理如图4-3-10所示。

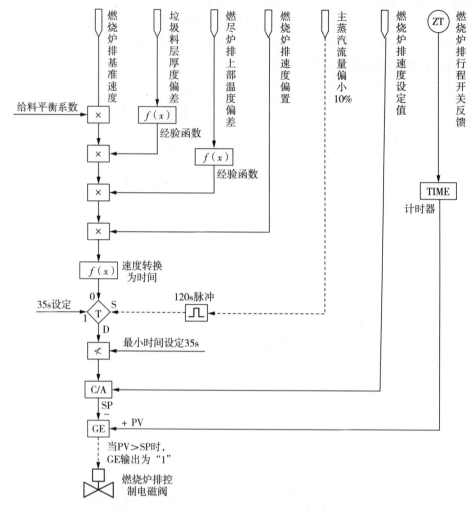

图 4-3-10　燃烧段炉排速度控制系统的原理

3.3.9　炉膛两秒后温度(TR)计算

任何燃烧过程或多或少均会产生二噁英(PCDDs),控制垃圾焚烧线二噁英生成的措施主要有以下几种:

(1)控制来源。采用分选和破碎等预处理技术,减少氯源和金属催化剂等进入炉内,保证垃圾在炉内能充分、稳定地燃烧。

(2)减少焚烧炉内高温生成二噁英。焚烧炉炉膛应满足垃圾完全燃烧的条件,即燃烧温度不低于850℃、烟气停留时间不少于2s、保持充分的气固湍动程度以及适度过量的空气量,使烟气中 O_2 的浓度维持在6%～9%。因此,使生活垃圾中原有二噁英在炉内充分分解,同时避免氯苯及氯酚等二噁英前驱物的生成。

(3)降低燃后区低温再生成。改善焚烧工艺减少生成二噁英类物质的前驱体物质,减少飞灰在设备表面的沉积,从而减少二噁英类物质生成所需要的催化剂和载体等。

（4）提高尾气净化效率。二噁英主要以颗粒状态存在于烟气中或者吸附在飞灰颗粒上，因此必须严格控制粉尘的排放量，提高尾气净化效率。

针对上述途经的第二条，保持 2s，应对其进行有效测量和计算。焚烧炉炉膛区域定义和温度测点分布如图 4-3-11 所示。

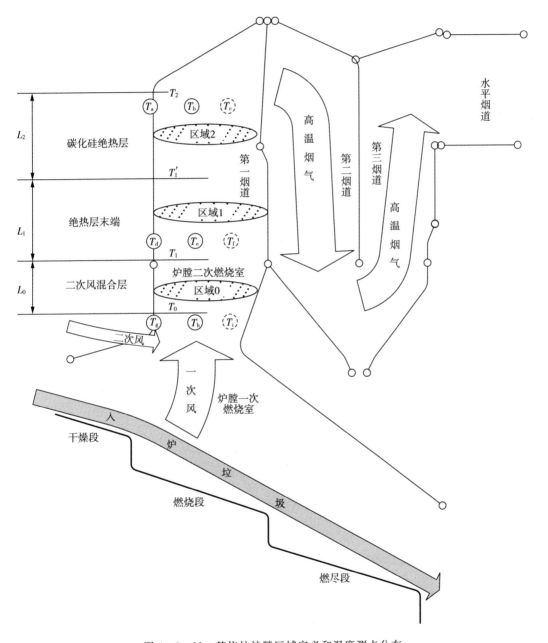

图 4-3-11　焚烧炉炉膛区域定义和温度测点分布

从图 4-3-11 可见，焚烧炉及第一烟道共安装了 9 支热电偶温度元件，依次为 T_a，T_b，…，T_h，T_i。每一层 3 支，分别装设在锅炉前墙、左侧墙、右侧墙。T_g、T_h、T_i 位于焚烧炉二次风入口的上方，T_d、T_e、T_f 位于焚烧炉炉膛二次燃烧室与余热锅炉第一烟道交界处(焚烧炉水冷壁内侧保温为硅酸盐耐火砖,第一烟道水冷壁内侧保温为碳化硅材料),T_a、T_b、T_c 位于第一烟道顶部,T_g、T_h、T_i 为炉膛二次燃烧室入口烟气温度监视测点,不参与任何计算。

参与计算 T_R 的测温元件为 T_a、T_b、T_c 及 T_d、T_e、T_f,参数 T_1 由 T_d、T_e、T_f 所测得温度取中间值得来,参数 T_2 由 T_a、T_b、T_c 所测得的温度取中间值得来,烟气流量参数可以用一次风流量加上二次风流量得来。区域 0、1、2 的通流截面积由锅炉厂提供,区域 1、区域 2 有效管表面率(H_S)定义为:区域内水冷壁炉管受热面积与该区域炉管表面总面积之比的百分数,该参数由锅炉厂提供。区域 0、1、2 的实际高度 L_0、L_1、L_2 由锅炉厂提供。

T_R 计算过程如下:

步序 1　区域 0 相关参数计算

● 区域 0 烟气流速 V_0:

$$V_0 = F_g \times \frac{273 + T_1}{273} \div 3600 \div A_0$$

式中:F_g——焚烧炉烟气流量($N \cdot m^3/h$);

　　A_0——区域 0 流通截面(m^2);

　　T_1——烟气温度,由 T_d、T_e、T_f 三点温度取中间值得来。

● 烟气在区域 0 中停留时间 t_0:

$$t_0 = L_0 \div V_0$$

式中:L_0——区域 0 的实际高度(m)。

步序 2　区域 1 相关参数计算

● 区域 1 烟气出口处温度 T_1':

$$T_1' = T_2 + \frac{H_{S2}}{H_{S1} + H_{S2}} \times (T_1 - T_2)$$

式中:H_{S1}——区域 1 有效管表面率;

　　H_{S2}——区域 2 有效管表面率;

　　T_2——烟气温度,由 T_a、T_b、T_c 三点温度取中间值得来。

● 区域 1 烟气流速 V_1:

$$V_1 = F_g \times \frac{273 + \frac{1}{2}(T_1 + T_1')}{273} \div 3600 \div A_1$$

式中:F_g——焚烧炉烟气流量($N \cdot m^3/h$);

　　A_1——区域 1 流通截面(m^2)。

● 烟气在区域 1 中停留时间 t_1:

$$t_1 = L_1 \div V_1$$

式中:L_1——区域 1 的实际高度(m)。

步序 3　区域 2 相关参数计算

● 区域 2 烟气流速 V_2：

$$V_2 = F_g \times \frac{273 + \frac{1}{2}(T_2 + T_1')}{273} \div 3600 \div A_2$$

式中：F_g——焚烧炉烟气流量($N \cdot m^3/h$)；

A_2——区域 2 流通截面(m^2)。

● 烟气在区域 2 中停留时间 t_2：

$$t_2 = L_2 \div V_2$$

式中：L_2——区域 2 的实际高度(m)。

步序 4　判断烟气 2s 后停留位置，计算 T_R。

当 $t_0 + t_1 \geqslant 2$ 时，则 2s 停留时间在区域 1 完成，T_R 计算如下：

$$T_R = T_1' + \frac{t_0 + t_1 - 2}{t_1} \times (T_1 - T_1')$$

当 $t_0 + t_1 < 2$ 时，则 2s 停留时间不在区域 1 完成，进入到区域 2 完成，则 T_R 计算如下：

$$T_R = T_2 + \frac{t_0 + t_1 + t_2 - 2}{t_2} \times (T_1' - T_2)$$

需要注意的是，目前垃圾焚烧发电厂环保上传参数除了烟囱侧 CEMS 各项参数外，图 4-3-11 中 T_a、T_b、T_c 及 T_d、T_e、T_f 全部实时上传，政府环保部门的监管平台将根据上传温度自行计算 T_R。因此，垃圾焚烧发电厂必须严控炉温，及时调整燃烧工况，确保炉温达标，设定可靠的联锁定值在必要时自动启动辅助燃烧器进行助燃升温。

3.3.10　锅炉出口氧浓度控制

烟气中氧浓度一般控制在 6%~9%，需通过对燃尽炉排一次风量和二次风量的调整维持合适的省煤器出口氧量。氧浓度过低时，焚烧炉燃烧不完全，含氯垃圾的不完全燃烧将加大二噁英的生成，同时空气量的不足也会使排放的烟气中 CO 含量升高；氧浓度过高时，空气供应过量，T_R 难以保证在 850℃ 以上，同时易造成排放烟气中的硫化物、NO_x 含量升高。

氧浓度控制原理如图 4-3-12 所示。

3.3.11　炉温控制系统

焚烧炉炉膛温度的控制对于烟气排放指标是否能达到国家标准《生活垃圾焚烧污染控制标准》的要求具有重要意义，同时也是焚烧炉工艺流程的重要组成部分，其控制原理如图 4-3-13 所示。

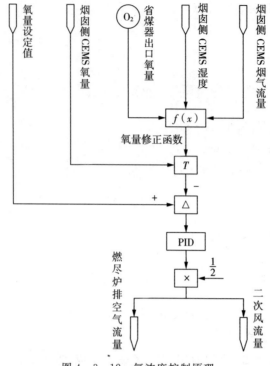

图 4-3-12　氧浓度控制原理

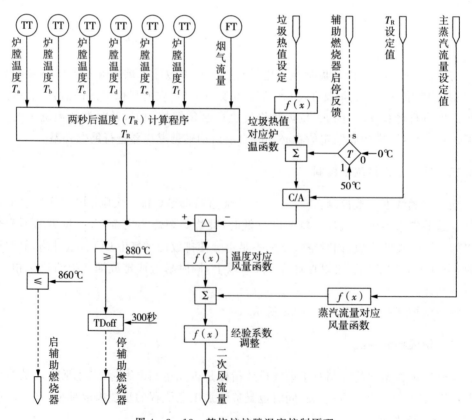

图 4-3-13　焚烧炉炉膛温度控制原理

由图 4-3-13 可见,运行中对炉温的控制主要是靠调整二次风量来完成。在 T_R 低于 860℃时,则连锁启辅助燃烧器,当炉温高于 880℃时,延时 300s 停辅助燃烧器,确保 T_R 不低于 850℃这一硬性指标。

3.3.12　二次风量控制系统

垃圾焚烧炉的二次风从炉膛第一燃烧室和第二燃烧室之间吹入(图 4-3-11),主要用于运行中调整炉膛温度,控制锅炉出口氧量在合理范围内变动。二次风机的电动机为变频器控制,风机出口设电动调节挡板,风量的调整通过出口电动调节挡板进行。其控制原理如图 4-3-14 所示。

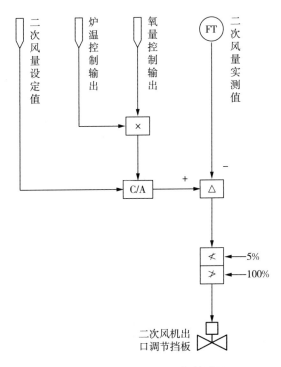

图 4-3-14　二次风量控制原理

ACC 系统焚烧炉燃烧控制的核心,除包含上述重要模拟量控制系统外,还有一些如一次风温度控制、二次风温度控制等模拟量控制系统,以及辅助燃烧器控制、主燃烧器控制、液压油站控制等顺序控制系统,由于这些系统的控制逻辑较为简单,此处不再赘述。

第 4 章 ETS 介绍

4.1 ETS 概述

　　汽轮发电机组装配精密、动静间隙极小、转速极高(3000r/min),在机组启动、运行或停机过程中,操作不当或某些相关设备故障很容易使汽轮机的转动部件和静止部件发生摩擦,引起叶片损坏、大轴弯曲、推力瓦烧毁等恶性事故。为保证机组安全启停和正常运行,需对汽轮机的轴向位移、转速、振动等机械参数以及轴承温度、油压、真空、主汽温等热工参数进行监视和异常保护。当被监视的参数在超过报警值时发出报警信号;在超过极限值时保护装置动作,关闭主汽门,实行紧急停机。实现这些功能的控制系统称为汽轮机保护系统,也称为汽轮机紧急跳闸系统(Emergency Trip System,ETS)。

　　垃圾焚烧发电厂 ETS 一般逻辑框图如图 4-4-1 所示。

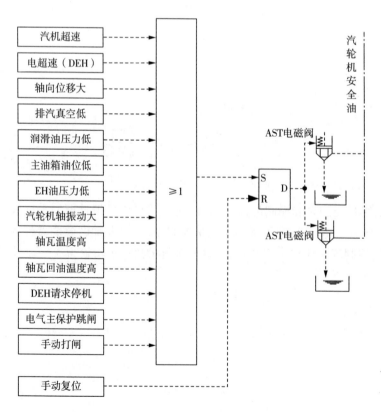

图 4-4-1 垃圾焚烧发电厂 ETS 逻辑框图

垃圾焚烧发电厂机组装机容量较小,多为两炉两机或两炉一机采用母管制的垃圾焚烧发电单元,因此,传统的机电炉大连锁对于垃圾焚烧发电厂并不适用。ETS 跳闸,将连锁跳闸发电机出口开关,发电机主保护动作也会引起 ETS 跳闸保护动作,但对锅炉均无影响,主燃料跳闸(Main Fuel Trip,MFT)也不会使得汽轮机和发电机跳闸。

4.2 ETS 主要保护项目及功能

4.2.1 汽机超速保护

转速是汽轮机需要监视的一项重要参数,它直接联系着汽轮机的安全稳定运行,汽轮机转子根据材料、质量和结构设计都有所能承受的最大安全转速。超速保护由两部分组成,一是来自汽轮机安全监视系统(Turbine Supervisory Instrumentation,TSI)的超速保护信号,该信号定值为 110% 的额定转速,即 3300r/min,三取二动作;二是来自汽轮机数字电液控制系统(Digital Electric Hydraulic Control System,DEH)超速保护信号,我们通常叫作"电超速",该信号定值也为额定转速的 110%,转速传感器与 TSI 的转速传感器分别配置,三取二动作。转速传感器一般采用磁电式,探头与测速齿盘安装间隙一般为 1mm 左右,探头感应测速齿产生与齿数一致的频率信号,经过转速模块的转换和比较,输出转速模拟量信号和超速开关量信号。

4.2.2 轴向位移保护

轴向位移指的是大轴轴向推力盘与推力轴承之间的相对位移,即汽轮机轴向推力轴承处动静部分的水平间隙。因为推力轴承承受蒸汽作用在转子及动叶片上的轴向推力,并确定了转子的轴向位置,因此轴向位移就表明了推力轴承所承受的力的大小,也表明了推力瓦块表面乌金的磨损程度,为了保证设备的安全,它应保持在合理的设计范围之内。轴向位移传感器一般采用电涡流式,安装间隙电压为 $-12 \sim -9V$,测量信号送往 TSI 后输出三个开关量信号至 ETS 进行三取二判断。实际应用中,轴向位移安装时需要将汽轮机大轴往轴向推力的方向推动并让正推力瓦块与推力盘紧密压合,此时调整传感器间隙电压,并将调整好的电压值设为"0"位。一般规定传感器远离推力盘的方向为正,靠近为负,故轴向位移的报警和跳闸各有正负两个值,如报警值为 $\pm 0.9mm$,跳机值为 $\pm 1.0mm$。轴向位移传感器固定在推力轴承附近的轴承箱内壁支架上,探头指向推力盘,这样是因为汽轮机气缸和轴承箱的热膨胀死点一般位于推力轴承附近,安装在此处可以将运行中轴承箱受热膨胀而对轴向位移测量的影响减到最小。安装示意如图 4-4-2 所示。

4.2.3 排汽真空低保护

汽轮机低压缸排汽的真空是反映汽轮机运行工况的重要参数,排汽真空低将会造成如下危害:

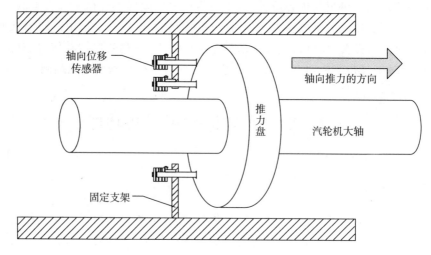

图 4-4-2　轴向位移传感器安装示意图

（1）真空下降使排汽的容积流量减小，对末级叶片工作不利。末级要产生脱流及旋流，同时还会在叶片的某一部位产生较大的激振力，有可能损坏叶片，造成事故。

（2）可能使汽轮机的轴向推力增加。

（3）真空下降将导致排汽温度过高，容易引起凝汽器冷却水管胀口松弛，破坏严密性。

（4）排汽温度升高，排汽缸及轴承座受热膨胀，可能引起中心变化，产生振动。

（5）排汽压力升高，可用焓降减少，不经济，同时使机组出力降低。

排汽真空低保护通常采用三取二跳闸逻辑，可以附加联锁条件，如汽轮机转速大于 300r/min，即汽轮机刚启动时对真空要求不是很严格，在一定转速以上则必须保持设计的真空度，以保障汽轮机的正常运行。

4.2.4　润滑油压力低保护

一定的润滑油压是为各轴承提供一定流量润滑油的保障，也保证了轴承有一定的润滑油膜厚度，油压过低将有可能导致轴瓦磨损、烧瓦、大轴抱死甚至造成大轴弯曲等事故。润滑油压低保护通常采用三取二跳闸逻辑，压力测点取自汽轮机润滑油供油母管末端，当润滑油压低保护动作时，直流润滑油泵也将同时启动，确保停机过程轴承可以得到足够的润滑。

4.2.5　主油箱油位低

主油箱油位低于安全油位，油箱内注油器容易吸入空气，造成主油泵出口油压摆动（这是因为射油器向主油泵入口供油），严重时将会造成轴承断油（正常运行时机组润滑油由射油器提供），对机组安全运行影响极大。主油箱油位低保护采用三取二跳闸逻辑。

4.2.6　高压抗燃油（EH 油）压力低

垃圾焚烧发电厂机组容量较小，EH 油一般为开关调节汽门的抗燃油，不具备大机组的保护功能。它是汽轮机数字电液控制系统（Digital Electric Hydraulic Control System,DEHCS)中的"液",EH 油用于接受和传递 DEHCS 指令,改变调节气门油动机行程,从而动态地调整机组负荷。EH 油压过低则严重影响汽轮机的控制精度和稳定运行,EH 油压低保护通常采用三取二跳闸逻辑。另外,有的机组还设计有控制油位低保护,使保护系统更完善。

4.2.7　汽轮机轴振动大

汽轮机的振动测量一般有两类:一是汽轮机轴振动,它是指汽轮机大轴相对于汽轮机轴承的位移量,一般采用一组电涡流传感器测得,单位为 μm;二是汽轮机轴承振动,有时也称为壳振或盖振,它是指汽轮机轴承座相对基础台板的振动量,一般采用直接垂直固定在轴承盖上的加速度传感器测得,单位为 mm/s。

ETS 振动大保护一般指的是汽轮机轴的振动大保护,轴承振动多用于报警,目前一些小型汽轮机组并未设置轴振动保护,而是将轴承振动的加速度量值通过公式转换为位移量用于振动保护,但需要注意的是,转换后的位移量应该是转速的函数,如果未能引入转速信号分量进入转换仪表,则在机组启动、停止的过程中振动值将与实际值存在较大偏差。另外该位移量实际为轴承位移量,并不是轴振,只具备一定的参考价值。图 4-4-3 所示为轴振动传感器安装位置示意图。

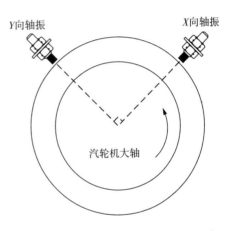

图 4-4-3　轴振动传感器安装位置示意

轴振测量以两个电涡流传感器为一组,分别安装在轴承两边一平面上,相隔 90°。从机头方向看,沿着大轴转动方向,定义先到的为 X 向。判断轴振保护动作时,一般为某一向轴振动超限与同一平面另一方向轴振动报警均为"真",则发出轴振保护动作信号。

4.2.8　轴瓦、推力瓦温度高及回油温度高

温度保护必须加入速率判断,一般温度的变化在 $\pm 8℃/s$ 的范围内均为正常,否则应该自动切除点的温度超限保护,同时发出"测点故障"声光报警。由于轴瓦安装位置有限,一般轴瓦温度只有单点,为防止保护误动,一般取单点轴瓦温度超限与该处轴瓦回油温度报警,两者皆满足触发条件时,ETS 发出轴瓦温度过高保护动作指令。

4.2.9　DEH 请求停机

DEH 请求 ETS 跳闸的主要条件为:机组启动过程中,DEH 转速全故障;DEH 电源全部失去。DEH 主要功能是接受负荷指令,控制调节汽门开度,进行一次调频,控制转速稳定,该系统的故障应触发 ETS 保护跳闸。

4.2.10　电气主保护跳闸

当汽轮发电机组的发电机部分发生重大故障（详见电气专业部分），无法维持发电机的安全运行时，发电机解列，同时发电机保护屏将送出三组信号至 ETS 系统，经过三取二判断后跳闸汽轮机。

4.2.11　手动打闸

手动打闸是汽轮机保护系统的最后一道保护措施，它在试验汽轮机跳闸系统、测量阀门关闭时间及汽轮机处于危急情况时人为地打闸汽轮机而使用。具体手段包括就地打闸手柄和运行人员手动停机按钮，其中就地打闸手柄是通过机械装置直接泄掉安全油压，关闭所有汽门（一般就地打闸手柄送一副干接点到 ETS 系统中来监视手柄的位置变化，同时经过跳闸逻辑使系统跳闸，并送出跳闸指令到就地跳闸电磁阀，ETS 再送出"就地跳闸"信号到 DCS 中，说明汽轮机的真正跳闸原因）；而运行人员手动停机按钮分集控室紧急停机按钮和 DCS 停机按钮两种，同时每种手动停机信号分两路，一路进 ETS，通过跳闸逻辑输出跳闸指令到跳闸电磁阀使系统跳闸，另一路不进 ETS，而设计在跳闸回路中（一般为串联方式），直接动作跳闸电磁阀，泄掉控制油压，使汽轮机跳闸。为安全起见，集控室紧急停机按钮一般设计为两个串联，以免误动。

第 5 章 DEH 介绍

5.1 DEH 概述

汽轮机是电厂中的重要设备,在高温高压蒸汽的作用下转子旋转,完成热能到机械能的转换。汽轮机驱动发电机转动,将机械能转换为电能,电网将电能输送到千家万户。为了保证供电质量,就必须保证电力系统的电压、频率稳定以及汽轮机机组本身的安全经济运行。为达到这一目标,有必要使用 DEH 对汽轮机组的发电和运行进行有效控制。

DEH 全称为 Digital Electric Hydraulic Control System,即汽轮机数字电液控制系统,它是以分散控制系统为基础,以 EH 油为控制介质实现电信号至液压信号的转换,从而对汽轮机的重要参数和运行过程进行全方位控制。

典型的 DEH 原理如图 4-5-1 所示。

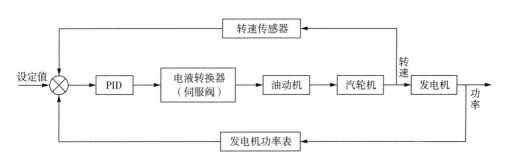

图 4-5-1 DEH 原理图

DEH 的功能包括大范围的转速控制、负荷控制、异常工况下的负荷限制、主汽压力控制及高调阀阀位控制等,DEH 功能框架如图 4-5-2 所示。

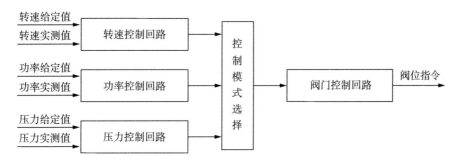

图 4-5-2 DEH 功能框架

5.2 转速控制

DEH可以实现大范围的转速自动调节,使汽轮机从盘车转速逐渐升到并网前的转速,调速范围一般为50~3300r/min,调节精度为±(1~2)r/min。汽轮机启动升速过程中转速定值以预先给定升速率连续变化,转速给定值也随着连续升高,转速控制回路在比例—积分—微分(PID)模块的作用下,不断地给出阀位指令,汽轮机逐步提速。一般汽轮机的升速率规定为100r/min²、150r/min²、300r/min²、600r/min²。当DEH采用升速率作为被调量来为汽轮机升速时,其控制原理如图4-5-3所示。

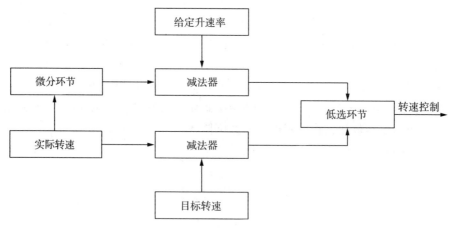

图4-5-3 DEH控制原理

由图4-5-3可知,汽轮机启动升速过程中,由于转速偏差很大,故汽轮机按给定升速率控制转速的上升。升速率可由运行人员选择,也可以由DEH根据机组的热状态自动选择。当汽轮机转速接近目标转速时,转速偏差小于升速率偏差,低选环节选择转速偏差作为控制信号,这使汽轮机转速很快稳定于目标转速。

5.3 负荷控制

负荷控制系统是汽轮机启动过程结束、机组已经完成并网任务后开始投入使用的。负荷控制的功能是通过开环或者闭环工作方式去控制汽轮机发电机组的负荷。闭环工作时以发电机实发功率为测量信号与功率设定值比较,得到功率偏差经负荷控制回路运算后去控制高调阀开度,达到调节功率的目的。开环工作时,根据功率定值即频差信号由负荷控制回路直接给出高调阀开度指令。无论应用哪种方式,最终都要使汽轮机实发功率达到功率设定值。

当机组并网发电后,转速控制回路的转速偏差实际上反映的是电网实际频率与本机频率之差,当出现频差后,DEH 将转速偏差根据汽轮机静态特性曲线转换为功率偏差,然后通过负荷控制回路去调节机组实发功率,使机组参加一次调频。

5.4 异常工况下的负荷限制

当发生工质参数越限或者机组运行出现异常时,为了保障设备的安全,要求 DEH 具有负荷限制功能,该功能主要包括以下几个方面:

(1)功率反馈限制。当机组实发功率与功率设定值之差超过某一规定值时,系统将判定为发电甩负荷,控制系统自动切除功率反馈回路,变闭环为开环调节,并降低功率定值以确保机组安全。

(2)变负荷速率限制。机组在变动负荷过程中进汽量的变化使气缸、转子等部件出现热应力。为了使热应力不超过允许的限值,要求对负荷变化率加以限制。DEH 根据热应力在线计算回路的输出值自动选择负荷速率,一旦应力裕度系统下降,DEH 自动减低变负荷速率。

(3)主蒸汽压力限制。机组运行中,汽轮机改变负荷必然引起机前压力的变化,如果机前压力低于额定压力太多,由于垃圾焚烧锅炉调整的滞后性导致主蒸汽母管压力恢复较为缓慢,这时必须对汽轮机的负荷进行限制以加速机前压力的恢复过程,限制的措施是:在 DEH 中设置一个主蒸汽压力限制回路,在机前压力偏离额定压力过多时,强制切除功率控制回路,投入主蒸汽压力限制回路,降低汽轮机负荷以协助锅炉恢复主汽压力。

除了上述三种负荷限制功能,有的 DEH 还设置了低真空限制、转速加速度限制、排气温度异常限制等功能,可以根据实际需要选择使用。

5.5 主蒸汽压力控制

垃圾焚烧发电厂多采用两炉两机母管制机组,基于垃圾焚烧锅炉的燃烧特性以及垃圾热值的不稳定性,导致依靠锅炉燃烧来调整出口主蒸汽参数存在较大的滞后性,传统的单元机组协调运行方式难以在垃圾焚烧发电母管制机组上实现。一般来说,位于同一主蒸汽母管上的两台汽轮机应分别投入负荷控制回路和压力控制回路,也就是说其中一台汽轮机承担了维持主蒸汽母管压力稳定的任务。DEH 中机前压力控制回路是根据设定值与主蒸汽母管压力的偏差经过运算产生高压调节汽阀的开度指令,通过调节汽轮机高调阀开度达到调节主蒸汽压力的目的。

5.6 阀门的控制与管理

无论是启动过程中的转速控制,还是正常运行中的负荷调节以及主蒸汽压力控制,最终都是通过对汽轮机的高压调节汽阀的阀位控制来实现的,因此阀门管理与阀位控制是汽轮机 DEH 的最基本功能。阀门的控制与管理主要包括以下内容:

(1)汽轮机启动过程中的阀门控制,包括启动方式的选择、暖机过程控制、升速过程的阀门控制。

(2)汽轮机进汽方式的选择。一般指节流调节的全周进汽和喷嘴调节的部分进汽,由于垃圾焚烧发电厂汽轮机大多为单个高压调节汽阀,该项功能一般不需要。

(3)阀门在线试验。汽轮机自动主汽阀和高压调节汽阀都是由液压执行机构驱动机械装置。为了保证汽轮机故障时阀门能可靠关闭,DEH 设置了阀门在线试验功能。对于单只主汽阀和高压调节汽阀的汽轮机来说,只需要自动主汽阀活动试验;对于存在多只高压主汽阀和调节汽阀的较大型汽轮机,则需要自动主汽阀活动试验和高压调节汽阀活动试验。

(4)超速保护控制(Over speed Protect Controller,OPC)功能下的阀门快关。当因某种原因(如甩部分负荷)导致汽轮机转速超过额定转速的 103%(即 3090r/min)时,DEH 发出指令,让 OPC 电磁阀迅速动作,快速关闭高压调节汽阀和中压调节汽阀(如有配置),等待一段时间(一般 1s 以内)后重新开启阀门,以抑制转速的动态飞升。

5.7 ATC 系统

汽轮机自动(启停)控制(Automatic Turbine Control,ATC)系统是一个大范围的控制子系统,该系统能自动完成汽轮机从启动准备开始直至带满负荷为止的全部操作,这些操作为:盘车阶段的控制功能;抽真空阶段的控制功能;升速阶段的控制功能;并网阶段的控制功能;带满负荷阶段的控制功能。汽轮机启动过程的安全是首要考虑的问题,因此需要通过各种手段对转子应力进行实时监测。在应力裕度允许的情况下,用最快的速度升速,以缩短启动时间。增减负荷时,也要根据应力裕度来决定变负荷速率。

第6章 锅炉保护系统

6.1 FSSS 概述

FSSS(Furnace Safeguard Supervision System)即锅炉炉膛安全监控系统,又可称为燃烧器管理系统(Burner Management System)。FSSS 使锅炉燃烧系统中各设备按规定的操作顺序和条件安全启(投)、停(切),并能在危急工况下迅速切断进入锅炉炉膛的全部燃料(包括点火燃料),防止爆燃、爆炸等破坏性事故发生,以保证炉膛安全的保护和控制系统。FSSS 包括炉膛安全系统和燃烧器控制系统。

FSSS 能在锅炉正常工作和起停等各种运行方式下,连续、密切地监视燃烧系统的大量参数与状态,不断地进行逻辑判断和运算,必要时发出动作指令,通过种种连锁装置,使燃烧设备中的有关部件严格按照既定的合理程序完成必要的操作或处理未遂性事故,以保证锅炉燃烧系统的安全。实际上它是把燃烧系统的安全运行规程用一个逻辑控制系统来实现。采用 FSSS 不仅能自动完成各种操作和保护动作,还能避免运行人员在手动操作时的误动作,并能及时执行手动操作来不及的快动作,如紧急切断和跳闸等。

6.2 炉膛吹扫

FSSS 的逻辑控制中的一个核心问题是通过周密的安全连锁和许可条件防止可燃性混合物在炉膛煤粉管道和燃烧器中积存,以防止炉膛爆炸产生。因此,炉膛吹扫是燃煤火力发电厂锅炉安全运行的必要措施。FSSS 的吹扫控制功能主要是在吹扫前对锅炉的有关设备进行安全性检查,在满足全部吹扫许可条件后,开始进行吹扫。吹扫时,切断所有进入炉膛的燃料输入,吹扫空气流量大于 30% 且小于 40% 额定风量,吹扫时间不少于 5min。

炉膛吹扫功能对垃圾焚烧发电企业现有机械式炉排炉并不适用。首先,焚烧炉内并无粉尘状可燃物进入,根据环保排放的要求必须启动燃烧器将炉温提升至 850℃ 以上才可投入垃圾燃烧,启动前无须吹扫;其次,一次风源自垃圾池内,可能含有易燃成分(CH_4、H_2S 等),并不适合用作吹扫气源;最后,运行中紧急停炉时,炉排上仍有未燃尽的垃圾堆积,此时若进行吹扫,将提供给垃圾足够的助燃空气,导致炉排上垃圾再次燃烧的发生。实际上,运行中紧急停炉时将停运炉排、停止一次风机,关闭所有炉排一次风挡板。

6.3   MFT

MFT(Main Fuel Trip)即主燃料跳闸,是 FSSS 中最重要的安全功能,当出现任何危及锅炉安全运行的危险工况时,MFT 动作将快速切断所有进入炉膛的燃料,实现紧急停炉,以保证设备安全,避免重大事故发生。同时,该逻辑中具有首次跳闸原因指示功能,它能对引起主燃料跳闸的最初原因记忆并在阴极射线管(CRT)显示器上显示出来,为故障原因分析及解决提供了条件。

垃圾焚烧炉的 MFT 原理如图 4-6-1 所示。

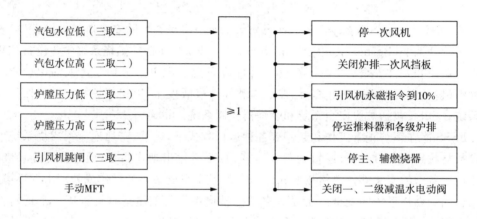

汽包水位低（三取二）		停一次风机
汽包水位高（三取二）		关闭炉排一次风挡板
炉膛压力低（三取二）		引风机永磁指令到10%
炉膛压力高（三取二）	≥1	停运推料器和各级炉排
引风机跳闸（三取二）		停主、辅燃烧器
手动MFT		关闭一、二级减温水电动阀

图 4-6-1   垃圾焚烧炉的 MFT 原理

由于垃圾焚烧发电厂采用母管制机组,锅炉与汽机并非一一对应的关系,故锅炉发生 MFT 时并不会连锁汽轮机跳闸。

MFT 的系统一般设冗余硬跳闸回路,DCS 中的 MFT 保护逻辑通过不同的卡件和通道分别输出三路开关量信号至 MFT 冗余硬跳闸回路进行三取二停炉判断;集控室操作台设两只 MFT 按钮,直接串接入 MFT 硬跳闸回路中,当两只按钮被同时按下时,直接触发 MFT。MFT 动作后,通过硬跳闸回路中的继电器回路将相关设备停运或关闭。

第 7 章　CEMS 介绍

7.1　CEMS 概述

烟气连续监测系统(Continuous Emission Monitoring System,CEMS),用于连续自动监测固定污染源的污染物排放浓度。将仪器安装在污染源上,实时测量监测污染物的排放浓度和排放量,同时将监测的数据传送到环保监控中心。

生活垃圾焚烧工艺所产生的烟气成分复杂,烟气温度高,湿度大,且含有大量腐蚀性气体,垃圾焚烧厂的 CEMS 主要测量污染物的参数包括颗粒物、HCl、CO、SO_2、NO_x 等污染物的浓度,以及烟气相关参数(温度、压力、流速/流量、湿度、含氧量等),同时计算污染物排放速率和排放量,显示和打印各种参数、图表,并通过数据、图文等方式传输至管理部门。

7.2　CEMS 的组成

CEMS 由颗粒物监测单元和气态污染物监测单元、烟气参数监测单元、数据采集与处理单元组成。系统结构主要包括样品采集和传输装置、预处理装置、分析仪表、数据采集和传输设备以及其他辅助设备。它能够监测并计算出瞬时、当天及一月、一年的积累值,提供环保局要求的数据报表。CEMS 还有辅助控制除尘、脱硝设备,优化燃烧的作用。

7.3　CEMS 传输数据的要求

垃圾焚烧发电厂的烟气排放连续监测系统联网指标应至少包括烟气中 CO、颗粒物、SO_2、NO_x、HCl、烟气参数(温度、压力、流速/流量、湿度、含氧量)。

除上述 CEMS 数据外,还需对焚烧炉炉膛温度进行上传和考核,主要包括以下两类。

(1)T_R:垃圾焚烧厂生产控制的 DCS 将焚烧炉二次空气喷入点所在断面、炉膛中部断面和炉膛上部断面分别设置的温度测点信号通过特定的模型计算出的温度。

(2)直接测量温度:焚烧炉二次空气喷入点所在断面、炉膛中部断面和炉膛上部断面每个温度测点的直接测量值。

7.4 CEMS 原理

根据所测量污染因子,CEMS 选择不同的测量设备,测量烟尘浓度一般采用激光光散射式粉尘仪,测量烟气中其他污染因子则采用抽取式傅立叶红外法(热湿法)。采用热湿法时,CEMS 的预处理技术为抽取式全程伴热,即烟气从检测管道抽出后,通过保温伴热处理,始终维持其高于露点的温度,直至分析完成。

抽取式傅立叶红外法(热湿法)采用了红外光谱吸收技术和光纤连接技术,由于水分子在紫外波段没有吸收,分析仪不受水气成分的干扰,而高温红外光纤的应用使得预处理气路与分析仪表彻底分离,系统只需对气路进行全程伴热,即可实现高温原烟气的直接测量。它是基于对干涉后的红外光进行傅立叶变换的原理而开发的红外光谱仪,主要由红外光源、光阑、干涉仪(分束器、动镜、定镜)、样品室、检测器以及各种红外反射镜、激光器、控制电路板和电源组成。其工作原理为:光源发出的光被分束器分为两束,一束经透镜到达动镜,另一束经反射到达定镜。两束光分别经过定镜和动镜反射再回到分束器,动镜以一恒定速度做直线运动,因而经分束器分束后的两束光线形成光程差,产生干涉。干涉光在分束器汇合后通过样品池(被采样烟气),通过样品池后含有样品信息的干涉光到达检测器,然后通过傅立叶变换对信号进行处理,最终得到透过率或吸光度随波数或波长的红外吸收光谱数据,通过对各种污染因子典型红外光谱的比对,可得出污染因子在烟气中的含量数值。

激光光散射式粉尘仪测量原理是基于梅氏理论即球状颗粒物的散射理论。当光束被照射到类似球体颗粒时,会产生管的散射及吸收现象。对于数量级与使用光波长相等或较大的颗粒,光散射是光能衰减的主要形式。对于某个颗粒来说,如不存在多次散射,则散射光与颗粒大小及浓度有关。通过测量散射光强度,经过转换求得粉尘质量浓度。

第 8 章　火灾报警系统

8.1　系统概述

火灾自动报警系统是由触发装置、火灾报警装置(即手动报警按钮、火灾探测器等)、火灾警报装置(即声光报警器、消防警铃、蜂鸣器等)以及具有其他辅助功能装置组成。火灾探测器可以在火灾发生的初期,将燃烧物体产生的烟雾、热量、火焰等物理量,变成电信号传输到火灾自动报警控制器中,并根据预先设置的程序启动相关自动火灾扑救设备,指示火灾发生的位置、时间等,使人们能够在最短的时间发现火灾的发生,并及时采取有效的灭火措施,协助扑灭初期发生的火灾。因此,火灾自动报警系统是预防和控制发电企业火灾风险,保障人员生命安全和企业固有资产不受损失的有效工具。

8.2　系统功能

火灾报警系统主机一般设在集控室内,系统主机设一台具有消防联动功能的火灾报警主屏(包括主控机和 LCD)和一台上位机操作员站,通过上位机操作员站实现对全厂火灾检测报警及消防控制系统的监控。上位机操作员站配有人机接口、打印机以及与 SIS 的接口,具有显示全厂火灾报警和控制点的功能。探测报警区域内,任何一点出现报警,主控机发出声光报警信号和文字提示,信息在 LCD 画面上醒目地显示出来,同时报警点的平面位置也可以在 LCD 上显示出来。值班人员通过平面图形可以准确直观地进行判断,以提高工作效率。

火灾报警系统是一套实时运行系统,系统的任何状态变化都可打印记录,系统软件平台为网络彩色多媒体平面图形系统,系统具有如下功能:

(1)火灾报警自检。

(2)实时报警监视。

(3)火警地点指示及查询。

(4)故障报警及消音复位。

(5)报警记忆及报警历史查询。

(6)消防广播系统。

(7)消防电话系统。

(8)试验和测试。

(9)冗余电源自动切换。

(10)备用电源故障报警。

8.3　系统组成及原理

火灾报警系统主要由以下设备组成。

1. 火灾报警控制器

火灾报警控制器是火灾自动报警控制系统的核心,能接收火灾探测器传输的信号并转换成声、光报警信号,显示火灾发生的位置、时间和记录报警信息等强大功能。还可通过手动报警装置启动火灾报警信号,或通过自动灭火控制装置启动自动灭火设备和联动控制设备,自动监视系统的运行状态并对特定故障给出声光报警。

2. 感温探测器

感温探测器又称差定温探测器,是利用热敏元件对温度的敏感性来探测环境的温度,特别适用于发生火灾时有剧烈温升的场所(如停车场),与感烟探测器配合使用更能可靠的探测火灾的发生地点。

3. 感烟探测器

感烟探测器有两种类型,离子式感烟探测器和光电式感烟探测器,它是通过监测烟雾的浓度来实现火灾防范的,是发现早期火灾的重要装置。

4. 手动火灾报警按钮

手动火灾报警按钮主要安装在明显和便于操作的位置。当发现有火灾发生时,手动按下报警按钮,向火灾自动报警控制器送出报警信号。手动火灾报警按钮比探头报警更紧急,要求更可靠、更确切,处理火灾要求更快。

5. 消火栓按钮

消火栓按钮一般安装在消火栓箱中。当发生火灾必须使用消火栓的情况下,手动按下消火栓按钮,向火灾自动报警控制器传出报警信号,在火灾自动报警控制器设置在自动时,将直接启动消火栓水泵,保证灭火时的水压充足。

6. 消防电话系统

消防电话系统是消防通信的专用设备,当发生火灾报警时,它可以提供方便、快捷的通信手段,是消防控制及其报警系统中不可缺少的通信设备,消防电话系统有专用的通信线路,在现场人员可以通过现场设置的固定电话和消防控制室进行通话,也可以用便携式电话插入插孔式手报或者电话插孔上面与控制室直接进行通话。

7. 声光报警器

声光报警器是一种用在危险场所,通过声音和各种光来向人们发出示警信号的一种不会引燃易燃易爆性气体的报警信号装置。

8. 消防警铃

一般用于宿舍和生产车间,在发生紧急情况的时候由报警控制器控制触发报警,正常情况下每个区域一个。

9. 消防广播系统

消防广播系统也叫应急广播系统,是火灾逃生疏散和灭火指挥的重要设备,在整个消防控制管理系统中起着极其重要的作用。在火灾发生时,应急广播信号通过音源设备发出,经过功率放大后,由广播切换模块切换到广播指定区域的音箱实现应急广播。

第五部分　化学部分

水在火力发电厂水汽循环系统中所经历的过程不同，水质常有较大的差别。因此根据功能需要，人们常给予这些水以不同的名称，包括原水、锅炉补给水、给水、锅炉水、锅炉排污水、凝结水、冷却水和疏水等，为了方便，通常情况下又将其简单地分为炉内水和炉外水。电厂化学水处理主要包括补给水处理和汽、水监督工作。补给水处理也叫炉外水处理，它提供净化原水、制备热力系统所需的质量合格的补给水，是锅炉水质合格的重要保障。汽水监督工作是改善锅炉运行工况、防止汽水循环不良的安全保障。随着当前技术的不断发展、进步，现代电厂化学水处理呈现出集中、多元化、环保等特点。

在以往的电厂化学水处理过程中，常常设有多种处理系统，一般按照功能分为净水预处理系统、锅炉补给水处理系统、汽水的取样监测分析系统、循环水处理系统、加药处理系统、废水处理系统等。这种按照功能作用设立的多种处理系统占地面积大、需要的维护人员多，给生产管理带来了不便。现在为了提高化学水处理设备的利用率、节约场地及方便管理，化学水处理设备的布置呈现紧凑、集中、立体等特点。根据垃圾焚烧发电厂的发展现状，该种结构的布局满足了整体流程的需要，是一种效果较好的结构模式。

随着国家对污染监督力度的加大以及人们环保意识的提高，电厂化学水处理方式呈现出节能环保的特点。在处理过程中，处理药品选用没有污染、无毒的药品，少用甚至不要用化学药品，环保观念已经深入人心，化学水处理正在朝着"减少排污、减少清洗、循环用水"的方向发展。

为了保证机组的安全运行，预防意外事故的发生，需要在化学水处理过程中进行检测与诊断。检测与诊断已经从传统的手工分析上升到了在线诊断，变传统的事后分析为现代的事前防范，科学化的检测方法促进了化学水处理技术的发展。

第1章 水质概述

1.1 天然水及其分类

1.1.1 水源

水是地面上分布最广的物质,几乎占据着地球表面的四分之三,构成了海洋、江河、湖泊、积雪和冰川,此外,地层中还存在着大量的地下水,大气中也存在着相当数量的水蒸气。地面水主要来自雨水,地下水主要来自地面水,而雨水又来自地面水和地下水的蒸发。因此,水在自然界中是不断循环的。

水分子(H_2O)由两个氢原子和一个氧原子组成,可是大自然中很纯的水是没有的,因为水是一种溶解能力很强的溶剂,能溶解大气中、地表面和地下岩层里的许多物质,此外还有一些不溶于水的物质和水混合在一起。

水是工业生产不可缺少的物质,在发电厂中,由于对水的质量要求很高,因此需要对水进行净化处理。

1.1.2 天然水中的杂质

天然水中的杂质是多种多样的,这些杂质按照其颗粒大小可分为悬浮物、胶体和溶解物质三大类。

1. 悬浮物

悬浮物通常用透明度或浑浊度(浊度)来表示。

颗粒直径在 10^{-4} mm 以上的微粒,这类物质在水中是不稳定的,很容易除去。水发生浑浊现象都是由此类物质造成的。

2. 胶体

颗粒直径为 $10^{-6} \sim 10^{-4}$ mm 的微粒,是许多分子和离子的集合体,有明显的表面活性,常常因吸附大量离子而带电,不易下沉。

3. 溶解物质

颗粒直径小于 10^{-6} mm 的微粒,大都以离子或溶解气体状态存在。

(1)溶解盐类的表示方法如下

① 含盐量:表示水中所含盐类的总和。

② 蒸发残渣:表示水中不挥发物质的量。

③ 灼烧残渣:将蒸发残渣在 800℃时灼烧而得。

④ 电导率:表示水导电能力大小的指标。

⑤ 硬度的表示方法:硬度是用来表示水中某些容易形成垢类的物质,对于天然水来说,主要指钙离子、镁离子。按照水中存在的阴离子情况,硬度可划分为碳酸盐硬度和非碳酸盐硬度两类。

⑥ 碱度和酸度:碱度表示水中 OH^-、CO_3^{2-}、HCO_3^- 含量以及其他一些弱酸盐类含量的总和。碱度表示方法可分为甲基橙碱度和酚酞碱度两种。酸度表示水中能与强酸起中和作用的物质的量。

(2)溶解物质的存在状态

① 离子态:天然水中存在 Ca^{2+}、Mg^{2+}、HCO_3^-、SO_4^{2-}。在含盐量不大的水中,Mg^{2+} 的浓度一般为 Ca^{2+} 的 25%～50%,水中 Ca^{2+}、Mg^{2+} 是形成水垢的主要成分。

含钠的矿石在风化过程中易于分解,释放出 Na^+,所以地表水和地下水中普遍含有 Na^+。因此钠盐的溶解度很高,在自然界中一般不存在 Na^+ 的沉淀反应,所以在高含盐量水中,Na^+ 是主要的阳离子。天然水中 K^+ 的含量远低于 Na^+,这是因为含钾的矿物比含钠的矿物抗风化能力大,所以 K^+ 比 Na^+ 较难转移至天然水中。

由于在一般水中 K^+ 的含量不高,而且化学性质与 Na^+ 相似,因此在水质分析中,常以 K^+ 和 Na^+ 之和表示它们的含量,并取加权平均值 25 作为两者的摩尔质量。

水流经地层时,溶解了其中的氯化物,所以 Cl^- 几乎存在于所有的天然水中。

天然水中最常见的阳离子是 Ca^{2+}、Mg^{2+}、K^+、Na^+;阴离子是 HCO_3^-、SO_4^{2-}、Cl^-。

② 溶解气体:天然水中常见的溶解气体有氧气(O_2)和二氧化碳(CO_2),有时还有硫化氢(H_2S)、二氧化硫(SO_2)和氨气(NH_3)等。

天然水中 O_2 的主要来源是大气中 O_2 的溶解,因为空气中含有 20.95% 的 O_2,水与大气接触使水体具有自充氧的能力。另外,水中藻类的光合作用也产生一部分的 O_2,但这种光合作用并不是水体中 O_2 的主要来源,因为白天靠这种光合作用产生的 O_2,会在夜间的新陈代谢过程中消耗掉。

地下水因不与大气相接触,氧的含量一般低于地表水,天然水的氧含量一般为 0～14mg/L。

天然水中 CO_2 的主要来源为水中或泥土中有机物的分解和氧化,也有因地层深处进行的地质变化而生成的,其含量为几至几百毫克/升。地表水的 CO_2 含量常不超过 20mg/L,地下水的 CO_2 含量较高,有时达到几百毫克/升。

天然水中 CO_2 并非来自大气,而恰好相反,它会向大气中析出,因为大气中 CO_2 的体积百分数只有 0.03%～0.04%,与之相反的溶解度仅为 0.5～1.0mg/L。水中 O_2 和 CO_2 的存在是使金属发生腐蚀的主要原因。

③ 微生物:在天然水中还有许多微生物,其中属于植物界的有细菌类、藻类和真菌类;属于动物界的有鞭毛虫、病毒等原生动物。另外,还有属于高等植物的苔类和属于后生动物的轮虫、绦虫等。

1.1.3 天然水的分类

为了方便起见,常人为地将水中阴、阳离子结合起来,写成化合物的形式,这称为水中离子的假想结合。这种表示方法的原理是,钙和镁的碳酸氢盐最易转化成沉淀物,所以令它们首先假想结合,其次是钙、镁的硫酸盐,而阳离子 Na^+ 和 K^+ 以及阴离子 Cl^- 都不易生成沉淀物,因此它们以离子的形式存在于水中。

1.2　电厂用水的类别

水在发电厂水汽循环系统中所经历的环节不同,水质常有较大的差别。因此根据实用的需要,人们常给予这些水以不同的名称,包括原水、中水、锅炉补给水、给水、锅炉水、锅炉排污水、凝结水、冷却水和疏水等,现简述如下。

原水:也称为生水,是未经任何处理的天然水(如江河水、湖水、地下水等),它是电厂各种用水的水源。

中水:中水是工厂生产、生活产生的废水经过净化处理后使用或者城市生活污水经过处理后作为垃圾发电厂生产用水的水源。

锅炉补给水:原水或中水经过各种水处理工艺净化处理后,用来补充发电厂汽水损失的水称为锅炉补给水。按其净化处理方法的不同,又可分为软化水和除盐水等。

给水:送进锅炉的水称为给水。给水主要是由凝结水和锅炉补给水组成。

锅炉水:在锅炉本体的蒸发系统中流动着的水称为锅炉水,习惯上简称炉水。

锅炉排污水:为了防止锅炉结垢和改善蒸汽品质,用排污的方法排出一部分炉水,这部分排出的炉水称为锅炉排污水。

凝结水:蒸汽在汽轮机中做功后,经冷却水冷却凝结成的水称为凝结水,它是给水的主要组成部分。

冷却水:用作冷却介质的水为冷却水。这里主要指用作冷却做功后的蒸汽的水,如果该水循环使用,则称循环冷却水。

疏水:进入加热器的蒸汽将给水加热后,这部分蒸汽冷却下来的水,以及机组停运时,蒸汽系统中的蒸汽冷凝下来的水,都称为疏水。

在水处理工艺过程中,还有所谓的清水、软化水、除盐水及自用水等。

1.3　电厂用水的水质指标

水质是指水和其中杂质共同表现出的综合特性,而表示水中杂质的种类和数量,称为水质指标。

由于各种工业生产过程对水质的要求不同,所以采用的水质指标也有差别。火力发电厂用水的水质指标有两类:一类是表示水中杂质离子组成的成分指标,如 Ca^{2+}、Mg^{2+}、Na^+、Cl^-、SO_4^{2-} 等;另一类指标是表示某些化合物之和或表征某种性能,这些指标是由于技术上的需要而专门制定的,故称为技术指标。

1. 表征水中悬浮物及胶体的指标

(1)悬浮固体。(2)浊度。(3)透明度。

2. 表征水中溶解盐类的指标

(1)含盐量。含盐量是表示水中各种溶解盐类的总和,由水质全分析的结果通过计算求出。含盐量有两种表示方法:一是摩尔表示法,即将水中各种阳离子(或阴离子)均按带一个电荷的离子为基本单位,计算其含量(mmol/L),然后将它们(阳离子或阴离子)相加;二是重量表示法,即将水中各种阴、阳离子的含量以 mg/L 为单位全部相加。

由于水质全分析比较麻烦,所以常用溶解固体近似表示,或用电导率衡量水中含盐量的多少。

(2)溶解固体。溶解固体是将一定体积的过滤水样,经蒸干并在 105℃～110℃下干燥至恒重所得到的蒸发残渣量,单位用 mg/L 表示。它只能近似表示水中溶解盐类的含量,因为在这种操作条件下,水中的胶体及部分有机物与溶解盐类一样能穿过滤纸,许多物质的湿分和结晶水不能除尽,碳酸氢盐全部转换为碳酸盐。

(3)电导率。表示水中离子导电能力大小的指标,称作电导率。由于溶于水的盐类都能电离出具有导电能力的离子,所以电导率是表征水中溶解盐类的一种代替指标。水越纯净,含盐量越小,电导率越小。

水的电导率的大小除了与水中离子含量有关外,还和离子的种类有关,单凭电导率不能计算水中的含盐量。在水中离子的组成比较稳定的情况下,可以根据试验求得电导率与含盐量的关系,将测得的电导率换算成含盐量。电导率的单位为 $\mu S/cm$。

3. 表征水中易结垢物质的指标

表征水中易结垢物质的指标是硬度,形成硬度的物质主要是 Ca^{2+}、Mg^{2+},所以通常认为硬度就是指水中这两种离子的含量。水中钙离子含量称钙硬(H_{Ca}),Mg^{2+} 含量称镁硬(H_{Mg}),总硬度是指钙硬和镁硬之和,即 $H = H_{Ca} + H_{Mg} = \left[\left(\frac{1}{2}\right)Ca^{2+}\right] + \left[\left(\frac{1}{2}\right)Mg^{2+}\right]$。根据 Ca^{2+}、Mg^{2+} 与阴离子组合形式的不同,又将硬度分为碳酸盐硬度和非碳酸盐硬度。

(1)碳酸盐硬度是指水中钙、镁的碳酸盐及碳酸氢盐的含量。此类硬度在水沸腾时就从溶液中析出而产生沉淀,所以有时也叫暂时硬度。

(2)非碳酸盐硬度是指水中钙、镁的硫酸盐、氯化物等的含量。由于这种硬度在水沸腾时不能析出沉淀,所以有时也称永久硬度。硬度的单位为 mmol/L,这是一种最常见的表示物质浓度的方法,是我国的法定计量单位。

4. 表征水中碱性物质的指标

表征水中碱性物质的指标是碱度,碱度是表示水中可以用强酸中和的物质的量。形成碱度的物质有:

(1)强碱,如 NaOH、$Ca(OH)_2$ 等,它们在水中全部以 OH^- 形式存在。

(2)弱碱,如 NH_3 的水溶液,它在水中部分以 OH^- 形式存在。

(3)强碱弱酸盐类,如碳酸盐、磷酸盐等,它们水解时产生 OH^-。

在天然水中的碱度成分主要是碳酸氢盐,有时还有少量的腐殖酸盐。

水中常见的碱度形式是 OH^-、CO_3^{2-} 和 HCO_3^-,当水中同时存在有 HCO_3^- 和 OH^-

的时候,就发生如下式所示的化学反应:

$$HCO_3^- + OH^- \longrightarrow CO_3^{2-} + H_2O$$

故一般说水中不能同时含有 HCO_3^- 碱度和 OH^- 碱度。根据这种假设,水中的碱度可能有五种不同的形式:只有 OH^- 碱度;只有 CO_3^{2-} 碱度;只有 HCO_3^- 碱度;同时有 OH^-、CO_3^{2-} 碱度;同时有 CO_3^{2-}、HCO_3^- 碱度。

碱度的单位为 mmol/L。

5. 表示水中酸性物质的指标

表示水中酸性物质的指标是酸度,酸度是表示水中能用强碱中和的物质的量。可能形成酸度的物质有:强酸、强酸弱碱盐、弱酸和酸式盐。

天然水中酸度的成分主要是碳酸,一般没有强酸酸度。在水处理过程中,如氢离子交换器出水出现有强酸酸度。水中酸度的测定是用强碱标准来滴定的,所用指示剂不同时,所得到的酸度不同。如用甲基橙作指示剂,测出的是强酸酸度,用酚酞作指示剂,测定的酸度除强酸酸度(如果水中有强酸酸度)外,还有 H_2CO_3 酸度,即 CO_3^{2-} 酸度。水中酸性物质对碱的全部中和能力称总酸度。

这里需要说明的是,酸度并不等于水中氢离子的浓度,水中氢离子的浓度常用 pH 值表示,是指呈离子状态的 H^+ 数量;而酸度则表示中和滴定过程中可以与强碱进行反应的全部 H^+ 数量,其中包括原已电离的 H^+ 和将要电离的 H^+ 两个部分。

1.4 水汽质量标准

垃圾发电机组主蒸汽压力为 3.8~5.8MPa 的机组水汽质量标准参照《火力发电机组及蒸汽动力设备水汽质量》(GB/T 12145—2016)等相关规定。机组水汽质量各项指标的控制应符合表 5-1-1 中的各项规定。

(1)为防止机组的汽轮机内部积盐,蒸汽质量应符合表 5-1-1 的规定。

表 5-1-1 蒸汽质量标准

序号	项 目	单 位	标 准
1	氢电导率(25℃)	μS/cm	≤0.3
2	钠	μg/kg	≤15
3	二氧化硅	μg/kg	≤20
4	铁	μg/kg	≤20
5	铜	μg/kg	≤5

(2)为了防止水汽系统的腐蚀,需要对给水进行调节处理,调节控制的数据指标应符合表 5-1-2 的规定。

表 5-1-2　给水的 pH 值标准

项　目	pH 值(25℃)
标准值	8.8～9.3

　　(3)为了减少机组蒸发段的腐蚀和结垢,保证蒸汽品质,锅炉给水质量应符合表 5-1-3 的规定。

表 5-1-3　锅炉给水质量标准

序号	项　目	单　位	标　准
1	溶解氧	$\mu g/L$	≤15
2	硬度	$\mu mol/L$	≤2.0
3	二氧化硅	$\mu g/L$	保证蒸汽二氧化硅符合标准
4	铁	$\mu g/L$	≤50
5	铜	$\mu g/L$	≤10
6	钠	$\mu g/L$	—
7	pH 值		8.8～9.3
8	联氨	$\mu g/L$	≤30

　　(4)凝结水泵出口水质的质量标准应符合表 5-1-4 的规定。

表 5-1-4　凝结水泵出口水质的质量标准

序号	项　目	单　位	标　准
1	溶解氧	$\mu g/L$	≤50
2	硬度	$\mu mol/L$	≤1.0

　　(5)炉水的质量应符合表 5-1-5 的规定。

表 5-1-5　锅炉炉水质量标准

序号	项　目	单　位	标　准
1	pH 值(炉水固体碱化剂处理)	—	9.0～11.0
2	磷酸根	mg/L	5～15

　　(6)补给水的质量以保证给水质量合格为标准。补给水质量可参考表 5-1-6 的指标进行控制。

表 5-1-6　补给水质量标准

序号	项　目	单　位	标　准
1	电导率(25℃)	$\mu S/cm$	≤0.20
2	二氧化硅	$\mu g/L$	≤20
3	除盐水箱出口电导率(25℃)	$\mu S/cm$	≤0.40

第2章　原水预处理系统

2.1　系统概述

原水预处理是水未进锅炉前除掉水中杂质的工作,称为炉外水处理,也叫作补给水处理。在水处理中,对进水往往有一定的水质要求。而为了延长系统的周期和使用期限,防止系统的损坏,一般尽可能地使进水水质提高。从水源地获得的原水一般会进行一定的预处理。

根据水中所含杂质种类不同,采取不同的水处理方法。对水中较大的悬浮物,靠重力沉淀就可以除掉,这种处理称为自然沉淀法。对于水中的胶体微粒,常向水中加入一些化学药品,使胶体颗粒凝聚沉淀,这种处理称为混凝沉淀法。对于溶于水中的盐类,可采用蒸馏法、离子交换法、电渗析法等。目前使用较普遍的方法为电渗析法。

原水处理过程分为混凝过程系统、过滤处理系统及澄清系统。

水中杂质按照其颗粒大小可分为悬浮物、胶体和溶解物质三大类。

悬浮物:颗粒直径在 10^{-4} mm 以上的微粒,这类物质在水中是不稳定的,很容易除去。水发生浑浊现象,都是由此类物质造成的。

胶体:颗粒直径为 $10^{-6} \sim 10^{-4}$ mm 的微粒,是许多分子和离子的集合体,有明显的表面活性,常常因吸附大量离子而带电,不易下沉。

溶解物质:颗粒直径在 10^{-6} mm 以下的微粒,大都为离子和一些溶解气体。呈离子状态的杂质主要有阳离子(Na^+、K^+、Ca^{2+}、Mg^{2+})、阴离子(Cl^-、SO_4^{2-}、HCO_3^-)等。

2.1.1　混凝沉淀

1. 混凝过程

混凝过程是指从向水中投加混凝剂,直到最终形成大颗粒絮凝体的整个过程。它可分为两个阶段,即凝聚阶段和絮凝阶段。

凝聚阶段是混凝过程中一个相当重要的阶段。它包括使胶体脱稳和脱稳了的胶体在布朗运动作用下聚集成微小凝絮的过程。在凝聚阶段中,脱稳胶体的移动速度是十分重要的,因为这一速度决定它们之间的碰撞频率。有效碰撞才能使脱稳胶粒聚集,而有效碰撞在很大程度上取决于胶粒的脱稳程度,如果胶粒处于完全脱稳状态,则每次碰撞都可能形成微小凝絮。凝聚是在混合池或混合管中进行的,这一阶段在很短时间内即可完成。

微小凝絮在流体动力作用下再相互碰撞形成大絮凝体,这一过程为絮凝阶段。絮凝是在反应池中完成的。

2. 影响混凝效果的因素

混凝过程从投加混凝剂起,经历水解、聚合、吸附、电中和,最终形成絮凝体,所以影响混凝效果的因素很多。概括起来,这些因素有水的 pH 值、混凝剂剂量、水温、原水中胶体颗粒浓度、原水离子组成、流体搅拌条件和接触介质等。下面就这些因素进行简要说明。

(1)pH 值的影响

向天然水中投加混凝剂后,水的 pH 值略有降低,这里所指的 pH 值,是指加混凝剂后水的 pH 值。

(2)混凝剂剂量的影响

混凝剂剂量指的是单位体积水中投加混凝剂的量,计量单位是 mg/L 或 g/m³。当原水浊度低,悬浮物含量小于 100mg/L 时,因悬浮颗粒少,颗粒间碰撞概率低,此时需投加大量的混凝剂,以便形成大量金属氢氧化物沉淀物,保证较好的混凝效果。处理低浊度水时,通常向水中投加表面积大的黏土以增加水中胶体颗粒浓度,同时适当增加混凝剂剂量,以便能取得较好的混凝效果。

(3)原水碱度的影响

原水碱度对混凝处理有影响,这是因为它影响着混凝剂水解进行的程度。如原水的碱度不足以中和混凝剂水解所产生的 H^+,结果使加混凝剂后水的 pH 值偏低。此时为使混凝剂水解顺利进行,可添加碱性物质来提高水的 pH 值。至于是否需要碱化,应通过试验来决定。

(4)水力条件的影响

在确定混凝处理的最佳 pH 值和最佳混凝剂剂量之后,一个十分重要的问题是合理选择混凝处理的水力条件。水力条件指的是水和混凝剂的混合以及絮凝体形成和长大所需的水力条件。混凝处理的一般水力条件:混凝剂加入水中后,开始需要强烈的搅动紊流,在紊流中小漩涡不断形成和消失,由此促使混凝剂均匀扩散以利于混凝剂快速水解、聚合和胶体脱稳。一旦絮凝体形成,就应减弱搅动强度以免打碎絮凝体。

(5)水温的影响

如用铝盐作为混凝剂时,水温对混凝效果有较大的影响。水温的作用反映在如下两个方面:一是温度的变化影响胶体微粒的布朗运动,亦即影响脱稳胶体颗粒的移动速度;二是水温影响混凝剂水解和聚合的反应速度,从而影响形成的凝絮结构。当水温低于5℃时,形成的絮凝体细而松,水分含量多,此时絮凝体的沉淀速度慢,混凝效果差。用铝盐对天然水进行混凝处理时,最佳水温为 25℃~30℃。

(6)接触介质的影响

混凝处理时,如在水中保持一定数量的接触介质,则可使混凝过程进行得更快、更完全。在电厂水处理系统中,利用澄清池内的泥渣起接触介质作用,即利用泥渣表面的活性,吸附水中的悬浮杂质和混凝处理时形成的细小絮凝体。

2.1.2 澄清沉淀和过滤

过滤水中悬浮颗粒在滤料层中能否被滤料截留,其主要原因决定于滤料层中的水流状态及水中悬浮颗粒和滤料的表面特性。因此,过滤主要取决于所要截留的悬浮颗粒、所用滤料的性质以及过水断面的水流状态。过滤机理有以下三种作用:

(1)机械筛选作用。当含有悬浮颗粒的水由滤池上部进入滤层时,某些粒径大于滤料层孔隙的悬浮物由于吸附和机械筛选作用,被滤层表面截留下来。此时被截留的悬浮颗粒之间会发生彼此重叠和架桥作用,经过了一段时间后,在滤层表面形成了一层附加的滤膜,在以后的过滤过程中,这层滤膜起主要的过滤作用,这称为表层过滤。在粒状滤料表层或非粒状滤料过滤中,这种作用占主导作用。

(2)惯性沉淀作用。堆积一定厚度的滤料层可以看作是层层叠起的一个多层沉淀池,它具有巨大的沉淀面积。因此,水中的悬浮颗粒由于自身的重力作用或水流绕过滤料颗粒时悬浮颗粒的惯性作用,会脱离流线而被抛到滤料表面并沉积下来。

(3)接触絮凝作用。接触絮凝也在过滤过程中起到主要作用,它与泥渣悬浮式澄清池的混凝过程相似,由滤料作为接触介质。由于滤层中的滤料比澄清池中的悬浮泥渣排列得更紧密,因此,当含有悬浮颗粒的水流经滤层中的孔道时,在水流状态和布朗运动等因素作用下,有更多的机会与滤料接触,彼此间在范德华力、静电力的作用下相互吸引而黏附,恰如在滤料层中进行了深度的混凝过程。

2.2 絮凝沉淀池设备

絮凝沉淀池设备用于对水源河水或地下水进行絮凝沉淀预处理,预处理系统出水用作补给水或生活用水。

絮凝沉淀池处理系统处理能力:$2 \times 120m^3/h$。

原水水质浊度:500mg/L。

处理后出水浊度:不大于 5mg/L。

絮凝沉淀池设备设置手动、自动两种控制功能,设备的手动运行由各个就地控制柜完成,可在设备旁对各个电气点进行手动启停或开关操作。各个设备运行状态显示、数据显示、故障显示及运行报警信号在就地控制柜上都能显示,可在就地控制柜观察各设备运行状态、故障状态信号等,且留有各电气点的自动远控接口,供可编程逻辑控制器(PLC)进行自动控制。

设备的自动运行由 PLC 来自动完成,就地控制柜各个信号通过硬接点信号连接至集中控制 PLC 进行远方自动运行。

2.2.1 电气用电负荷及热控仪表设备清单

电气用电负荷及热控仪表设备清单见表 5-2-1 所列。

表 5 - 2 - 1　电气用电负荷及热控仪表设备清单

序号	名　称	规格型号	配套功率(kW)	信号类型及点数
一	1#絮凝沉淀池设备 就地电气控制柜		装机总功率:1.05kW 最大运行功率:0.3kW	
1	1-1#排泥电动蝶阀	DN80	0.15	开关型
2	1-2#排泥电动蝶阀	DN80	0.15	开关型
3	1-3#排泥电动蝶阀	DN80	0.15	开关型
4	1-4#排泥电动蝶阀	DN80	0.15	开关型
5	1-5#排泥电动蝶阀	DN80	0.15	开关型
6	1-6#排泥电动蝶阀	DN80	0.15	开关型
7	1-7#排泥电动蝶阀	DN80	0.15	开关型
8	1#进水电磁流量计	DN200	1.05	4~20mA 模拟量
9	1#混凝离子传感器	SC-30S		4~20mA 模拟量
二	2#絮凝沉淀池设备 就地电气控制柜		装机总功率:1.05kW 最大运行功率:0.3kW	
1	2-1#排泥电动蝶阀	DN80	0.15	开关型
2	2-2#排泥电动蝶阀	DN80	0.15	开关型
3	2-3#排泥电动蝶阀	DN80	0.15	开关型
4	2-4#排泥电动蝶阀	DN80	0.15	开关型
5	2-5#排泥电动蝶阀	DN80	0.15	开关型
6	2-6#排泥电动蝶阀	DN80	0.15	开关型
7	2-7#排泥电动蝶阀	DN80	0.15	开关型
8	2#进水电磁流量计	DN200	1.05	4~20mA 模拟量
9	2#混凝离子传感器	SC-30S		4~20mA 模拟量

2.2.2　PLC 的连锁控制要求

1#、2#絮凝沉淀池设备排泥电动阀为定时运行,排泥间隔时间为 6~8h(根据现场调试情况确定),排泥时依次开启 1#~7#排泥电动阀,每个排泥电动阀开启时间为 1~3min(根据现场调试情况确定),泥水自流静压排至污泥浓缩池。排泥时照常进水。

2.2.3　设备规范表

设备规范见表 5-2-2 所列。

表 5-2-2　设备规范表

设备名称	数量	技术规范		
絮凝沉淀设备	2 套	正常进水	SS:500mg/L	pH 值:6~9
		出水水质	SS:5mg/L	pH 值:6~9
		絮凝装置	形式:翼片隔板絮凝	
			主体材质:钢结构地上式水池	
			主要部件材质:304SS	
			处理能力:2×120m³/h	
		沉淀池	形式:斜管沉淀	
			主体材质:钢结构地上式水池	
			主要部件材质:乙丙共聚	
			处理能力:2×120m³/h	
		斜管填料	材质:乙丙共聚	
			安装角度:60°	
		排泥方式	定时静压排泥	

2.2.4　设备工作原理

絮凝沉淀池反应区段是折板反应和隔板反应的加强,在反应池中设置微涡折板絮凝反应设备或翼片隔板絮凝反应设备,使水流与微涡折板絮凝反应设备或翼片隔板絮凝反应设备撞击后产生高频谱涡旋,为药剂与水中的颗粒充分接触提供微水动力学条件,产生密实的矾花。按照反应要求进行水力分级和流态控制,得到理想的反应效果,其主要特点是施工简单、安装方便、管理维护简单、对原水水量和水质变化的适应性强,并且适应难处理期及微污染水质、絮凝效果稳定。

沉淀区段:利用接触絮凝和沉淀原理去除水中的固体颗粒。沉淀设备材质采用乙丙共聚,表面光滑利于排泥,上升流速和表面负荷在满足给水设计规范的前提下尽可能提高。

2.2.5　设备的安装、调试

1. 设备的安装

设备到位后,按有关的设备、管道、电气安装技术要求进行施工。设备安装完成,应对设备内部包括管道、部件进行清理,并对过滤滤料进行清洗;同时对电器逐台检查,确保各机械及部件运转正常。

2. 设备的调试

设备在正式调试前应对设备进行手动状态试运转(包括各电气设备),在确定各个设备运转正常后即可对整个系统进行调试:按工艺要求进行系统逐级调试,且设定程序最终由 PLC 来自动完成,直至出水达到设计标准。

絮凝沉淀池设备开始运行。加药计量泵与絮凝沉淀池设备进水电磁流量计、混凝离子传感器连锁,变频调节加药量。设备经过 4~5h 的运行后,设备内沉降的污泥在泥斗中积聚应进行排泥,排泥时排泥阀按先后顺序依次打开,污泥静压排入污泥池。排泥持续时间根据调试时的实际情况确定。

3. 加药装置

(1)根据系统需要在进水中加入絮凝药剂,此处使用的絮凝药剂为碱式氯化铝,配制浓度为8%~10%。

(2)加药装置计量泵和絮凝沉淀池设备进水电磁流量计、混凝离子传感器连锁,当开始工作时,自动开启加药装置计量泵对水中进行投药。

(3)投加量:絮凝药剂约 20~80g/m³(变频可调),以上加药量根据现场调试情况再确定加药量。

(4)系统加药量的大小根据在线流量信号控制,以实现自动控制。

设备调试结束后应对设备调试过程中的运行参数应在 PLC 中进行适当调整,确保各电气控制设备正常自动运行。

2.2.6 系统设备的运行

1. 启动前的检查

(1)检查水池水位正常、系统内水泵进出口阀门打开,泵不倒转,电动机完好,接地线齐全,泵地脚螺丝紧固,转动联轴器盘动灵活、无卡涩现象,加油室内加注适量润滑油脂,润滑正常。

(2)水处理间地面平坦清洁,无妨碍运行的杂物。

(3)检查各设备机连接管路密封情况良好,处于良好备用状态。

(4)电气设备及连接电缆完好,从电源柜上给各个控制柜送电,将切换开关切到自动位置。

(5)检查系统各阀门位置见表 5-2-3。

表 5-2-3 系统阀门位置表

序号	设备名称	数量	阀门名称	位置	备 注
1	絮凝沉淀池设备	2台	排泥电动阀	关	设定时间定时开关
			排泥手动阀	开	手动
2	管道混合器	2台	进药液阀	开	手动
3	加药装置	1套	计量泵进水口阀	开	手动
			计量泵出水口阀	开	手动

2.2.7　设备的维护

(1)所有阀门及仪表应根据生产厂家要求进行定期保养。

(2)电动阀门运行应确保开启或关闭到位,且运转灵活。

(3)电机温升稳定正常。

(4)设备运行时应保证出水达到设计要求,一旦出现超标应及时停机检查,并找出原因及时处理,处理后应确保以后运行正常。

(5)各个仪表设置参数应根据运行中的实际情况进行及时调整,确保系统处理达到规定的效果。

(6)设备检修临时停运时,应根据运行情况关闭设备,保证其他设备不溢水,并安全运行。

2.2.8　注意事项

设备在投入运行后,必须定时和不定时地进行检查,使设备的运行保持最佳运行状态。

(1)定期检查控制系统的各用电器的使用情况,发现问题及时排除。

(2)不定时检查各电动阀门、电机的运行情况,遇有异样声音、出水量不足等情况,应及时停机检修,及时更换易损件。

(3)对电动阀门、电机等按要求定期保养。

(4)检查设备运行情况,观察并处理水量、水质,如水量明显减少,应及时进行处理,并在运行中找到最佳的管理方式。

2.3　过滤处理

重力式空气擦洗过滤器是在无阀过滤器的基础上增加了空气擦洗功能,使反冲洗过程由简单的水冲洗发展到水冲洗、气冲洗、水-气混合等多种冲洗方式,使滤料的清洗更彻底、出水水质更好,是一种理想的水处理设备。

设备处理能力:$2\times40m^3/h$。

进水浊度:$\leqslant10NTU$。

出水浊度:$\leqslant2NTU$。

重力式空气擦洗过滤器设备设置手动、自动两种控制功能,设备的手动运行由各个就地控制柜完成,可在设备旁对各个电气点进行手动启停或开关操作。各个设备运行状态显示、数据显示、故障显示及运行报警信号在就地控制柜上都能显示,可在就地控制柜上观察各设备运行状态、故障状态信号等,且留有各电气点的自动远控接口,供PLC进行自动控制。

设备的自动运行由PLC来自动完成,就地控制柜各个信号通过硬接点信号连接至集中控制PLC进行远方自动运行。

2.3.1 电气用电负荷及热控仪表设备清单

电气用电负荷及热控仪表设备清单见表 5-2-4 所列。

表 5-2-4　电气用电负荷及热控仪表设备清单

序号	名　称	规格型号	配套功率（kW）	信号类型及点数
一	1#重力式空气擦洗过滤器设备就地电气控制柜	装机总功率:1.85kW　最大运行功率:0.75kW		
1	1-1#连通管电动阀	DN200,1.0MPa	0.25	开关型
2	1-2#连通管电动阀	DN200,1.0MPa	0.25	开关型
3	1-3#水封排水管电动阀	DN200,1.0MPa	0.25	开关型
4	1-4#正洗排水管电动阀	DN250,1.0MPa	0.25	开关型
5	1-5#出水管电动阀	DN250,1.0MPa	0.25	开关型
6	1-6#进水管电动阀	DN125,1.0MPa	0.15	开关型
7	1-7#排气管电动阀	DN50,1.0MPa	0.15	开关型
8	1-8#排气管电动阀	DN50,1.0MPa	0.15	开关型
9	1-9#进气管电动阀	DN100,1.0MPa	0.15	开关型
10	1#过滤器磁翻板液位计			4~20mA
11	1#过滤器进水差压变送器			4~20mA
12	1#过滤器出水浊度仪			4~20mA
二	2#重力式空气擦洗过滤器设备就地电气控制柜	装机总功率:1.85kW　最大运行功率:0.3kW		
1	2-1#连通管电动阀	DN200,1.0MPa	0.25	开关型
2	2-2#连通管电动阀	DN200,1.0MPa	0.25	开关型
3	2-3#水封排水管电动阀	DN200,1.0MPa	0.25	开关型
4	2-4#正洗排水管电动阀	DN250,1.0MPa	0.25	开关型
5	2-5#出水管电动阀	DN250,1.0MPa	0.25	开关型
6	2-6#进水管电动阀	DN125,1.0MPa	0.15	开关型
7	2-7#排气管电动阀	DN50,1.0MPa	0.15	开关型
8	2-8#排气管电动阀	DN50,1.0MPa	0.15	开关型
9	2-9#进气管电动阀	DN100,1.0MPa	0.15	开关型

（续表）

序号	名 称	规格型号	配套功率（kW）	信号类型及点数
10	2♯过滤器磁翻板液位计			4～20mA
11	2♯过滤器进水差压变送器			4～20mA
12	2♯过滤器出水浊度仪			4～20mA
三	空气擦洗风机 就地电气控制柜	装机总功率:22.45kW 最大运行功率:11.3kW		
1	1♯空气擦洗风机	BK5006	11.0	
2	2♯空气擦洗风机	BK5006	11.0	
3	1♯风机出口电动阀	DN100,1.0MPa	0.15	
4	2♯风机出口电动阀	DN100,1.0MPa	0.15	
5	风管排水电动阀	DN100,1.0MPa	0.15	
四	反洗水泵 就地电气控制柜	装机总功率:2.2kW 最大运行功率:2.2kW		
1	1♯反洗水泵	ISG50－100	1.1	
2	2♯反洗水泵	ISG50－100	1.1	

2.3.2 PLC 的连锁控制要求

PLC 的连锁控制要求见表 5－2－5 所列。

表 5－2－5 PLC 的连锁控制要求

序号	步骤	进水	出水	反洗排水	联通阀1	联通阀2	水封排水	正洗排水	排气	进气	风机出口	风管低位
1	正常运行	⊗	⊗							⊗		⊗
2	放水						⊗	⊗	⊗			
3	空气擦洗			⊗					⊗	⊗	⊗	
4	气水联合反洗			⊗	⊗	⊗			⊗	⊗	⊗	
5	水反洗			⊗	⊗	⊗			⊗			
6	运前排水	⊗						⊗				⊗

注:"⊗"表示阀门开启,否则为关闭状态。

2.3.3　设备规范表

设备规范见表 5-2-6 所列。

表 5-2-6　设备规范表

序号	设备名称	数量	技术规范					
1	重力式空气擦洗过滤器	2台	设备处理能力:40m³/h 进水浊度:≤10NTU 出水浊度:≤2NTU 平均滤速:7.5～8m/h 水反洗强度:10～12L/s·m² 空气冲洗强度:10～15L/s·m² 滤层厚度:0.5～1mm 瓷砂滤料高度 700mm 1～2mm 瓷砂滤料高度 100mm					
2	空气擦洗风机	2台	型号	风量 (m³/min)	风压 (m)	转速 (r/min)	功率 (kW)	电压 (V)
			BK5006	5.6	5	1500	11	380
3	反洗水泵	2台	型号	水量 (m³/h)	扬程 (m)	转速 (r/min)	功率 (kW)	电压 (V)
			ISG50-100	12.5	12.5	2900	1.1	380

2.3.4　设备工作原理

重力式空气擦洗过滤器全部工作过程可分为三个阶段:正常过滤、反洗、正洗交替运行。

正常过滤阶段:原水经加压,由原水管进入滤池过滤仓,经过滤层自上而下地通过滤料层,清水即从连通管注入滤池上部的清水仓内储存,水箱充满后,水通过反洗水泵提升进入上部反洗清水池。滤层不断截留悬浮物,造成滤层阻力的增加,出水混浊度增大,通过安装在池体上的仪表检测到信号后传输到控制系统的 PLC 程序,自动触发反冲洗过程,进入反洗过程。

反洗过程:该过程分为气擦洗、气-水混合擦洗、水反冲洗,通过电动阀门的程序化自动启闭及综合水泵房内的罗茨风机的启停,储存在清水仓内的清水通过连通管自下而上冲洗滤料,使滤料层充分膨胀,颗粒相互碰撞、摩擦,从而去除滤层截留下来的污物,也使滤料得到充分的净化。

正洗排水:每一次反冲洗过后,滤层内会残留少量的悬浮杂质,此时需要将最初过滤的水排除掉,以保证滤池出水进入清水池的清洁,这个过程叫正洗。此时,冲洗水是自上而下通过滤层,与正常过滤不同的是这部分水将被排掉。

2.3.5 设备的安装、调试

1. 设备的安装

设备到位后,按有关的设备、管道、电气安装技术要求进行施工。

设备安装完成,应对设备内部包括管道、部件进行清理,并对过滤滤料进行清洗,同时对电器逐台检查,确保各机械及部件运转正常。

2. 设备的调试

设备在正式调试前应对设备进行手动状态试运转(包括各电气设备),在确定各个设备运转正常后即可对整个系统进行调试:按工艺要求进行系统逐级调试,且设定程序最终由 PLC 来自动完成,直至出水达到设计标准。

检查设备总进水阀门是否打开,出水管路是否畅通,然后,给擦洗滤池控制柜送电,电源指示灯亮;控制面板上按下"擦洗运行"按钮,同时运行指示灯亮,程序即进行自动运行。运行时程序会根据设备运行状况参数自动启动反冲洗程序,无须人为操作。

控制柜面板上除设自动运行外,另设人工强制反冲洗过程,可视运行工况灵活使用。人工强制反冲洗时按下"手动反冲洗"按钮,同时上方指示灯亮,即开始自动完成一次反冲洗过程。反冲洗结束后,可按下"反洗结束"按钮,完成复位。

注意风机柜的操作亦在擦洗滤池控制柜 PLC 程序控制中,风机柜现场设紧急停车按钮,以便事故时紧急停车。若根据运行状况,无须启动风机,只需将风机柜内三只空气开关关掉即可(另一只小开关打开)。

2.3.6 系统设备的运行

1. 启动前的检查

(1)检查水池水位正常、系统内水泵进出口阀门打开,泵不倒转,电动机完好,接地线齐全,泵地脚螺丝紧固,转动联轴器盘动灵活、无卡涩现象,加油室内加注适量润滑油脂,润滑正常。

(2)地面无妨碍运行的杂物。

(3)检查各设备机连接管路密封情况良好,处于良好备用状态。

(4)电气设备及连接电缆完好,从电源柜上给各个控制柜送电,将切换开关切到自动位置。

(5)检查系统各阀门位置正确。

2. 运行注意事项

(1)两台滤池应尽量避免同时进行反冲洗过程。可在投入运行时使其中一台提前运行 1/2 周期(根据运行试验确定)。

(2)反冲洗过程中,风机的运行应视反冲效果而定,不一定每次反冲洗均开启风机,过度强烈的空气擦洗会加速滤料的破损速度,建议新装滤料不运行风机。

(3)滤池出水为自流式重力式出水形式,没有特殊需要不得在出水管路上加装阀门。否则造成仓体压力过大或溢水。

(4)向滤池进水阀与受纳水池应建立连锁机构,即清水池满则停止向滤池打水。

(5)两台滤池互为备用,若其中任一阀门检修,都应停止该台设备运行。

电动阀门参与 PLC 程序控制,各阀门、管路都有其特定时期的用途,正常运行时现场不得手动启/停任一阀门,否则造成水路紊乱,出水恶化或不能正常出水。

(6)进水浊度应不超过 20NTU,否则将造成出水水质恶化。

(7)根据技术规范,若进水浊度不超过 2NTU,此时可关闭系统运行,打开原水来水阀门直接进生水池。

(8)滤料无须更换,仅在长期使用过程中可能出现少量滤料破损而随反冲洗水被冲出,可 3 年补充一次滤料。

2.3.7　设备的维护

(1)所有阀门及仪表应根据生产厂家要求进行定期保养。

(2)电动阀门运行应确保开启或关闭到位,且运转灵活。

(3)电机温升稳定正常。

(4)设备运行时应保证出水达到设计要求,一旦出现超标应及时停机检查,并找出原因及时处理,处理后应确保以后运行正常。

(5)各个仪表设置参数应根据运行中的实际情况进行及时调整,确保系统处理达到规定的效果。

(6)设备检修临时停运时,应根据运行情况关闭设备,保证其他设备不溢水,并安全运行。

2.3.8　注意事项

设备在投入运行后,必须定时和不定时地进行检查,使设备的运行保持最佳运行状态。

(1)定期检查控制系统的各用电器的使用情况,发现问题及时排除。

(2)不定时检查各电动阀门、电机的运行情况,遇有异样声音、出水量不足等情况,应及时停机检修,及时更换易损件。

(3)对电动阀门、电机等按要求定期保养。

(4)检查设备运行情况,观察并处理水量、水质,如水量明显减少,应及时进行处理,并在运行中找到最佳的管理方式。

2.4　碱式氯化铝加药装置

碱式氯化铝是一种无机高分子混凝剂,是利用工业铝灰和活性铝矾土为原料经过精制加工聚合而成,此药剂活性较高,对于工业污水、造纸水、印染水具有较好的净化效果。

碱式氯化铝具有投加量少、净化效率高、成本低等一系列优点。

本设备安装于加药间内,用于投加碱式氯化铝药剂,加药装置由 2 个药剂搅拌储存罐、3 台计量泵、就地控制柜等组成。

2.4.1 设备主要技术参数

加药装置主要技术参数见表 5-2-7 所列。

表 5-2-7 加药装置主要技术参数

序号	名 称	技术参数
1	加药搅拌箱	
	有效容积	$V=1.5m^3$（单台）
	数 量	2 台
2	磁翻柱液位计	
	形 式	侧装式带远传磁翻柱液位计
	输出信号类型	4～20mA(带高低开关量液位报警)
3	搅拌机	
	形 式	推进式搅拌机
	数 量	2 套
	型 号	BLD11-1.1
	电机功率	1.1kW
4	混凝剂计量泵	变频调节方式
	形 式	隔膜式计量泵
	数 量	3 台(2 用 1 备)
	型 号	GB 1000(MBH40-8H)
	流 量	900L/h
	电机功率	0.75kW
5	平台、扶梯、支架	
	材 质	碳钢
	外形尺寸	3100mm×2000mm×800mm

电气功率、仪表及自动控制说明见表 5-2-8 所列。

表 5-2-8 电气功率、仪表及自动控制说明

序号	名 称	单位	数量	单台功率	装机功率	信号类型	工作方式及连锁要求
1	搅拌机	台	2	1.1kW	2.2kW		配药时使用,人工开启人工关闭
2	计量泵	台	3	0.75kW	0.5kW		(1)计量泵与磁翻板液位计连锁,高位启动,低位停止运行并报警。
3	变频器	台	2			4～20mA	(2)与管道上的流量计、混凝离子传感器连锁,变频调节计量泵启停及转速等。
4	磁翻板液位计	台	2		0	4～20mA	(3)2 台计量泵为 1 用 1 备,故障时自动转换到另一台。

2.4.2　主要原理及作用

1. 碱式氯化铝药剂储存罐

用于储存碱式氯化铝药剂,使用时人工将碱式氯化铝药剂加入药剂储存罐内,并按设计要求配比对药剂进行稀释,通过搅拌机搅拌成水剂待用。

2. 碱式氯化铝加药计量泵

用于定量投加碱式氯化铝药剂,确保其效果达到设计要求。

2.4.3　设备的安装、调试

1. 设备的安装

根据设计施工图要求对设备进行就位,并按有关的设备、管道、电器安装图纸及技术要求进行施工。

设备安装完成,应对设备内部包括管道、部件进行清理,同时对电器逐台检查,确保各电器及机械部件运转正常。

2. 设备的调试

按工艺要求穿线、接线,电缆的线径必须跟电机功率相配,同时应检查各电器及电缆的绝缘情况。

电器控制程序:电器控制分手动、自动两种,设备运行通过 PLC 实现全自动控制,其主要功能有水泵的启停和自动切换等,并有过压、缺相、短流等保护功能。

3. 计量泵的调试

手动:按"就地"键,手动指示灯亮,按 1♯计量泵"启动"键,1♯计量泵启动运行,按 2♯计量泵"启动"键,2♯计量泵启动运行。按"停止"键,则计量泵停止运行。

自动:按"远控"键后,根据设置好的流量计量泵开始加药,1♯计量泵、2♯计量泵、3♯计量泵为交替变频运行,如有一台计量泵损坏,另一台计量泵投入工作。

4. 设备的运行

(1)向电柜送电,检查电源电压是否符合设备的技术要求。

(2)脱开负荷,分别试验手动/自动的工作状态、指示、接触器动作是否正确,一切正常后方可接负荷。

(3)将工作方式置于手动,并合上空气开关(QM),分别手动启动搅拌机及计量泵,检查搅拌机及计量泵的转向是否正确。

(4)将工作方式置于自动,按"远控"键,检查计量泵的切换过程、转向是否正确。

以上步骤完成后,根据需要设定工作参数,投入正常运行。

5. 使用维护

(1)定期检查电柜内配线端子有没有松动,检查电线是否损坏,发现接触器、继电器等元件欠电压铁芯有特殊噪声时,应将工作面防锈油擦净重新涂上清洁的防锈油脂,元器件更换时,尽可能选用原型号元器件。

(2)压力表按合格要求定期送有关部门检验。

（3）计量泵、电机、轴承应按生产厂家要求定期保养。

（4）长期使用时，当流量、扬程明显下降时，应及时更换损件。

（5）定期检查、清洗溶解槽和溶液箱底部的结垢、残渣、污物等，以保证药剂的清洁使用（2～3个月一次）。

（6）电源电缆进户前需重复接地，所有电气设备金属外壳需可靠接地。

第 3 章　锅炉补给水处理系统

　　一般垃圾发电厂锅炉补给水使用水量较小,因此锅炉补给水处理系统采用全膜法,该方法是目前水处理系统中较先进的工艺技术,自动化程度高,不消耗酸碱,无再生废水排放,有利于环境保护。

　　锅炉补给水处理工艺流程:原水预处理系统产水→超滤给水泵→加热器→自清洗过滤器→超滤装置→超滤产水箱→一级反渗透给水泵→一级反渗透保安过滤器→一级反渗透高压泵→一级反渗透装置→一级反渗透产水箱→二级反渗透高压泵→二级反渗透装置→预脱盐水箱→EDI 升压泵→EDI 保安过滤器→EDI 装置→除盐水箱→除盐水泵→综合主厂房。

3.1　超滤系统

3.1.1　超滤膜过滤

　　超滤膜过滤是一种膜分离技术,其膜为多孔性不对称结构,主要用于溶液中物质大分子级别的分离。

　　超滤膜过滤过程是以膜两侧压差为驱动力、以机械筛分原理为基础的一种溶液分离过程,使用压力通常为 $0.1\sim0.6MPa$,筛分孔径为 $0.05\sim0.1\mu m$,截留分子量为 5 万～100 万道尔顿。

　　其与所有常规过滤及微孔过滤的差别如下:

　　(1)筛分孔径小,几乎能截留溶液中所有的细菌、热源、病毒及胶体微粒、蛋白质、大分子有机物。

　　(2)是否有效分离除取决于膜孔径及溶质粒子的大小、形状及刚柔性外,还与溶液的化学性质(pH 值、电性)、成分(有无其他粒子存在)以及膜致密层表面的结构、电性及化学性质(疏水性、亲水性等)有关。

　　(3)整个过程在动态下进行,使膜表面不能透过的物质仅为有限的积聚,过滤速率在稳定的状态下可达到一平衡值而不致连续衰减。

　　(4)这种过滤膜对大分子溶质的分离主要依赖于膜的有孔性,即膜对大分子溶质的吸附、排斥、阻塞及筛分效应,一般膜两侧压差越大,对大分子溶质的截留率越低。

3.1.2 中空纤维滤膜和组件

中空纤维膜是超滤膜过滤的最主要形式之一,呈毛细管状。其内表面或外表面为致密层,或称活性层,内部为多孔支承体。致密层上密布微孔,溶液就是以其组分能否通过这些微孔来达到分离的目的。

根据致密层位置不同,中空纤维滤膜又可分为内压膜和外压膜两种。

用中空纤维滤膜组装成的组件,由壳体、管板、端盖、导流网、中心管及中空纤维组成,有原液进口、超滤产水出口及浓缩液出口与系统连接。其特点:一是纤维直接粘接在环氧树脂管板上,不用支撑体,有极高的膜装填密度,体积小而且结构简单,可减小细菌污染的可能性,简化清洗操作。二是检漏修补方便,截留率稳定,使用寿命长。

3.1.3 超滤装置

超滤装置是根据装置产水要求,由数只乃至数十只膜组件并联组合而成。其基本工艺流程见图5-3-1。

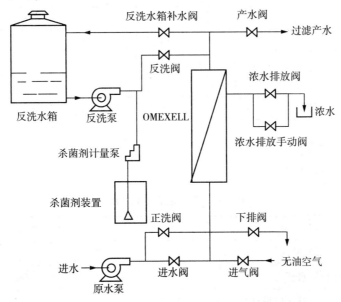

图5-3-1 超滤及反冲洗过程示意图

1. 装置的基本使用条件

装置的基本使用条件见表5-3-1。

表5-3-1 装置的基本使用条件

项目名称		参　　数
进水条件	浊度	$\leqslant 50 NTU$
	pH 值	2~10
	余氯	$\leqslant 10 mg/L$　以 Cl_2 计
	水温	5℃~40℃

（续表）

项目名称		参　数
最大进水压力		3.1Bar
膜两侧平均压力差		≤1.5Bar（正常）　≤2.4Bar（最大）
产水水质	浊度	≤0.20NTU
	悬浮物	≤1.0mg/L
	SDI_{15}	≤3

2. 装置的主要运行参数

装置的主要运行参数见表5-3-2。

表5-3-2　装置的主要运行参数

进水类型	浊度（NTU）	COD_{Mn}	组件产水量（m³/h）	浓水排量（m³/h）	反洗间隔（min）	化学清洗间隔（月）
地下水	≤5	≤2	6.18～6.87	—	60	3
地表水	0～5	≤2	6.18～6.47	0.5～5.0	60	3
	5～15	≤5	5.66～6.18	0.5～5.0	30	1～3
	15～50	≤5	4.85～5.66	0.5～5.0	30	1～3
深度处理废水	≤10	≤5	4.85～5.66	0.5～5.0	30	1～3

3. 装置的反洗参数

装置的反洗参数见表5-3-3。

表5-3-3　装置的反洗参数

项目名称	参　数
反洗时间	60s
反洗水压力	1.5～2.5Bar
反洗水量（单支组件计）	9.70～13.50m³/h
反洗水质	UF产水
正洗时间	30s
正洗水量	同正常工作水量

注：如原水为地表水，应在反洗水中加入NaOCl，并控制反洗排放水余氯浓度为3～5mg/L。

4. 超滤膜装置组成以及运行参数

超滤膜元件技术参数见表5-3-4。工程中设置2套14t/h超滤，系统设置为4个系列单元，每系列都能单独运行，也可同时运行。每套膜组件为3只，采用并联排列。膜型选用美国Membrana公司生产的W10膜元件，其切割分子量为10万道尔顿。

表 5-3-4　超滤膜元件技术参数

装置型号	W10	膜结构	中空纤维
设计水温(℃)	25	纤维内径(mm)	0.9
设计压力(MPa)	0.25	膜壳外径(mm)	273
膜型号	W10	膜管长度(mm)	1829
膜材质	PVDF	膜面积(m²)	80.9
膜壳材质	PVC	净产水量(m³/h)	14
主要受压元件材质	SUS304	回收率(%)	90

3.1.4　超滤装置的运行、反洗、快冲操作

1. 超滤系统的组成

超滤供水泵:2 台;

超滤装置:2 台;

反洗水泵:2 台;

反洗保安过滤器:1 台;

化学清洗装置:1 套;

杀菌剂加药装置:1 套。

2. 超滤装置配套加药系统

杀菌剂药箱低液位时,杀菌剂计量泵不停报警,直至药液得到补充。

两台杀菌剂药箱溶药搅拌器仅为手动启停,不参与自动运行。

杀菌剂计量泵(一用一备)与超滤供水泵联动。

反洗杀菌剂计量泵(一用一备)与超滤反洗工况联动。超滤反洗工况,可由运行人员选择反洗杀菌剂计量泵是否随反洗水泵自动投入运行。

3. 启动前的检查内容

(1)给水水压正常,给水水质满足超滤系统运行要求。

(2)检查所有管道之间连接是否完善紧密。

(3)超滤系统全部压力表、流量表等各种热工、化学分析仪表符合投入条件。

(4)运行中监督化验所用的各种药剂、试剂、分析仪器已配备齐全。

(5)各取样管路畅通取样阀门开关灵活。

(6)超滤加药泵、反洗泵处于待用状态,药箱内有充足的药液。

(7)各阀门转动灵活,位置正确。

4. 超滤启动前的准备

超滤装置首次运行或长时间停运后恢复运行,需要进行冲洗以除去组件内的保护溶液;调节生水泵的变频器,将生水泵按低流量启动,开启超滤的进水阀、产水排空阀、浓水

排空阀,将超滤膜的保护液冲洗干净。

最开始的启动应该为手动的,但是一旦所有的流速和压力、时间被设置后,装置应该恢复为自动。装置恢复自动后,PLC系统可以有效监控系统的运行,一旦运行条件不满足,装置会自动采取保护措施。

5. 超滤运行状态

超滤装置的运行状态分为:过滤、快冲洗、反洗,如下所示:

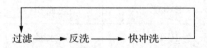

过滤 —— 反洗 —— 快冲洗

6. 供水泵运行

超滤运行时,超滤供水泵运行;超滤停运时,超滤供水泵停止。

超滤供水泵运行方式:变频供水。

超滤供水泵调节方式:按超滤产水流量比例调节供水泵运转频率,达到恒流过滤。

7. 反洗水泵运行

超滤快冲、反洗均采用反洗水泵供水。超滤快冲/反洗运行时,反洗水泵一台运行;超滤快冲/反洗停止时,反洗水泵停止。

8. 超滤反洗杀菌剂计量泵运行

超滤反洗工况时,反洗杀菌剂计量泵一台运行;超滤反洗结束时,反洗杀菌剂计量泵停止。

超滤反洗工况,可由运行人员选择反洗杀菌剂计量泵是否随反洗水泵自动投入运行。

9. 超滤过滤状态

根据系统或膜的不同超滤过滤有两种方式:上进水过滤和下进水过滤。

(1)上进水过滤方式

上进水过滤时,打开上进水阀、出水阀、浓水下排阀至开限位,同时启动超滤供水泵,当过滤时间(可外设0~60min)到设定值后,关闭上进水阀、出水阀、浓水下排阀至关限位,同时停止超滤供水泵,过滤结束。

(2)下进水过滤方式

下进水过滤时,打开下进水阀、出水阀、浓水上排阀至开限位,同时启动超滤供水泵,当过滤时间(与上进水过滤时间一致)到达设定值后,关闭下进水阀、出水阀、浓水上排阀至关限位,同时停止超滤供水泵,过滤结束。

10. 超滤反洗

超滤反洗只有一种方式,反洗时,打开正/反洗上排污阀、反洗进水阀至开限位,同时启动反洗水泵、反洗杀菌剂计量泵;运行30s后,同时打开正/反洗下排污阀,再过30s后停止反洗水泵、反洗杀菌剂计量泵,关闭正/反洗上排污阀、反洗进水阀,反洗结束。

注:反洗总时间为60s,也可外设0~900s,具体调试时确定。

11. 超滤快速冲洗

根据系统或膜的不同,超滤快速冲洗有两种方式:上进水快冲和下进水快冲。

（1）上进水快冲

上进水快冲时，打开上进水阀、正/反洗下排污阀、正冲进水阀至开限位，同时启动反洗水泵。当冲洗时间（可外设 0～60s）到达设定值，停止反洗水泵，关闭上进水阀、正/反洗下排污阀、正冲进水阀至关限位，上进水冲洗结束。

（2）下进水快冲

下进水快冲时，打开下进水阀、正/反洗上排污阀、正冲进水阀至开限位，同时启动反洗水泵。当冲洗时间（与上进水快冲时间一致）到达设定值，停止反洗水泵，关闭下进水阀、正/反洗上排污阀、正冲进水阀至关限位，下进水冲洗结束。

12. 超滤化学清洗

超滤化学清洗只有一种方式，清洗时，打开进水阀、清洗进水阀、清洗原水侧回流阀、产水侧回流阀至开限位，同时启动化学清洗水泵；运行 5min 后，关闭产水侧回流阀，再过 5min 后进入换向清洗阶段。

操作人员给出清洗停止指令时，停止化学清洗水泵，关闭上（下）进水阀、清洗进水阀、清洗原水侧回流阀、产水侧回流阀至关限位，清洗结束。

13. 超滤系统运行中的监督和调整

（1）严格控制超滤进水水质，保证超滤系统在符合进水水质条件下运行。

（2）及时调整进水流量、浓水流量。

（3）进水压力不得大于 0.3MPa。在满足产水量和水质的前提下，控制操作压力在尽量低的压力值，这样有利于降低膜的水通量衰减，减少膜的更换率。

（4）如进水浊度超标，应及时调整回收率，使浓水排放量适当增大。

（5）检查电机及水泵的声音、温度、油位是否正常，加药泵加药量是否正确。

（6）应每小时对运行参数进行记录，主要内容包括：

① 给水：浊度、压力、流量、水温；

② 产水：浊度、流量；

③ 浓水：流量。

3.1.5 运行装置的停机程序

1. 手动操作模式下的停机

（1）打开浓水排放阀，冲洗 15s。

（2）停止超滤供水泵。

（3）关闭超滤进水阀。

2. 自动控制模式下的停机

装置在自动模式下运行，当下面的一些情况发生时，装置会发生自动关闭或不能投入自动运行现象：

（1）供水泵没接到运行指令，或者供水泵的手动开关没有置于自动状态。

（2）超滤进水压力过高（超出 3.5bar）。

（3）超滤膜组件的过膜压差过高（超出 2.4bar）。

3. 装置长时间停机

(1)如果装置需关停,组件如短期停用(2～3 天),可每天运行 30～60min,以防止细菌污染。

(2)组件如长期停用(7 天以上),关停前对超滤装置进行一次反洗;并向装置内注入保护液(1％亚硫酸氢钠溶液加 10％丙二醇),关闭所有的超滤装置的进出口阀门。每月检查一次,并控制环境温度为 5℃～35℃。

(3)长时间关停后重新投入运行时,应将超滤装置进行连续冲洗至排放水无泡沫。

(4)停机期间,应自始至终保持超滤膜处于湿态,一旦脱水变干,将会造成膜组件不可逆损坏。

注意:①在准备装置长时间停机过程中,控制柜输出电源必须关闭,并且输入电源也应处于关闭状态。

② 在任何时候都必须保持超滤膜处于湿态,一旦脱水变干,都将造成膜组件不可逆损坏。

3.1.6　运行监控内容

为了使超滤装置持续产出满足需要的过滤水,必须满足三个条件,即合格的进水水质、合适的反洗时间间隔、及时有效的化学清洗,任一条件不满足,装置将难以稳定地产出满足需要的过滤水。

1. 进水水质要求

在膜过滤过程中,膜污染是一个经常遇到的问题。所谓污染是指被处理液体中的微粒、胶体粒子、有机物和微生物等大分子溶质与膜产生物理化学作用或机械作用而引起在膜表面或膜孔内吸附、沉淀使膜孔变小或堵塞,导致膜的透水量或分离能力下降的现象。

(1)膜污染形式

膜污染主要有膜表面覆盖污染和膜孔内阻塞污染两种形式。膜表面污染层大致呈双层结构,上层为较大颗粒的松散层,紧贴于膜面上的是小粒径的细腻层,一般情况下,松散层尚不足以表现出对膜的性能产生大的影响,在水流剪切力的作用下可以冲洗掉,膜表面上的细腻层则对膜性能正常发挥产生较大的影响。因为该污染层的存在,有大量的膜孔被覆盖,而且,该层内的微粒及其他杂质之间长时间的相互作用极易凝结成滤饼,增加了透水阻力。

膜孔堵塞是指微细粒子塞入膜孔内,或者膜孔内壁因吸附蛋白质等杂质形成沉淀而使膜孔变小或者完全堵塞,这种现象的产生,一般是不可逆过程。

(2)污染物质

污染物质因处理料液的不同而各异,无法一一列出,但大致可分下述几种类型:

① 胶体污染。胶体主要是存在于地表水中,特别是随着季节的变化,水中含有大量的悬浮物如黏土、淤泥等,均布于水体中,它们对滤膜的危害性极大。因为在过滤过程中,大量胶体微粒随透过膜的水流涌至膜表面,长期的连续运行,被膜截留下来的微粒容易形成凝胶层,更有甚者,一些与膜孔径大小相当及小于膜孔径的粒子会渗入膜孔内部

堵塞流水通道而产生不可逆的变化现象。

② 有机物污染。水中的有机物,有的是在水处理过程中人工加入的,如表面活性剂、清洁剂和高分子聚合物絮凝剂等,有的则是天然水中就存在的,如腐殖酸、丹宁酸等。这些物质也可以吸附于膜表面而损害膜的性能。

③ 微生物污染。微生物污染对滤膜的长期安全运行也是一个危险因素。一些营养物质被膜截留而积聚于膜表面,细菌在这种环境中迅速繁殖,活的细菌连同其排泄物质形成微生物黏液而紧紧黏附于膜表面,这些黏液与其他沉淀物相结合,构成了一个复杂的覆盖层,其结果不但影响膜的透水量,也包括使膜产生不可逆的损伤。

为了避免这些杂质含量过高而对膜组件造成严重的膜污染,超滤进水有一定的水质要求,超滤进水的水质要求具体如表 5-3-5 所示。

表 5-3-5 超滤进水的水质要求

项目名称		参 数
进水条件	浊度	≤50NTU
	COD_{Cr}	≤200mg/L
	pH 值	2~10
	余氯	≤10mg/L(以 Cl_2 计)
	水温	5℃~40℃

2. 流量监控

(1)产水流量

范围是 5.66~6.18m³/h。

W10 膜组件工作时许用的产水通量取决于进水水质,这是由于膜对不同的截留物有一个极限负荷,承受过大的负荷会造成膜通量的急剧下降。

(2)浓水排放流量

范围为 0.5~1.0m³/h。

一般进水条件下,W10 采用的是全流过滤运行方式,此时浓水排放量为零。当进水浊度大于 15NTU,为了减轻膜表面负荷,W10 采用的是错流过滤运行方式,即部分浓水排放。

(3)反洗流量

反洗流量越大,对膜组件的清洗效果就越好。但是反洗流量大,就需要在中空纤维膜的内壁施以较大的水压,过大的水压会导致中空纤维膜的破裂,故反洗流量是通过反洗水压来控制的。

W10 的反洗压力应控制在不大于 2.4bar。

(4)正洗流量

W10 的正洗流量可以控制在每支组件 9.70~13.5m³/h 范围内。

3. 反洗间隔时间

由于 W10 采用了全流带浓排过滤的运行模式,为了保证滤膜在此工作状态下的膜通量不发生大的衰减,W10 采用了频繁冲洗技术,使膜表面截留的污染物在形成较厚的滤饼前被清除。

频繁冲洗的频度取决于进水中杂质的含量和种类,一般需通过现场的调试来确定,并且在运行过程中根据进水的变化及时予以调整。

4. 操作压力

（1）进出水压力差

即作用于膜两侧的压力差,它是完成膜过滤的推动力。

$$\Delta P = P_j - P_c \qquad\qquad （全流过滤）$$

$$\Delta P = (P_j + P_n)/2 - P_c \qquad\qquad （错流过滤）$$

ΔP——进出水压力差;

P_j——进水压力;

P_c——产水压力;

P_n——浓水压力。

ΔP 与膜产水通量在一定的范围内成正比关系,但达到一定程度后,ΔP 对产水通量的增加作用将急剧减弱。

膜对需截留物的截留率却与 ΔP 成反比关系,即随着 ΔP 的加大,膜截留率逐步降低。

同时,膜内外压力差太大会造成中空纤维丝的受压失稳变形,发生不可逆损坏。

W10 最大允许进出水压力差是 2.4bar。

（2）进水压力

即 W10 组件壳体所能承受的最大工作压力,W10 最大允许进水压力是 3.1bar。

（3）反洗水压力

控制 W10 的反洗水压力不超过 2.4bar。

5. 进水水温

膜的产水通量与进水温度有显著的直接关系,不同水温下的产水量可通过以下公式换算:

$$Q_T = 1.03^{T-25} \times Q_{25}$$

Q_T——V1072 - 35 - PMC 在水温 T 下的产水量;

Q_{25}——V1072 - 35 - PMC 在 25℃ 水温下的产水量;

T——V1072 - 35 - PMC 进水水温（℃）。

6. 运行数据的记录

超滤装置基本上很少需维修,关键是保证采用正确的运行参数。必要的运行记录有利于跟踪装置的运行情况,也利于帮助找出问题的所在。

下面的参数必须每两小时记录一次:

（1）进水压力（bar）;

（2）产水压力（bar）;

(3)浓排压力(bar);

(4)浓水排放流量(m^3/h);

(5)产水流量(m^3/h);

(6)产水浊度(NTU);

(7)进水温度(℃)。

下面的参数必须每周测定一次:

(1)进水 COD_{Mn}(mg/L);

(2)产水 COD_{Mn}(mg/L);

(3)产水 SDI_{15}。

7. 超滤装置的过程控制

(1)超滤装置根据用户需要一般被设计为手动或自动两种控制模式。装置有三种运行工况,分别为待启动状态、工作状态和冲洗状态。

① 待启动状态

当装置被设置为待启动状态时,所有阀门均处于关闭状态。

② 工作状态

工作状态就是超滤装置制取合格产水输送给下级水处理设备。

③ 反洗状态

反洗状态就是超滤装置每间隔一定的时间段,启动冲洗泵,开启相应的阀门从滤膜的逆向和正向对膜面进行冲洗,以恢复膜因污染而产生的通量衰减。

当数台超滤装置并联工作时,每台进入冲洗状态的时间均保持有一定的时间差,以保证系统外供水量的稳定。

(2)手动控制模式

手动控制即装置的启动、停机、冲洗均通过操作者手动完成。

(3)自动控制模式

超滤装置自动控制功能由就地 PLC 完成。处理器对突发性断电有一定的记忆功能。

超滤装置刚接通电源时,装置处于待启动状态。

装置一旦断电,供水泵和计量泵将停止,并且所有阀门均转入关闭状态。

当电源重新接通时,装置将再一次处于待启动状态。

装置控制盘内安装的 PLC 如果配带有通信接口,超滤装置可以实现上位机远程控制。

(4)装置关闭条件

超滤装置自动关闭条件如下:

① 现场的操作平台或远程 PLC 的要求;

② 供水泵出现故障或者开关没有置于自动挡;

③ 控制阀出现故障或者开关没有置于自动挡;

④ 产水背压过高;

⑤ 进水压力过高;

⑥ 过膜压差过高。

8. 杀菌剂溶液注入装置

在装置进水的有机物含量高的条件下,需要向反洗水中加入杀菌剂以提高反洗效果。

杀菌剂注入系统包括计量泵和溶液计量容器。计量容器中储存的是一定浓度的氧化剂溶液。它通过人工加药和水来补充。

杀菌剂溶液计量容器设有最低液位开关。

配备 2 台泵用于系统的加药。

泵输出量的变化是就地通过变频对泵冲程和频率的调节来实现的。

9. 装置内锁或者报警

报警设置点设置在现场仪表内。仪表输出开关信号或 4～20mA 给 PLC,通过 PLC 进行报警并使系统处于内锁状态。定时器的值是用 PLC 码预先设定的,操作者不能随意改变。超滤装置连锁要求见表 5-3-6。

表 5-3-6 超滤装置连锁

序号	项　目	具体要求
1	设置点	超滤装置产水出口压力过高
	设定值	正常产水出口压力+0.3bar
	连锁内容	激活报警,装置转入待启动状态
	连锁延时	延时 5s 激活报警,10s 装置转入待启动状态
2	设置点	超滤装置进水出口压力过高
	设定值	进水压力超过 3.5bar
	连锁内容	激活报警,装置转入待启动状态
	连锁延时	延时 5s 激活报警,10s 装置转入待启动状态
3	设置点	超滤装置过膜压差过高
	设定值	过膜压差超过 2.0bar
	连锁内容	激活报警,装置转入待启动状态
	连锁延时	延时 5s 激活报警,10s 装置转入待启动状态
4	设置点	杀菌剂计量箱液位过低
	设定值	距离容器底部最小距离为 10cm
	连锁内容	激活报警,关停计量泵 操作者给计量器中添加杀菌剂溶液
	连锁期间	超滤装置处于工作状态

3.1.7　系统的维护及故障分析

1. 系统的日常维护

(1)压力表

按期校准,必要时及时调整。

（2）离心泵

定期检查泵的温度，同时检查泵的垫圈以及其他防止泵泄漏的结构。

（3）流量仪表

每三个月校正一次。

（4）自动切换阀

每月检查一次，同时检查阀体是否有泄漏。

2. 系统的故障分析

系统的故障分析见表5-3-7。

表5-3-7 系统的故障分析

故障现象	故障原因	解决办法
高透膜压力	超滤单元受污染，准备清洗	进行适当清洗，其后单元转回至产水模式
	反向逆流情况	为应对反向逆流时的问题，修改反洗加药方案，降低系统回收率，减小反洗间隔
低气压	空压机故障	检查空压机，修正问题
	阀门关闭	沿空气管路检查，开启关闭阀门
进口压力高	超滤进水泵控制故障	检查 PID 控制，如需要请进行调整
	压力指示仪表故障	对不正常指示仪表监控数据并做检查
进口压力低	超滤进水泵故障	检查超滤进水泵
	阀门故障	检查进口阀门操作
高透过液压力	反冲洗控制故障	检查 PID 控制，按需要进行调整
	超滤单元受污染，准备清洗	进行适当清洗，其后单元转回至产水模式
	反向逆流情况	为应对反向逆流时的问题，修改反冲洗加药方案，降低回收率，减少反洗间隔
高或低 pH 值报警	pH 值仪表故障	校准仪表，在已知标准条件下测试
	化学清洗后超滤单元未充分漂洗	进行更多漂洗
高水温	软化的 CIP 清洗水在升温	检查 CIP 供水温度
	温度传感器故障	最可能故障：如果仪表指示满量程，更换传感器
	CIP 加热器未关闭	检验运行情况，控制好 CIP 加热器
电机故障	电机未给电	检查 MCC 状态，如果关闭，开启电机
	VFD 变频故障	检查 VFD 显示，修正问题，清除故障
	电机过载	检查电流过载设定，测量泵的电流，如果超过限定，请联系制造商
完整性测试失败	膜泄漏	进行完整性测试；监测膜件上端水帽中的气泡；修补泄漏膜丝，重新进行完整性测试

（续表）

故障现象	故障原因	解决办法
阀门未开启/关闭	阀门未开启/关闭	检查压缩空气压力是否为 85psi（5.9kgf/cm²）；强制调节阀门自线圈控制到检验运行状态；拆掉阀门上激励执行器进行测试；用扳手扳住阀杆检查阀门操作
	开关转换限定故障	检查红色开关限定指示灯，如都无动作，更换电控箱内保险；检查电控箱内 24V 电源
清洗箱液位高	进口阀门故障	修理好故障阀门
	液位指示器故障	监测液位指示器操作
产品水浊度高	有空气进入浊度仪	自管路内排出空气；分析空气是如何进入仪表中的，消除气源
	膜泄漏	进行完整性测试，如发现泄漏进行修补

注：CIP——在线精洗技术；MCC——电机控制中心；VDF——变频器。

3.1.8　超滤装置的清洗

超滤装置的化学清洗一般采用人工手动操作。

化学清洗步骤一般按碱洗、碱/氯洗、酸洗三个顺序进行。

1. 碱液清洗

（1）加热水（低于 60mg/L，CaCO₃ 硬度）至 30℃～45℃。

（2）在标准压力和流量下让热水在系统内循环。

（3）缓慢加入碱（NaOH）至 pH 值为 12（−0.5％重量比 NaOH）。

（4）系统内循环碱液 20～30min。

（5）排放清洗液，用 10℃～30℃的净水将系统彻底冲洗干净。

2. 碱/氯清洗

（1）加热水（低于 60mg/L，CaCO₃ 硬度）至 30℃～45℃。

（2）在标准压力和流量下让热水在系统内循环。

（3）缓慢加入碱（NaOH）至 pH 值为 12（−0.5％重量比 NaOH）。

（4）加入液氯（NaClO）使总氯浓度至 200mg/L。

（5）循环碱/氯液 20～30min。

（6）检查碱/氯液浓度，在需要时加入 NaOCl 以保持总氯浓度。

（7）排放清洗液，用 10℃～30℃的净水将系统彻底冲洗干净。

3. 酸液清洗

（1）加热水（低于 60mg/L，CaCO₃ 硬度）至 30℃～45℃。

（2）在标准压力和流量下让热水在系统内循环。

（3）缓慢加入柠檬酸（固体）将 pH 值调至 2.5（0.5％重量比柠檬酸）。

（4）循环酸液 20～30min。

（5）排放清洗液，用 10℃～30℃的净水将系统彻底冲洗干净。

注意：必须在加氯之前加碱，不允许在中性或酸性液中加氯。在每次的碱洗、氯洗及酸洗之间必须对工艺管路冲洗干净。

3.2　反渗透系统

3.2.1　概述

反渗透系统具有体积小、质量高、价格低的特点。高效率、低噪音的高压泵及准确的仪表等零件组合成一个独立的反渗透系统，整个系统组装在一个独立的支架上。支架上还装有一套完整的控制盘，控制高压泵的开停和低压保护及自动快速冲洗等功能。

反渗透系统的压力容器为玻璃钢，反渗透膜脱盐率在 99%以上，运行压力为 0.7～1.5MPa，视水温及水质而定。

1. 系统的简要说明

反渗透系统是根据用户的需要，引进反渗透（RO）膜元（组）件、高压泵和化学计量泵与国产设备部件组合而成的预处理-反渗透装置制水系统。

国内外多年研究表明，反渗透（RO）装置能否长期稳定地运行，很大程度上取决于进水预处理和操作参数的控制。为此，必须配备专门技术人员主管该工作，选择认真负责的操作人员，严格遵守规程，做好维护保养工作。

2. 主要术语

反渗透（RO）：一种借助于选择透过（半透）性膜的功能，以压力为推动力的膜分离技术。

（RO）组件：一种能使（RO）膜技术付诸实际应用的最小基本单元。它由一个或多个（RO）元件装入耐压壳体再配以端板等其他配件而成。其结构有板式、管式、中空纤维式和卷式，后两种为目前国内外在水处理（脱盐、净化）方面最广泛应用的结构。

原水：未经预处理的天然（地表、地下）水。

预处理：借助于过滤、软化和投加化学药剂等方法除去水中对膜污染物的过程。

进水：经预处理及进入（RO）组件或（RO）系统的水。

产水：组件或装置的进水中透过（RO）膜的那部分水。

浓水：组件或装置中未透过（RO）膜的那部分水。

回收率：产水流量与进水（产水＋浓水）流量的比率，通常以百分率来表示。

盐透过率：产水含盐（浓度）与进水的含盐量（浓度）的比率。

脱盐率：进水含盐量（浓度）减去产水含盐量（浓度）与进水含盐量（浓度）的比率

电导率：在一定的温度下，$1cm^3$ 水溶液中两极片之间相距 1cm 测得的电阻率（$\Omega \cdot cm$ 或 $m\Omega \cdot cm$）的倒数，单位通常以 $\mu S/cm$ 来表示。

化学耗氧量（COD）：在特定的测试条件下，氧化水中的有机物和无机物所需的氧耗量。

胶体:粒径小于 $1\mu m$ 的悬浮在液体(水)中的分散物质。

污染指数(FI 或 SDI):一种表示溶液中胶体含量对膜污染堵塞程度的指数。

3.2.2 反渗透系统及原理

反渗透是用一定的工作压力使溶液中的溶剂(一般常指水)通过反渗透膜而分离出来。因为它和自然渗透的方向相反,故称为反渗透(图 5-3-2)。根据各种物料的不同渗透压,就可以使用大于渗透压的反渗透方法达到分离、提取、纯净和浓缩等目的。

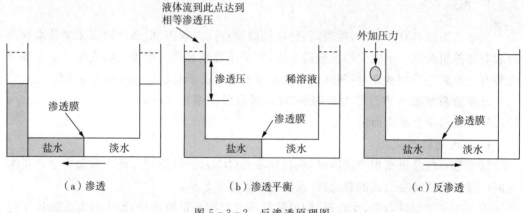

图 5-3-2 反渗透原理图

反渗透的对象主要是分离溶液中的离子范围,反渗透法由于分离过程不需加热,没有相的变化,具有耗能较少、设备体积小、操作简单、适应性能、应用范围广等优点。

反渗透分离过程的关键是要求反渗透膜具有较高的透水速度和脱盐性能,反渗透膜要求具有下列性能:

(1)单位膜面积的透水速度快、脱盐高。

(2)机械强度好,压密实作用小。

(3)化学稳定性好,能耐酸、碱。

(4)使用寿命长,性能衰降小。

3.2.3 反渗透装置的要求及计算

1. 反渗透装置的进水水质指标

反渗透装置的进水水质指标见表 5-3-8 所示。

表 5-3-8 反渗透装置的进水水质指标

项目	浓度(度)	色度	污染指数 FI 值	pH 值	水温	化学耗氧量(以 O_2 计)
指标	<0.5	清	3~5	3~10	15℃~35℃	<1.5mg/L
项目	游离氯(mg/e)	铁(mg/e)	表面活性剂(mg/e)		硫酸钙溶度积	朗格利尔指数
指标	0.1	<0.05	检不出		浓水小于 19×10^{-5}	浓水小于 0.5

2. 污染指数 FI 值

污染指数 FI 值代表在一定压力下和规定时间内,微孔滤膜通过一定水量的阻塞率,可以用 $0.45\mu m$ 的微孔滤膜过滤试验水样求得。

(1)测定装置:污染指数 FI 值的测定装置。

(2)微孔滤膜过滤器直径为 47mm,有效滤膜直径为 42mm。

(3)微孔滤膜孔径为 $0.45\mu m$。

(4)微孔滤膜膜前压力为 $2.1kg/cm^2$。

测定步骤:维持膜前压力,记录最初滤过 500mL 水样所需的时间 T_0,继续过滤水样 15min 后,再记录滤过 500mL 水样所需的时间 T_{15},测定过程如表 5-3-9 所示。

表 5-3-9　测定过程

500mL	放流水样	500mL
T_0	15min	T_{15}
开始时间	过滤时间	终止时间

计算 FI 值:上述测定结果按下式求出 FI 值。

$$FI=\left(1-\frac{T_0}{T_{15}}\right)\times\frac{100}{15}$$

3. 水中有害成分对反渗透的影响

反渗透装置进水的预处理必须包括除微粒及胶体物质以确保污染指数 FI 值小于 5,脱氯,除去结构矿物质,控制 pH 值和水温等。

(1)色度、浊度和胶体有机物:悬浮物和胶体物质非常容易堵塞反渗透膜,使透水率很快下降,脱盐率降低。

(2)氧化剂:氧化剂会使反渗透膜性能恶化,水中含游离氯时,通常用活性炭吸附或加注还原剂使游离氯还原到要求指标值以下。

(3)pH 值:控制 pH 值的目的主要是防止碳酸钙($CaCO_3$)析出后形成水垢。

(4)水温:膜的透水量随水温的提高而增加,随水温的降低而减小,一般来说,温度每改变 1℃,透水量的变化约为 3%,硅的溶解度也随进水温度有很大变化,同时 pH 值与硅的溶解度有关。

从产水量考虑提高水温是有利的,特别是在为了防止硅的析出而控制回收率的情况下,提高温度有利于提高回收率。但温度过高时,膜会逐渐变软,使膜的受压致密程度增加,会加快膜的老化,降低膜的使用寿命。为了兼顾二者,使膜能高效率地运行,宜把温度控制在 15℃～35℃。

(5)铁、锰、铝等重金属物,其含量高时,在膜表面易形成氢氧化物胶体,产生沉积现象,故应在预处理工艺中去除铁、锰、铝等,使之达到规定指标。

硫酸根(SO_4^{2-})、二氧化硅(SiO_2):如水中含有多量硫酸根时,易产生硫酸钙($CaSO_4$)沉淀,应计算 $CaSO_4$ 的溶度积,其溶度积随离子强度而不同,对于纯水,由于溶度积在 $19\times10^{-5}mol/L$ 以上,膜面就会析出 $CaSO_4$ 沉淀。为此,当溶度积超过规定值时,要用注入六偏磷酸钠[(NaPO₃)₆]之类的药品或采取降低回收率的办法，以防在膜面沉积水垢。一般当溶度积在 $19×10^{-5}$ mol/L 以下可不加注，在 $19×10^{-5}$ mol/L 以上、$1×10^{-3}$ mol/L 以下，可加注$(NaPO_3)_6$来提高 $CaSO_4$ 的溶度积。在 $1×10^{-3}$ mol/L 以上则加$(NaPO_3)_6$无效。$(NaPO_3)_6$对防止硫酸化合物的沉淀亦很有效。

（6）水中含有大量 SiO_2 时易产生沉淀，$(NaPO_3)_6$可部分防止 SiO_2 沉淀，提高水温可以提高 SiO_2 的溶解度，防止产生沉淀，应视硅的形态决定采用的方法。在预处理中用其他方法难以去除时，可采取降低回收率的办法来防止硅沉淀，一般要把回收率降低到使浓水 SiO_2 含量在 100mg/L 以下为宜。

（7）细菌、微生物：反渗透膜易受到细菌的侵蚀，细菌繁殖会污染膜并恶化水质，故要尽可能除掉细菌。

4. 反渗透膜的各项指标

（1）回收率

$$回收率＝（产水流量/进水流量）×100％$$

（2）盐透过率

$$盐透过率＝产水浓度/进水浓度×100％$$

（3）脱盐率

$$脱盐率＝（1－产水含盐量/进水含盐量）×100％$$

（4）透盐率

$$透盐率＝100％－脱盐率$$

3.3　反渗透系统及主要设备简述

3.3.1　反渗透系统

RO 装置本体与其专设的清洗、灭菌装置构成 RO 系统。

RO 装置由膜组件、高压泵、微米保安滤器、参数控制和安全保护等仪表以及管阀件等部件组装而成。

清洗灭菌装置由清洗水箱、清洗泵和微米滤器等组装而成。

RO 装置与清洗、灭菌装置之间有专设的接口彼此相连，以构成清洗回路。

3.3.2　主要关键设备

1. 膜组件和装置

膜组件包装在抽真空的塑料袋内，以 1‰ $NaHSO_3$ 无余氯纯水配制润湿。存放和运输过程中防止高温(40℃)和冰冻,避免阳光直射。推荐存放温度为3℃~5℃或温度尽可能低的地方,包装塑料袋不能破裂。膜组件和装置参数见表5-3-10。

表5-3-10　膜组件和装置参数

反渗透膜运行参数		材　　质
污染物去除率		反渗透膜:TFC复合膜
脱盐率	97%~99%	压力容器:不锈钢
有机物去除率	>150MW	高压泵:黄铜或不锈钢
细菌隔除率	>99%	高压管道:PVC及不锈钢
热原去除率	>99%	低压管道:PVC或聚丙烯
颗粒去除率	>99%	前置微过滤器:聚丙烯
进水要求		流量计:有机玻璃
污染指数(SDI)	<5	进水调节阀:不锈钢
余氯	<0.1mg/L	流水调节阀:不锈钢
pH值	3~10	
水温	15℃~35℃	

2. 高压泵

装置采用高级离心泵。

高压泵是反渗透装置的心脏,务必做好操作维护保养工作。

3.4　调试方法

(1)调试前的准备工作如表5-3-11所示。

表5-3-11　调试前的准备工作

序号	检查内容	要求标准
1	反渗透进水是否已做分析	水质报告结果符合反渗透进水要求
2	调试药品(阻垢剂、还原剂、盐酸等)、调试工具(烧杯、量筒、秒表、常用五金及电工工具)、分析仪器、仪表(pH计、电导仪、污染指数测定仪等)是否备齐	调试药品具备并符合设计要求,调试工具分析仪器已备齐
3	工艺系统调试用的水、电、气系统具备连续供应能力,排水沟是否已具备排放条件	水、电、气系统具备连续供应能力;排水沟已具备排放条件,排水顺畅,并符合设计要求

序号	检查内容	要求标准
4	与反渗透相关的水箱是否已经清洗干净并已测量截面积（原水箱、浓水箱、反渗透产水箱）	水箱内无杂物，并已经清洗干净；各水箱截面积已测量，并准确无误
5	检查所有的配管是否按设计图纸要求连接完毕，管道支架安装是否牢固	符合设计图纸要求，管道支架安装牢固
6	按 PID 图检查所有配管及装置上的压力表、液位开关、流量表、电导表、SDI 仪、温度等仪表数量是否与设计相符	符合设计图纸要求
7	MCC 柜、PLC 柜及就地控制柜是否已查线、校线完毕，是否可以上电	符合设计图纸要求，上电后仪表有正常显示
8	反渗透仪表控制箱所用气源管路是否已吹扫干净	用干净的餐巾纸距离吹扫出口 5cm，纸巾表面无杂质
9	所有电机是否已试运转	电机试运转无杂音，电流及温升正常
10	加药装置配管是否已按设计要求连接完毕，配管固定支架安装牢固	符合设计图纸要求，固定支架安装牢固
11	计量箱已吹洗，清除杂质；计量泵已经校核，无异常	计量泵能正常出力，能满足设计要求，加药管线无泄漏
12	所有气动阀是否能正常开关，阀门开关的快慢程度是否已调整	气动阀能正常开关，阀门开关的快慢程度符合工艺要求
13	工艺管道是否已经试压，无泄漏	符合设计要求，管道无泄漏

（2）手动操作步骤如下：

① 用预处理出水冲洗 RO 进水前保安过滤器，确认冲洗干净后装填保安过滤器滤芯。

② 用保安过滤器出水冲洗 RO 装置各压力容器及管道，再用洗洁精擦洗各压力容器内壁，最后用清水冲洗干净。

③ 将 RO 膜按运行水流方向顺序排列，并逐一装进各压力容器内（在装的过程中使用分析纯甘油润滑，以免损伤各密封圈）。

④ 各膜元件号码按安装顺序记录备案。

⑤ 关闭各压力容器进出口，并使装置复位待用。

⑥ 在预处理装置投入运行的状态下，开启 RO 装置浓水排放阀、浓水控制阀、产水排放阀、进水阀、高压泵出口控制阀，低压冲洗反渗透装置，待装置产排浓排出水泡沫明显

减少后,停预处理并关闭反渗透进水阀、浓水排放阀、浓水调节阀、产水排放阀,让反渗透膜浸泡一晚上充分接触原水,避免膜出厂时的半干状态而在调试时影响膜性能。

(3)微开高压泵出口控制阀,半开浓水控制阀。

(4)关闭浓水排放阀、进水慢开阀,延时 10s 开启高压泵,同时开启阻垢剂计量泵。

① 对阻垢剂计量泵进行计量校核,计算添加的阻垢剂加药量是否达到设计要求。

② 严禁在开启进水阀、浓水排放阀的情况下开启高压泵,否则会对 RO 膜造成不可恢复的破坏。

(5)开启 RO 装置进水阀(调节其完全打开时间在 15s 左右),缓慢调节高压泵出口控制阀的开度,使 RO 进水压力逐步上升,刚开始不宜超过 1.0MPa。

(6)检查 RO 装置及管道有无泄漏,各仪表阀门是否正常,如果正常则可以缓慢调节浓水控制阀,使产水回收率逐渐上升,刚开始不宜马上控制在 75% 左右,应先控制在 60%~70%,运行一段时间再把回收率提高到 75%(让膜有个充分适应的过程),利用中间水箱标定产水流量表,利用反洗水箱标定浓水流量表,并记录在表中。

(7)运行正常后,记录 RO 装置各运行参数,再次标定阻垢剂计量泵及相关计量泵(如有的装置配备还原剂计量泵),检查各加药量是否符合设计要求。

(8)检测产品水电导率,符合要求时先开启产品水出水阀,再关闭产水排放阀。

(9)用 RO 产水冲洗中间水箱。

(10)调试过程应注意的事项:

① 调试过程中进水压力不得大于 2.15MPa,且只限于对装置进行耐压试验。

② 如进水温度高于、低于 25℃时,应根据水温-产水量曲线进行修正,控制回收率为 75%。

③ 装置连续运行 4h 后,脱盐率不能达到设计脱除率应逐一检查装置中每个组件的脱盐率,确定产生故障的组件后加以更换元件。

④ 发现高压管路有漏水需排除时,装置应卸压,严禁高压状况下松动高压接头。

(11)程序控制说明。

本说明叙述的是该设备的常规操作,其在水站系统工作中的操作程序请以"运行说明"为准。

调试过程各步骤的具体要求见表 5-3-12。

表 5-3-12　调试过程各步骤的要求

状　态	高压泵	进水阀 XV101	冲洗阀 XV102	浓水排放阀 XV103	产水排放阀 XV104	时间
开机低压冲洗	关	关	开	开	开	10min
静置	关	关	关	关	关	30s
启动	开	关	关	关	关	5s
正常运行	开	开	关	关	关	—
预停(一)	开	关	关	关	关	15s

（续表）

状　态	高压泵	进水阀 XV101	冲洗阀 XV102	浓水排放阀 XV103	产水排放阀 XV104	时间
预停(二)	关	关	关	开	开	15s
停机低压冲洗	关	关	开	开	开	10min
停机	关	关	关	关	关	—

3.5　反渗透系统的运行管理

3.5.1　启动和运行

(1)预处理运动正常,RO 进水达到指标:$FI_{15}<4.0$ 和余氯小于 0.1mg/L 等。

(2)高压泵进口阀开启。

(3)高压泵出口阀置于规定开度。

(4)产水阀开启(通向地沟或灌装线)。

(5)浓水出口阀在适当开度。

(6)加药(酸)筒液位正常。

(7)预处理水低压冲洗装置至无保护液(初投时)、保安滤器、浓、产水流量计无气泡。

(8)动力柜电源合上。

(9)开启计量泵开关至自动位置。

(10)开启高压泵开关,装置开始工作。

3.5.2　操作参数调整和运行

(1)改变记压泵出口阀、浓水出口阀的升度来调整装置的产水量和回收率。

(2)改变药(酸)泵的冲程和(或)频率控制加药量,以得到所需的值(pH 值)。

3.5.3　正常运行

(1)待进入运行后,按专用表格记录有关数据,并将产水通向灌装线。

(2)运行 1h 和换班前按专用表格测试、记录和计算有关数据。

(3)定期或有异常情况时,对装置所有取样点取样、测试、记录和计算有关数据。

3.5.4　停运

(1)切断高压泵启动开关。

(2)预处理水低压冲洗数分钟,使进水与浓水的电导率接近。

(3)切断预处理增压泵电源。

(4)切断动力柜电源。

3.6　反渗透装置的维护保养

RO组件是决定装置性能的关键部件,保持其完好无损才能保证装置的固有性能。

3.6.1　RO膜元件的清洗和消毒方法

无论进水的条件是否合乎反渗透的要求,当膜元件的产水量下降达10%,产品水的导电率升高,或系统压差增15%时,适当的化学清洗便需要进行。

清洗时,每支膜的压差不应超过12psi(0.83kg)或每支压力容器应该不高于50psi(3.4kg)的压差。

3.6.2　长期保存消毒方法

当反渗透系统需要长期(超过3天)停机时,系统里的膜元件便需要做适当的保存处理。一般停机3~5天,可以用1%的$NaHSO_3$溶液来保存。如需停机超过一星期以上,便要考虑用福尔马林来保存了。

3.6.3　保存的程序

在停机之前,首先用化学清洗,保证膜元件完全清洁,然后再进行以下保存消毒:

(1)用系统容量三倍的预处理水来冲洗。

(2)在预定的化学桶内,加入$NaHSO_3$固体和适量的软水,制配1%浓度的$NaHSO_3$溶液(溶液的容量要按系统的总容量算定)。

(3)用泵将溶液循环30min,排掉首先出来20%的溶液。

(4)排掉在化学桶内多余的溶液,但保留系统内的消毒液体直至再开机为止。

注:在重新开机时,必须将所有的液体冲掉。冲洗时间最少需1~2h。

3.6.4　RO组件的停运保护

1. 短期停运

停运5~30天称为短期停运,在此期间做如下保护措施:

(1)以RO进水低压冲洗,逐出组件及其连管中的气体。

(2)当组件充满水后,关闭进、出口有关阀,防止气体进入。

(3)每5天重复上述一次。

2. 长期停运

停运30天以上的长期停运,在此期间做如下保护措施:

(1)化学清洗RO膜组件。

(2)无余氯的RO透过(产)水配制灭菌剂冲洗组件。

(3)当充满这种溶液(确保完全充满),关闭进、出口有关阀门。

(4)当温度低于27℃时,每30天重复上述(2)(3)一次,当温度高于27℃时,每15天重复(2)(3)一次。

(5)当 RO 组件重新启用时,在开启产水阀,使之通向地沟的情况下,以 RO 进水低压冲洗约 1h,然后高压冲洗 5～10min,待 RO 产水中无剩余灭菌剂后,才能投入正常运行。

3.6.5　RO 元、组件的化学清洗

1. RO 元件的污染

无论预处理多么完善,常规运行一定时期后,膜上总是会日益积累水中存在的各种污染物——悬浮物或微溶盐。通常污染物有 $CaCO_3$、$CaSO_4$、金属氢氧化物、硅、有机物或微生物等。一旦出现污染,必须及时除去,以免影响膜的性能。

污染物的清除可由冲洗或改变条件(如 pH 值)来实现。

2. 需要清洗的几种情况

(1)产水量比初投或上一次清洗的降低 100%。

(2)产水质量降低 100%。

(3)压差明显增加。

(4)装置连续运行 3～4 个月。

(5)装置在长期停运,灭菌保护前。

前三条均在相同操作条件(压力、温度和回收率)下比较。

出现上述五种情况之一时,就要进行化学清洗。

3.6.6　膜被污染的特征与化学清洗剂的选择

膜上的污染物的种类不同,而且有可能几种污染物混杂在一起。因此,只能具体情况分别对待。膜的污染特征与清洗剂的选择原则见表 5－3－13。清洗剂的配方见表 5－3－14。

3.6.7　清洗装置和清洗流程

清洗装置包括清洗水箱、清洗泵和微米滤器等。由专用接口可与 RO 装置构成清洗回路。

3.6.8　清洗的注意事项

(1)清洗操作时要有安全防护措施,如带防护镜、手套、鞋和衣等,尤其是用到 NaOH 和 H_2SO_4 时。

(2)固体清洗剂必须充分溶解后再加其他试剂,进行充分混合后,才能泵入 RO 装置。

(3)清洗温度高有利于清洗效果,但不能超过最高温度(40℃)。

(4)观察清洗水箱液位和清洗液颜色的变化,必要时补充清洗液。

(5)配制清洗液的水和冲洗,水必须无余氯。

3.6.9　清洗过程的一般程序

(1)在清洗水箱中以 RO 水配制按表 5-3-13、表 5-3-14 选定的清洗液。

表 5-3-13　污染物类型、症状和清洗液配方

污染物类型	一般症状	清洗液类型
钙沉淀物 (碳酸盐和磷酸盐,通常出现在装置最后端组件的浓水中)	脱盐率明显降低;进出口压差中等程度增加;装置产水量略有降低	1号清洗液
金属氢氧化物 (铁、锰、镍、铜)	脱盐率迅速降低; 压差迅速降低; 产水量迅速降低	1号清洗液
混合胶体 (铁、有机物和硅酸盐)	脱盐率略有降低; 压差中等程度增加; 产水量在几星期内缓慢降低	2号清洗液
硫酸钙 (通常发生在装置末端组件的浓水中)	脱盐率不可忽视地降低; 压差中等程度增加; 产水量略有降低	2号清洗液
有机沉积物	脱盐率不降低; 压差缓慢增加; 产水量缓慢降低	2号清洗液,严重污染时用
细菌污染	脱盐率不降低; 压差明显增加; 产水量明显降低	3号清洗液 根据可能存在的混合污染采用上述清洗液之一

表 5-3-14　清洗液配方

清洗液类型	成　分	配　比	pH 值调整
1号清洗液	柠檬酸	2.0kg	pH 值为 4.0 NaOH 调节
	RO 产水	100L	
2号清洗液	三聚磷酸钠	2.0kg	pH 值为 10.0 H_2SO_4 调节
	EDTA-2Na	0.84kg	
	RO 产水	100L	
3号清洗液	三聚磷酸钠	2.0kg	pH 值为 10.0 H_2SO_4 调节
	十二(烷)基苯磺酸钠	0.26kg	
	RO 产水	100L	

注:配制100L清洗液所需各成分的量;配制清洗液的 RO 水必须无余氯。

(2)按接通清洗回路,以清洗泵 $6\sim8m^3/h$ 流量循环清洗一小时或更长时间。

(3)清洗结束后,排除清洗液,以 RO 产水或 RO 进水冲洗和充满清洗水箱。

(4)以清洗水箱内的水冲洗 RO 组件,浓产水阀通向地沟。

(5)取样,直至 RO 浓产水无清洗剂和泡沫。

3.6.10 清洗效果后判断和对策

1. 清洗有效的标志

(1)产水量恢复至接近初投或上一次清洗后的水平。

(2)脱盐率保持原有水准或有明显提高。

(3)压力差恢复至接近初投或上一次清洗后的水平。

2. 清洗效果不佳的可能原因和对策

原　　因	对　　策
预处理不当,膜污染过度	加强预处理的运行管理
清洗剂选择不当	改变清洗剂重新清洗
膜使用期较长或因故损伤清洗已无效	更换元件

3.6.11 RO 元件的更换

RO 装置或组件经化学清洗已达不到使用要求时,需更换部分或全部元件。

更换元件时,要注意型号必须一致,新旧元件的位置有时要做适当调动。这一工作要在专业技术人员指导下进行。

3.6.12 故障及排除

RO 装置因各种故障不能正常运行,其原因很多,在此仅对通常出现的故障及排除方法作一般性的指导,见表 5-3-15。

表 5-3-15　RO 装置故障的原因及排除对策

故　　障	原　　因	对　　策
电动机不转而 其指示灯亮	1. 高压泵进口压力低于启动压力 (1)增加泵扬程不够 (2)双层滤器压降过大 (3)微米滤器压降过大 2. 电动机启动系统有故障	检查增压泵性能 反洗 更换 检查排除
电动机声音异常	1. 电动机过载 2. 电源电压过低	找出原因排除 供电不足,暂停 或采取应急措施
高压泵轴承套过热	润滑油位过高或过低	按说明书调整
产水量降低	1. 操作条件偏离标准状态 2. 膜污染	进行压力和温度 校正计算 进行清洗、灭菌

（续表）

故　障	原　因	对　策
脱盐率低	1. 取样测试不当 2. 泄漏 3. 膜污染 4. 膜降解	消除取样测试差 更换密封圈 清洗、灭菌 更换元件
压差增加	1. 进水流量异常 2. 生物污染调整流量	调整流量 灭菌清洗

3.7　脱气膜组件

3.7.1　脱气膜的作用与应用

1. 从水中去除 O_2

脱气膜组件在全世界范围内用于水和其他液体的脱氧。O_2 对很多过程都有负面影响，它具有腐蚀性，可以氧化多种材料。在能源和工业领域，如果没有使用脱气，管道系统、锅炉和设备易受腐蚀。脱气膜组件易于操作，对于脱气和去除 O_2 提供模块化的解决方案，不需要化学药品，也不需要大的真空塔或脱气器，脱气膜组件也有同时去除水中 O_2 和 CO_2 的好处。

2. 从水中去除 CO_2

数年来，很多行业都使用脱气膜组件接触器从水中去除 CO_2。使用 RO 和 EDI 或 CDI 技术的系统需要降低水中的 CO_2 含量。进入 EDI 或 CDI 的高入口导电率水平将降低出口水的电阻率。

高导电率的常见起因是溶解的 CO_2。膜组件提供了一个干净、免维护的方法，去除水中的 CO_2，而不需要任何的化学 pH 值调整。如果 CO_2 被去除，EDI 和 CDI 系统可以生产高质量的水。当不再有 CO_2 时，EDI/CDI 单元的硅土和硼出口也可以得到改善。

此外，在交换床层前，脱气膜组件用于从水中去除 CO_2。水中的 CO_2 对于离子交换床产生额外的负担，因为需要更频繁的化学再生才能发生。而使用脱气膜组件接触器代替化学药品，就可以节约成本，并对环境有益。

接触器很小且紧凑，为压注化学溶液和强制通风脱气器提供一个首要选择。脱气膜组件在很多工业领域已代替强制通风脱气器超过 10 年。

3. 碳化作用

使用膜元件的受控方法膜组件提供了一个对饮料或液体充 CO_2 的简洁而有效的方法。向饮料中添加的 CO_2 气体可以给予饮料发泡和刺激性的味道。添加二氧化碳也可以阻止变质，并降低液体中的细菌。

向液体中喷射大量的 CO_2 气泡，膜组件在微观级别将 CO_2 扩散到液体中。这就使得最终产品中的碳酸化水平更加可控。向液体中溶解 CO_2 的过程更加可控,且需要更少的 CO_2 来达到和非常浪费的喷射系统一样的碳酸化程度。在生产好的产品的同时,降低了用户的运行成本。

4. 腐蚀控制

在不使用化学药品的情况下,去除溶解的气体。

众所周知,溶解的气体,例如 CO_2 和 O_2,可以氧化和破坏金属管道和系统组件。替换旧的管道和遭到腐蚀的设备与高成本是紧密相关的。通过添加一个小型的、简洁的膜脱气系统,就可延长金属组件的寿命,将设备停工时间降到最低。

以历史的观点来看,除氧剂可以被用于去除水中的氧气,避免腐蚀,但就目前对环境的关心而言,化学药品的处理和存储是受限的化学应用。作为替代品,很多工业都使用脱气膜组件从水中有控制地去除 O_2 和 CO_2。

强迫通风脱气器也被紧凑而清洁的脱气设备替代。

强迫通风系统只能去除 CO_2 到 5ppm 左右。而膜组件可去除 CO_2 低至 1ppm。膜组件也很清洁,因为脱气接触器提供了一个封闭系统,不需要将另外的致污物引入系统。通过 FDA 吹风机从环境中引入的致污物可对锅炉和其他过程造成负面影响。

从接触器中没有引入其他附加的致污物。核反应堆中给水中超标的氮也可以形成 ^{14}C,这是一种长期的环境致污物。通过使用脱气膜组件阻止 ^{14}C 的形成,从这些进水系统中去除氮即可。因为我们的膜元件对于去除哪种气体没有选择性,所以可以同时去除所有溶解的气体。膜组件是小型、清洁、可靠的系统,实际上可以放在建筑物的任何地方。多年来,接触器在很多工业中都用于腐蚀控制。

5. 除泡

用膜器件实现小型、嵌入式的有效除泡。在很多分析系统和水处理系统中,如果不予去除,气泡都会引起过程问题。

在整个过程中,压力有变化的系统将会面对布满泡沫或溶液产生过度的泡沫的问题,脱气模块能够简单地去除所有的气泡。

众所周知,气泡也可以对超音速设备的清洗过程造成负面影响。在超音速清洗容器中,气泡通过折射或吸收超音速能量,都可降低清洗效率。同时,在清洗容器中保留一定量的某些气体,典型的有 N_2 和 H_2,是非常有益的。

如果从氮覆盖的存储罐中吸收了过量的 N_2,气泡也可以在水中形成。一旦水离开加压的罐子,N_2 会从溶液中以气泡的形式出来。通过简单地从水中去除 N_2,让其通过脱气模块退出,气泡和泡沫的问题就可以得到解决。

膜组件有数个尺寸可用,可满足工业中的多种需求。

6. 氮化

将氮引入水或流体中已改良了某些过程。例如,如果去除了 O_2,而将一些 N_2 加入水中,可以改良超音速清洗。

食品和饮料工业也在不同的处理工程中将 N_2 添加到液体中,比如,将 N_2 添加到啤酒中,就会有很多的气泡或厚厚的一层泡沫在啤酒的顶部,氮化是用于饮料处理的典型步骤。

7. 其他气体运移

工业中的很多工艺过程都有去除、添加或控制液体中的溶解气体的需要。脱气膜组件可用于周围任何需要添加或去除气体的工业。

膜组件也可用于液液萃取、果汁浓缩、渗透蒸馏和酒精去除。

3.7.2 脱气膜说明

1. 基本原理

气体传送分离是基于亨利定律:水中的溶解性气体浓度和液体上面所接触的这些气体的分压成正比(图 5-3-3)。

如图 5-3-3 所示,空气中氧的分压为 0.21bar(3psi)。如果和水接触的气体的分压发生改变,水中氧的分压也会随之改变。

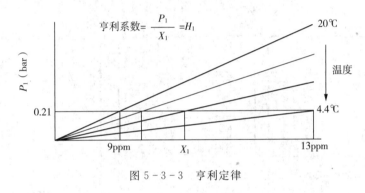

图 5-3-3 亨利定律

2. 中空纤维膜脱气特点

脱气膜元件装填有疏水性的聚丙烯中空纤维膜,具有装填密度大、接触面积大、布水均匀的特点。液相和气相在膜的表面相互接触,由于膜是疏水性的,水不能透过膜,气体却能够很容易地透过膜。通过浓度差进行气体迁移从而达到脱气或加气的目的。

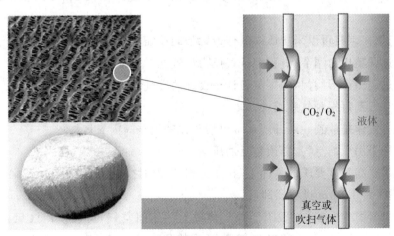

■ 空气中气体溶入水中直至达到气液平衡。

■ 当施以真空或气体吹脱后,气液平衡就向一方偏移。

图 5-3-4 脱气膜元件

根据不同的脱气要求,可以采用不同的设计模式,常用的有三种模式:

(1)加气吹脱。

(2)抽真空。

(3)抽真空与加气吹脱结合。

3. 气体吹脱模式

加气吹脱模式是待脱气的液体在中空纤维膜的外侧流动,在中空纤维膜的内侧通压缩气体(通常为压缩空气)进行吹扫,如图 5-3-5 所示。气体吹扫的目的是将膜内侧的待脱除气体分压降低至几乎为零。气相和液相总是要趋向动态的溶解平衡点,由于分压不同,液相中的气体就不断由液相向膜内侧的气相移动,并由吹扫气体带走。这就降低了液相中的溶解气体浓度,从而达到脱除气体的目的。

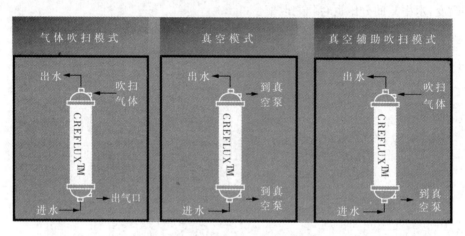

图 5-3-5 加气吹脱操作模式

注:加气吹脱操作模式常见的应用是在二级反渗透系统之间脱除 CO_2,或者在进 EDI 系统前脱除 CO_2,通过多级串联,可以把 CO_2 浓度降低至 1ppm,是最经济有效的方法。

脱除二氧化碳时可以采用压缩气体或无油的压缩空气。基本操作步骤如下:

(1)通过调整压力调节阀门,把进气压力设置在 $0.7kg/cm^2$ 以下。

(2)通过调整针形阀门,观察流量计至设计的空气流量。

(3)通空气到每根脱气膜组件。

(4)出气气体排放到一个开阔地带以避免在密闭空间内氧气耗尽。

(5)如果采用压缩空气,必须是无油压缩空气。

(6)如果在高纯度要求的情况下,在压力调节阀门之前须采用 $0.2\mu m$ 空气过滤器;一般工业应用采用 $1.0\mu m$ 过滤器即可。

如果在脱除二氧化碳时没有压缩气体或无油压缩空气,可以使用鼓风机进行空气扫除。鼓风机的选择可以根据脱气膜需要的风量以及气相侧的压降来确定,见表 5-3-16。

吹风机的出风温度不能升高,过高的空气温度会影响中空纤维膜的使用寿命。

表 5-3-16　二氧化碳脱除对空气气量的要求

脱气膜型号	每根脱气膜的空气量(m³/h)	膜面积(m²)
DGM4040	1.6～9.6	22
DGM5040	1.6～32	45
DGM8040	4.5～30.2	90
DGM8060	4.5～30.2	140

液体侧水量的配置和操作如表 5-3-17 所示。

表 5-3-17　液体侧水量范围

脱气膜型号	每根脱气膜的进水量(m³/h)	膜面积(m²)
DGM4040	1.5～3	22
DGM5040	3～5	45
DGM8040	6～10	90
DGM8060	6～10	140

注:DGM8060 比 DGM8040 长 50%,膜面积多 50%以上,相应的气体脱除效率要高 50%以上。

当使用空气作为吹扫气体时,注意以下信息:

(1)水温不应该超出 30℃(86℉)。

(2)气温不应该超出 30℃(86℉)。

(3)在进脱气膜之前去除余氯、臭氧(O_3)和所有其他氧化性物质。

当使用 N_2 等惰性气体作为吹扫气体时,注意以下信息:

(1)在进脱气膜之前去除余氯、O_3 和所有其他氧化性物质。

(2)城市给水要求余氯低于 1ppm、水温度低于 40℃(104℉)。

(3)为保护膜不被氧化,如果有余氯存在,并且水温大于 30℃(86℉),吹扫气体必须用 N_2 等惰性气体。

(4)避免与表面活化剂、酒精和氧化剂(O_3 等)接触。

4. 抽真空模式

操作指示:真空方法在液体中总气体控制和大量气体脱除中使用。

真空方式是在液相和气相之间创造的一个分压梯度。真空导致被溶解的气体从液体内部扩散到真空侧。这些气体通过真空泵被抽吸后排放。真空度的高低直接影响脱除效率。真空度越大,出口液体含气量越低。表 5-3-18 说明了在不同的真空度水平下的气体脱除情况。

表 5-3-18　真空与溶解氧对比表

真空水平 (绝对气压,假设 760mmHg 大气压)	164.5mbar (125mmHg)	97.4mbar (74mmHg)	65.8mbar (50mmHg)	47.4mbar (36mmHg)
出口含量(ppb)	1400	850	580	425

测试条件：两根 DGM5040 串联的脱气膜系统；

流速为 $3m^3/h$；

温度为 25℃；

入口根据饱和 N_2、O_2 和 CO_2 计算。

5. 真空侧配置和操作

操作步骤（遵守真空泵生产商的启动使用说明）：

① 打开真空吸入阀门。

② 打开真空泵。

③ 慢慢地打开进水阀。

真空模式下能否正常运行取决于一个良好的真空系统（包含管道和真空泵）。当设计真空系统时，注意以下信息。

(1) 管道输送

① 保证整个真空管道不泄漏，不要用螺纹或其他易泄漏的连接方式。推荐用焊接或密封性好的连接方式，任何气体泄漏将影响排气效率。

② 避免管道系统过长，减少弯头并使压力损失减到最小。

③ 考虑系统水蒸气凝结水的排放。

水蒸气和其他挥发性气体将穿过膜，气体与水蒸气将变得饱和。

根据环境温度，出口气体管道会发生凝结现象。所以，系统设计时应该把出口管道倾斜，使凝结水可以慢慢流到系统外面。如果不去除水蒸气，它会逐步累积，会减少真空泵的使用寿命，最后影响整体设备的使用寿命。液体温度越高，水蒸气越易透过膜。这种凝结现象是正常的。

(2) 真空泵的类型和尺寸

① 首先根据脱气要求确定脱气膜的型号、数量、布置方式以及需要的排气量和真空度。排气量和真空度决定了真空泵的大小。

② 建议使用液环真空泵。一个完整的真空系统包括：真空泵、分离器、单向阀、放气阀门、测量仪。

对于液体侧的配置和操作，参考一般性系统设计指南。

(3) 膜保护

① 在进脱气膜之前去除余氯、O_3 和所有其他氧化性的物质。

② 对城市给水的用途，允许在余氯低于 1ppm、温度低于 40℃（104℉）的情况下使用。然而，为减少膜的氧化作用，特别是开启和关闭任何液流时一直保持真空的操作状态。避免与表面活化剂、酒精的接触，并且操作时的氧化剂（O_3 等）可能使膜寿命受影响或者损坏膜。

(4) 保护系统的其他设备保护

① 如果脱气膜发生故障，液相总是比气相压力要高，液相将流动到膜的气相侧。在真空操作或与吹扫操作组合方式中，为防止膜脱气膜泄漏保护整个系统，推荐安装一个真空液体储存区和一个高真空压力开关。

② 液体出口侧建议使用一个低压警报开关或流量开关，可防止水泵或其他主要设备

空转。

(5)设定真空度(系统的最低真空度)

① 电磁阀通常是闭合的。

② 真空泵打开时,在正常操作情况下,V-204 和 V-202 应该保持闭合,V-201 应该打开。

③ 当液面到达设定水平之上时,V-201 应该关闭。在不到 2s 之后,V-202 和 V-204 应该打开。

④ 当液面到达设定水平以下时,V-204 和 V-202 应该关闭。在不到 2s 之后,V-201 应该打开。

注:在脱气膜泄漏出故障的情况下,水将迅速填装真空液体储存区。

6. 抽真空与加气吹脱结合操作模式

操作指示如下:

在要求脱除溶解 O_2 或 CO_2 达到极低水平时采用抽真空与加气吹脱结合操作模式。

抽真空与加气吹脱结合操作模式在脱气膜气相侧一头出口连接吹扫气体,另一头连接到真空源。吹扫气体可以稀释从液相中跑到气相侧的气体,同时把它们带出脱气膜。在此操作模式下通常的真空水平为绝对大气压 65.8mbar(50mm Hg)。

抽真空与加气吹脱结合操作模式通常用于锅炉给水要求溶解氧的浓度小于 10ppb 的场合,待脱气的纯水在中空纤维膜的外侧流动,在中空纤维膜的内侧施加真空抽吸,同时辅以少量的 N_2 吹扫。施加真空抽吸和气体吹扫的目的是将膜内氧的分压降低至几乎为零。由于分压不同,因此水中氧的分压也就降到几乎为零。

气相和液相总是要趋向动态的溶解平衡点。又由于在气相中含氧很少,因而液相中的氧就不断由液相向膜内侧的气相移动,并由吹扫气体和真空抽吸带走。这就降低了水中的溶氧浓度。

压缩气体或无油压缩空气(脱除 CO_2)可以使用作为吹扫的气源。具体按下列操作步骤:

① 开启真空系统(如真空方式操作模式所描述)。

② 调整压力调节阀门,设置吹扫气体入口压力小于 $0.07kg/cm^2$。

③ 通过调整针形阀和观察流量计的读数设置建议使用的总吹脱气流流量。

④ 导入吹扫气体到每根脱气膜元件。

⑤ 如果使用压缩空气,必须是无油的。在纯度要求很高时建议使用 $0.2\mu m$ 过滤器作为气源过滤。一般工业应用为 $1.0\mu m$ 过滤器作为气源过滤。

⑥ 针形阀门应安装在脱气膜和气体流量计之间。

注:在进行二氧化碳脱除时,可以使用室内空气。如果使用室内空气,不需要压力调节阀门。

真空结合吹扫操作模式下的正常运行取决于一个良好的真空系统(包含管道和真空泵)。当设计真空系统时,注意以下信息:

（1）管道输送

① 保证整个真空管道不泄漏，不要用螺纹或其他易泄漏的连接方式。推荐用焊接或密封性好的连接方式，任何气体泄漏将影响排气效率。

② 避免管道系统过长，减少弯头并使压力损失减到最小。

③ 考虑系统水蒸气凝结水的排放。

水蒸气和其他挥发性气体将穿过膜，气体与水蒸气将变得饱和。

根据环境温度，出口气体管道会发生凝结现象。所以，系统设计时应该把出口管道倾斜使凝结水可以慢慢流到系统外面。如果不去除水蒸气，它会逐步累积，会减少真空泵的使用寿命，最后影响整体设备的使用寿命。液体温度越高，水蒸气越易透过膜。这种凝结现象是正常的。在 40~60psi 压力下吹扫 5min 可以有效控制凝结现象，另外垂直安装脱气膜，吹扫气体从上部往下吹扫可以有效降低水蒸气在膜内的凝结。

（2）真空泵的类型和尺寸

① 首先根据脱气要求确定脱气膜的型号、数量、布置方式以及需要的排气量和真空度。排气量和真空度决定了真空泵的大小。

② 建议使用液环真空泵。一个完整的真空系统包括：真空泵、分离器、单向阀、放气阀门、测量仪。

真空结合吹脱操作模式下，氮气的流量范围如表 5-3-19 所示。

表 5-3-19　氮气的流量范围

脱气膜型号	每台反应器典型的氮气清除（m³/h）	膜面积（m²）
DGM4040	0.08~0.8	22
DGM5040	0.15~2	45
DGM8040	0.3~4	90
DGM8060	0.3~4	140

注：DGM8060 比 DGM8040 长 50%，膜面积多 50% 以上，相应的气体脱除效率要高 50% 以上。

3.7.3　一般性系统设计指南

以下指南适用于前面所述的三种不同的操作模式。

1. 流程模式配置

如果系统的流量大于单支脱气膜的最大设计流量，应该增加脱气膜的数量并联以控制单支膜的流速。单支膜的最大、最小流速见表 5-3-20 所列。

表 5-3-20　脱气膜的最大和最小流速

脱气膜型号	最小流速	最大流速
DGM4040	1.0m³/h（4.4gpm）	5m³/h（22gpm）
DGM5040	1.2m³/h（5.3gpm）	10m³/h（44gpm）

脱气膜型号	最小流速	最大流速
DGM8040	3m³/h(13.2gpm)	15m³/h(66gpm)
DGM8060	3m³/h(13.2gpm)	15m³/h(66gpm)

注:具体选择流量时建议按中间值进行选取。

确定并联的数量后,选择串联的级数。流量越大,串联的级数越多,压降越大,一般串联的级数不超过5级。

2. 安装位置

(1)垂直或水平安装

① 如果脱气膜系统的水压比最大工作压力更大,需要安装压力调整器。

② 如果泵浦设置顺流反应器系统,被连接到泵浦的马达需要一个自动开关阀门。

③ 为避免水击的损伤,在接触器系统的顺流边应该安置一个圆盘。

④ 设计应该包括低点安装排空阀、高点安装排气阀、压力指示器和温度显示。

⑤ 气体和液体在所有脱气膜在必须逆向流动的,如果使用同向流程,效率就很低。

⑥ 当系统关闭时,脱气膜不应暴露在冰点以下的地方。

注:在位置许可情况下,推荐垂直安装,这有利于改善液体流动状态。

(2)垂直安装

当液体流入脱气膜必须从底部进入,从侧面和上面流出。如果多级串联,从前一级的脱气膜的流出的液体必须流入后一级脱气膜的底部。

液环真空泵的进气口位置要低于脱气膜的出气口,这样有利于气体侧的凝结水顺流到真空泵,不会在脱气膜内部滞留。

(3)其他信息

对于DGM8040或DGM8060大规格的脱气膜,充满液体后较重,应该在脱气膜底部做支撑,不能仅靠侧边的固定抱圈来支撑脱气膜的质量。

(4)最高工作温度和压力指南

脱气膜有两个压力规定值:跨膜压差规定值和承压压力规定值。有时这些规定值是不变的,在操作之前应先查看。

跨膜压差是指中空纤维膜内部与外部压力的不同。例如,膜外侧的压力是0.15MPa,同时在膜内侧气体要保持0.05MPa,这样跨膜压差为0.1MPa。一般来说,脱气膜的工作压力为0.45MPa,进出口最大压差可以达到0.4MPa。

(5)脱气膜设备的质量

在设计支撑架时需要考虑脱气膜充满液体时的质量。脱气膜重量如表5-3-21所示。

表5-3-21　脱气膜重量

脱气膜型号	重量(kg)
DGM4040	12
DGM5040	18

（续表）

脱气膜型号	重量（kg）
DGM8040	35
DGM8060	52

（6）预处理要求

为防止膜的污染，进入脱气膜的液体和气体需要预过滤。一般过滤指南如表 5-3-22 所示。

表 5-3-22　一般过滤指南

液体侧过滤精度	10μm（一般情况下） 4.5μm（前面有活性炭过滤时采用）
气体侧过滤精度	0.2μm（高纯度应用时采用） 1.0μm（一般工业应用）

注：若用在反渗透出水之后，液体侧无须过滤。

（7）膜的污染与清洗

① 在脱除 CO_2 时，需要注意水酸度值变化，当水的 pH 值达到一定值后遇到絮凝化学制品固体时絮凝将会发生。不过在二级反渗透之间以及 EDI 之前脱除 CO_2 不会出现这个问题。

② 脱气膜安装在反渗透进水处，要考虑脱气膜的定期清洗。

③ 如果安装在活性炭过滤器后，要安装 5μm 的保安过滤器，以防止活性炭颗粒进入脱气膜设备。

④ 膜的污染有金属离子污染、有机物污染以及微生物污染。金属离子污染可以用 2% 的 HCl 或柠檬酸浸泡 1h 进行清洗，有机物的污染可以用 2% 的 NaOH 浸泡 2h 进行清洗，微生物的污染可以用 0.1% 的 NaClO 浸泡 2h 进行清洗。清洗方法如图 5-3-6 所示，清洗程序见表 5-3-23。

注意：严禁用含有表面活性剂和乙醇的溶剂清洗脱气膜。

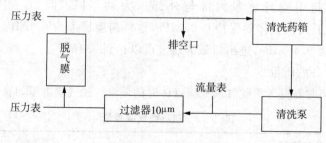

图 5-3-6　清洗方法

清洗流量：m^3/h；

清洗出水压力：kg/cm^2（出水阀门需要关到一定程度）；

清洗方向:与运行方向相同。

表 5-3-23 清洗程序

步 骤	程 序	药 液	时 间
1	冲水/直接排放	常温水	5min
2	碱循环冲洗	2%NaOH,25℃~40℃	30~45min
3	排空/冲洗	常温水	至中性
4	酸性循环冲洗	5%柠檬酸,室温	30~45min
5	排空/冲洗	常温水	至中性

(8)注意事项

需要避免水锤、过压、流量过大。

(9)低溶解氧情况下的系统设计

① 为保证达到理想的使用效果,必须保证整个系统没有泄漏,没有与空气接触的机会。

② 不要用螺纹连接,推荐使用全部焊接或者采用密封性较好的法兰连接方式;系统必须保证没有与空气接触。

③ 低浓度的溶解氧要求还取决于吹扫气体 N_2 的纯净度,如果溶解氧要小于 5ppb,那么 N_2 的纯净度最低要求是 99.99%,如果溶解氧要达到小于 1ppb,那么 N_2 的纯净度最低要求是 99.995%。

④ 在线取样管必须是不锈钢或其他不渗透气体的管材,不要使用 PFA 或聚乙烯类的管材,防止空气中的 O_2 渗入系统。

⑤ 要求溶解氧浓度小于 5ppb,必须使用经过校正的精密溶解氧测定仪,测试条件、操作方法必须满足操作规范要求。

⑥ 溶解氧测定仪必须尽量靠近脱气膜的出口。

⑦ 真空泵的设计选型时要留有 20%~25% 的安全余量,真空度要求小于 50mmHg 绝对大气压。

⑧ 脱气膜设备的配套辅助配件等的质量也需要严格把关,以免引起漏气。

3.7.4 启动和停止操作

1. 液体侧启动指导

(1)缓慢开阀门把液体输送到脱气膜,注意压力、流量不要超过脱气膜的最大极限值。

(2)调整流量调节阀,使入口压力和流量达到设定值。

(3)启动吹脱气体和真空系统。

注意:所有气体或真空出口在工作期间不能关闭。吹脱气体应缓慢地流入脱气膜,避免突然加大冲击脱气膜。

2. 吹扫操作模式

(1)调节流量调节阀使吹脱气体流量达到设定值。

(2)把吹脱气体通入每根脱气膜组件。

注意:在一个操作周期结束后需要停机,为防止脱气膜内的水分凝结,可以用2～3bar(40～60psi)的吹扫气体或空气通5min,这样可以清除脱气膜气相侧的凝结水,保证系统的使用。

3. 真空操作模式

(1)根据真空泵生产商的指导说明启动真空泵。

(2)开调节阀建立脱气膜中真空。

(3)调整阀门到所需要的真空度要求。

4. 真空与吹扫结合操作模式

(1)调节吹扫气体输送系统的压力调节阀,设定压力为 $0.07kg/cm^2$。

(2)设定吹扫气体的流量。

(3)把吹扫气体引入每支脱气膜元件。

(4)开真空系统。

注意:在一个操作周期结束后需要停机,为防止脱气膜内的水分凝结,可以用2～3bar(40～60psi)的吹扫气体或空气通5min,这样可以清除脱气膜气相侧的凝结水,保证系统的使用。

(5)关机程序:缓慢关闭进水阀和出口阀,可能的话,排空脱气膜中的液体。

3.7.5 维护

一般情况下,每一到两周对脱气膜系统进行一次必要的检查维护,以确定脱气膜的性能达到设计的要求。参照表5-3-24分析故障原因并消除。

表5-3-24 故障分析表

故障描述	原因分析	改进措施
使用后出口的溶解气体超标	膜受污染	根据指导手册清洁脱气膜
	没有去除运输途中使用的防尘罩	检查确认拿走防护罩
	吹扫气体污染	检查吹扫气体纯净度
	在气体管路存在空气泄漏	检查连接口,坚固法兰连接件
		加压检查气管泄漏 ——用肥皂气泡检测漏点 ——试压并观察压力变化情况 ——泄漏检测系统
		开启设备记录数据 ——关闭吹扫进气阀,只在真空模式下运行,记录系统数据 ——关闭真空泵,打开进气阀进行吹扫,记录系统数据

（续表）

故障描述	原因分析	改进措施
使用后出口的溶解气体超标	真空度不足	确定真空系统连接正确,并使真空系统工作正常
	真空系统漏气	检查系统是否漏气,如果出口溶解气体的含量在许可范围内,很有可能泄漏点在脱气膜之后的真空管道上 脱气膜中注满水抽真空,寻找真空管道上水集中的地方 ——真空管道是否从脱气膜倾斜向下安装？如果不是,重新安装 ——把真空管道从脱气膜上拆下来,如果水泄漏量不小于20mL/min(没有气体吹扫),与膜公司联系 ——有凝结水是正常的
	在脱气膜或真空管道有凝结水	如果脱气膜元件没有使用但是保持湿润状态,可能在膜丝内侧会有凝结现象 ——用气流把膜丝内的凝结水吹扫出来 ——通2kg的压缩空气进行吹扫,同时另外一头敞开 ——高流速连续吹扫,直到另外一头没有水珠滴下来 ——如果水珠还是连续滴下来,与膜公司联系 查找真空管道的积水点 ——真空管道是否从脱气膜倾斜向下安装？如果不是,重新安装 ——有凝结水是正常的 ——把真空管道从脱气膜上拆下来,如果水泄漏量不小于20mL/min(没有气体吹扫),与膜公司联系
	液体温度低于设计温度	加温措施
	液体流速过高	降低流速
	吹扫气体流速过低	提高吹扫气体流速
	脱气膜之间液体流速不均匀	调整阀门开度,调节各组件的流量分配
液体侧压降过高	没有去除运输途中使用的防尘罩	检查确认拿走防护罩,确定进出水口防护罩已取下
	颗粒物在膜壳体内累积	检查预过滤系统 按照清洗指导规范清洗脱气膜 部分溶解性的颗粒物可用酸进行清洗 更换脱气膜 检查流量:不能超过最大流量

（续表）

故障描述	原因分析	改进措施
液体流到膜内侧（气体侧）	确认接口没有接到气体侧	重新接管
	中间密封圈可能漏水	参考指导图，重新安装
	脱气膜"O"形圈泄漏	更换并重新安装"O"形圈
	检查脱气膜的完整性	通 3kg 气压测试检查有没有泄漏
	膜被亲水化，如果有机溶剂、表面活性剂或酒精与膜接触，膜就可能被亲水化	清洗脱气膜排空液体，通空气把膜丝吹干，重新疏水化

3.7.6 使用注意事项

1. 脱气膜设备的使用环境

脱气膜设备的使用环境见表 5-3-25。

表 5-3-25　脱气膜使用环境

参　数	数　值
环境最高温度	45℃
环境最低温度	5℃
湿度	最大 95%
雨	无
风	无
污染物	无
震动	无

2. 脱气膜设备的储存

组件储存：应该放于室内，不应该暴晒于日光下。不允许结冰并且温度也不允许高于 45℃。

3.8 电渗析(EDI)

3.8.1 EDI 基本概述

电渗析(EDI)在传统的水处理系统中可替代现有的混床,它能够连续、稳定地制取高纯度的水。EDI 的最大优点在于不用化学药剂进行再生,因而不需要化学再生药剂储存罐及相应的中和池,而且无须对有害的化学物废水进行收集、储存及处理,结果使用 EDI 后,大大地简化了系统。

反渗透(RO)的应用降低了对大型设备场地占用的要求,而 EDI 技术的应用则完全符合这点。由于 EDI 系统可以依据现场实际情况进行适配设计组合,保证设备厂房间内无高罐(混床)存在。在要求成套设备能迅速地安装起来并以投入运行时,采用膜法系统的设备在这方面有着不可忽略的优势。

还有一个特点是,EDI 排出的浓水中仅含有进水中的杂质成分,通常这种水的水质比预处理系统的进水水质要好,故浓水可以考虑直接地回收送至 RO 的原水入水口,这样就有效地消除了对废水的排放。相反,混床的再生是一次性的过程,由于使用化学药剂再生离子交换树脂床,其废液中含有比一般 EDI 浓水高 3~4 倍的废弃离子,这类废液通常不回收到预处理系统中,而是排放于废水中和池内。

RO-EDI 的运行过程是连续的,其生产的水质稳定,它不像混床在每一个再生周期的开始及结束阶段因离子的泄漏而影响出水水质。这种连续运行的方式也简化了操作,无须再设置考虑因再生工作需要调整相关设备的操作人员及操作程序。

1. EDI 的特点

(1)工作连续制造纯水,无间断运行。

(2)在线再生,无须加盐系统。

(3)不需要酸、碱化学试剂对树脂再生。

(4)回收率高,废水利于循环再用。

(5)出水水质稳定。

(6)容易实现模块组合达到制水能力要求。

(7)运行费用低,符合环保要求。

2. EDI 的应用领域

(1)电厂化学水处理。

(2)电子、半导体行业超纯水。

(3)精密机械行业超纯水。

(4)制药工业工艺用水。

(5)实验室研究用超纯水。

(6)精细化工、精尖学科用水。

(7)其他行业所需的高纯水制备。

3.8.2　EDI 的技术与基础系统设计

1. EDI 进水条件

水源：反渗透产水,电导率为 $1\sim20\mu s/cm$,最大电导率不超过 $50\mu s/cm(NaCl)$。

pH 值：$5.5\sim9.5$（pH 值为 $7.0\sim8.0$,EDI 有最佳电阻率性能）。

温度：$15℃\sim35℃$（EDI 最佳温度为 $25℃$）。

进水压力（D_{IN}）：$0.2\sim0.4MPa$。

浓水进水压力（C_{IN}）：比 D_{IN} 端压力低 $0.05\sim0.1MPa$（必须）。

产水压力（D_{OUT}）：$0.05\sim0.25MPa$。

浓水出水压力（C_{OUT}）：比 D_{OUT} 端压力低 $0.05\sim0.1MPa$（必须）。

进水硬度：小于 $0.5ppm$。

进水有机物：TOC 小于 $0.5ppm$。

进水氧化剂：Cl_2（活性）小于 $0.03ppm$,O_3（臭氧）小于 $0.02ppm$,HO·（羟基氧）小于 $0.02ppm$。

进水重金属离子：Fe、Mn、变价性金属离子小于 $0.01ppm$。

进水硅：SiO_2 小于 $0.5ppm$（反渗透产水典型范围是 $50\sim150ppb$）。

进水总 CO_2：小于 $5ppm$。

进水颗粒度：小于 $1\mu m$。

2. 基础系统设计

要保证一个良好的 EDI 系统设备运行稳定,出水品量优质,合理的整体水处理系统设计是不可忽略的。系统设计因素包括：

（1）EDI 进水预处理系统（保证符合进水条件）。

（2）系统的智能保护和控制。

（3）设备容易操作和数据读判。

（4）系统模块构成要求最少。

（5）系统安全性设计。

3. EDI 进水预处理系统

EDI 进水预处理系统流程图如图 5-3-7 所示。

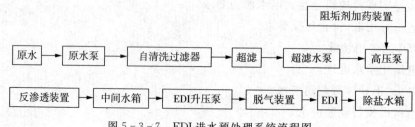

图 5-3-7　EDI 进水预处理系统流程图

工艺特点如下：

RO：通过 RO 方案技术处理,可以完全达到 EDI 设备进水条件的各项要求。

EDI 系统可以稳定且长期运行。

一个良好的 EDI 系统的构成,最主要就是其前处理部分在设计中就要考虑到尽最大可能地满足上面所提到的 EDI 进水条件。

超滤:去除水中的颗粒、悬浮物、胶体等杂质,使出水的浊度小于 1,SDI≤4。保证 RO 不被这些杂质污堵。

阻垢剂加药装置:去除水中部分的 Ca^{2+}、Mg^{2+},降低水中的硬度,防止 RO、EDI 设备里的膜元件结垢而造成污堵,导致元件失效。

4. 系统的智能保护和控制

除了合理的 EDI 整体组合设计外,良好的电气控制也是不可忽略的,由于 EDI 模块的主要工作是靠电场的作用来实现离子交换和树脂再生,因而设计中要考虑对输入模块的电流、电压有一个限制,并且能被系统控制器关断。为了保护 EDI 模块,输入电源应在 EDI 模块的任何水流低于设定值时自动关断,同时也要考虑在产水电阻率低于工艺要求时,产水阀能自动切换至再生状态,并有警示灯显示。系统设计中要有电导率/电阻率表配套。

5. 系统安全性设计

EDI 模块外部配有电源端子接线盒,因此在系统设计中要考虑系统的绝缘,保证操作人员的人身安全。所有的模块应固定在金属机架上,且与机架有良好的接触,机架必须设计有安全接地装置。

由于水具有导电性能,电流能通过水导通到机架,因此,设计中还必须在各个进水口及出水口设计有"T"形接地连接点,通过接地线固定连接到机架。

模块的泄漏是不允许的,因此,一旦发生这种情形,必须随时停机检查泄漏原因。通常模块泄漏主要是因模块两端的紧固螺栓有松动而引起的,可以通过检查和重新紧固螺栓来解决泄漏问题。

螺栓的扭矩对于维持高产品水电阻率和防止泄漏是非常重要的,如果模块松动,除了造成泄漏以外,还会在浓水室引起盐分结晶形成堵塞,因此,防止泄漏是使用者的责任。出现下面的情况之一时,应该重新检查和调整螺栓的扭矩:

(1)当模块运输到达目的地后。

(2)当模块已经组合安装在单元设备机架上后。

(3)当单元设备货运到达现场后。

(4)用户在现场调试操作前。

(5)当供水压力被确认和应用后。

(6)在单元设备运行的第一个月内每周进行检查,直至内部的离子膜组件已经完全被压紧。

(7)在产品水品质有下降的任何时候。

所有的模块在制造厂都已经做过调整和紧固。在安装后和模块操作之前,应按照技术手册中螺栓紧固示意图进行紧固。注意螺栓的调整、紧固顺序是非常重要的,合理的紧固顺序可以避免离子膜组件扭曲变形并确保内部压力水的一致性。

6. 系统设计考虑的其他因素

(1)考虑预留清洗系统的接口。

(2)考虑预留模块再生时能够构建自循环管路。

（3）考虑系统的旁路装置。

（4）浓水排放管须独立设置且不能有背压情况存在，要求避免与其他管路共管。

（5）EDI 系统在连续运行状态下能发挥最好的效力，如果终端用户的使用工况不能满足此要求，应该考虑增设自循环装置，减少系统设备间歇性停机次数。

3.8.3　EDI 设备的操作、再生及清洗

1. EDI 设备的操作

一台完整的 EDI 设备应该由以下部件构成：

（1）EDI 模块。

（2）整流电源（移相调控器）。

（3）流量计。

（4）电阻率仪。

（5）压力表。

（6）PLC 控制箱（或 DCS 控制）。

（7）电源控制仪表。

（8）连接管路、阀门。

（9）接地保护连接线。

2. 设备投入运行前的准备工作

（1）确认进入 EDI 的水质满足标准。

（2）全面检查 EDI 模块两端板的紧固螺栓是否全部锁紧。

（3）检查 PLC 就地控制盘电源是否通电。

（4）检查模块的直流电源接线是否正确。

（5）检查确认输送泵的电机运转方向是否正确。

（6）检查各个仪表工作电源是否符合设备要求。

（7）检查各个仪表工作范围设定是否符合现场设定要求。

（8）调整、设定各流量限位开关最低值（产水、浓水进水、浓水排水）。

（9）设定进水压力。

（10）浓水进水压力。

（11）设定浓水排水压力。

（12）设定产水压力。

（13）检查各个调节阀门是否处于开启状态（初期先调节开启度全程的 1/2）。

3. 设备的投入运行

（1）设备初期运行

调节产水、浓水进水、浓水排水之流量限位保护开关至设定值并固定锁紧，将增压泵开关调到手动挡，启动增压泵向模块注水至产水流量计、浓水给水、浓水排水流量计有水通过，调节产水阀门、浓水进水阀门、浓水排水阀门，使其达到设定值。随后将 EDI 模块开关旋至自动挡，5～10s 后自动通电运行。

EDI 电流设定为 3～4A（以现场调试情况为准）。模块启动后，电流值会逐渐上升至

设定值。当系统进入稳定运行状态后,开始记录设备的各项运行数据。数据的记录通常是每隔 2h 记录一次。

EDI 系统为高压设备,足以对人身安全造成伤害,因此在整流器工作时,不要触碰它,并且确保在工作现场配备了必要的安全措施。

(2)设备的正常运行

设备调试好后,就可以转入正常的运行。先将设备按照手动停机方法进行设备停运,之后将增压泵开关调到自动挡,EDI 模块的开关选择转至自动挡,系统便进入自动运行状态。

系统进入自动运行的条件必须满足:

① 给水箱液位开关处于中、高液位以上。

② 产水箱液位处于中、低液位以下。

③ 产水、浓水进水、浓水排水流量在设定限位值以上。

4. 设备的停机

(1)手动运行时停机

① 在 PLC 面板上将 EDI 模块的选择开关切换至"停止"的位置。

② 将增压泵的选择开关切换至"停止"的位置。

③ 关闭增压泵进水阀门、产水阀门、浓水排放阀门。

(2)自动运行时停机

设备正常运行时在达到水箱设定液位值后会自动停止运行。

为了保证 EDI 的安全运行,系统在控制方面进行以下几种自动连锁控制,当不满足以下其中条件之一时,设备也会自动停止运行。

① 浓水进水流量、浓水排水流量或产水流量之一低于各自的设定值时,限位开关会自动动作。

② 给水箱液位低或产水箱液位高时,液位开关会自动动作。

③ 没有变压器工作的反馈信号。

④ 增压泵过载。

提示:EDI 整流设备停运时,不得有 RO(或相同水质的水)通过设备,否则设备在下次启运时需要较长的时间。

(3)设备长时间的停运

如果 EDI 系统停运时间超过 3 天时,就应做好长时间停运保护,以免 EDI 内部微生物滋生。

① 切断 PLC 控制柜内的所有电源开关。

② 允许 EDI 管路系统遗留水排空,避免其间存有死水。

③ 关闭所有系统的阀门。

④ 长时间停运后的重新启动,模块可能需要消毒清洗或再生。

5. 设备的化学清洗及再生

虽然 EDI 模块的进水条件在很大程度上减少了模块内部阻塞的机会,但是随着设备运行时间的延长,EDI 模块内部水道还是有可能产生阻塞的,这主要是 EDI 进水中含有较多的溶质,在浓水室中形成盐的沉淀。如果进水中含有大量的 Ca^{2+}、Mg^{2+}（硬度超过 0.8ppm）、CO_2 和较高的 pH 值,将会加快沉淀的速度。遇到这种情况,我们可以通过化学清洗的方法对 EDI 模块进行清洗,使之恢复到原来的技术特性。EDI 清洗时应注意:在清洗或消毒之前请先选择合适的化学药剂并熟悉安全操作规程,切不可在组件电源没有切断的状态下进行化学清洗。

（1）模块堵塞的判定方法

通常判断 EDI 模块是否被污染堵塞可以从以下几个方面进行评估判定:

① 在进水温度、流量不变的情况下,进水侧与产水侧的压差比原始数据升高 45%。

② 在进水温度、流量不变的情况下,浓水进水侧与浓水排水侧的压差比原始数据升高 45%。

③ 在进水温度、流量及电导率不变的情况下,产水水质（电阻率）明显下降。

④ 在进水温度、流量不变的情况下,浓水排水流量下降 35%。

（2）模块堵塞的原因

模块堵塞的原因主要有颗粒/胶体污堵、无机物污堵、有机物污堵、微生物污堵。

（3）模块堵塞对应的清洗方案

① 颗粒/胶体污堵

进水颗粒度不小于 $5\mu m$ 时会造成进水流道堵塞,引起模块内部水流分布不均匀,从而导致模块整体性能降低。如果 EDI 模块的进水不是直接由 RO 产水端进入 EDI 模块,而是通过 RO 产水箱经过增压泵供水,建议在进入 EDI 模块前端增设保安过滤器（不超过 $0.2\mu m$）。在组装 EDI 设备时,所有的连接管道系统应冲洗干净以预防管道内的颗粒杂质进入模块。

② 无机物污堵

如果 EDI 进水含有较多的溶质且超出设计值或者回收率超过设计值时,将导致浓水室和阴极室的结垢,生成盐类物质析出沉淀,通常结垢的类型为 Ca^{2+}、Mg^{2+} 生成的碳酸盐。即便这类物质的浓度很小,接触时间也很短,但随着运行时间的累加,仍有发生结垢的可能,这种硬度结垢很容易通过酸洗去除。按照表 5-3-26 中方案 1 中的方法,使用低 pH 值的溶液在系统内部循环清洗,可以去除浓水室和阴极室的结垢。

当进水中的铁和锰含量高,或者高总溶解固体（TDS）的水以外进入到 EDI 模块时,也会使淡水室的离子交换树脂或者浓水室形成无机物污堵,可以采用表 5-3-26 中方案 2 进行清洗。

③ 有机物污堵

当进水有机污染物总有机炭（TOC）或总可交换阴离子（TEA）含量超过设计标准时,淡水室的离子交换树脂和离子膜会发生有机污堵。可以采用表 5-3-26 中方案 3 的方法,用高 pH 值的药水对淡水室及浓水室循环清洗可以将有机分子清除出离子交换树脂,对这种污堵进行清洗。

④ 微生物污堵

当设备运行环境适于微生物生长,或者进水中存在较多的细菌和藻类的时候,EDI 模块和系统也会发生微生物污堵。可以采用表 5-3-26 中方案 3、4 中的方法用高 pH

值的盐水进行清洗。如果微生物污堵情形比较严重时,可以采用表5-3-26中方案5进行清洗。如果同时伴有无机物污堵,可以按照表5-3-26中方案6加入酸洗步骤。

对于极严重的微生物污堵,可以采用表5-3-26中方案7或方案8以高pH值的药剂清洗。

表5-3-26 清洗方案选择表

问题/方案	1	2	3	4	5	6	7	8
浓水室结垢	☆							
淡水室结垢		☆						
有机物污堵			☆					
有机物污堵和结垢				☆				
微生物污堵			☆					
微生物污堵和结垢				☆				
严重的微生物污堵					☆			
严重的微生物污堵和结垢						☆		
极严重的微生物污堵							☆	
极严重的微生物污堵和结垢								☆

各清洗方案的主要操作步骤如表5-3-27所示,清洗时间如表5-3-28所示。

表5-3-27 各清洗方案的主要操作步骤

步骤	1	2	3	4	5	6	7	8
步骤一	浓水室酸洗	酸洗	碱洗	酸洗	盐水清洗	酸洗	盐水清洗	酸洗
步骤二	冲洗	冲洗	冲洗	碱洗	冲洗	盐水清洗	冲洗	盐水清洗
步骤三		再生	再生	冲洗	消毒	冲洗	消毒	冲洗
步骤四				再生	盐水清洗	消毒	碱洗	消毒
步骤五					冲洗	盐水清洗	冲洗	碱洗
步骤六					再生	冲洗	再生	冲洗
步骤七						再生		再生

表5-3-28 各清洗方案的清洗时间

清洗方法	时间(min)	备 注
酸洗	30~50	
碱洗	30~50	
盐水清洗	35~60	
消毒	25~40	
冲洗	≥50	
再生	≥120	根据系统的工艺要求直至达到出水电阻率要求指标

对于模块数量大于 1 时,按表 5-3-29 中配液的数量乘以模块数量。

表 5-3-29　单个模块清洗时药液配用量

型　号	药液配用量(L)	备　注
MX-50	50	(1)酸洗温度为 15℃~25℃
MX-100	80	(2)碱洗温度为 25℃~30℃
MX-200	110	(3)配药液用水必须是 RO 产水或高于 RO 产水的去离子水
MX-300	150	

表 5-3-30　清洗用化学药品规格

药品名称	推荐等级	备　注
盐酸(HCl)	化学纯或试剂级	—
氢氧化钠(NaOH)	化学纯或试剂级	液态:50%
氯化钠(NaCl)	食品级、化学纯或试剂级	食品级≥99.8%
过氧化氢(H_2O_2)	化学纯	30%
过氧乙酸(CH_3COOOH)	化学纯	—

(4)清洗时安全注意事项:

① 在配置清洗药液时,必须穿戴好防护服、防护眼镜和防护手套。

② 需要清洗的设备管路必须是与其他连接设备的连接管路完全隔离的。

③ 需要清洗的设备其电源必须是完全切断并有"正在操作,不得送电"的安全警示。

④ 整个清洗过程中清洗的工作压力不能超过 0.15MPa。

(5)清洗设备组件:

① 清洗循环泵(耐腐蚀泵)。

② 清洗水箱(PP)。

③ 耐腐蚀清洗软管(与清洗泵适配)。

④ 耐腐蚀阀门(UPVC)。

⑤ 耐腐蚀压力表。

⑥ 过滤器(≤1μm)。

(6)清洗工具:

pH 试纸(广泛);温度计;计时表。

(7)清洗方案 1~8 对应的具体步骤:

清洗方案 1　浓水室结垢清洗

① 记录清洗前所有数据。

② 分离 EDI 设备与其他设备的连接管路。

③ 连接清洗装置,使清洗泵通过浓水管路进入 EDI 模块再回到清洗水箱,浓水进、出水阀开启,关闭 EDI 淡水进水阀和产水阀。

④ 在清洗水箱配置 2% 浓度的盐酸清洗液。

⑤ 启动清洗泵,调节浓水进水阀,以规定的流量循环清洗(酸洗步骤)。

⑥ 停止清洗泵,排空清洗水箱清洗废液,分离浓水排水阀至地沟。

⑦ 向清洗水箱连续注入清水(RO 产水),启动清洗泵连续清洗(冲洗步骤)。

⑧ 打开 EDI 进水阀和产水阀,同时对两个水室进行冲洗。

⑨ 检测浓水出水侧的水质,直至与进水侧电导率相近。

⑩ 各个阀门恢复原始各设计流量数据。

⑪ 恢复 EDI 各个管路与其他系统的连接。

⑫ 开启 PLC 控制柜电源,向 EDI 模块送电,转入正常运行,并做好初次运行的数据记录。

清洗方案 2　淡水室结垢清洗

① 记录清洗前所有数据。

② 分离 EDI 设备与其他设备的连接管路。

③ 连接清洗装置,使清洗泵通过进水管路分别进入 EDI 模块的淡水室和浓水室,再回到清洗水箱,开启所有的进出水阀门。

④ 在清洗水箱配置 2% 浓度的盐酸清洗液。

⑤ 启动清洗泵,分别调节浓水、进水阀,以规定的流量循环清洗(酸洗步骤)。

⑥ 停止清洗泵,排空清洗水箱清洗废液,分离浓水排水阀至地沟。

⑦ 向清洗水箱连续注入清水(RO 产水),启动清洗泵连续清洗(冲洗步骤)。

⑧ 分别检测淡水、浓水出水侧的水质,直至与进水侧电导率相近。

⑨ 调节各个阀门,恢复原始各设计流量数据。

⑩ 停机,恢复 EDI 各个管路与其他系统的连接。

⑪ 开启 PLC 控制柜电源,向 EDI 模块送电,进行再生(再生步骤),直至电阻率达到出水要求为止。

⑫ 转入正常运行,并做好初次运行的数据记录。

清洗方案 3　有机物污堵清洗

① 记录清洗前所有数据。

② 分离 EDI 设备与其他设备的连接管路。

③ 连接清洗装置,使清洗泵通过进水管路分别进入 EDI 模块的淡水室和浓水室,再回到清洗水箱,开启所有的进出水阀门。

④ 在清洗水箱配置 1% 浓度的氢氧化钠(NaOH)和 2% 浓度的盐(NaCl)的清洗液。

⑤ 启动清洗泵,分别调节浓水、进水阀,以规定的流量循环清洗(碱洗步骤)。

⑥ 停止清洗泵,排空清洗水箱清洗废液,分离浓水排水阀至地沟。

⑦ 向清洗水箱连续注入清水(RO 产水),启动清洗泵连续清洗(冲洗步骤)。

⑧ 分别检测产水、浓水出水侧的水质,直至与进水侧电导率相近。

⑨ 调节各个阀门,恢复原始各设计流量数据。

⑩ 停机,恢复 EDI 各个管路与其他系统的连接。

⑪ 开启 PLC 控制柜电源,向 EDI 模块送电,进行再生(再生步骤),直至电阻率达到出水要求为止。

⑫ 转入正常运行,并做好初次运行的数据记录。

清洗方案 4　有机物污堵和结垢

① 记录清洗前所有数据。

② 分离 EDI 设备与其他设备的连接管路。

③ 连接清洗装置,使清洗泵通过进水管路分别进入 EDI 模块的淡水室和浓水室,再回到清洗水箱,开启所有的进出水阀门。

④ 在清洗水箱配置 2％浓度的盐酸(HCl)清洗液。

⑤ 启动清洗泵,分别调节浓水、进水阀,以规定的流量循环清洗(酸洗步骤)。

⑥ 停止清洗泵,排空清洗水箱清洗废液,分离浓水排水阀至地沟。

⑦ 向清洗水箱连续注入清水(RO 产水),启动清洗泵连续清洗(冲洗步骤)。

⑧ 分别检测产水、浓水出水侧的水质,直至与进水侧电导率相近。

⑨ 在清洗水箱配置 1％浓度的氢氧化钠(NaOH)和 2％浓度的盐(NaCl)的清洗液。

⑩ 启动清洗泵,分别调节浓水、进水阀,以规定的流量循环清洗(碱洗步骤)。

⑪ 停止清洗泵,排空清洗水箱清洗废液,分离浓水排水阀至地沟。

⑫ 向清洗水箱连续注入清水(RO 产水),启动清洗泵连续清洗(冲洗步骤)。

⑬ 分别检测产水、浓水出水侧的水质,直至与进水侧电导率相近。

⑭ 调节各个阀门,恢复原始各设计流量数据。

⑮ 停机,恢复 EDI 各个管路与其他系统的连接。

⑯ 开启 PLC 控制柜电源,向 EDI 模块送电,进行再生(再生步骤),直至电阻率达到出水要求为止。

⑰ 转入正常运行,并做好初次运行的数据记录。

微生物污堵可采用方案 3 进行。

微生物污堵和结垢可采用方案 4 进行。

清洗方案 5　严重的微生物污堵

① 记录清洗前所有数据。

② 分离 EDI 设备与其他设备的连接管路

③ 连接清洗装置,使清洗泵通过进水管路进入 EDI 模块的淡水室、浓水室,再回到清洗水箱,开启所有的进出水阀门。

④ 在清洗水箱配置 2％浓度的盐(NaCl)清洗液。

⑤ 启动清洗泵,调节淡水、浓水进水阀,以规定的流量循环清洗(盐洗步骤)。

⑥ 停止清洗泵,排空清洗水箱清洗废液,分离产水、浓水排水阀至地沟。

⑦ 向清洗水箱连续注入清水(RO 产水),启动清洗泵连续清洗(冲洗步骤)。

⑧ 分别检测产水、浓水出水侧的水质,直至与进水侧电导率相近。

⑨ 在清洗水箱配置 0.04％浓度的过氧乙酸(CH_3COOOH)和 0.2％浓度的过氧化氢(H_2O_2)清洗液。

⑩ 启动清洗泵,分别调节淡水、浓水进水阀,以规定的流量循环清洗(消毒步骤)。

⑪ 停止清洗泵,排空清洗水箱清洗废液,分离浓水排水阀至地沟。

⑫ 向清洗水箱连续注入清水(RO 产水),启动清洗泵连续清洗(冲洗步骤)。

⑬ 分别检测产水、浓水出水侧的水质,直至与进水侧电导率相近。

⑭ 在清洗水箱配置 2% 浓度的盐(NaCl)清洗液。

⑮ 启动清洗泵,调节淡水、浓水进水阀,以规定的流量循环清洗(盐洗步骤)。

⑯ 停止清洗泵,排空清洗水箱清洗废液,分离产水、浓水排水阀至地沟。

⑰ 向清洗水箱连续注入清水(RO 产水),启动清洗泵连续清洗(冲洗步骤)。

⑱ 分别检测产水、浓水出水侧的水质,直至与进水侧电导率相近。

⑲ 调节各个阀门,恢复原始各设计流量数据。

⑳ 停机,恢复 EDI 各个管路与其他系统的连接。

㉑ 开启 PLC 控制柜电源,向 EDI 模块送电,进行再生(再生步骤),直至电阻率达到出水要求为止。

㉒ 转入正常运行,并做好初次运行的数据记录。

清洗方案 6　严重的微生物污堵和结垢

① 记录清洗前所有数据。

② 分离 EDI 设备与其他设备的连接管路。

③ 连接清洗装置,使清洗泵通过进水管路进入 EDI 模块的淡水室、浓水室,再回到清洗水箱,开启所有的进出水阀门。

④ 在清洗水箱配置 2% 浓度的盐酸(HCl)清洗液。

⑤ 启动清洗泵,分别调节浓水、进水阀,以规定的流量循环清洗(酸洗步骤)。

⑥ 停止清洗泵,排空清洗水箱清洗废液,分离浓水排水阀至地沟。

⑦ 向清洗水箱连续注入清水(RO 产水),启动清洗泵连续清洗(冲洗步骤)。

⑧ 分别检测淡水、浓水出水侧的水质,直至与进水侧电导率相近。

⑨ 在清洗水箱配置 2% 浓度的盐(NaCl)清洗液。

⑩ 启动清洗泵,调节淡水、浓水进水阀,以规定的流量循环清洗(盐洗步骤)。

⑪ 停止清洗泵,排空清洗水箱清洗废液,分离产水、浓水排水阀至地沟。

⑫ 向清洗水箱连续注入清水(RO 产水),启动清洗泵连续清洗(冲洗步骤)。

⑬ 分别检测产水、浓水出水侧的水质,直至与进水侧电导率相近。

⑭ 在清洗水箱配置 0.04% 浓度的过氧乙酸(CH_3COOOH)和 0.2% 浓度的过氧化氢(H_2O_2)清洗液。

⑮ 启动清洗泵,分别调节淡水、浓水进水阀,以规定的流量循环清洗(消毒步骤)。

⑯ 停止清洗泵,排空清洗水箱中的清洗废液,分离浓水排水阀至地沟。

⑰ 向清洗水箱连续注入清水(RO 产水),启动清洗泵连续清洗(冲洗步骤)。

⑱ 分别检测产水、浓水出水侧的水质,直至与进水侧电导率相近。

⑲ 在清洗水箱配置 2% 浓度的盐(NaCl)清洗液。

⑳ 启动清洗泵,调节淡水、浓水进水阀,以规定的流量循环清洗(盐洗步骤)。

㉑ 停止清洗泵,排空清洗水箱中的清洗废液,分离产水、浓水排水阀至地沟。

㉒ 向清洗水箱连续注入清水(RO 产水),启动清洗泵连续清洗(冲洗步骤)。

㉓ 分别检测产水、浓水出水侧的水质,直至与进水侧电导率相近。

㉔ 调节各个阀门,恢复原始各设计流量数据。

㉕ 停机,恢复 EDI 各个管路与其他系统的连接。

㉖ 开启 PLC 控制柜电源,向 EDI 模块送电,进行再生(再生步骤),直至电阻率达到出水要求为止。

㉗ 转入正常运行,并做好初次运行的数据记录。

清洗方案 7　极严重的微生物污堵

① 记录清洗前所有数据。

② 分离 EDI 设备与其他设备的连接管路。

③ 连接清洗装置,使清洗泵通过进水管路进入 EDI 模块的淡水室、浓水室,再回到清洗水箱,开启所有的进出水阀门。

④ 在清洗水箱配置 2%浓度的盐(NaCl)清洗液。

⑤ 启动清洗泵,调节淡水、浓水进水阀,以规定的流量循环清洗(盐洗步骤)。

⑥ 停止清洗泵,排空清洗水箱中的清洗废液,分离产水、浓水排水阀至地沟。

⑦ 向清洗水箱连续注入清水(RO 产水),启动清洗泵连续清洗(冲洗步骤)。

⑧ 分别检测产水、浓水出水侧的水质,直至与进水侧电导率相近。

⑨ 在清洗水箱配置 0.04%浓度的过氧乙酸(CH_3COOOH)和 0.2%浓度的过氧化氢(H_2O_2)清洗液。

⑩ 启动清洗泵,分别调节淡水、浓水进水阀,以规定的流量循环清洗(消毒步骤)。

⑪ 停止清洗泵,排空清洗水箱中的清洗废液,分离浓水排水阀至地沟。

⑫ 向清洗水箱连续注入清水(RO 产水),启动清洗泵连续清洗(冲洗步骤)。

⑬ 分别检测产水、浓水出水侧的水质,直至与进水侧电导率相近。

⑭ 在清洗水箱配置 1%浓度的氢氧化钠(NaOH)和 2%浓度的盐(NaCl)清洗液。

⑮ 启动清洗泵,分别调节浓水、进水阀,以规定的流量循环清洗(碱洗步骤)。

⑯ 停止清洗泵,排空清洗水箱中的清洗废液,分离浓水排水阀至地沟。

⑰ 向清洗水箱连续注入清水(RO 产水),启动清洗泵连续清洗(冲洗步骤)。

⑱ 分别检测淡水、浓水出水侧的水质,直至与进水侧电导率相近。

⑲ 调节各个阀门,恢复原始各设计流量数据。

⑳ 停机,恢复 EDI 各个管路与其他系统的连接。

㉑ 开启 PLC 控制柜电源,向 EDI 模块送电,进行再生(再生步骤),直至电阻率达到出水要求为止。

㉒ 转入正常运行,并做好初次运行的数据记录。

清洗方案 8　极严重的微生物污堵和结垢

① 记录清洗前所有数据。

② 分离 EDI 设备与其他设备的连接管路。

③ 连接清洗装置,使清洗泵通过进水管路进入 EDI 模块的淡水室、浓水室,再回到清洗水箱,开启所有的进出水阀门。

④ 在清洗水箱配置 2%浓度的盐酸(HCl)清洗液。

⑤ 启动清洗泵,分别调节浓水、进水阀,以规定的流量循环清洗(酸洗步骤)。

⑥ 停止清洗泵,排空清洗水箱清洗废液,分离浓水排水阀至地沟。

⑦ 向清洗水箱连续注入清水(RO 产水),启动清洗泵连续清洗(冲洗步骤)。

⑧ 分别检测淡水、浓水出水侧的水质,直至与进水侧电导率相近。

⑨ 在清洗水箱配置 2%浓度的盐(NaCl)清洗液。

⑩ 启动清洗泵,调节淡水、浓水进水阀,以规定的流量循环清洗(盐洗步骤)。

⑪ 停止清洗泵,排空清洗水箱清洗废液,分离产水、浓水排水阀至地沟。

⑫ 向清洗水箱连续注入清水(RO 产水),启动清洗泵连续清洗(冲洗步骤)。

⑬ 分别检测产水、浓水出水侧的水质,直至与进水侧电导率相近。

⑭ 在清洗水箱配置 0.04%浓度的过氧乙酸(CH_3COOOH)和 0.2%浓度的过氧化氢(H_2O_2)清洗液。

⑮ 启动清洗泵,分别调节淡水、浓水进水阀,以规定的流量循环清洗(消毒步骤)。

⑯ 停止清洗泵,排空清洗水箱清洗废液,分离浓水排水阀至地沟。

⑰ 向清洗水箱连续注入清水(RO 产水),启动清洗泵连续清洗(冲洗步骤)。

⑱ 分别检测产水、浓水出水侧的水质,直至与进水侧电导率相近。

⑲ 在清洗水箱配置 1%浓度的氢氧化钠(NaOH)和 2%浓度的盐(NaCl)清洗液。

⑳ 启动清洗泵,调节淡水、浓水进水阀,以规定的流量循环清洗(碱洗步骤)。

㉑ 停止清洗泵,排空清洗水箱清洗废液,分离产水、浓水排水阀至地沟。

㉒ 向清洗水箱连续注入清水(RO 产水),启动清洗泵连续清洗(冲洗步骤)。

㉓ 分别检测产水、浓水出水侧的水质,直至与进水侧电导率相近。

㉔ 调节各个阀门,恢复原始各设计流量数据。

㉕ 停机,恢复 EDI 各个管路与其他系统的连接。

㉖ 开启 PLC 控制柜电源,向 EDI 模块送电,进行再生(再生步骤),直至电阻率达到出水要求为止。

㉗ 转入正常运行,并做好初次运行的数据记录。

(8)再生的步骤:

标准

① 确认 EDI 模块内没有任何的化学药品残留存在。

② 使系统构建成一个闭路自循环管路。

③ 按照正常运行的模式调节好所有的流量和压力。

④ 给 EDI 送电,调节电流从 2A 开始分步缓慢向 EDI 加载电流(最大不能超过 4A)。

⑤ 直至产水电阻率达到工艺要求或者不小于 12MΩ·cm。

提示:模块的再生需要比较长的时间,有时可能会达 10~24h 甚至更长的时间。

特殊情况

对于在系统中无法构建自循环管路的系统可以按照下面的步骤进行再生:

① 确认 EDI 模块内没有任何的化学药品残留存在。

② 按照系统正常运行流量的 70%调节各个流量阀门。

③ 各个压力及压力差按照操作规定进行调节。

④ 给 EDI 送电,调节电流从 2A 开始分步缓慢向 EDI 加载电流(最大不能超过 4A)。

⑤ 直至产水电阻率达到工艺要求或者不小于 12MΩ·cm。

6. EDI 系统运行中常见故障和处理

表 5-3-31 是 EDI 模块在运行过程中遇到的故障和排除方法。

表 5-3-31　EDI 模块在运行过程中遇到的故障和排除方法

问　题	可能存在的原因	解决方法
模块漏水	模块在运输、移动或者运行一段时间后	按照端板螺栓紧固要求重新进行紧固
模块接口处漏水	模块适配器松动	紧固适配器 检查垫片
产水电阻率低	电源无电 电极接头松动 电流设置不正确 不符合进水条件 一个或某个模块无电 阀门关闭 流量开关设置 进水压力低或压差不对 流量调节错误 模块污堵或结垢 内部流道有微量渗透	检查,送电 检查,重新紧固 复测进水实际电导率,重新调整工作电流 检查进水品质,尤其是 DTS、Cl_2、CO_2 等 检查所有的变压器输出是否正确,紧固接线螺丝 检查确认阀门是否开启 检查调校开关设置位置 检查原因,重新调整 重新调整 判断污堵或结垢原因,采用相应清洗方案进行化学清洗 重新紧固两端板紧固螺栓
产水流量低	淡水室污堵 进水压力低 进水流量太低 进水温度太低	检查、判断污堵原因,采用相应清洗方案进行化学清洗 增加进水流速 调整进水流量 注意进水温度(≥10℃)
没有浓水或浓水流量偏低	进、出浓水阀没有设置好 浓水室污堵或结垢	调节进、出浓水阀,增加流量 检查、判断污堵或结垢原因,采用相应的清洗方案进行化学清洗
模块逸出气体太多	浓水排放管路堵塞或者有背压 电流设定过高	排除堵塞或背压 调整降低电流
产水的 pH 值过高或过低	电流设定太高	调整降低电流
模块电流过大	进水电导率太高 模块缺水	检查 RO 产水的 TDS 检查各阀门是否开启,若已经开启仍没有水,应即时切断电源,查找原因

第4章　水汽集中取样分析系统

4.1　水汽化验系统取样点的设置

通过对热力系统进行定期的水汽质量化验、测定及调整处理,及时反映炉内和热力系统内水质处理情况,掌握运行规律,确保水汽质量合格,防止热力设备水汽系统腐蚀、结垢、积盐,保证机组的安全、经济运行特设置一套集中式水汽取样分析装置。水汽取样分析系统包括高温盘、低温盘和人工取样部分,样水采用循环冷却水进行冷却。

装置设置的取样点及取样点的温度、压力参数见表5-4-1所示。

表5-4-1　取样点及其温度、压力参数

编号	取样点位置	主机100％负荷		SC	CC	pH	O_2	SiO_2	M
		设计温度(℃)	设计压力(MPa)						
1	凝结水泵出口	100	1.6		√		√		√
2	除氧器出口	150	2.5				√		√
3	省煤器进口	130	7.8	√	√	√			√
4	汽包炉水左/右	280	5.8	√		√		√	√
5	饱和蒸汽左/右				√				√
6	过热蒸汽左/右	410	4.31	√				√	√
7	低压加热器疏水	93	0.35						√

SC——电导率;

CC——带有氢离子交换柱的电导率;

pH——pH表;

O_2——氧表;

M——人工取样;

SiO_2——硅表。

注:(1)凝结水加药点后电导率和含氧量作为凝结水加药控制信号。

(2)省煤器入口电导率和含氧量作为给水加药控制信号。

(3)备用接口应按照设计温度及压力配置相应的冷却器、减压阀、安全阀等。

4.2　水汽取样装置的组成

4.2.1　水汽取样装置组成

（1）高温高压架：为完成高压高温的水汽样品减压和初冷而设置，至少应包括可自动冲洗的高压过滤器、减压阀、冷却器、阀门等整套的设施和部件。两台机高温高压架合并布置在同一框架内。

（2）低温仪表取样装置：由低温仪表盘和手工取样架两部分合二为一。至少应由实现样品测试、取样、报警、信号传送及自动保护等功能的全部仪表、部件、管路、电气、控制、阀门等组装而成。两台机低温仪表取样装置合并布置在同一框架内。

（3）除盐水闭式循环冷却系统设备：由冷却水箱、循环水泵、换热器及管道、阀门、仪表组成。两台机共设一套闭式循环冷却系统，所有设备应布置在同一框架内。

4.2.2　取样点分析仪的配置及水汽分析装置的组成

取样点分析仪的配置及功能见表 5-4-2。

表 5-4-2　取样点分析仪的配置及功能

取样点	分析仪	功　　能
凝结水泵出口	氢电导率 溶解氧	监视凝结水的综合性能，为渗漏提供参考指示 监视凝汽器气侧严密性指标
除氧器出口	溶解氧	监视除氧器出口水，观察机组启动时除氧效果
省煤器进口	氢电导率 电导率 pH 值	监视锅炉给水杂质的重要参数（电导模拟量送化学加药系统） 水质控制的重要参数 根据给水工况，决定水质控制的 pH 值 锅炉给水品质的重要参数
汽包炉水（左/右）	电导率 pH 值 二氧化硅	水质控制的重要参数
饱和蒸汽（左/右）	氢电导率	监视饱和蒸汽品质的重要参数
过热蒸汽（左/右）	氢电导率 二氧化硅	监视过热蒸汽品质的重要参数
低压加热器疏水	手工操作取样	监视疏水水质

注：所有取样点都应有手工操作取样装置。

4.3 水汽质量劣化的处理原则

4.3.1 处理原则

(1)运行中发生水、汽品质劣化时,水处理运行人员必须反复采样分析,从各方面证实、验证错误,当确认取样操作、分析方法、试剂、仪表、分析结果无误时,值班人员应保持镇定,查明故障情况及原因并及时进行正确的处理,如故障无法排除应立即报告班长,以便进一步采取措施。

(2)在设备故障处理过程中,值班人员应加强分析监督并做好记录。

(3)发生的故障在规程中无规定时,操作人员应按当时所处的情况及经验妥善处理。

(4)故障消除后,操作人员应将发生的一切现象(包括故障过程、原因分析和处理情况)详细记入交接班记录簿内。

4.3.2 异常原因及处理方法

异常原因及处理方法见表 5-4-3 所示。

表 5-4-3 异常原因及处理方法

	异常现象	一般原因	处理方法
炉水	外状浑浊	(1)给水浑浊或硬度大 (2)连续排污阀未开或开度不够 (3)定期排污量不够或未排 (4)检修或停运后初启动的锅炉	(1)查明浑浊原因并处理 (2)严格执行排污制度 (3)加强排污换水,直至水质合格为止
	磷酸根不合格	(1)加药量不足或过大 (2)排污量不足或过大 (3)加药设备缺陷或管道堵塞 (4)磷酸盐药品不纯 (5)锅炉负荷波动太大,发生磷酸盐暂时消失现象	(1)查明原因,加强处理排污 (2)调整加药量及排污量 (3)通知锅炉检查设备,疏通加药管道 (4)更换合格的磷酸盐药品 (5)通知锅炉调整运行方式
	含硅量、含钠量、pH 值、碱度不合格	(1)给水水质不良 (2)锅炉排污不正常 (3)磷酸盐加药量不足 (4)酸性水随给水进入锅炉	(1)查明不合格水源并采取措施使水源水质合格 (2)增加锅炉排污量或消除排污装置的缺陷 (3)调整加药量 (4)查明酸性水来源,杜绝酸性水进入锅炉,向炉内加 $NaOH$ 或 Na_3PO_4 混合液,使炉水 pH 值尽快恢复正常

（续表）

异常现象		一般原因	处理方法
炉水	饱和蒸汽、过热蒸汽含钠量不合格	(1)炉水质量不良 (2)锅炉负荷、水位、汽压波动太大 (3)汽水分离器效果不好 (4)加药浓度过大或加药速度太快 (5)减温水不合格,污染蒸汽	(1)查明给水组成并处理使其尽快恢复正常 (2)通知锅炉调整运行方式 (3)通知锅炉检查汽水分离器 (4)降低加药浓度或速度 (5)查找减温水不合格的原因,并处理
凝结水	硬度不合格	(1)凝汽器泄漏 (2)生水窜入凝水系统中 (3)补给水严重污染	(1)联系汽机进行查漏、堵漏 (2)查明生水来源,消除来源 (3)杜绝不合格的除盐水进入系统
	外观浑浊不清	(1)凝汽器泄漏	(1)联系汽机进行查漏、堵漏
	凝结水 SiO_2、Na^+ 不合格	(1)凝汽器泄漏 (2)生水窜入凝水系统中 (3)补给水严重污染 (4)蒸汽品质不合格	(1)联系汽机进行查漏、堵漏 (2)查明生水来源,消除来源 (3)杜绝不合格的除盐水进入系统 (4)调整蒸汽和炉水品质
给水	给水浑浊,铜、铁含量高	(1)组成给水的各路水源受到污染 (2)给水中含油 (3)给水管道系统腐蚀严重 (4)机组启动初期,管道冲洗不彻底	(1)检查组成给水的各路水源,如有异常立即消除 (2)通知汽机运行,查找油的来源加以消除 (3)严格加强给水 pH 值调整 (4)进行换水,加强锅炉的排污量
	给水硬度不合格	(1)凝汽器泄漏 (2)补给水有硬度	(1)联系汽机进行查漏、堵漏 (2)对除盐水进行处理,采用直供式供水方式
	给水溶解氧不合格	(1)除氧器运行工况不正常 (2)除氧器内部装置有缺陷 (3)取样管不严,漏入空气	(1)联系锅炉调整除氧器运行工况 (2)联系锅炉进行检修 (3)检查取样器,消除漏气

第 5 章 化学加药系统

5.1 系统概述

余热锅炉-汽轮发电机组需进行给水和炉水的校正处理,以控制蒸汽、水循环系统的水化学工况,并将结垢和腐蚀降至最少。化学加药处理系统包括给水加氨处理和炉水加磷酸盐处理。化学加药处理系统可满足蒸汽轮机和余热锅炉运行,停炉备用保养、启动以及各种正常和非正常状态下的加药需要。

5.1.1 给水加氨处理

给水加氨处理的目的是提高给水的 pH 值,防止热力系统的酸性腐蚀。给水系统材料中含有铜金属,加氨控制的标准为:正常运行时,控制给水 pH 值为 8.8～9.3。

5.1.2 炉水加磷酸盐处理

炉水加磷酸盐处理的目的是防止在汽包锅炉中产生钙镁垢。磷酸盐溶液直接加入锅炉汽包内,控制炉水中磷酸根含量为 5～15mg/L,炉水 pH 值为 9.0～11.0。

5.2 加药原理

5.2.1 加氨原理

氨(NH_3)溶于水称为氨水,呈碱性,反应式如下:

$$NH_3 + H_2O \longrightarrow NH_4OH$$

给水 pH 值过低的原因是它含有游离 CO_2,所以加 NH_3 就相当于用碱性的氨水来中和酸性的碳酸。反应式如下:

$$NH_4OH + H_2CO_3 \longrightarrow NH_4HCO_3 + H_2O$$

$$NH_4OH + NH_4HCO_3 \longrightarrow (NH_4)2CO_3 + H_2O$$

5.2.2 加磷酸盐原理

炉水处理原理:炉水处理是把化学药品加进运行锅炉的水中或给水中,防止在锅内发生水垢。

Na_3PO_4 加到锅炉水中,能解离出磷酸根离子(PO_4^{3-})。在锅炉水沸腾状态和碱性较强的条件下,与水中的离子发生下列反应:

$$10Ca^{2+} + 6PO_4^{3-} + 2OH^- \longrightarrow Ca_{10}(OH)_2(PO_4)_6 \downarrow (碱式磷酸钙)$$

生成的碱式磷酸钙沉淀呈泥渣状,可随锅炉排污排掉。

5.3 加药设备

1. 加氨装置的主要设备

(1)电动搅拌氨溶液箱:$V=0.5m^3$,2 台。

(2)给水自动加氨计量泵:$Q=40L/h$,$P=4.0MPa$,3 台。

药剂采用浓度为 25%氨水溶液进行配制,正常运行时配药浓度为 2%~3%。加氨点设在除氧器下降管上。采用自动加氨方式,根据给水流量和汽水取样系统的给水比电导率模拟信号控制加药量。

2. 加磷酸盐装置的主要设备

(1)电动搅拌磷酸盐溶液箱:$V=0.5m^3$,2 台。

(2)炉水手动加磷酸盐计量泵:$Q=40L/h$,$P=6.4MPa$,3 台。

磷酸盐加药采用手动调节方式。

第6章　循环水处理系统

循环水通常采用的是间冷开式循环冷却水系统,是指冷却水由循环水泵送入凝汽器内进行热交换,升温后的冷却水经冷却塔降温后,再由循环水泵送入凝汽器循环利用,这种循环利用的冷却水叫循环冷却水。这种系统的特点是:由于有 CO_2 散失和盐类浓缩现象,在凝汽器管内或冷却塔的填料上有结垢问题;由于温度适宜、阳光充足、营养丰富,有微生物的滋生问题;由于冷却水在塔内对空气洗涤,有生产污垢的问题;由于循环冷却水与空气接触,水中溶解氧是饱和的,所以还有凝汽器材料的腐蚀问题。循环水处理系统处理循环水运行过程中管道结构、微生物滋生等问题。

6.1　循环冷却水系统的水质特点

6.1.1　结垢

循环冷却水系统在运行过程中,往往会在凝汽器管内生产比较坚硬的水垢,并以碳酸盐水垢($CaCO_3$)居多,主要有以下几个原因:

(1)盐类的浓缩作用。

(2)循环冷却水的脱碳作用。

(3)循环冷却水的温度上升。

6.1.2　腐蚀

在循环冷却水系统中,除了在低温区有可能产生 CO_2 的酸性腐蚀以外,还有水中溶解氧是饱和的,因此容易产生氧的去极化腐蚀。另外,盐类浓缩、温度上升、沉积物沉积和微生物滋长等,都是促进腐蚀的因素。

6.1.3　微生物滋长

循环冷却水常年水温为 $10℃\sim40℃$,而且阳光充足、营养物质丰富,是微生物滋长、繁殖的有利环境。凝汽器管内污垢的主要成分往往是微生物的新陈代谢产物。另外,微生物在新陈代谢过程中还会产生腐蚀。

6.1.4　水质污染

循环冷却水的水质在运行过程中会逐渐受到污染。其污染因素如下：由补充水带进的悬浮物、溶解性盐类、气体和各种微生物物种，由空气带进的尘土、泥沙及可溶性气体等，由于塔体、水池及填料被侵蚀而剥落下来的杂物，系统内由于结垢、腐蚀、微生物滋长等产生的各种产物等，都会使水质受到不同程度的污染。

因此，循环冷却水处理的目的主要是防止或减缓冷却水系统（特别是凝汽器管）的结垢，其次是控制微生物滋长。防止腐蚀主要是以选材为主。

6.2　结垢、腐蚀、微生物滋长的处理方法

6.2.1　防垢处理

1. 加酸处理

循环水的加酸处理是将水中的碳酸盐硬度转变为非碳酸盐硬度。常用于循环水处理的酸是 H_2SO_4，因为浓硫酸不腐蚀钢材，便于储存和运输。至于 HCl，因 Cl^- 会促进金属腐蚀，所以不常用。H_2SO_4 与水中的 $Ca(HCO_3)_2$ 反应生成的 $CaSO_4$ 溶解度较大，所以加酸处理可以防止碳酸盐结垢。反应中生成的 CO_2 也有利于抑制 $CaCO_3$ 在换热设备的传热面上结垢。

2. 石灰处理

石灰处理就是向补充水中投加消石灰，使其与水中的 $Ca(HCO_3)_2$ 进行化学反应，生成难溶的 $CaCO_3$ 沉淀，并从水中分离出来，减少随补充水进入循环水系统的量。消石灰是由生石灰加水反应生成。

3. 离子交换法

在缺水地区设计大型循环冷却水系统时，其循环冷却水系统的补充水目前多采用弱酸阳树脂的离子交换法处理，它可以提高循环冷却水的浓缩倍率，大大节约水量。

4. 阻垢剂法

阻垢剂法是在循环冷却水中投加少量的一种化学药剂或几种化学药剂的复合物来起到防垢作用的，这种药剂称作阻垢剂或缓蚀剂。由于加药量很少，因此称为低限处理或低浓度处理。目前常用的阻垢剂有以下几种：

（1）聚合磷酸盐

常用的聚合磷酸盐主要是三聚磷酸钠和六偏磷酸钠。聚合磷酸盐在低剂量的情况下，就能防止几百毫克/升的 $CaCO_3$ 沉淀析出，达到有效的防垢目的。

（2）有机磷酸盐（含磷有机阻垢剂）

含磷有机阻垢剂有两种类型：一种是有机磷酸盐，另一种是有机磷酸酯。目前在循环冷却水处理中，采用的大多是有机磷酸盐。

有机磷酸盐的阻垢作用与聚合磷酸盐有些相似，但有机磷酸盐能与金属铜及铜合金

产生相当稳定的络合物,甚至产生点蚀,故在投加有机磷酸盐的同时,还应投加少量的铜缓蚀剂。

(3)有机低分子聚合物

这类聚合物在水中会发生部分电离,电离出氢离子、金属离子或聚合物离子。这类阻垢剂的阻垢作用主要是靠分散作用,故称为分散剂。

一旦因控制不当造成换热管内结垢,其垢往往比较坚硬,且呈小山峰状,容易造成胶球堵塞,所以不提倡单独使用,常与其他阻垢剂联合使用。它的优点是对环境污染小。

6.2.2　联合处理

1. 石灰与阻垢剂的联合处理

石灰处理可以同时降低补充水的碳酸盐硬度和碱度,但其极限碳酸盐硬度较低,达不到较高的浓缩倍率。而且如处理水量太大,石灰处理的运行管理也是很麻烦的。如将补充水进行石灰与阻垢剂联合处理,不仅可以明显地提高浓缩倍率、节约用水,而且运行管理也比较方便。

2. 加酸与阻垢剂联合处理

加酸处理可以将碳酸盐硬度转化为非碳酸盐硬度,提高浓缩倍率、节约用水。但由于加酸量大,故在循环冷却水处理中很少单独采用。如将加酸与阻垢剂这两种工艺联合处理,既可提高浓缩倍率,又可降低运行费用。

6.2.3　加杀菌剂处理系统

杀菌剂采用市售含量不低于90%的氯锭固体。设置2只碳钢防腐的杀菌剂溶药篮,加药点设在循泵房进水前池。杀菌剂溶解篮应以碳钢外刷防腐涂料为骨架,内配置耐氯化物腐蚀的丝滤网,上部设有可关闭的篮盖,篮内总体积不小于$0.2m^3$,篮体外应设有便于搬运和固定的拉手。氯锭的加药频率根据现场循环水动态由试验确定。

6.2.4　加水质稳定剂处理系统

水质稳定剂采用连续加药方式。系统流程:水质稳定剂加药罐通过计量泵加入循环水泵取水前池。循环水加药间布置在循环水泵房旁,加药间布置水质稳定剂溶液箱和计量泵。

6.3　全厂水平衡

水量平衡的目的在于按国家规定因地制宜地确定电厂用水指标、耗水率及排放率,确定最合理的用水流程和最佳的废水处理方式,在满足电厂不同用水需要的前提下,合理协调电厂用水、提高水的重复利用率,节约用水,降低水耗和水污染,最大限度地减少污废水排放量。

下面以某垃圾发电厂为例进行介绍。

6.3.1 循环水量

本工程装机容量为 $2 \times 12MW$，电厂补给水主要用于冷却塔补水、化学、工业、生活、消防用水等。循环冷却水系统采用带自然通风冷却塔的再循环供水系统。

电厂循环冷却水系统用水量主要由汽机凝汽器冷却水量及辅机冷却水量两部分组成，循环水设计水量如表 5-6-1 所示。单台 12MW 机组额定工况凝汽量为 54t/h。开式循环辅机冷却水取自循环水系统，每台机组需冷却水量为 $230m^3/h$（未计入凝汽器冷却水量）。

表 5-6-1　循环水设计水量

项　目	$1 \times 12MW$	$2 \times 12MW$
凝汽器循环冷却水量（m^3/h）	3000	6000
开式冷却水量（m^3/h）	230	460
工业水	29	58
合计（m^3/h）	3259	6518
合计（m^3/s）	0.905	1.81

6.3.2 生活用水量

生活用水量如表 5-6-2 所示。

表 5-6-2　生活用水量

序号	项　目	使用对象数量		用水量标准	小时变化系数	使用时间（h）	用水量		
		每日	最大班				最高日用量（m^3/d）	最大小时用量（m^3/h）	平均小时用量（m^3/h）
1	生产人员用水	100 人	80 人	35 升/（人·班）	2.5	8	3.5	0.875	0.35
2	生产人员淋浴	100 人	75 人	60 升/（人·班）	1.0	8	6	0.56	0.56
3	集体宿舍	100 人		100 升/（人·天）	2.5	24	10	1.05	0.4
4	食堂	300 人		15 升/（人·次）	2.5	12	4.5	0.94	0.375
5	小计						24	3.425	1.705
6	未预见水量			用水总量的 20%			4.8	0.685	0.341
7	合计						28.8	4.11	2.046

注：绿化用水、地面及车辆冲洗用水优先考虑采用回用水或渗滤液处理水，不计入生活用水耗水量内。

6.3.3　补给水量及用水量

补给水量及用水量见表 5-6-3 所示。

表 5-6-3　本工程用水量一览表

序号	项　目	2×12MW 机组（m³/h）				备　注
		需水量	回收水量	耗水量	排水量	
1	冷却塔蒸发损失	95.1 (68.3)	0	95.1 (68.3)	0	占夏季循环水量的 1.31%（占年平均循环水量的 1.21%）
2	冷却塔风吹损失	3.7 (2.8)	0	3.7 (2.8)	0	占夏季循环水量的 0.05%（占年平均循环水量的 0.05%）
3	循环水系统排污损失	4	0	4	0	浓缩倍率 K=4
4	工业冷却水	58	58	0	0	循环水
5	锅炉定排冷却水	4	4	0	0	循环水，排至机组排水槽后回收至冷却塔
6	机务工业用水	87	87	0	0	澄清水，回收水用于冷却塔补水
7	烟气净化用水	8	0	8	0	澄清水
8	化学用水	9	3	6	0	过滤水，2m³/h 反渗透浓水，1m³/h 锅炉定排水排至机组排水槽后回收至冷却塔
9	生活杂用水	2	1.5	0.5	0	过滤水，回收水处理后用于浇洒绿化
10	绿化用水	1.5	0	1.5	0	生活污水处理回用
11	垃圾池渗滤液	0	10	−10	0	回收水至渗滤液处理站处理回用
12	渗滤液处理水	11	2	0	0	10m³/h 垃圾池渗滤液及 1m³/h 垃圾车冲洗水回收
13	垃圾车冲洗	2	1	1	0	渗滤液处理水，回收水至渗滤液处理站处理回用
14	地面冲洗	1	0	1	0	渗滤液处理水
15	出渣机补水	5	0	5	0	渗滤液处理水
16	飞灰固化	1	0	1	0	渗滤液处理水
17	垃圾池回喷	2	2		0	渗滤液处理水
18	原水预处理站自用水	3	0	3	0	
19	焚烧炉	1.5		1.5		
20	未预见用水			4		
21	综合以上	298.8 (271.1)	168.5	125.3 (97.6)	0	零排放

注：（1）表中用水量主要以夏季 10% 气象条件下每小时用水量计，括号中为年平均每小时用水量。

（2）机组启动、检修用水及消防水等非经常性用水未参加水量平衡。

（3）具体用水流程详见仁怀项目全厂水量平衡图。

第 7 章　废水处理系统

7.1　系统概述

工业废水的水量、水质与发生排水的车间所采用工艺有关。如锅炉补给水处理,采用离子交换的工艺,则日常就会有酸碱性废水产生;如锅炉化学清洗,采用无机酸清洗,则废水 COD 值较低;采用有机酸清洗时,COD 值高,且难处理;同样是采用有机酸处理,有机酸品种的不同,废水的水量、水质均有不同,废液处理的方式也有差异。

锅炉补给水处理系统采用了全膜法,无再生酸碱废水量排放,主要废水为悬浮物较高的超滤反洗水(约 $1m^3/h$)和含盐量较高的反渗透浓水(约 $3m^3/h$)。

7.2　设备及原理

锅炉补给水系统的废水根据水质不同分类收集,并回收利用。超滤反洗水(约 $1m^3/h$)含盐量与原水一致,悬浮物含量较高,可送至净水系统。反渗透浓水(约 $3m^3/h$)悬浮物含量很低,但含盐量较高,可利用其余压直接输送机组排水槽加以利用。EDI 浓水(约 $1m^3/h$)可直接回用至超滤产水箱。

循环冷却水排污水是将原水浓缩 4 倍,未添加其他污染物质,仅含盐量较高。冷却塔排污水处理系统用于处理冷却塔排污水,以达到零排放的目的。

机组排水槽主要接纳机组定期排水,在酸洗时也可临时接纳化学清洗排水。锅炉化学清洗排水一般由化学清洗单位负责回收利用。

机组排水可根据水质的好坏送至不同回用点。若为锅炉排污水、各类疏水等,此部分废水水质较好,可送至循环水系统;若为冲洗水等,悬浮物较高,可送至净水系统回用。

第8章　热力设备防腐与保护

8.1　锅内腐蚀基础知识介绍

目前在发电厂中比较常见的腐蚀主要有给水系统腐蚀、锅内腐蚀、汽轮机腐蚀以及凝汽器铜管腐蚀等。

8.1.1　腐蚀类型

金属表面和它接触的物质发生化学或电化学作用,使金属从表面开始破坏,这种破坏称为腐蚀。

腐蚀有均匀腐蚀和局部腐蚀两类。

1. 均匀腐蚀

均匀腐蚀是金属和侵蚀性物质相接触时,整个金属表面都产生不同程度的腐蚀。

2. 局部腐蚀

局部腐蚀只在金属表面的局部位置产生腐蚀,结果形成溃疡状、点状和晶粒间腐蚀等。图5-8-1所示是各种腐蚀形状。

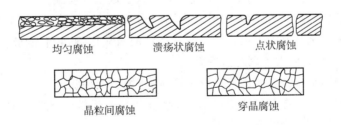

均匀腐蚀　　　溃疡状腐蚀　　　点状腐蚀

晶粒间腐蚀　　　　　穿晶腐蚀

图5-8-1　腐蚀类型

(1)溃疡状腐蚀。这种腐蚀发生在金属表面的别点上,而且是逐渐往深度发展的。

(2)点状腐蚀。点状腐蚀与溃疡腐蚀相似,不同是点状腐蚀的面积更小,直径一般为0.2~1mm。

(3)晶粒间腐蚀。晶粒间腐蚀是金属在侵蚀性物质(如浓碱液)与机械应力共同作用下产生的,腐蚀是沿着金属晶粒边界发生的,其结果会使金属产生裂纹,引起机械性能变脆,造成金属苛性脆化。

(4)穿晶腐蚀。穿晶腐蚀是金属在多次交变应力(如振动或温度、压力的变化等)和侵蚀性介质(碱、氯化物等)的作用下,腐蚀穿过晶粒发生的,其结果使金属机械性变脆以致造成金属横向裂纹。

总之,局部腐蚀性能在较短的时间内引起设备金属的穿孔或裂纹,危害性较大;均匀性腐蚀虽然没有显著缩短设备的使用期限,但是腐蚀产物被带入锅内,就会在管壁上形成铁垢,引起管壁的垢下腐蚀,影响安全经济运行。

8.1.2　给水系统的腐蚀因素

给水系统是指凝结水的输送管道、加热器、疏水的输送管道和加热设备等。这些设备的腐蚀结果,不仅使设备受到损坏,更严重的是使给水受到了污染。

给水虽然是电厂中较纯净的水,但其中还常含有一定量的 O_2 和 CO_2。这两种气体是引起给水系统金属腐蚀的主要因素。

(1)水中溶解氧。若水中溶解有 O_2,会引起设备腐蚀,其特征一般是在金属表面形成许多小型鼓包,其直径为 $1\sim30mm$。鼓包表面的颜色有黄褐色或砖红色,次层是黑色粉末状的腐蚀产物。当这些腐蚀产物被清除后,便会在金属表面出现腐蚀坑。

氧腐蚀最容易发生的部位是给水管道、疏水系统和省煤器等处。给水经过除氧后,虽然含氧量很小,但是给水在省煤器中由于温度较高,含有少量氧,也可能使金属发生氧腐蚀。特别是当给水除氧不良时,腐蚀就会更严重。

(2)水中溶解 CO_2。CO_2 溶于水后,能与水结合成为碳酸(H_2CO_3),使水的 pH 值降低。当 CO_2 溶解到纯净的给水中,尽管数量很微小,但也能使水的 pH 值明显下降。在常温下,纯水的 pH 值为 7.0,当水中 CO_2 的浓度为 $1mg/L$ 时,其 pH 值由 7.0 降至 5.5。这样的酸性水会引起金属的腐蚀。

水中 CO_2 对设备的腐蚀是使金属表面均匀变薄,腐蚀产物带入锅内。

给水系统中最容易发生 CO_2 腐蚀的部位主要是凝结水系统。当用化学除盐水作为补给水时,除氧器后的设备也可能由于微量 CO_2 而引起金属腐蚀。

(3)水中同时含有 O_2 和 CO_2。当水中同时含有 O_2 和 CO_2 时,金属腐蚀更加严重。因为氧和铁产生电化学腐蚀形成铁的氧化物或铁的氢氧化物,它们能被含有 CO_2 的酸性水所溶解。因此,CO_2 促进了氧对铁的腐蚀。

这种腐蚀的结果是金属表面没有腐蚀产物,腐蚀呈溃疡状。

腐蚀部位常常发生在凝结水系统、疏水系统和热网系统。当除氧器运行不正常时,给水泵的叶轮和导轮上均能发生腐蚀。

8.1.3　防止腐蚀的方法

防止给水系统腐蚀的主要措施是给水的除氧和氨处理。

(1)给水除氧。去除水中 O_2 的方法有热力除氧法和化学除氧化。其中以热力除氧为主,化学除氧为辅。

① 热力除氧法。O_2 和 CO_2 在水中的溶解度与水的温度、O_2 或 CO_2 的压力有关。若将水温升高或使水面上 O_2 或 CO_2 的压力降低,则 O_2 或 CO_2 在水中的溶解度就会减小而逸掉。当给水进入除氧器时,水被加热而沸腾,水中溶解的 O_2 和 CO_2 就会从水中

逸出并随蒸汽一起排掉。

为了保证能比较好地把给水中的氧除去,除氧器在运行时,应做到以下几点:

a. 水应加热到与设备内的压力相当的沸点,因此,需要仔细调节蒸汽供给量和水量,以维护除氧水经常处于沸腾状态。在运行中,必须经常监督除氧器的压力、温度、补给水量、水位和排气门的开度等。

b. 补给水应均匀分配给每个除氧器,在改变补给水流量时,使其波动不致太大。

对运行中的除氧器,必须有计划地进行定期检查和检修,防止喷嘴或淋水盘脱落、盘孔变大或堵塞。必要时,对除氧器要进行调整试验,使之运行正常。

② 化学除氧法。电厂用作化学除氧药剂的有亚硫酸钠(Na_2SO_3)和联氨(N_2H_4)。$NaSO_3$ 只用作中压电厂的给水化学除氧剂,N_2H_4 可作为高压和高压以上电厂的给水化学除氧剂。N_2H_4 能与给水中的溶解氧发生化学反应,生成 N_2 和 H_2O,使水中的 O_2 得到消除:

$$N_2H_4 + O_2 \longrightarrow N_2 + 2H_2O$$

上例反应生成的 N_2 是一种很稳定的气体,对热力设备没有任何害处。此外,N_2H_4 在高温水中能减缓铁垢和铜垢的形成。因此,N_2H_4 是一种较好的防腐防垢剂。

N_2H_4 与水中溶解氧发生反应的速度与水的 pH 值有关。当水的 pH 值为 $9\sim11$ 时,反应速度最大。为了使 N_2H_4 与水中溶解氧反应迅速和完全,在运行时应使给水为碱性。

当给水中残余的 N_2H_4 受热分解后,就会生 N_2 和 NH_3:

$$3N_2H_4 \longrightarrow N_2 + 4NH_3$$

产生的 NH_3 能提高凝结水的 pH 值,有益于凝结水系统的防腐。但是,过多的 NH_3 会引起凝结水系统中铜部件的腐蚀。在实际生产中,给水 N_2H_4 过剩量应控制为 $20\sim50$ppb。

N_2H_4 的加入方法:将 N_2H_4 配成 $0.1\%\sim0.2\%$ 的稀溶液,用加药泵连续地把 N_2H_4 溶液送到除氧器出口管,由此加入给水系统。

N_2H_4 具有挥发性、易燃、有毒。市售 N_2H_4 溶液的浓度为 80%,这种 N_2H_4 浓溶液应密封保存在露天仓库中,其附近不允许有明火。搬运或配制 N_2H_4 溶液的工作人员,应戴眼镜、口罩、胶皮手套等防护用品。

(2)给水氨处理。这种方法是向给水加入 NH_3 或氨水。氨易溶于水,并与水发生下列反应使水呈碱性:

$$NH_3 + H_2O \longrightarrow NH_4OH$$

$$NH_4OH \Longleftrightarrow NH_4^+ + OH$$

如果水中含有 CO_2 时,则会和 NH_4OH 发生下列反应:

$$NH_4OH + CO_2 \longrightarrow NH_4HCO_3$$

当 NH_3 过量时,生成的 NH_4HCO_3 继续与 NH_4OH 反应,得到 $(NH_4)_2CO_3$:

$$NH_4OH + NH_4HCO_3 \longrightarrow (NH_4)_2CO_3 + H_2O$$

由于氨水为碱性,能中和水中的 CO_2 或其他酸性物质,所以能提高水的 pH 值。一般给水的 pH 值应调整为 $8.5 \sim 9.2$。

氨有挥发性,用氨处理后的给水在锅内蒸发时,氨又能随蒸汽带出,使凝结水系统的 pH 值提高,从而保护了金属设备。但是使用这种方法时,凝结水中的氨含量应小于 $3mg/L$,氧含量应小于 $0.05mg/L$。

加到给水中的氨量应控制在 $1.0 \sim 2.0mg/L$。

此外,某些胺类物质,如莫福林和环己胺,它们溶于水呈碱性,也能和碳酸发生中和反应,并且胺类对铜、锌没有腐蚀作用,因此,可以用其来提高给水的 pH 值。由于这种药品价格贵,又不易得到,所以目前还没有广泛使用。

8.1.4　锅内腐蚀的种类

当给水除氧不良或给水中含有杂质时,可能引起锅炉管壁的腐蚀。

锅内常见的腐蚀有以下几种:

(1)氧腐蚀。金属设备在一定条件下与氧气作用引起的腐蚀,称为氧腐蚀。

当除氧器运行不正常,给水含氧量超过标准时,首先会使省煤器的进口端发生腐蚀;含氧量大时,腐蚀可能延伸到省煤器的中部和尾部,直至锅炉下降管。

锅炉在安装和停用期间,如果保护不当,潮湿空气就会侵入锅内,使锅炉发生氧腐蚀。

这种氧腐蚀的部位很广,凡是与潮湿空气接触的任何地方,都能产生氧腐蚀,特别是积水放不掉的部位更容易发生氧腐蚀。

(2)沉积物下的腐蚀。金属设备表面沉积物下面的金属所产生的腐蚀,称为沉积物下的腐蚀。造成锅炉沉积物下面的金属发生腐蚀的原因是炉口含有金属氧化物、盐类等杂质,在锅炉运行条件下发生下列过程:

首先,炉水中的金属氧化物在锅炉管壁的向火侧形成沉积物。

然后,在沉积物形成的部位,管壁的局部温度升高,使这些部位炉水高度浓缩。

由于这些浓缩的锅炉水中含有的盐类不同,可能发生酸性腐蚀,也可能发生碱性腐蚀。

① 酸性腐蚀。当锅炉水中含有 $MgCl_2$ 或 $CaCl_2$ 等酸性盐时,浓缩液中的盐类发生下列反应:

$$MgCl_2 + 2H_2O \longrightarrow Mg(OH)_2 \downarrow + 2HCl$$

$$CaCl_2 + 2H_2O \longrightarrow Ca(OH)_2 \downarrow + 2HCl$$

产生的 HCl 增强了浓缩液的酸性,使金属发生酸性腐蚀。这种腐蚀的特征是沉积物下面有腐蚀坑。坑下金属的金相组织有明显的脱碳现象,金属的机械性能变脆。

② 碱性腐蚀。当炉水中含有 NaOH 时,高度浓缩液中的 NaOH 能与管壁的 Fe_3O_4 氧化膜以及铁发生反应:

$$Fe_3O_4 + 4NaOH \longrightarrow 2NaFeO_2 + Na_2FeO_2 + 2H_2O$$

$$Fe + 2NaOH \longrightarrow Na_2FeO_2 + H_2 \uparrow$$

反应结果是金属发生碱性腐蚀。

碱性腐蚀的特征,是在疏松的沉积物下面有凸凹不平的腐蚀坑,坑下面金属的金相组织没有变化,金属仍保持原有的机械性能。

沉积物下腐蚀主要发生在锅炉热负荷较高的水冷壁管向火侧。

(3)苛性脆化。苛性脆化是一种局部腐蚀,这种腐蚀是在金属晶粒的边际上发生的。它能削弱金属晶粒间的联系力,使金属所能承受的压力大为降低。当金属不能承受炉水所给予的压力时,就会产生极危险的炉管爆破事故。

金属苛性脆化是在下面因素共同作用下发生的:

① 锅炉中含有一定量的游离碱(如苛性钠等)。

② 锅炉铆缝处和胀口处有不严密的地方,炉水从该处漏出并蒸发、浓缩。

③ 金属内部有应力(接近于金属的屈服点)。

(4)亚硝酸盐腐蚀。高参数的锅炉应注意亚硝酸盐引起的腐蚀。亚硝酸盐在高温情况下分解产生氧,使金属发生氧腐蚀。腐蚀的特征是呈溃疡状。这种腐蚀在上升管的向火侧比较严重。

8.1.5 防止锅内腐蚀的措施

(1)保证除氧器的正常运行,降低给水含氧量。

(2)做好补给水的处理工作,减少给水杂质。

(3)做好给水系统的防腐工作,减少给水中的腐蚀产物。

(4)防止凝汽器泄漏,保证凝结水的水质良好。

(5)做好停炉的保护工作和机组启动前汽水系统的冲洗工作,防止腐蚀产物带入锅内。

(6)在设计和安装时,应注意避免金属产生应力。对于铆接或胀接的锅炉,为防止苛性脆化的产生,在运行时可以维护炉水中苛性钠与全固形物的比值小于或等于 0.2 ($\frac{NaOH}{全固形物} \leqslant 0.2$)。

(7)运行锅炉应定期进行化学清洗,清除锅内的沉积物。

8.2 锅内结垢和炉水处理

8.2.1 锅内结垢

1. 水垢的形成及其危害

锅炉管壁上产生的坚硬附着物,称为水垢。凝汽器不严、生水漏入凝结水中或水处理工作异常等,都可能增加锅炉水中的硬度以及其他杂质,这些杂质在锅炉运行条件下,就会附着在管壁上并逐渐形成坚硬的水垢。

水垢比金属的导热能力小很多。因此,锅炉产生水垢就会造成热损失,浪费大量燃料,同时也可以使金属发生局部过热,造成设备损坏。水垢还会引起沉积物下的金属腐蚀,危及锅炉安全运行。

2. 水垢的分类及其生成的部位

水垢按其主要化学成分,分为钙、镁碳酸盐水垢,硅酸盐水垢,氧化铁垢,磷酸盐铁垢和铜垢等。

不同类的水垢生成的部位不同:钙、镁碳酸盐水垢容易在锅炉省煤器、加热器、给水管道等处生成;硅酸盐水垢主要沉积在热负荷较高或水循环不良的管壁上;氧化铁垢最容易在高参数和大容量的锅炉内生成,这种铁垢生成部位绝大部分是在水冷壁上升管的向火侧、水冷壁上升管的焊口区以及冷灰斗附近;磷酸盐铁垢通常发生在分段蒸发锅炉的盐段水冷壁管上;铜垢主要生成部位是热负荷很高的炉管处。

8.2.2　炉水处理

防止锅内产生水垢的主要措施是做好补给水的净化工作,消除凝汽器的泄漏,保证给水品质良好。此外,汽包锅炉还要对锅内的水进行处理。

1. 炉水处理原理

炉水处理是把化学药品加进运行锅炉的水中或给水中,防止在锅内发生水垢。炉水处理一般分为碱性处理和中性处理。目前普遍采用的是使用磷酸三钠(Na_3PO_4)的碱性处理。

Na_3PO_4加到锅炉水中,能解离出磷酸根离子(PO_4^{3-})。在锅炉水沸腾状态和碱性较强的条件下,PO_4^{3-}与水中的Ca^{2+}、OH^-发生下列反应:

$$10Ca^{2+} + 6PO_4^{3-} + 2OH^- \longrightarrow Ca_{10}(OH)_2(PO_4)_6 \downarrow$$

(碱式磷酸钙)

生成的碱式磷酸钙沉淀呈泥渣状,可随锅炉排污排掉。

2. 处理方法

处理方法是将浓度为1‰～5‰的Na_3PO_4溶液用高压加药泵加到汽包的锅炉水中。加到锅炉水中的药量应适当。药量不足时,锅炉水中的钙、镁就会形成水垢;药量过多时,又会产生黏着性的磷酸镁($Mg_3(PO_4)_2$),或者引起蒸汽品质不良。各种类型锅炉的锅炉水PO_4^{3-}余量可根据表5-8-1控制。

表5-8-1　锅炉水磷酸根控制标准

锅炉汽包压力 （MPa）	磷酸根（mg/L）		
	单段蒸发	分段蒸发	
		净　段	盐　段
3.8～5.8	5～15	5～15	≤75

8.3 停炉腐蚀和保护方法

8.3.1 停炉腐蚀和危害

锅炉在停用期间受空气中的水分和氧气的作用,使金属遭到腐蚀。

停用期间的腐蚀,不仅使锅炉管壁受到损伤,更严重的是在锅炉再次启动时,锅内的腐蚀产物在运行条件下形成沉积物和沉积物下的腐蚀,以致发生爆管事故。这就增加了锅炉停运时间,增加了检修费用。

8.3.2 停炉的保护方法

锅炉在停用期间的保护方法有湿法保护和干法保护。

(1)湿法保护。这种方法是在锅炉内部充满不腐蚀金属的保护液,杜绝空气进入锅内,防止空气中的氧对金属的腐蚀。比较常用的湿法保护有下列几种:

① 锅炉在停运前,用加药泵把 N_2H_4 加入给水中,使锅内各部分充满浓度均匀的 N_2H_4 溶液。溶液中过剩 N_2H_4 浓度为 $100\sim200ppm$。

如果 N_2H_4 保护液的 pH 值低于 10,则用加氨方法把 pH 值提高到 10 以上。

锅炉冷却后,还需再往锅内打入除氧水,使锅内溶液保持充满状态,然后关闭与锅炉相通的所有阀门,尽量防止空气漏入。

在停炉保护期间,如果发现 N_2H_4 浓度和 pH 值下降,应补加 N_2H_4 或 NH_3。

在锅炉启动前,应将 N_2H_4 溶液排入地沟,并对 N_2H_4 溶液加以稀释,防止人畜中毒。

② 将给水配成 $800\sim1000ppm$ 的氨溶液,用泵打入锅炉,并在锅炉汽水系统内进行循环,直到各部分溶度均匀为止。然后关闭锅炉所有阀门,防止氨液漏出。

如果发现氨的浓度下降时,应查找原因,采取措施防止漏氨,并补加氨液。

采用氨液保护时,应事先拆掉能与氨液接触的铜部件,防止设备发生氨腐蚀。

③ 锅炉短期停用时,可以采用间断生火保持压力法或者采用给水保持压力法。前者是在停炉后,用间断生火的办法保持蒸汽压力为 $5\sim10kg/cm^2$;后者是在锅炉充满给水时,用给水泵顶压,保持炉水压力为 $10\sim15kg/cm^2$。

采用间断生火保持压力法时,在保护期间炉水 PO_4^{3-} 和溶解氧应维持运行标准。采用给水保持压力法时,应保持给水的溶解氧合格。

由于近代高压锅炉的结构复杂,不可能把炉水全部放净,所以目前无论是长期停炉或是短期停炉均采用湿法保护。如果在冬季锅炉房气温低,有冰冻的可能,而又必须采用湿法时,应有防冻措施。

(2)干法保护。干法保护是把锅内的水彻底放空,保持金属表面干燥;或者金属表面被氮气(N_2)覆盖,防止金属遭受潮湿空气的腐蚀。干法保护有以下几种:

① 烘干法。当锅炉停止运行后,锅炉水水温降至 $100℃\sim120℃$ 时,开始放水。锅内水放完后,利用炉膛的余热或用锅炉点火设备,在炉膛点火加热,也可以用热风使锅炉金

属表面干燥。

此法仅适用于短期锅炉检修时采用。

② 干燥剂法。锅炉采用烘干法进行烘干,并清理锅炉附着的水垢和水渣,然后在汽包、联箱等处放入无水氯化钙、石灰或硅胶。无水氯化钙或石灰应放在搪瓷盘中,硅胶可装在布袋内。

干燥剂放完后,关闭锅炉所有阀门,防止潮湿空气漏入。

在锅炉停用保护期间,定期检查干燥剂的情况,发现失效应及时更换新的干燥剂或定期更换干燥剂。

此法适用于低压或中压小容量的汽包炉的长期停炉保护,高压、大容量锅炉停用时,不采用这种保护方法。

③ 充氮法。这种方法是将 N_2 充入锅内,并保持压力在 $0.1kg/cm^2$ 以上,以防止空气侵入锅内,保护设备不受氧腐蚀。

锅炉停止运行后,当锅炉压力降到 $3kg/cm^2$ 时,将充氮管路用法兰连接好,N_2 的减压阀定在 $0.3kg/cm^2$。关闭锅炉压力部分的所有阀门。锅炉在冷却时,压力逐渐下降,当锅炉压力降到 $0.3kg/cm^2$ 时,N_2 经充氮临时管路进入锅内。

充氮时锅炉的水可以放掉,也可以不放掉。未放水的锅炉或锅内有存水的部分,水中应加有一定量的 N_2H_4,并用氨调节其 pH 值在 10 以上。

锅炉在充氮保护期间,锅内的压力应保持在 $0.3\sim1kg/cm^2$,防止空气漏入。经常检查 N_2 的耗量,如果发现 N_2 耗量大,应查找泄漏处并及时进行密封。

N_2 的纯度对保护效果有很大的关系。一般要求 N_2 纯度在 99% 以上或更高。

锅炉启动时,在上水和升火过程中,把锅炉排气门打开,使 N_2 排入大气。

干法保护,通常是在锅炉较长时间退出运行或有冰冻危险时采用。

8.4 锅炉的化学清洗

锅炉的化学清洗就是用某些化学药品的水溶液清洗锅炉汽水系统内的沉积物,并使管壁表面形成良好的防腐蚀保护膜。

新安装的锅炉在其制造、运输与安装过程中,可能有轧制铁皮、腐蚀产物、防腐涂料、砂子等杂质进入或残留在锅炉管内。这些杂质在锅炉投入运行前如不除去,投入运行后就会引起炉管堵塞,形成沉积物以及发生沉积物下的腐蚀。因此,新安装锅炉在启动前,应进行化学清洗。

运行中的锅炉,由于给水携带杂质,会使锅炉受热面产生沉积物。当沉积物达到一定量时,就会影响锅炉的安全经济运行。因此,运行锅炉也应该定期或根据管壁沉积物的沉积量进行化学清洗。

8.4.1 化学清洗原理

化学清洗锅炉是用含有缓蚀剂的酸溶液来清除锅炉管壁上的氧化铁皮或沉积物。

目前化学清洗方法主要是用盐酸、柠檬酸和氢氟酸等进行清洗。

1. 盐酸

由于 HCl 清洗效果较好、价格便宜,且容易买到,因此采用 HCl 清洗较为广泛。

(1)清洗原理。HCl 之所以能够清除管壁上的氧化铁皮和沉积物,是因为在酸洗过程中 HCl 能与这些杂质发生化学反应。

① 与管壁上的氧化皮作用。钢材在高温(575℃以上)加工过程中形成的氧化皮,是由 FeO、Fe_3O_4 和 Fe_2O_4 等三层不同的氧化铁组成,其中 FeO 是靠近金属基体的内层。HCl 与这些氧化物接触时,会发生化学反应,生成可溶性的 $FeCl_2$ 或 $FeCl_3$,使氧化皮溶解。其反应式如下:

$$FeO + 2HCl \longrightarrow FeCl_2 + H_2O$$

$$Fe_2O_3 + 6HCl \longrightarrow 2FeCl_3 + 3H_2O$$

在氧化皮溶解过程中,由于靠近金属基体的 FeO 的溶解,还能使氧化皮从管壁上脱落。

② 与混杂在氧化皮中的铁作用。HCl 能与氧化皮中的铁作用,生成可溶性的氯化亚铁($FeCl_2$)和 H_2,反应式如下:

$$Fe + 2HCl \longrightarrow FeCl_2 + H_2 \uparrow$$

产生的 H_2 从氧化皮中逸出时,也能使尚未与 HCl 反应的氧化皮从管壁上剥落下来。

③ 与钙、镁碳酸盐水垢作用。HCl 还能与钙、镁碳酸盐发生化学反应,使水垢溶解,反应式如下:

$$CaCO_3 + 2HCl \longrightarrow CaCl_2 + H_2O + CO_2 \uparrow$$

$$MgCO_3 \cdot Mg(OH)_2 + 4HCl \longrightarrow 2MgCl_2 + 3H_2O + CO_2 \uparrow$$

从 HCl 与管壁上各种沉积物的反应中可以看出,HCl 在酸洗过程中,对管壁上的氧化皮和沉积物发生两种作用:一是溶解作用,二是剥落作用。这两种作用的结果都能使锅炉得到清洗。

(2)对金属表面的腐蚀作用。在酸洗过程中,HCl 和氯化铁($FeCl_3$)能在钢材裸露的表面发生化学反应,使金属受到腐蚀。

$$Fe + 2HCl \longrightarrow FeCl_2 + H_2 \uparrow$$

$$Fe + 2FeCl_3 \longrightarrow 3FeCl_2$$

为抑制金属腐蚀,在清洗液中应加入缓蚀剂。

(3)注意事项。用 HCl 洗时,应注意以下两点:

① 当水垢的主要成分是硅酸盐时,单用 HCl 清洗效果较差。若向清洗液中加入适量的氟化物,可使硅化物溶解,改善清洗效果。

② 如果设备的材质是奥氏体钢时,则不能用 HCl 酸洗,因为盐酸中的 Cl^- 会对奥氏

体钢产生应力腐蚀,即所谓"氯脆"作用。

2. 柠檬酸

(1)清洗原理。柠檬酸($H_3C_6H_5O_7 \cdot H_2O$)在常温下是一种无色、易溶于水的晶体。酸洗时,将柠檬酸配成 2%~3% 的水溶液,并用氨将其 pH 值调节为 3~4。此时溶液的主要成分为柠檬酸单铵。用这种溶液清洗时,不仅利用它的酸性来溶解氧化铁,更主要的是利用它能与铁离子络合生成易溶于水的络合物而使氧化铁溶解。因此,用柠檬酸酸洗没有 Fe^{3+} 的腐蚀和对奥氏体钢的"氯脆",也没有大片的氧化皮或沉积物的剥落,所以不会出现大量的沉渣和悬浮物。这对清洗结构复杂的大机组是有利的。

(2)注意事项。用柠檬酸酸洗时,应注意以下两点:

① 柠檬酸不能与铜垢,钙、镁水垢或硅酸盐水垢作用。因此,当沉积物的主要成分为铜垢,钙、镁水垢或硅酸盐垢时,不能用柠檬酸酸洗。

② 当清洗液的温度低于 80℃,pH 值大于 4.5 或 Fe^{3+} 超过 0.5% 时,都可能发生柠檬酸铁沉淀。因此,采用柠檬酸酸洗时,应注意防止发生沉淀。

3. 氢氟酸

(1)清洗原理如下:

① 对氧化铁的溶解作用。氢氟酸(HF)是一种弱酸,它在低浓度的条件下,对氧化铁有较强的溶解能力。这种溶解能力主要靠氟离子(F^-)的络合作用。HF 在水中能解离出 H^+ 和 F^-,F^- 能与 Fe^{3+} 络合,而使氧化皮溶解。其反应式如下:

$$HF \Longleftrightarrow H^+ + F^-$$

$$2Fe^{3+} + 6F^- \Longleftrightarrow Fe[FeF_6]$$

上述反应是在酸性溶液中进行的,但是,如果酸度过大($[H^+] > 0.5M$),溶液中 F^- 减少,会导致 $Fe[FeF_6]$ 的解离。因此,一般采用 1% 的低浓度的 HF 作为清洗液。

② 对硅化物的溶解作用。HF 能与硅化物发生反应,使硅化物的水垢很快溶解,其反应式为:

$$SiO_2 + 4HF \longrightarrow SiF_4 + 2H_2O$$

HF 对氧化铁或硅酸盐水垢溶解得很快,约比用 HCl 快 44 倍。因此,当用 HF 清洗时,酸洗液可以一次通过,不需要循环。这样避免了 Fe^{3+} 对金属基体的腐蚀,此时仅是 HF 的酸性腐蚀,因此腐蚀率较低,一般在 $1g/(m^2 \cdot h)$ 左右。

HF 可用于奥氏体钢等多种钢材制造的设备,由于 HF 酸洗对金属腐蚀性较小,在清洗时可以不拆卸系统中的阀门。

(2)注意事项。用 HF 酸洗时,应注意以下两点:

① HF 有毒,能强烈刺激呼吸系统。与皮肤相接触时,能引起剧烈的疼痛和难以治愈的烧伤,故在使用时应采取安全措施。

② 酸洗的废液应妥善处理。一般是用石灰(CaO)中和废液中的 HF,其反应式如下:

$$CaO + 2HF \longrightarrow CaF_2 \downarrow + H_2O$$

反应生成了氟化钙(CaF_2)的沉淀,使废液中的 F^- 降至 20ppm 以下。

8.4.2 缓蚀剂和缓蚀作用

1. 缓蚀剂

在化学清洗时,清洗液中的酸与裸露的金属发生反应,使金属受到腐蚀。为了减轻金属的腐蚀,在清洗液中加入某些能减轻金属腐蚀的药品,这种药品称为缓蚀剂。如邻二甲苯硫脲、乌洛托平等。

2. 缓蚀作用

有机缓蚀剂的分子能吸附在金属表面上,形成一种很薄的保护膜,这种保护膜能抑制金属的腐蚀过程。

无机缓蚀剂能与金属表面或溶液中的腐蚀产物发生作用,并在金属表面生成一层致密而牢固的保护膜,同样能抑制金属的腐蚀过程。

缓蚀剂的选择和用量与酸洗液的流速、酸洗液的温度、金属材料、清洗剂的种类和浓度有关。因此,缓蚀剂的选择和用量应通过酸洗前的小型试验决定。

8.4.3 添加剂及其作用

1. 添加剂

在清洗液中添加某种化学药品,能够加速沉积物的溶解或防止氧化性离子对金属的腐蚀,这种药品称为添加剂。

2. 各种添加剂的作用

(1)使进沉淀物溶解的添加剂。例如,在 HCl 清洗液中加入某种氟化物,它像 HF 与硅酸盐、氧化铁作用一样,既可以使硅酸盐水垢溶解,又可以加速对氧化铁的溶解。

(2)防止 Fe^{3+}、Cu^{2+} 对钢铁腐蚀的添加剂。当酸洗液中有较多的 Fe^{3+} 或 Cu^{2+} 时,会使金属基体遭到腐蚀。为了防止不同的离子对金属的腐蚀,可向清洗液中加入不同的添加剂。

当清洗液中 Fe^{3+} 较多时,可向清洗液中添加还原剂,使 Fe^{3+} 转变为 Fe^{2+}。如用 HCl 清洗,可用氯化亚锡($SnCl_2$)和次亚磷酸(H_3PO_2)等为还原剂。如用 HF 或柠檬酸清洗,则可用 N_2H_4、草酸、抗坏血酸等为还原剂。

当清洗液中 Cu^{2+} 较多时,可向清洗液中添加铜离子络合剂,如硫脲、六亚甲基四胺等,与 Cu^{2+} 形成络合离子。

8.4.4 化学清洗步骤和方法

锅炉化学清洗的方法一般有水冲洗、碱液清洗、酸洗、漂洗、钝化等。

1. 水冲洗

水冲洗就是清洗系统在用化学药品清洗前,先用清水冲洗。对新安装锅炉来说,水冲洗是为了除去锅炉内脱落的焊渣、氧化皮、铁锈和尘埃等;对运行锅炉来说,水冲洗是为了除去其中被水冲洗掉的沉积物。水冲洗还可以对清洗系统的严密性进行一次检查。

2. 碱液清洗

对新安装锅炉来说,碱液清洗是为了除去在制造、安装过程中,管内涂覆的防锈剂和附着的抽污;对运行锅炉来说,碱液清洗是为了除去锅内附着的沉积物、硅化物等,为下一步酸洗创造条件。

(1)碱洗药品。碱洗使用的化学药品有 Na_2CO_3、Na_3PO_4、$NaOH$ 以及表面活性剂(如洗衣粉、烷基磺酸盐)等,这些药品常常是混合使用的。

(2)碱洗方法。碱洗按其清洗方式的不同,分为循环清洗和碱煮。

① 循环清洗。这种方法就是在清洗系统中先充以除盐水进行循环,同时将除盐水加热到80℃~100℃,然后连续地、缓慢地向清洗溶液箱内加入已配制好的浓碱液,通过除盐水的不断循环,使碱液流入清洗系统,进行循环清洗。碱液在清洗系统中的循环流速应大于 0.3m/s,循环清洗时间为 8~24h。

② 碱煮。碱煮就是向锅炉加入碱液后,加热升压到 $10\sim20kg/cm^2$,并维持此压力4h,然后进行排污,排污量为额定蒸发量的 5%~10%。再被水—升压—排污,如此反复进行,直至水中无油为止。碱煮时,当碱液浓度下降到开始浓度的 1/2 时,应补加药品,使其再达到初始浓度。碱煮完毕后,待碱液温度降至70℃~80℃时,方可排掉废液。

在碱煮过程中,$NaOH$ 能与沉积物中的硅化物发生如下反应:

$$SiO_2+2NaOH \longrightarrow Na_2SiO_3+H_2O$$

生成的 Na_2SiO_3 是一种可溶性物质。因此,当锅炉内沉积物中含有硅化物较多时,应采用碱煮的方法。

如果锅炉内沉积物中含铜较多,为了洗掉铜,防止酸洗时 Cu^{2+} 对金属基体的腐蚀,可利用氨和铜离子形成稳定的络合离子的原理,达到除铜的目的。所以,在碱洗后还应进行氨洗。

氨洗的工艺条件一般为:氨溶液浓度为 1.5%~3%,过硫酸铵溶液浓度为 0.5%~0.75%,氨洗的温度为 35℃~70℃,清洗时间为 5~6h。

氨洗后再用除盐水或软化水冲洗。

3. 酸洗

(1)酸洗液的配制。配制酸洗溶液的方法有以下两种:

① 在酸洗溶液箱内配好所需浓度的酸溶液。此法是将所需的酸和其他药品都加入酸溶液箱内,用除盐水配制一定浓度的溶液,然后加热到规定温度,再用清洗泵(耐酸泵)送到清洗系统中。

② 边循环边加药。此法是在碱洗和水冲洗完毕后,用清水泵使留存锅炉内的除盐水在清洗系统内循环,并加热到所需温度,然后慢慢地向循环的除盐水中加入缓蚀剂,待循环均匀后,再加入清洗所用的酸。

(2)酸洗工艺。用 HCl 清洗时,初始浓度为 5%~10%,最高温度为 70℃,循环酸洗流速为 0.3~1.0m/s,酸洗时间一般为 6h。

柠檬酸酸洗时,初始浓度为 2%~4%,温度通常控制在 90℃~98℃,循环酸洗流速为 0.3~2m/s,酸洗时间一般为 3~4h。

氢氟酸酸洗时,初始浓度为 1%~1.5%,最高温度为 60℃,酸洗时酸洗流速应大于 0.15m/s,酸洗时间为 2~3h。

酸洗结束后,废液不能用放空的方法排除,应当用降盐水(或软化水)或 N_2 顶排,并及时进行清洗,防止酸洗后金属表面腐蚀。排放的废液应进行处理。

4. 漂洗

(1)漂洗的目的。盐酸或柠檬酸酸洗和水冲洗后,再用稀柠檬酸溶液进行一次冲洗,这种冲洗一般称为漂洗。

漂洗的目的是除去在酸洗和水洗后残留在清洗系统内的铁离子以及冲洗金属表面可能产生的铁锈。漂洗后的金属表面很清洁,有利于下一步钝化处理。

(2)漂洗工艺。漂洗时,柠檬酸浓度为 $0.1\%\sim0.2\%$,也可以在漂洗液中加入若丁(浓度为 0.05%)或其他缓蚀剂,用氨水调节 pH 值为 $3.5\sim4.0$,溶液温度为 $70℃\sim80℃$,循环冲洗时间为 $1.5\sim2.0h$。

5. 钝化

钝化就是用某些化学药品的水溶液对金属表面进行处理,使金属表面生成防腐蚀的保护膜。目前采用的钝化方法有以下三种:

(1)亚硝酸钠法。采用此法钝化时,亚硝酸钠($NaNO_3$)溶液的浓度为 $0.5\%\sim2.0\%$,并用氨水将其 pH 值调节为 $9\sim10$,温度为 $60℃\sim90℃$,清洗时间为 $6\sim10h$,然后排掉废液,最后用除盐水冲洗,以免残留的 $NaNO_3$ 在运行时引起锅炉腐蚀。这种方法能使钝化后的金属表面形成致密的、银灰色的保护膜。

(2)联氨法。此法是用除盐水配成浓度为 $200\sim500mg/L$ 的 N_2H_4 溶液,用氨调节其 pH 值为 $9.5\sim10$,温度维持在 $90℃\sim160℃$,在清洗系统内循环 $24\sim30h$。用这种方法处理后,金属表面通常生成棕红色或棕褐色的保护膜。

钝化处理结束后,既可以将液体排掉,也可以将液体保留在设备中作为防腐剂。

(3)碱液法。此法是采用 $1\%\sim2\%$ 的 Na_3PO_4 或 Na_3PO_4 与 NaOH 混合液进行钝化,温度维护在 $70℃\sim90℃$,在清洗系统中循环 $10\sim12h$,最后用除盐水冲洗,直到排出水的碱度和磷酸根浓度与锅炉运行时所允许的标准相近为止。钝化后的金属表面产生黑色保护膜。这种膜的防腐性能不如前两种,因此,此法一般只用于中、低压汽包炉。

8.4.5　清洗前的准备工作

化学清洗是保证机组安全、经济运行的重要措施之一。清洗前准备工作的好坏,直接影响化学清洗的效果。因此,清洗前应做好以下几项准备工作:

(1)清洗用药。对清洗用的各种化学药品,应准备齐全数量足够,并有适当余量。

(2)清洗用水。在化学清洗过程中,某段时间要求连续地、大量地向清洗系统供水,不允许中断,如果中断供水就会影响清洗效果。因此,应根据清洗过程中每一步的用水量,考虑除盐设备的制水能力、水箱的储水量,拟订好用水和制水计划。

(3)加热用蒸汽。进行化学清洗时,常用蒸汽加热清洗溶液,为使清洗液达到并保持一定的温度,对蒸汽的压力、温度、用量和取用点等,应周密地做计划。

(4)电源。应安装好清洗水泵的电源和其他有关清洗工作的电源。

(5)废液和废气的处理和分析。清洗现场应备有良好的排水设施,废液应进行处理,排放的废液或废气均应符合环境保护部门的规定,并做好废液、废气的分析准备工作。

8.4.6　清洗的安全措施

为了保证人身与设备的安全,应做好以下工作:

(1)操作现场必须有充分的照明设施和必要的通信联络设备。

(2)在有通道的临时酸洗管道上,要设有临时架桥。

(3)在酸洗设备和阀门上,应挂有明显的标示牌。

(4)操作人员必须戴好安全防护用品,如防酸服、胶靴、橡皮手套、口罩、防护眼镜等。

(5)操作现场应备用临时救护药品,附近应准备带有橡胶软管的安全水龙头。

(6)在酸洗过程中会产生 H_2,因此操作现场及其周围应严禁烟火。操作现场也应备有必要的消防设施。

(7)在清洗的操作过程中,应将酸洗和氨洗等工序安排在白天进行。

第9章 渗滤液处理系统

二十世纪八十年代末期以来,城市生活垃圾的无害化处理在我国逐渐引起重视,越来越多的城市采用比较规范的卫生填埋和焚烧方式来处理城市生活垃圾,而处理过程中的最主要污染控制问题之一就是垃圾渗滤液的达标排放处理难度极大。

垃圾渗滤液是指来源于垃圾本身含有的水分及垃圾堆放过程生化反应产生的水分,属新鲜渗滤液,是一种高浓度有机废水,对土壤和生态环境都会造成很大的污染。垃圾渗滤液处理系统就是根据这种有机废水的危害而研制出来的一种针对废水中有机物处理的系统。它是经过大量实际考察和实验研发而成的,有很强的针对性,根据渗滤液的水质特点对所有的反应单元做了大量的改进。

随着经济技术的发展和城市化进程的加快,传统的城市生活垃圾填埋处理受到了越来越多的限制。人们不得不为生活垃圾处理增添很多新办法,其中垃圾焚烧发电已成为近年来解决城市生活垃圾出路的一个主要途径。随着这个方法的普遍使用,电厂垃圾渗滤液也成了危害环境的杀手之一。电厂垃圾渗滤液处理设备的研制成功为其解决了危害环境这一难题。

垃圾渗滤液属原生垃圾渗滤液,我国目前城市生活垃圾的厨余物多、含水率高、热值较低,焚烧法处理垃圾时必须将新鲜垃圾在垃圾池中储存 3～5 天进行发酵熟化,以达到滤出水分、提高热值的目的,保证后续焚烧炉的正常运行。

(1)水质成分复杂

由于地理位置、生活环境、垃圾来源等众多因素影响,导致垃圾焚烧厂渗滤液的水质成分非常复杂,既有高浓度有机污染物,也有金属、无机盐类、细菌等有毒有害物质。

(2)水量变化大

由于季节、运输条件、运行管理等因素的影响,垃圾焚烧厂渗滤液的水量变化很大。一般情况下,冬季旱季水量较少,污染物浓度较高;夏季雨季水量较多,污染物浓度较低。因此,要求渗滤液处理工艺抗冲击负荷能力强。

(3)污染物浓度高

垃圾焚烧厂渗滤液的有机污染物浓度很高。一般情况下,化学需氧量(COD)浓度为 40000～70000mg/L,生化需氧量(BOD)浓度为 20000～40000mg/L。除此之外,还有大量其他的金属、无机污染物。

(4)可生化性不稳定

对垃圾渗滤液而言,其 BOD/COD 的比率变化幅度较大,并不能笼统地认为生活垃圾沥出的渗滤液就一定具有较高的可生化性能。因此,要求渗滤液处理系统的设计能对原污水具有相当的抗冲击负荷能力,以保证渗滤液处理系统运行稳定、出水水质稳定。

9.1　系统概述

垃圾焚烧厂渗滤液由于含有高浓度的有机物,色度高,有臭味。一般采用"预处理系统＋厌氧＋MBR＋纳滤＋反渗透以及纳滤、反渗透浓缩液深度处理系统"工艺。

渗滤液处理系统工艺流程:渗滤液→粗格栅→渗滤液收集池→螺旋格栅机→调节池→中间加温池→UASB厌氧反应器→沉淀池→中间水池→MBR反应器→NF→RO→回用。

UASB厌氧反应器、沉淀池、MBR超滤排出的泥浆先进入污泥池,经污泥泵输送至污泥浓缩池,浓缩后污泥经污泥脱水机脱水处理后,污泥含水率降至75%～80%,然后送至垃圾贮坑通过焚烧炉焚烧处置。

MBR生化工艺主要目的是去除有机物和脱氮。渗滤液好氧处理的核心是硝化/反硝化机理,该过程将去除COD和去除NH_3-N有机结合起来。硝化/反硝化工艺分为好氧段和缺氧段,或在运行时段上分为缺氧时段和好氧时段。在好氧段内发生碳氧化过程和硝化过程,通过回流混合液至缺氧段或进入缺氧生化反应时段来发生反硝化过程,完成硝化/反硝化脱氮工艺过程。好氧曝气系统应采用变频控制,根据好氧段末端出水的溶解氧(DO)浓度,连续调节曝气系统曝气量,以确保好氧硝化功能的实现。

NF和RO产生的浓缩液进入蒸发结晶系统进一步处理,产水回用,固体打包外运。产生浓缩液作为渣水冷却系统冷却水回用,RO产水回用。

渗滤液的处理过程中,格栅间、调节池、沉淀池、污泥池、浓缩液池产生的臭气经收集,由引风机通过风管送至一次风机入口和垃圾池负压区进入焚烧炉焚烧处置。

UASB厌氧反应器产生的沼气被送入焚烧炉作为燃料焚烧处理。另设一套火炬沼气燃烧处理装置,在大修停炉时,沼气经收集,通过管道输送至火炬燃烧处置。

垃圾渗滤液处理站进水水质见表5-9-1,某垃圾发电厂的进水水质见表5-9-2。

表5-9-1　垃圾渗滤液处理站进水水质(参考)

项　目	CODcr	BOD$_5$	NH$_3$-N	TN	SS	pH 值
数　值	65000	30000	2500	1500	8000	6～9

注:单位为 mg/L,pH 值除外。

表5-9-2　进水水质(某垃圾发电厂)

项　目	含量(mg/L)	项　目	含量(mg/L)
溶解固形物	968.98	钠离子	59.53
钙离子	151.81	镁离子	33.48
碳酸根离子	6.65	碳酸氢根	441.31
氯根	63.77	硫酸根	151.71
二氧化硅	29.52	硝酸根	31.18
二氧化碳	3.46	悬浮固形物	40

9.1.1 渗滤液处理系统各工艺单元的设计要求

各主要处理单元的设计及处理效果如表5-9-3。

表5-9-3 主要处理单元及处理效果一览表

序号	处理单元	项 目	CODcr (mg/L)	BOD₅ (mg/L)	NH₃-N (mg/L)	TN (mg/L)	SS (mg/L)	pH 值
1	预处理	进水	65000	30000	2500	1500	8000	6～6.5
		出水	65000	30000	2500	1500	≤3000	6～6.5
		去除率	—	—	—	—	≥62.5%	—
2	UBF厌氧	进水	65000	30000	2500	1500	3000	6～6.5
		出水	≤13000	≤6000	≤2500	≤1500	≤2000	6.5～8.5
		去除率	≥80%	≥80%	—	—	≥33.3%	—
3	反硝化	进水	15000	7000	2500	1500	2000	6.5～8.5
		出水	≤8000	≤3500	≤150	≤150	≤15000	6.5～8.5
		去除率	≥46.7%	≥50%	≥94%	≥91%	—	—
4	硝化	进水	8000	3500	150	150	15000	6.5～8.5
		出水	≤800	≤20	≤150	≤30	≤15000	6.5～8.5
		去除率	≥90%	≥80%	—	—	—	—
5	UF	进水	800	20	150	30	15000	6.5～8.5
		出水	≤800	≤20	≤45	≤30	≤30	6.5～8.5
		去除率	—	—	70%	—	≥98.5%	—
6	NF	进水	800	20	45	30	30	6.5～8.5
		出水	≤100	≤10	≤15	≤30		6.5～8.5
		去除率	≥87.5%	≥50%	66.6%		100%	—
7	RO	进水	100	10	15	30		6.5～8.5
		出水	≤60	≤10	≤10	≤30		6.5～8.5
		去除率	≥40%	—	≥33.3%			—
8	排放要求		≤60	≤10	≤10	—	—	6.5～8.5

9.1.2 出水水质要求

出水水质要求见表 5-9-4。

表 5-9-4 出水污染物浓度排放限制

项 目	控制标准
pH 值	6.5~8.5
CODcr	60
BOD₅	10
氯离子	250
NH₃-N	10
溶解性总固体	1000
石油类	1

注：单位为 mg/L,pH 值除外。

9.2 主要设备技术规范

9.2.1 调节池(调节水箱)

调节池(调节水箱)有调节均化渗滤液水质的作用。调节池(调节水箱)内装有提升泵,提升泵控制为远方、就地两种控制,调节池(调节水箱)内装有液位器,设备参数见表5-9-5。

表 5-9-5 技术参数表

构筑物名称	调节水箱
项 目	参数描述
形 式	地上式
防腐材料	钢制搪瓷防腐
水力停留时间	20 天
数 量	2 座
有效容积	3000m³
工作温度	常温
工作压力	常压

9.2.2　厌氧处理系统

1. 工艺特点

厌氧处理系统可处理不同浓度的有机废水。适用于常温（20℃）、中温（35℃）和高温（55℃）。

采用三相分离器模块，不仅保证了良好的气固液分离效果，而且具有防腐蚀性强、整体性好、气密性强等特点。

反应器内污泥浓度高,沉淀性能好。

厌氧颗粒污泥沼气活性高、处理负荷高。

运行可靠,维护简单,费用低,自动化程度高。

2. 技术原理

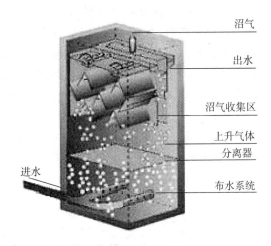

图 5-9-1　技术原理图

UASB是一种高效污水厌氧处理技术(图 5-9-1),其优势主要体现在颗粒污泥的形成使反应器内的污泥浓度大幅度提高,水力停留时间因此大大缩短,提高了运行效率。

同时,在成熟的 UASB 技术基础上,采用独有的三相分离器模块,以模块化的处理可达到最佳处理效果。减少了沉淀池、搅拌设备和填料等工艺过程,使结构趋于简单。

UASB 由污泥反应区、气液固三相分离器(包括沉淀区)和气室三部分组成。在底部反应区内存留大量厌氧污泥,具有良好的沉淀性能和凝聚性能的污泥在下部形成污泥层。要处理的污水从厌氧污泥床底部流入与污泥层中污泥进行混合接触,污泥中的微生物分解污水中的有机物,把它转化为沼气。沼气以微小气泡形式不断放出,微小气泡在上升过程中,逐渐形成较大的气泡,沼气碰到分离器下部的反射板时,折向反射板的四周,然后穿过水层进入气室,集中在气室的沼气用导管导出,固液混合液经过反射进入三相分离器的沉淀区,污水中的污泥发生絮凝,颗粒逐渐增大,并在重力作用下沉降。沉淀至斜壁上的污泥沿着斜壁滑回厌氧反应区内,使反应区内积累大量的污泥与污泥分离后的处理出水从沉淀区溢流堰上部溢出,然后排出污泥床。

3. UASB 的主要功能

(1)为污泥絮凝提供有利的物理、化学和力学条件,使厌氧污泥获得并保持良好的沉淀性能。

(2)良好的污泥床常可形成一种相当稳定的生物相,保持特定的微生态环境,能抵抗较强的扰动力,较大的絮体具有良好的沉淀性能,从而提高设备内的污泥浓度。

(3)通过在污泥床设备内设置一个沉淀区,使污泥细颗粒在沉淀区的污泥层内进一步絮凝和沉淀,然后回流污泥床内。

4. UASB 反应器的组成

UASB 主要由以下部分组成:

图中标注(从上到下):沼气、出水、沼气收集区、上升气体、分离器、布水系统、进水

（1）进水配水系统：其功能主要是将废水均匀地分配到整个反应器，并具有进行水力搅拌的功能。这是反应器高效运行的关键之一。

（2）反应区：其中包括污泥床区、污泥悬浮层区和厌氧生物膜区，有机物主要在这里被厌氧菌所分解，是反应器的主要部位。

（3）三相分离器：由沉淀区、回流缝和气封组成。其功能是把气体（沼气）、固体（污泥）和液体分开。固体经沉淀区沉淀后由回流缝回流到反应区，气体分离后进入气室。三相分离器的分离效果将直接影响反应器的处理效果。

（4）出水系统：把沉淀区水面处理过的水均匀地加以收集，排出反应器。

（5）气室：其作用是收集沼气。

（6）排泥系统：其功能是均匀地排除反应区的剩余污泥。

循环加热系统是由换热器和厌氧循环泵管道阀门等组成。热源由厂区余热蒸汽提供。

5. 技术参数

（1）厌氧罐技术参数见表 5-9-6。

表 5-9-6　厌氧罐技术参数

构筑物名称	厌氧罐
项　目	参数描述
形　式	地上式
防腐材料	钢制搪瓷防腐
数　量	2 座
单体设计流量	$150m^3/d$
容积负荷	$5.0kg\ COD/(m^3 \cdot d)$
水力停留时间	8.7d
建筑尺寸（净空）	$\phi \times H = 11.0m \times 14.5m$
有效容积	$1300m^3$
罐底标高	0.2m
罐顶标高	14.7m
罐壁防水防腐	钢制搪瓷防腐
有效水深（或保护超高）	14.0m（超高 0.5m）

厌氧加热罐技术参数见表 5-9-7。

表 5-9-7　厌氧加热罐技术参数

构筑物名称	厌氧加热罐
项　目	参数描述
建筑形式	地上式
构筑物材料	碳钢

（续表）

构筑物名称	厌氧加热罐
水力停留时间	0.3 天
数　　量	2 座
建筑尺寸(净空)	$\phi \times H = 3.2m \times 6m$
有效容积	$50m^3$
罐底标高	0.0m
罐顶标高	6m
罐壁防水防腐	碳钢采用环氧玻璃钢防腐(内壁)
有效水深(或保护超高)	6.0m(超高 0.5m)
综合罐加热方式	直接式加热,厌氧罐至综合罐循环管直径 DN150

9.2.3　膜生物反应器

(1)膜生物反应器工艺(MBR)是一种将膜分离技术和传统生化方法进行有机结合的新型水处理技术。其最大优势是可以通过分离膜对活性微生物的完全截留作用使生化系统的活性污泥浓度上限得到大大提高,进而提高系统的处理效果和保证出水水质稳定。根据国内外工程案例经验,MBR 系统的生化污泥浓度可以达到 $8 \sim 40g/L$,是普通生化系统的 $2 \sim 10$ 倍,所以具有极强的污染物处理和抗冲击负荷能力。

外置式 MBR 工艺,系统活性污泥浓度可达到 $10 \sim 40g/L$。其组成及运行机理如图 5-9-2 所示。

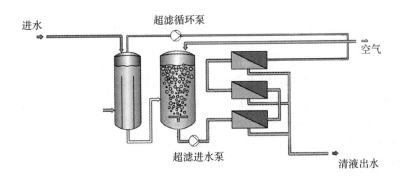

图 5-9-2　MBR 工艺组成及运行机理图

(2)MBR 系统的超滤部分拟采用管式超滤膜,其过滤孔径为 $0.03\mu m$,可以有效截留所有的微生物菌体和悬浮物。同时,超滤系统可以对大颗粒的有机污染物进行截留,进一步保证 MBR 系统出水的稳定。超滤系统采用大流量高速循环的方式,膜管内的水力流速达到 $3 \sim 5m/s$,可以有效防止污染物的沉积,减少膜污染的风险,延长膜使用寿命。同时,系统设置严格的流量、温度、压力监控,并配置清洗系统,可以保证系统在各种复杂的运行条件下安全、稳定地工作。

MBR 的主要特点：

① 主要污染物 COD、BOD 和氨氮有效降解，无二次污染。

② 100%生物菌体分离，出水无细菌和固性物。

③ 反应器高效集成，占地面积小，运行费用合理。

④ 污泥负荷(F/M)低，剩余污泥量小。

国内外多个类似工程实践经验表明，MBR 系统采用的"反硝化＋硝化工艺"可以很好地对渗滤液废水中的氨氮、有机污染物进行有效脱除。其中氨氮的脱除率可达到 99%以上，有机污染物脱除率达到 92%以上。整个系统可以全年运行，并能保证处理效果稳定，膜使用寿命保证达到 5 年以上。

9.2.4　反硝化系统

针对垃圾渗滤液氨氮浓度高、处理出水氨氮指标严格的特点，本方案采用二级 A/O 生物脱氮为主的生化工艺，并通过碳氮比、溶解氧、pH 值、温度等条件的调节，保证系统的脱氮效果。

A/O 生物脱氮工艺主要基于氨化→硝化→反硝化的氨氮生物降解反应过程，具体如下：

氨化作用过程

$$RCHNH_2COOH + O_2 \longrightarrow RCOOH + CO_2 + NH_3$$

硝化作用过程

$$NH_4^+ + 2O_2 \longrightarrow NO_3^- + 2H^+ + H_2O + 305 \sim 440kJ/mol$$

反硝化作用过程

$$2NO_2 \longrightarrow 6H^+ + N_2 + 2H_2O + 2OH^-$$

$$2NO_3 \longrightarrow 10H^+ + N_2 + 4H_2O + 2OH^-$$

根据生物脱氮反应动力学理论，硝化反应影响因素如下：

(1)有机碳源：由于硝化细菌属于自氧型细菌，所以要求混合液的有机碳浓度不宜过高。如过高，将使硝化细菌不能成为优势菌群，影响反应速率。

(2)污泥龄：由于硝化细菌增长较慢，必须保证系统较高的污泥龄。污泥龄一般在硝化细菌世代时间的三倍以上，必须大于 10 天。

(3)溶解氧：硝化反应溶解氧必须大于 2mg/L，较高的溶解氧可以提高硝化反应的速率。

(4)温度：在 5℃～35℃时，硝化反应的速率随温度升高而加快。温度每升高 10℃，速率提高一倍。

(5)pH 值：硝化反应适宜的 pH 值为 7.5～8.5，并要求适量的碱度。

(6)C/N 比：处理系统的 BOD_5 污泥负荷低于 0.15kg(BOD)/[kg(MLVSS)・d]，处理系统的硝化反应才能正常进行，较低的 BOD 负荷可以保证硝化反应的顺利进行。

(7)有毒物质:对硝化反应产生抑制作用的有害物质主要有重金属,高浓度的 NH_4^+ – N、NO_x – N 络合阳离子和某些有机物。

(8)反硝化反应的影响因素如下:

① 有机碳源:反硝化菌为异养型兼性厌氧菌,所以反硝化过程需要提供充足的有机碳源。一般认为,当污水中 BOD_5/TN 值为 3~5 时,即可认为碳源是充足的,不需外加碳源;否则应投加葡糖糖(CH_3OH)作为有机碳源。

② pH 值:反硝过程最适宜的 pH 值范围为 6.5~7.5,不适宜的 pH 值会影响反硝化菌的生长速率和反硝化酶的活性;由于反硝化反应会产生碱度,这有助于将 pH 值保持在所需范围内,并可补充在硝化过程中消耗的一部分碱度。

③ 温度:反硝化反应的适宜温度为 20℃~40℃,温度越高,反硝化速率越快。

④ 溶解氧:系统中溶解氧保持在 0.5mg/L 以下时,反硝化反应才能正常进行。

根据对 A/O 生物脱氮工艺的理解,合理调节硝化和反硝化过程中的各个影响因素,通过高比例的硝化液回流使硝化和反硝化过程不断循环以减少硝态氮对硝化作用的抑制,保证脱氮效果。

9.2.5 膜过滤技术工艺原理

膜处理工艺作为常用水处理手段,已经在许多水处理工艺中得到成功应用。

膜分离技术主要是利用过滤膜的微小过滤孔径,在压力作用下对混合液进行浓缩分离得到部分浓度较低的产水和浓度较高的浓缩液。其作用的理论基础是膜对物质的选择透过性,即清水及小分子物质允许透过,大分子物质及颗粒物质被全部截留。膜分离技术可以有效地对水中的污染物截留浓缩并得到较为洁净的产品水。

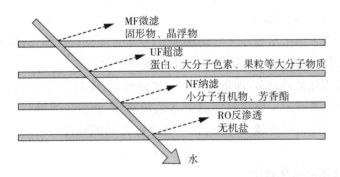

图 5 – 9 – 3 膜过滤技术工艺原理图

某项目分别采用了 NF90 – 400、NF270 – 400、NFL800、SW30HRLE – 400 等四种型号的膜,其中 NF270 – 400 为常用的一般纳滤膜,其理论切割分子量等级为 270D,对总有机碳有较好的去除效果,而对盐离子截留率较低。利用 NF270 – 400 对纳滤浓缩液经过物料分离、软化后的污水进行处理,分离出含有机物污水回到生化系统,产水进入到反渗透系统。NF90 – 400 为介于纳滤和反渗透之间的膜,其理论切割分子量等级约 90D,对总有机碳、二价及多价盐离子具有较高截留效果,对一价盐也有一定的截留率,稳定脱盐率 90% 以上。利用 NF90 – 400 对超滤产水进行处理,将绝大部分总有机碳和钙、镁等硬度物质截留进入浓缩液,保证反渗透系统的进水水质效果。NFL800 为物料分离膜,孔径相对较大,理论切割分子量等级为 800D,仅对大分子有机物有截留去除效果,其他物质能通过。利用 NFL800 对纳滤浓缩液中腐殖酸等大分子有机物进行分离去除,便于后段的浓液处理和回收。SW30HRLE-400 是海水淡化反渗透膜元件,稳定脱盐率达 99.75%,对有机物和盐分均具有较高的脱除效果。利用 SW30HRLE-400 对纳滤产水进一步处理,保证最终产水各项指标稳定达标。

系统采用了完整的过程监控设计,并配套设置了膜清洗系统,可以有效保证系统能长期、稳定的运行。同时,本设计采用的膜元件均为卷式膜,其具有单位容积内膜比表面积大且不易发生堵塞的优势,在水处理行业中应用最为广泛。由于卷式膜具有较大的过流通道,所以膜污染的速率被大大降低。本系统采用膜过滤方式为错流过滤,即过滤产水流向与浓缩液流向不在同一平面上,这样可以有效地减少过滤过程中污染物对膜的污染。

9.2.6　纳滤、反渗透段

1. 纳滤

考虑到生化系统污染物浓度较高,同时垃圾渗滤液中含有大量的难降解有机物,生化系统已无法通过降低负荷或提高停留时间等手段来进一步降低 COD 浓度,所以需要采用物化处理的方式来进行处理,该工程设计 2 套 172m^3/d 的 NF 处理系统,纳滤处理系统主要处理 MBR 系统产水。设计采用美国陶氏化学的 NF90-400 型号卷式纳滤膜,其属于致密膜范畴,最大优点是过滤级别高、出水水质好。纳滤分离作为一项新型的膜分离技术,技术原理近似机械筛分,但是纳滤膜本体带有电荷性,因此其分离机理近似于机械筛分,也有溶解扩散效应。这是它在低压力下仍具有较高的大分子与二价盐截留效果的重要原因。

纳滤集成设备采用浓水循环三段式膜系统,单段设 1 支耐压膜壳,每支膜壳内设有 5 支卷式纳滤膜元件,总膜面积为 666m^2,设计清液产率达 70%。

纳滤采用集成化装置设备,即所有纳滤相关的水泵、膜壳等设备均集成在集成架上,所有系统管路和设备在出厂前已经完成设备运转测试、管路压力测试以及电气测试,运至现场后只需连接进出口管线、动力电源以及自控电缆即可投入使用,缩短现场施工和调试周期。

2. 反渗透浓水减量化系统

物料分离膜系统设计的目的主要是除去纳滤浓缩液中的腐殖酸和胶体成分,便于后段的膜系统提高回收率,减少膜元件污染。物料分离膜选用美国星达品牌的膜元件,其在物料分离行业应用广泛,品质较好。本方案选择星达的专门适用于渗滤液行业的 NFL800 膜元件,切割分子量约为 800D,对腐殖酸等大分子物质具有较高的截留率,而对小分子污染物和盐分几乎不截留,所以可取得较高的清液产率,并且所需推动压力较小。系统采用集成化装置设备,即所有相关的水泵、膜壳等设备均集成在集成架上,所有系统管路和设备在出厂前已经完成设备运转测试、管路压力测试以及电气测试,运至现场后只需连接进出口管线、动力电源以及自控电缆即可投入使用,节省现场施工和调试周期。

9.3　系统结构及工作原理

渗滤液处理系统一般设计为：预处理系统＋厌氧＋MBR＋纳滤＋反渗透以及纳滤、反渗透浓缩液深度处理＋污泥脱水＋浓缩液蒸发。设备机构及工作流程如图5-9-4、图5-9-5所示。

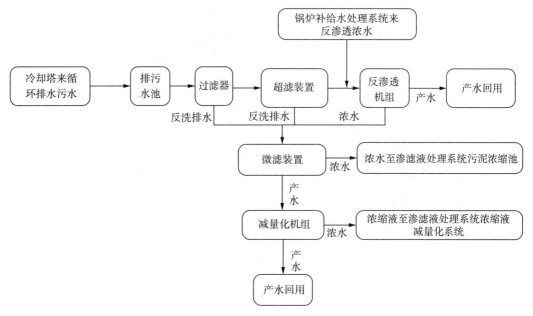

图5-9-4　纳滤、反渗透工作流程图(1)

9.3.1　工艺优点

在−20℃～43℃的露天环境均可正常工作，在较大的风、雪、雨等恶劣自然条件下可正常工作。

(1)有高负荷污水处理能力，确保出水达到或优于《生活垃圾填埋场控制标准》(GB 16889—2008)中表2的限值，能适应水质、水量的波动，确保系统连续、稳定运行。

(2)能保证较高的氨氮去除能力，出水氨氮稳定达标。

(3)工程工艺必须达到要求的处理能力和处理效果，处理出水须符合国家标准及环保要求，工程设计符合国家规定的设计标准和规范。

(4)选择能够实现污染物减量化、无害化、资源化的工艺，真正、彻底地减小、消除污染物对环境的危害。

(5)处理工艺不但能够有效地降解有机污染物，同时还能够处理那些不能为生物所降解的污染物，避免其对环境的再次污染。

(6)垃圾污水中无论是有机物 COD_{cr}、BOD_5，还是 $NH_4^+ - N$ 等，浓度都很高，因此要尽可能地选择高效处理工艺，缩短工艺流程，降低工程投资，节省电耗及运行费用，降低

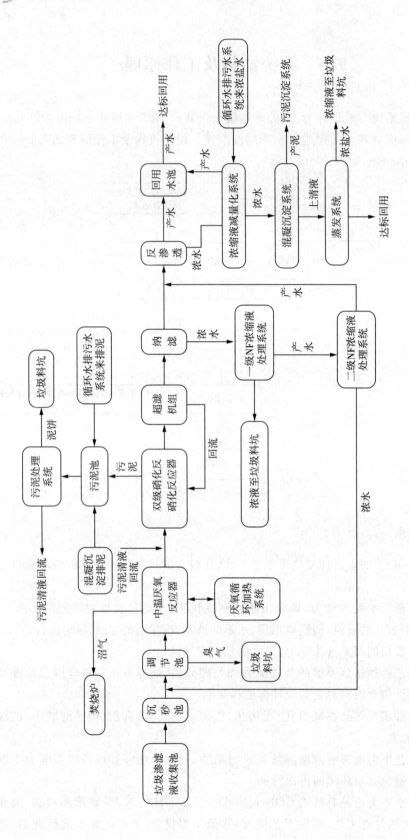

图5-9-5 纳滤、反渗透工作流程图（2）

运行成本,并且保证处理效果能达到排放要求。在达到工程目标的前提下,因地制宜,简化处理工艺流程,降低工程造价并选用可靠、先进的设备。

(7)生产运行管理方便,操作维护简单,在保证处理效果的前提下,提高自动化程度,以减轻职工的劳动强度。

(8)由于渗滤液水质、水量变化幅度大,选取的工艺必须有较强的适应性和操作上的灵活性,具有一定的抗冲击负荷能力,并且能够容易进行调整,以适应水质及水量的变化。

9.3.2　工作原理

1. 厌氧反应阶段

厌氧生物反应器在垃圾渗滤液处理中显出较为突出的优势,具有处理效果好、运行费用低等优点,调节池的渗滤液经潜污泵提升至厌氧反应器(UASBF),在厌氧反应器内,利用厌氧微生物群,使溶解性的有机物质经过酸化、产酸、产甲烷等过程,使颗粒性有机污染物质转变成为溶解性的有机污染物质,使大分子物质转变为小分子物质,去除渗滤液中大部分有机物,降低 COD,去除水中的污染物,本工程采用了新型厌氧反应器。新型厌氧反应器由罐体、填料、支架、布水器、收水器等组成。入水形式采用 UASB 式的升流式,并设置内循环,反应器内为半混合状态,最上部为集气区,向下依次为集水区、填料区、污泥区,最下部为布水区,厌氧反应器出水自流进入 MBR 系统。图 5-9-6 所示为厌氧反应工作原理图。

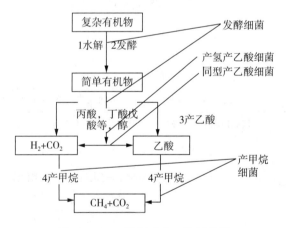

图 5-9-6　厌氧反应工作原理图

厌氧反应的特点:
(1)能耗低,运行费用低,无曝气。
(2)占地少。
(3)容积负荷高,污泥产量少,4～14kg COD/(m³·d)。
(4)对营养物的需求量少。
(5)出水有机物浓度较高,需要进一步处理。
(6)对温度变化较为敏感。
(7)初次启动过程缓慢。

膜生物反应器(MBR)系统：厌氧出水进入 MBR 系统进行生化反应，去除可生化有机物和氨氮。MBR 系统包括反硝化系统、硝化系统、MBR 膜机组。MBR 膜机组采用浸没式、低能耗膜机组。硝化系统通过硝化菌及兼性菌的作用在硝化状态下，将 NH_4^+ 氧化成 NO_3^-，将所剩余的有机物质进行降解。硝化罐中的混合液回流到反硝化罐，在反硝化状态下，反硝化菌将 NO_3^- 转化为 N_2 排放。经过强化脱氮作用，大幅降低出水硝态氮。膜生物反应器中微生物菌体通过高效 MBR 膜机组从出水中分离，确保大于 $0.1\mu m$ 的颗粒物、微生物和与 $CODcr$ 相关的悬浮物安全地截留在系统内，从而使水力停留时间和污泥停留时间得到真正意义上的分离。MBR 膜机组出水经自吸泵进入清水池，达标排放。MBR 浓水回流至反硝化池。

MBR 系统除氮原理如图 5-9-7、图 5-9-8 所示。

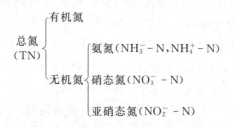

$$凯氏氮(TKN)＝有机氮＋氨氮$$

$$TN＝TKN+NO_x-N$$

图 5-9-7　MBR 系统除氮原理图

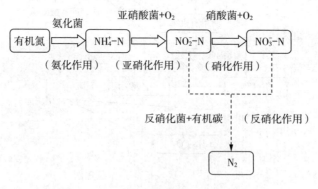

图 5-9-8　脱氮原理图

(1)硝化反硝化＋超滤(UF)：去除有机物、氮、磷。

(2)硝化：$NH_4^--N \longrightarrow NO_3^--N$，好氧，DO 2mg/L，35℃以下。

(3)反硝化：$NO_3^--N \longrightarrow N_2$，缺氧，DO 0.5mg/L，40℃以下。

(4)磷通过排泥去除。

(5)超滤(UF)：泥水分离，维持污泥浓度，减少膜处理压。

2. MBR 系统组成部分

根据水质情况是可以选择组合的，出水标准对 TN 要求较高时采用双级硝化反硝化。

3. 一级回流/MBR 回流

(1)双级硝化反硝化:一级回流＋MBR 回流。

(2)单级硝化反硝化:MBR 回流。

4. 回流目的

(1)维持硝化反硝化池和膜池内微生物浓度。

(2)为反硝化提供 $NO_3^- - N$。

本工程采用双级硝化反硝化系统,能更好地处理总氮。

膜深度处理阶段采用 RO 反渗透技术,其工作原理如图 5-9-9、图 5-9-10 所示。

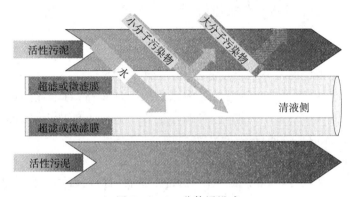

图 5-9-9 分体浸没式

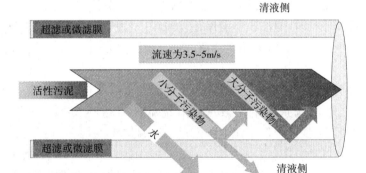

图 5-9-10 外置管式

9.4 系统运行、试验及维护

9.4.1 系统运行操作

1. 前处理段

(1)调节池:检查液位以及提升泵电源、电路、管路及阀门是否处于正确位置。

(2)厌氧、缺氧处理系统:原水提升泵启动前必须检查各阀门是否处于正常运行状态,确认正常后将原水提升泵开关打至运行状态,然后观察流量是否正常。

(3)好氧处理系统其操作主要是 1♯、2♯ 风机(一用一备)及冷却设备的操作,风机的启停主要是根据好氧的 DO 值(2～3ppm)进行控制。其运行是根据好氧罐内 DO 值的高低进行自动调节。冷却设备要每日检查循环泵及顶部两台风机的运行情况,定期对冷却水槽内的水进行更换(保持循环水的清洁)。

(4)随时观察好氧温度显示值,其温度显示不得高于 37℃,如果温度显示高于正常运行温度,应开启冷却塔,或适当降低好氧池水位或加适量自来水使其降温。

(5)观察含泥量,及时排泥。经过多个工程运行实例的仔细观察及计算,发现好氧系统每天的处理量都比较大,产生的泥量较多,所以操作人员必须定时排泥。

(6)消泡剂的投放:消泡剂的投放分为 MBR 消泡剂投加和好氧池消泡剂投加,两者均为人工投加(根据实际情况适量投加)。

2. MBR 处理系统

(1)过滤

进水泵将生化池污泥提升至预过滤器,预过滤器过滤孔径小于 1mm,防止颗粒进入超滤膜对膜造成损坏,经预过滤器后的污泥水进入超滤环路,每个环路设一台循环泵将泥水混合物在超滤膜组件中不断循环,在循环过程中清液不断排出,污泥被膜截留并回流至生化池,从而完成了过滤过程。

(2)顶洗/冲洗

随着过滤的不断进行,在表面流速低时,超滤膜表面污泥层厚度会逐渐累积,当循环流速低于 3m/s 时,需进行顶洗,将膜组件内的污泥顶出,一方面防止发生堵塞,另一方面可大大提高膜运行通量。运行过程中顶洗可以采用超滤清液进行。

当超滤设备需停机时,超滤膜不能保存在污泥中,为防止膜污泥及堵塞,也需进行顶洗。若设备需停机 2h 以上,需采用超滤清液进行顶洗。

(3)化学清洗

当超滤膜通量下降时需进行化学清洗,化学清洗前需执行自来水或去离子水清洗程序,以充分发挥化学清洗剂的清洗效果。清洗温度需达到 35℃～40℃,清洗时间为 2～3h,清洗结束后,清洗液顶回生化池或通过清洗罐排放。

(4)清液回流(可选)

当超滤膜产水量大于后续处理设备的进水量或其他需要的情况时,清液回流泵将超滤清液回流至生化池。

(5)保护液添加

超滤膜运行一旦湿润后就必须一直保持湿润,当超滤膜停机超过 3 天,需将膜保存在保护液中,保护液通过清洗泵进行加注并进行循环 30～60min 即可。设备重新启用时用顶洗操作将保护液冲出。观察设备运行情况,判断化学清洗效果。

3. RO 膜处理系统

(1)RO 机组运行前检查

① 必须检查浓水阀、产水阀、供水泵前阀、增压泵后阀是否打开,任何情况下严禁关闭浓水排放阀(化学清洗、长期停机除外)。

② 必须检查阻垢剂、还原剂、pH 值调节加药装置工作是否正常及药箱液位,注意及时加药。

③ 检查中间水箱液位。

（2）RO 运行

① 将运行开关打到自动运行状态，供水泵、增压泵及各加药泵、清洗泵即可按 PLC 程序自动运行。

② 随时对各仪表显示数值进行观察，如果发现异常应立刻停机查找原因并排除故障。

③ 入水 pH 值应保持在 6.0～7.0。

④ 入水流量应保持在 2～2.5t/h。

⑤ 出水流量为 1.6～2.0t/h。

⑥ RO（反渗透）应为 0.6～0.7MPa。

⑦ RO 入水压力和段间压力差值应保持在 0.1～0.15MPa。

⑧ RO 入水压力、段间压力与膜后压力差不能超过 0.15MPa。

（3）RO 膜的自动冲洗和化学清洗

RO 机组在自动运行状态下设有自动冲洗程序，在运行时每连续运行 1.5h 就会进入自动冲洗程序进行自动冲洗，在每次运行停止后也会按程序设定自动冲洗。

RO 膜的化学清洗：

① 按周期进行预防性清洗，清洗周期为 25～30 天。

② 在一个清洗周期内，按照运行情况由操作人员自己确定是否清洗，因进水水质不同其对膜的污染程度是不同的。

③ 出现以下的任一情况时必须化学清洗：

a. 标准化产水量降低 10％以上。

b. 入水压力和段间压力差上升 15％。

c. 标准化透盐率上升 5％。

④ 清洗药液的配制。

酸洗液用 HCl 配制，将药液 pH 值调到 1.5～2，绝对不能低于 1.5。在清洗水箱配制清洗药液。酸清洗主要是清除膜组件表层在运行中累积沉淀的 Ca^{2+}、Mg^{2+} 所产生的无机盐（水垢）。

碱洗液用 NaOH 配制，在清洗水箱配制清洗药液。碱性清洗主要是清除膜组件表层在运行中累积沉淀的微生物、细菌和胶体、有机物。

每次清洗首先用碱洗，清洗完成后用清水将碱液冲净，然后用酸洗，保证全面清洗。

⑤ 化学清洗步骤。

第一步，配制药液，停止 NF 运行，关闭产水阀、浓水排放阀。

第二步，低流量输入清洗药液。

开启清洗泵将清洗液低流量输入第一段，循环 15min，观察清洗液颜色不再变化，如果还继续变化，则放掉重配药液重新输入。使第一段静泡 1～15h。重新配制药液倒换阀门循环第二段，随时监测清洗液的变化。

一段清洗液输入完毕后，开启清洗泵将清洗液低流量输入第二段，循环 15min 使其浸泡，同时循环第一段，随时检测清洗液的变化。

第三步，一段、二段高流量单独循环 30～60min。高流量能冲洗掉被清洗下来的污染物。

第四步,大流量冲洗:处理的合格产水可以用于冲洗系统内的清洗液,为了防止沉淀,最低温度为 20℃。

⑥ RO 运行调节加药箱中药液的配制。

阻垢剂药液配制浓度为 2～4ppm。

亚硫酸氢钠溶液配制浓度为 3%(药箱容积 50L,约加还原剂 1.5kg)。

注意:运行中出现问题处理见"故障排除"。

4. 常启闭设备操作流程

(1)提升泵的操作

调节池提升泵:启动前首先检查提升泵断路器是否处于"ON"的状态,液位是否处于起机液位,提升泵现场控制箱急停按钮、控制柜急停按钮是否处于非急停位置。如果以上条件都符合要求且处于正确的位置或范围时,点击"提升泵现场控制箱"或"车间现场控制箱"面板上的"提升泵 R/S"按钮,提升泵"运行指示灯"和提升泵"指令指示灯"点亮,说明提升泵已处于工作状态;如果"指令指示灯"点亮、"运行指示灯"没有点亮,说明启动指令已输出,设备没有运行,其原因是启动条件中的一项或多项不符合要求,没有处于正确的位置或范围。停机时,再次点击"提升泵现场控制箱"或"车间现场控制箱"面板上的"提升泵 R/S"按钮即可。

(2)缺氧搅拌器的操作

启动前首先检查搅拌器断路器是否处于"ON"的状态,车间现场控制箱急停按钮、控制柜急停按钮是否处于非急停位置。如果以上条件都符合要求且处于正确的位置或范围时,点击"车间现场控制箱"面板上的"缺氧搅拌器 R/S"按钮,缺氧搅拌器"运行指示灯"和提升泵"指令指示灯"点亮,说明缺氧搅拌器已处于工作状态;如果"指令指示灯"点亮、"运行指示灯"没有点亮,说明启动指令已输出,设备没有运行,其原因是启动条件中的一项或多项不符合要求,没有处于正确的位置或范围。停机时,再次点击"车间现场控制箱"面板上的"缺氧搅拌器 R/S"按钮即可。

(3)小风机的操作

启动前首先检查小风机断路器是否处于"ON"的状态,车间现场控制箱急停按钮、控制柜急停按钮是否处于非急停位置。如果以上条件都符合要求且处于正确的位置或范围时,点击"车间现场控制箱"面板上的"小风机 R/S"按钮,小风机"运行指示灯"和小风机"指令指示灯"点亮,说明小风机已处于工作状态;如果"指令指示灯"点亮、"运行指示灯"没有点亮,说明启动指令已输出,设备没有运行,其原因是启动条件中的一项或多项不符合要求,没有处于正确的位置或范围。停机时,再次点击"车间现场控制箱"面板上的"小风机 R/S"按钮即可。

(4)冷却塔的操作

启动前首先检查冷却塔断路器是否处于"ON"的状态,车间现场控制箱急停按钮、控制柜急停按钮、冷却塔现场控制箱急停按钮是否处于非急停位置,"手动、自动"转换旋钮是否处于手动位置。如果以上条件都符合要求且处于正确的位置或范围时,点击"车间现场控制箱"或冷却塔现场控制箱面板上的"冷却塔 R/S"按钮,冷却塔"运行指示灯"和冷却塔"指令指示灯"点亮,说明冷却塔已处于工作状态;如果"指令指示灯"点亮、"运行指示灯"没有点亮,说明启动指令已输出,设备没有运行,其原因是启动条件中的一项或多项不符合要求,没有处于正确的位置或范围。停机时,再次点击"车间现场控制箱"面板上的"冷却塔 R/S"按钮即可。当"手动、自动"转换旋钮处于自动位置时,冷却塔将根据好氧罐的温度高低来控制设备是否运行。

（5）MBR 机组设备操作

启动前首先检查产水泵、反洗泵、回流泵断路器是否处于"ON"的状态,液位是否处于起机液位,车间现场控制箱急停按钮、控制柜急停按钮是否处于非急停位置,车间现场控制箱急停按钮是否处于非急停位置。如果以上条件都符合要求且处于正确的位置或范围时,点击"车间现场控制箱"面板上的"MBR 机组 R/S"按钮,MBR 机组"运行指示灯"和 MBR 机组"指令指示灯"点亮,说明 MBR 机组已处于工作状态;如果"指令指示灯"点亮、"运行指示灯"没有点亮,说明启动指令已输出,设备没有运行,其原因是启动条件中的一项或多项不符合要求,没有处于正确的位置或范围。停机时,再次点击"车间现场控制箱"面板上的"MBR 机组 R/S"按钮即可。

（6）MBR 机组反洗、药洗的操作

当机组自动反洗效果欠佳时,可采用手动反洗或药洗的方法对 MBR 膜进行清洗,下面对反洗和药洗功能进行分别说明:当"反洗/药洗"旋钮置于反洗位置时,反洗电磁阀和反洗泵进行工作,可对 MBR 膜进行不限时间的反洗,反洗桶缺水时将自动补水;当"反洗/药洗"旋钮置于药洗位置时,反洗桶中的药液将通过药洗管路进入 MBR 膜水箱,对 MBR 膜组件进行浸泡清洗;当不需要反洗/药洗时,需将此旋钮置于中间"随机"位置。

（7）RO 机组设备操作

启动前首先检查给水泵、高压泵、冲洗泵断路器是否处于"ON"的状态,液位是否处于起机液位,车间现场控制箱急停按钮、控制柜急停按钮是否处于非急停位置,车间现场控制箱急停按钮是否处于非急停位置。如果以上条件都符合要求且处于正确的位置或范围时,点击"车间现场控制箱"面板上的"RO 机组 R/S"按钮,RO 机组"运行指示灯"和 MBR 机组"指令指示灯"点亮,说明 MBR 机组已处于工作状态;如果"指令指示灯"点亮、"运行指示灯"没有点亮,说明启动指令已输出,设备没有运行,其原因是启动条件中的一项或多项不符合要求,没有处于正确的位置或范围。停机时,再次点击"车间现场控制箱"面板上的"NF 机组 R/S"按钮即可。

（8）RO 机组冲洗、药洗的操作

当机组自动洗洗效果欠佳时,可采用手动冲洗或药洗的方法对 NF 膜进行清洗,下面对冲洗和药洗功能进行分别说明:当"冲洗/药洗"旋钮置于冲洗位置时,冲洗电动阀和冲洗泵进行工作,对 RO 膜进行不限时间的冲洗,冲洗桶缺水时将自动补水;当"冲洗/药洗"旋钮置于药洗位置时,冲洗桶中的药液将通过药洗管路进入 NF 膜组件,对 RO 膜组件进行循环清洗;当不需要冲洗/药洗时,需将此旋钮置于中间"随机"位置。

（9）鼓风机的操作

手动操作:启动前首先将"手动、自动"旋钮置于手动位置,然后点击"1♯风机启动"或"2♯风机启动"按钮,鼓风机将会在预定频率下变频运行,此时运行频率是固定的、不可改变的,不受溶氧值的控制。当需要开启两台风机时,可点击"变频转工频"按钮,先启动的那台风机便会由变频运行状态转换为工频运行状态；然后再点击另一台风机的"启动"按钮，此时的状态为一工频一变频；也可再次点击"变频转工频"按钮，使之处于两工频状态运行。停机时，只需点击"停止"按钮即可；在变频柜面板上装有指示灯，用来显示两台风机的工作状态。自动操作：需要自动运行时，只需要将"手动、自动"旋钮置于自动位置即可，风机就会自动对溶氧值与溶氧设定值进行比较和计算，根据计算结果去控制风机的运转频率和工作状态，使溶氧值保持在一定的范围之内。

（10）MBR/RO 药洗加酸泵的操作

在车间现场控制箱面板上设有加酸泵"启动""停止"按钮，当 MBR 机组或 RO 机组需要药洗时，点击加酸泵"启动"按钮，加酸泵向反洗桶或冲洗桶内加酸，当到达配比要求时，按"停止"按钮停止加酸即可。

MBR 机组启动时，小风机和回流泵会随着 MBR 机组自动启动；当 MBR 机组停止时，小风机和回流泵不会停机，需要停止时点击相应的"R/S"按钮即可。

9.4.2 系统设备维护

正确的日常维护、保养是使设备延长寿命的关键所在，所以必须对系统进行日常巡视并定期维护以确保正常的工作状态。定期检查和维护保养可以按以下顺序进行，并进行记录以便发现设备运行规律。

1. 水泵的维护

（1）各管道打开排气阀排气，每班一次。

（2）RO 供水泵除垢每周进行一次。

（3）其余水泵保养措施严格按照水泵说明书进行操作。

2. 膜组件的维护保养

膜系统未做任何防止微生物生长保护措施的，最长停运行时间不得超过 24h。如果无法保证每隔 24h 冲洗一次但又必须停运行一周以上时，必须采用化学药品进行封存。当膜元件已存在污染时，先清洗后封存就更为重要。

由于长期不用会造成膜污染，所以必须对膜进行化学清洗，清洗步骤按常规清洗步骤进行。

清洗顺序：以 pH 值为 11 的温和碱性清洗液清洗 2h，然后进行杀菌和短时酸洗。如果判断原水中没有无机垢和金属氢氧化物污染成分，可以不进行酸洗。

清洗和杀菌之后，按如下步骤在 10h 内进行封存：

（1）排出压力容器内的空气，将元件完全浸泡在 $1\% \sim 1.5\%$（wt）亚硫酸氢钠（$NaHSO_3$）保护液中。为使系统内的残留空气最少，应采用循环溢流方式循环 $NaHSO_3$ 保护液，使最高压力容器开口处产生 $NaHSO_3$ 保护液的溢流。

（2）关闭所有阀门，使系统隔绝空气。否则，空气将会氧化 $NaHSO_3$ 使保护液失效。

（3）每周检查一次保护液的 pH 值，当保护液的 pH 值低于 3 时，更换保护液。

（4）至少每月更换一次保护液。

在停机保护期间，系统必须处于不结冰状态，环境温度不得超过 45℃。低温条件下有利于停机保护。

第 10 章　渗滤液收集系统

10.1　系统概述

渗滤液收集系统应保证在使用年限内正常运行,收集并将渗滤液排至场外指定地点,避免渗滤液蓄积。

渗滤液的蓄积会引起下列问题:

(1)水位升高导致垃圾体中污染物更强烈地浸出,从而使渗滤液中污染物浓度增大。

(2)底部衬层上的静水压增加,导致渗滤液更多地渗漏到地下水-土壤系统中。

(3)垃圾池的稳定性受到影响。

(4)渗滤液有可能扩散到堆场外。

10.2　渗滤液收集池

渗滤液收集池位于卸料平台下方,垃圾池、推料器处产生的渗滤液,卸料平台的冲洗水和前期雨水通过管道或排水沟汇集至渗滤液收集池。后期雨水将通过切换阀门自流至附近雨水井。

垃圾池内侧墙上布置排水格栅,排水格栅处的垃圾池壁底部设 600mm×600mm 排水口,垃圾池的积水由排水格栅滤出后,经排水口排出,再通过排水沟自流至渗滤液收集池,池内设有排水泵,将渗滤液输送至室外渗滤液处理站。

渗滤液检修通道在−7.0m 层一端设密封水池,推料器处产生的渗滤液通过管道排入密封水池,水池溢水或经排水沟自流至渗滤液收集池。管道排入口低于水池溢水平面0.5m,以保证焚烧炉的微负压不受破坏。

渗滤液收集池位于垃圾池侧面、卸料大厅下方,池底标高−10.0m,有效容积约 160m³。

10.3 渗滤液通风系统

10.3.1 系统描述

为保证进入渗滤液收集间检修人员的工作环境及防止收集间内臭气外逸,收集间设置一套机械送风、机械排风的通风系统,送风量约为排风量的 70%,以维持系统运行期间收集间内负压。通风系统送、排风机均布置于垃圾池卸料平台下±0.00m 层暖通机房内,送风机从室外取风直接送至地下渗滤液收集间,排风机从收集间下部取风经排风竖井至高位排至垃圾池。通风系统送、排风机容量均按 2×100% 考虑,排风机采用防腐防爆型排风机,系统中各通风管道及附件均采取防腐措施。

10.3.2 系统设计参数

渗滤液收集间换气次数:不小于 12 次/小时;

排风量:22879m³/h;

送风量:16015m³/h。

10.3.3 系统组成

(1)送风机:共设置两台低噪声柜式风机箱,一用一备,每台风机箱风量为 18570m³/h。

(2)排风机:共设置两台防腐防爆型低噪声柜式风机箱,一用一备,每台风机箱风量为 25190m³/h。

10.3.4 系统运行和控制

(1)通风系统中的送、排风机设置一套就地电气控制装置,就地电气控制装置布置于暖通机房内。

(2)通风系统平时停运,当检修人员需进入渗滤液收集间工作时,系统提前 1～2h 运行,工作人员离开后系统可停运。系统运行时送、排风机均运行一台,运行前先开启送、排风机出口的电动阀门,后开启风机,停运时先停运风机,再关闭电动阀门。

第11章 全厂消防系统

11.1 消防系统概述

消防系统遵照"预防为主、防消结合"的方针,按《生活垃圾焚烧处理工程技术规范》(CJJ 90—2009)和《火力发电厂与变电站设计防火规范》(GB 50229—2006)要求,并根据工程具体情况,力求体现当前的消防设计思想和水平。从全局出发,统筹兼顾,正确处理生产和安全的关系、重点和一般的关系,做到促进生产、保障安全、方便使用、经济合理,同时系统简单合理。工程消防包括垃圾焚烧发电厂范围内所有建(构)筑物。

1. 消防给水系统

(1)消防用水量和消防水压

消防用水量见表 5-11-1。

表 5-11-1 消防用水量表

设 备	用水量(L/s)	火灾延续时间	一次灭火用水(m³)
室内消火栓	20	2h	144
室外消火栓	35	2h	252
垃圾进料斗水雾隔离	6.25	1h	22.5
垃圾池消防炮	60	1h	216
合计	121.25	—	634.5

注:一次灭火最大用水量按垃圾池消防炮与室外消火栓同时使用考虑。

根据表 5-11-1 可知,消防最大用水流量约 121.25L/s,折合约 436.5m³/h;消防给水系统所需最高水压为垃圾池消防炮 0.6MPa,其安装高度约 27.3m,考虑部分管道水头损失,总水头压力约 1.0MPa。

(2)消防排水

消防排水、电梯井排水与建筑排水统一考虑。其中垃圾池灭火时消防水暂时储存在池内,待灭火结束后再通过渗滤液输送泵输送至渗滤液收集池及处理站进行处理,达标后排放。

主变压器设有油坑排水,按最大消防流量和最大一只变压器事故排油量设计,并设置带油水分离功能的事故油池。

11.1.1　消防水泵

新建 $400m^3$ 消防、化学水池 2 座,设置在原水预处理站内,新建消防水泵房 1 座,设置在主厂房卸料平台下,消防水水源为过滤水。

1. 消防水池

原水预处理站内设 $400m^3$ 消防、化学水池 2 座,其中每座水池消防用水容量不小于 $310m^3$,每座平面尺寸约为 $16m×8m$,为半地下式钢筋混凝土结构。可以保证一座放空检修,另一座可以照常供水,完全能满足消防用水的要求。

2. 消防水泵房

消防水泵房 $L×W=20m×8m$,其中检修场地 $L×W=8m×4m$,地面标高 $±0.0m$,其余为半地下式, $L×W=16m×8m$,地面标高 $-2.5m$,地上高 $7m$ 。泵房内设 2 台 100% 容量电动消防泵、1 套消防气压稳压设备。消防水泵 $Q=436.5m^3/h$, $H=1.00MPa$,电动机功率约为 $220kW$,电压 $380V$ 。消防气压稳压设备气压罐有效容积 $V=1.7m^3$,配 2 台稳压泵(1 用 1 备), $Q=18m^3/h$, $H=1.07MPa$,电动机功率约为 $15kW$,电压 $380V$ 。泵房内设排污水泵及检修用 3t 电动悬挂式起重机。两台消防水泵设有共用的吸水管和独立的出水管,自灌式正压引水,出水管之间设联络管、试验放水管和安全泄压阀,便于故障切换、水泵定期试验维护,并在管路超压时回水至消防水池,避免设备损坏。正常情况下,由消防气压稳压设备维持管网稳定的水压和消防泵启动瞬间的应急消防用水,避免消防泵频繁启停。在发生火灾的情况下,消防气压稳压设备不能保证消防给水系统的设计压力,当消防管网中的水压下降到某一定值时,自动启动主消防泵,当管网压力继续下降或主消防泵发出故障信号时立即启动备用消防泵。消防水泵房设控制盘就地控制消防泵和消防气压稳压设备启停,消防泵也可以在机组集控室全厂消防总盘上遥控启停。

3. 厂区室外消防给水管网

消防水由消防泵从消防水池吸水升压后进入厂区室外消防水管网,直埋敷设,围绕全厂各主要防火区域形成室外消防环管,提供全厂消防水系统用水,供水压力为 $1.00MPa$ 。其中主厂房周围的环管管径为 DN250,办公楼及值班休息室周围的环管管径为 DN200。管径小于或等于 DN100 的厂区室外消防水管道采用镀锌钢管,丝扣连接,管径大于 DN100 的厂区室外消防水管道采用焊接钢管内外防腐,焊接连接。阀门、消火栓等管件采用法兰连接。

4. 室内外消火栓系统

厂区室外消火栓均布置在厂区消防水环管上。消防管道及消火栓布置可根据实际情况适当调整,但主厂房周围环形管网上的消火栓间距最大不超过 80m,工艺装置区消火栓间距不大于 60m,其他区域消火栓间距不大于 120m。厂区消防水管网用检修阀门分成若干独立段,每段管网检修时影响的室外消火栓数量不超过 5 个,室外消火栓距路边不超过 2m。各建筑物室内消防管道所需检修隔离阀等均在室内部分设置。室外消火栓采用 SS100/65-1.6 型(1.6MPa)地上深式消火栓,每只室外消火栓配置 DN100 出口 1 只、DN65 出口 2 只。并在电厂集中配置麻质衬胶水龙带、直流水枪和喷雾水枪,其中喷雾水枪适用于电气及油类火灾。

主厂房(包括汽机房、锅炉房、垃圾池、集控室及卸料平台下)、办公楼及值班休息室等建筑物设室内消火栓,其间距不超过30m,保证有两支水枪的充实水柱同时到达室内任何部位。所有消火栓均设在走廊、楼梯口或出入口等明显易于取用的地点。室内消火栓出口设置减压设施,减压后消火栓口出水压力不超过0.50MPa。每只室内消火栓均设在消火栓箱内,包括DN65隔离阀及管接头出口各1只、25m长DN65水龙带1根(带快装接头)、19mm水枪1只、自救式消防水喉1套、消防报警按钮1只。当建筑物室内消火栓超过10个或室外消火栓设计流量大于20L/s时,室内消防给水管网应布置环状,且至少有两条进水管与室外管网连接,每条与室外管网连接的进水管均满足全部用水量。室内消防给水管道采用阀门分段,对于单层厂房、库房,当某段损坏时,停止使用的消火栓不应超过5个;对于多层厂房、库房,消防给水管道上阀门的布置应保证检修管道时关闭停用的竖管不超过1根,当竖管超过4根时,可关闭不相邻的2根。每根竖管与供水横干管相接处应设置阀门。

根据《火力发电厂与变电站设计防火规范》(GB 50229—2006)的规定,室内消防给水管网上不设消防水泵结合器。

11.1.2　消防水炮

根据《生活垃圾焚烧处理工程技术规范》(CJJ 90—2009),在垃圾池设置固定式消防水炮灭火系统。

垃圾池运行平台上拟设置2门固定消防水炮,每门设计消防水量不小于30L/s,延续时间不小于1h。消防水炮的布置要求系统动作时整个垃圾池内的任意位置均应同时被水柱覆盖,且不应妨碍垃圾给料装置的运行。消防水炮应能实现自动或远距离遥控操作。本工程主变压器设置缆式线型感温探测器,采用室外消火栓及移动式灭火器保护。

11.1.3　移动式灭火器

室内消火栓的建筑物根据《建筑灭火器配置设计规范》(GB 50140—2005)的要求,增加配置适当移动式灭火器。厂区内部分不必设置室内消火栓的建筑物也应根据《建筑灭火器配置设计规范》(GB 50140—2005)的要求,配置适当移动式灭火器。各建(构)筑物移动式灭火器应按《火力发电厂与变电站设计防火规范》(GB 50229—2006)和《建筑灭火器配置设计规范》(GB 50140—2005)合理配置。移动式灭火器应设于位置明显、便于取用且不影响安全疏散的位置。

图5-11-1　泡沫灭火器示意图

1. 泡沫灭火器(图5-11-1)

用途如下:

(1)适用于扑救一般火灾,比如油制品、油脂等无法用水来施救的火灾。

(2)不能扑救火灾中的水溶性可燃、易燃液体的火灾,如醇、酯、醚、酮等物质火灾。

(3)泡沫灭火器不可用于扑灭带电设备的火灾。

使用方法如下：

(1)在未到达火源的时候切记勿将其倾斜放置或移动。

(2)距离火源 10m 左右时，拔掉安全栓。

(3)拔掉安全栓之后将灭火器倒置，一只手紧握提环，另一只手扶住筒体的底圈。

(4)对准火源的根源进行喷射即可。

2. 干粉灭火器(图 5-11-2)

用途如下：

(1)干粉灭火器可扑灭一般的火灾，还可扑灭油、气等燃烧引起的失火。

(2)主要用于扑救石油、有机溶剂等易燃液体、可燃气体和电气设备的初期火灾。

使用方法如下(图 5-11-3)：

(1)拔掉安全栓，上下摇晃几下。

(2)根据风向，站在上风位置。

(3)对准火苗的根部，一手握住压把，一手握住喷嘴进行灭火。

图 5-11-2　干粉灭火器示意图

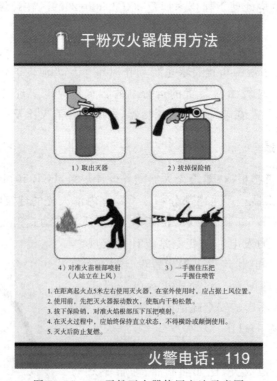

图 5-11-3　干粉灭火器使用方法示意图

3. 二氧化碳灭火器(图 5-11-4)

用途如下：

(1)用来扑灭图书、档案、贵重设备、精密仪器、600 伏以下电气设备及油类的初起火灾。

（2）适用于扑救一般 B 类火灾，如油制品、油脂等火灾，也可适用于 A 类火灾。

（3）不能扑救 B 类火灾中的水溶性可燃、易燃液体的火灾，如醇、酯、醚、酮等物质火灾。

（4）不能扑救带电设备及 C 类和 D 类火灾。

使用方法如下（图 5 - 11 - 5）：

（1）使用前不得使灭火器过分倾斜，更不可横拿或颠倒，以免两种药剂混合而提前喷出。

（2）拔掉安全栓，将筒体颠倒过来，一只手紧握提环，另一只手扶住筒体的底圈将射流对准燃烧物，按下压把即可进行灭火。

图 5 - 11 - 4　二氧化碳灭火器示意图

干粉灭火器的使用方法	适用范围：适用于扑救各类易燃、可燃液体和易燃、可燃气体火灾，以及电器设备火灾
❶右手握着压把，左手托着灭火器底部轻轻地取下灭火器	❷右手提着灭火器到现场
❸除掉铅封	❹拔掉保险栓
❺左手捏着喷管，右手提着压把	❻在距火焰两米的地方，右手用力压下压把，左手拿着喷管左右摆动，喷射干粉覆盖整个燃烧区

图 5 - 11 - 5　二氧化碳灭火器使用方法示意图

11.2 火灾报警系统

11.2.1 系统概述

火灾自动报警系统通常由火灾探测器、区域报警控制器、集中报警控制器以及联动模块等组成。探测器对火灾进行有效探测,控制器进行火灾信息处理和报警控制,联动模块联动消防装置。

11.2.2 系统功能

火灾自动报警系统是由触发装置、火灾报警装置、火灾警报装置以及具有其他辅助功能装置组成的,它具有能在火灾初期将燃烧产生的烟雾、热量、火焰等物理量通过火灾探测器变成电信号,传输到火灾报警控制器,并同时显示出火灾发生的部位、时间等,使人们能够及时发现火灾,并及时采取有效措施扑灭初期火灾,最大限度地减少因火灾造成的生命和财产的损失。

11.2.3 系统组成及原理

1. 火灾自动报警系统的组成

火灾自动报警系统由火灾探测报警系统、消防联动控制系统、可燃气体探测报警系统及电气火灾监控系统等组成。

火灾自动报警系统的组成如图 5-11-6 所示。

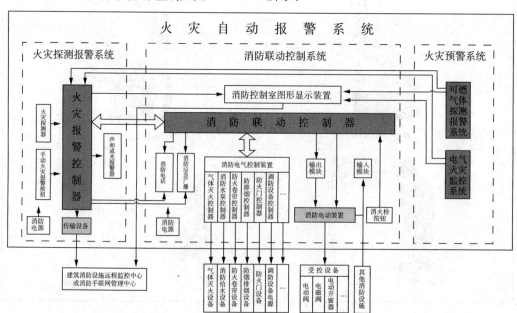

图 5-11-6　火灾自动报警系统图

（1）火灾探测报警系统

火灾探测报警系统由火灾报警控制器、触发器件和火灾警报装置等组成，它能及时、准确地探测被保护对象的初起火灾，并做出报警响应，从而使建筑物中的人员有足够的时间在火灾尚未发展蔓延到危害生命安全时疏散至安全地带，是保障人员生命安全的最基本的建筑消防系统。

① 触发器件

在火灾探测报警系统中，自动或手动产生火灾报警信号的器件称为触发器件，主要包括火灾探测器和手动火灾报警按钮。火灾探测器是能对火灾参数（如烟、温度、火焰辐射、气体浓度等）响应，并自动产生火灾报警信号的器件。手动火灾报警按钮是手动方式产生火灾报警信号、启动火灾自动报警系统的器件。

② 火灾报警装置

在火灾探测报警系统中，用以接收、显示和传递火灾报警信号，并能发出控制信号和具有其他辅助功能的控制指示设备称为火灾报警装置。火灾报警控制器就是其中最基本的一种。火灾报警控制器担负着为火灾探测器提供稳定的工作电源，监视探测器及系统自身的工作状态，接收、转换、处理火灾探测器输出的报警信号，进行声光报警，指示报警的具体部位及时间，执行相应辅助控制等诸多任务。

③ 火灾警报装置

在火灾探测报警系统中，用以发出区别于环境声、光的火灾警报信号的装置称为火灾警报装置。它以声、光和音响等方式向报警区域发出火灾警报信号，以警示人们迅速采取安全疏散，以及进行灭火救灾措施。

④ 电源

火灾探测报警系统属于消防用电设备，其主电源应当采用消防电源，备用电源可采用蓄电池。系统电源除为火灾报警控制器供电外，还为与系统相关的消防控制设备等供电。

（2）消防联动控制系统

消防联动控制系统由消防联动控制器、消防控制室图形显示装置、消防电气控制装置（防火卷帘控制器、气体灭火控制器等）、消防电动装置、消防联动模块、消火栓按钮、消防应急广播设备、消防电话等设备和组件组成。在火灾发生时，联动控制器按设定的控制逻辑准确发出联动控制信号给消防泵、喷淋泵、防火门、防火阀、防排烟阀和通风等消防设备，完成对灭火系统、疏散指示系统、防排烟系统及防火卷帘等其他消防有关设备的控制功能。当消防设备动作后将动作信号反馈给消防控制室并显示，实现对建筑消防设施的状态监视功能，即接收来自消防联动现场设备以及火灾自动报警系统以外的其他系统的火灾信息或其他信息，并实现触发和输入功能。

① 消防联动控制器

消防联动控制器是消防联动控制系统的核心组件。它通过接收火灾报警控制器发出的火灾报警信息，按预设逻辑对建筑中设置的自动消防系统（设施）进行联动控制。消防联动控制器可直接发出控制信号，通过驱动装置控制现场的受控设备；对于控制逻辑复杂且在消防联动控制器上不便实现直接控制的情况，可通过消防电气控制装置（如防火卷帘控制器、气体灭火控制器等)间接控制受控设备,同时接收自动消防系统(设施)动作的反馈信号。

② 消防控制室图形显示装置

消防控制室图形显示装置用于接收并显示保护区域内的火灾探测报警及联动控制系统、消火栓系统、自动灭火系统、防烟排烟系统、防火门及卷帘系统、电梯、消防电源、消防应急照明和疏散指示系统、消防通信等各类消防系统及系统中的各类消防设备(设施)运行的动态信息和消防管理信息,同时还具有信息传输和记录功能。

③ 消防电气控制装置

消防电气控制装置的功能是用于控制各类消防电气设备,它一般通过手动或自动的工作方式来控制各类消防泵、防烟排烟风机、电动防火门、电动防火窗、防火卷帘、电动阀等各类电动消防设施的控制装置及双电源互换装置,并将相应设备的工作状态反馈给消防联动控制器进行显示。

④ 消防电动装置

消防电动装置的功能是电动消防设施的电气驱动或释放,它包括电动防火门窗、电动防火阀、电动防烟排烟阀、气体驱动器等电动消防设施的电气驱动或释放装置。

⑤ 消防联动模块

消防联动模块是用于消防联动控制器和其所连接的受控设备或部件之间信号传输的设备,包括输入模块、输出模块和输入输出模块。输入模块的功能是接收受控设备或部件的信号反馈并将信号输入到消防联动控制器中进行显示,输出模块的功能是接收消防联动控制器的输出信号并发送到受控设备或部件,输入输出模块则同时具备输入模块和输出模块的功能。

⑥ 消火栓按钮

消火栓按钮是手动启动消火栓系统的控制按钮。

⑦ 消防应急广播设备

消防应急广播设备由控制和指示装置、声频功率放大器、传声器、扬声器、广播分配装置、电源装置等部分组成,是在火灾或意外事故发生时通过控制功率放大器和扬声器进行应急广播的设备,它的主要功能是向现场人员通报火灾发生,指挥并引导现场人员疏散。

⑧ 消防电话

消防电话是用于消防控制室与建筑物中各部位之间通话的电话系统,由消防电话总机、消防电话分机、消防电话插孔构成。消防电话是与普通电话分开的专用独立系统,一般采用集中式对讲电话,消防电话的总机设在消防控制室,分机分设在其他各个部位。其中消防电话总机是消防电话的重要组成部分,能够与消防电话分机进行全双工语音通信。消防电话分机设置在建筑物中各关键部位,能够与消防电话总机进行全双工语音通信;消防电话插孔安装在建筑物各处,插上电话手柄就可以和消防电话总机通信。

2. 火灾自动报警系统的工作原理

在火灾自动报警系统中,火灾报警控制器和消防联动控制器是核心组件,是系统中火灾报警与警报的监控管理枢纽和人机交互平台(图 5-11-7)。

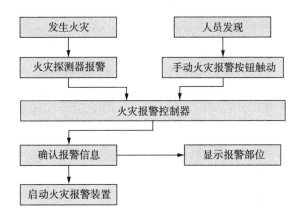

图 5-11-7 火灾探测报警系统的工作原理图

（1）火灾探测报警系统

火灾发生时,安装在保护区域现场的火灾探测器将火灾产生的烟雾、热量和光辐射等火灾特征参数转变为电信号,经数据处理后,将火灾特征参数信息传输至火灾报警控制器,或直接由火灾探测器做出火灾报警判断,将报警信息传输到火灾报警控制器。火灾报警控制器在接收到探测器的火灾特征参数信息或报警信息后,经报警确认判断,显示报警探测器的部位,记录探测器火灾报警的时间。处于火灾现场的人员在发现火灾后可立即触动安装在现场的手动火灾报警按钮,手动报警按钮便将报警信息传输到火灾报警控制器,火灾报警控制器在接收到手动火灾报警按钮的报警信息后,经报警确认判断,显示动作的手动报警按钮的部位,记录手动火灾报警按钮报警的时间。火灾报警控制器在确认火灾探测器和手动火灾报警按钮的报警信息后,驱动安装在被保护区域现场的火灾警报装置,发出火灾警报,向处于被保护区域内的人员警示火灾的发生。

（2）消防联动控制系统

火灾发生时,火灾探测器和手动火灾报警按钮的报警信号等联动触发信号传输至消防联动控制器,消防联动控制器按照预设的逻辑关系对接收到的触发信号进行识别判断,在满足逻辑关系条件时,消防联动控制器按照预设的控制时序启动相应自动消防系统(设施),实现预设的消防功能;消防控制室的消防管理人员也可以通过操作消防联动控制器的手动控制盘直接启动相应的消防系统(设施),从而实现相应消防系统(设施)预设的消防功能。消防联动控制接收并显示消防系统(设施)动作的反馈信息(图 5-11-8)。

11.2.4 系统主要故障及处理

1. 火灾自动报警系统

（1）系统组成

① 探测器:感烟探测器、感温探测器、火焰探测器。

② 手动报警装置:手动报警按钮。

③ 报警控制器:区域报警器,集中报警,控制中心报警器。

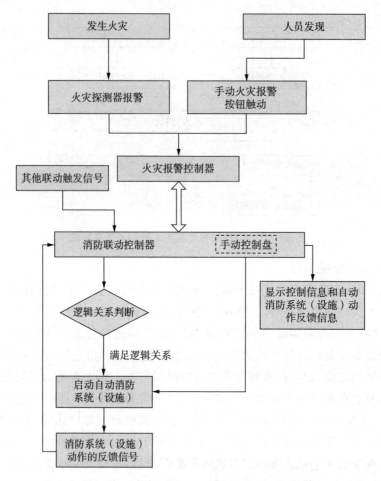

图 5 - 11 - 8　消防联动控制系统的工作原理图

（2）系统的主要功能

火灾发生时，探测器将火灾信号传输到报警控制器，通过声光信号表现出来，并在控制面板上显示火灾发生的部位，从而达到预报火警的目的。同时，也可以通过手动报警按钮来完成手动报警的功能。

（3）系统容易出现的问题、产生的原因以及简单的处理方法

① 探测器误报警，探测器故障报警。原因：探测器灵敏度选择不合理、环境湿度过大、风速过大、粉尘过大、机械振动、探测器使用时间过长、器件参数下降等。处理方法：根据安装环境选择适当的灵敏度的探测器，安装时应避开风口及风速较大的通道，定期检查，根据情况清洗和更换探测器。

② 手动按钮误报警，手动按钮故障报警。原因：按钮使用时间过长，参数下降，或按钮人为损坏。处理方法：定期检查，损坏的应及时更换，以免影响系统运行。

③ 报警控制器故障。原因：机械本身器件损坏报故障或外接探测器、手动按钮问题引起报警控制器报故障、报火警。处理方法：用表或自身诊断程序判断检查机器本身，排除故障，或按前两种的处理方法检查故障是否由外界引起。

④ 线路故障。原因：绝缘层损坏，接头松动，环境湿度过大，造成绝缘下降。处理方

法:用表检查绝缘程度,检查接头情况,接线时采用焊接、塑封等工艺。

2. 消防栓系统

(1)系统组成

消防栓系统由消防泵、稳压泵(或稳压罐)、消防栓箱、消火栓阀门、接口水枪、水带、消防栓报警按钮、消防栓系统控制柜等组成。

(2)系统的主要功能

消火栓系统管道中充满有压力的水,如系统有微量泄漏,可以靠稳压泵或稳压罐来保持系统的水和压力。当火灾时,首先打开消火栓箱,按要求接好接口、水带,将水枪对准火源,打开消火栓阀门,水枪立即有水喷出,按下消火栓按钮时,通过消火栓启动消防泵向管道中供水。

(3)系统容易出现的问题、产生的原因以及简单的处理方法

① 打开消火栓阀门无水。原因:可能管道中有泄漏点,导致管道无水,且压力表损坏,稳压系统不起作用。处理方法:检查泄漏点、压力表,修复或安上稳压装置,保证消火栓有水。

② 按下手动按钮,不能联动启动消防泵。原因:手动按钮接线松动,按钮本身损坏,联动控制柜本身故障,消防泵启动柜故障或连接松动,消防泵本身故障。处理方法:检查各设备接线、设备本身器件,检查泵本身电气、机构部分有无故障并进行排除。

3. 自动喷水灭火系统

(1)系统组成

自动喷水灭火系统由闭式喷头、水流指示器、湿式报警阀、压力开关、稳压泵、喷淋泵、喷淋控制柜等组成。

(2)系统的主要功能

系统处于正常工作状态时,管道内有一定压力的水,当有火灾发生时,火场温度达到闭式喷头的温度时,玻璃泡破碎,喷头喷水,管道中的水由静态变为动态,水流指示器动作,信号传输到消防中心的消防控制柜上报警,当湿式报警装置报警,压力开关动作后,通过控制柜启动喷淋泵为管道供水,完成系统的灭火功能。

(3)系统容易出现的问题、产生的原因以及简单的处理方法

① 稳压装置频繁启动。原因:主要为湿式装置前端有泄漏,还会有水暖件或连接处泄漏、闭式喷头泄漏、末端泄放装置没有关好。处理办法:检查各水暖件、喷头和末端泄放装置,找出泄漏点进行处理。

② 水流指示器在水流动作后不报信号。原因:除电气线路及端子压线问题外,主要是水流指示器本身问题,包括浆片不动、浆片损坏、微动开关损坏、干簧管触点烧毁或永久性磁铁不起作用。处理办法:检查浆片是否损坏或塞死不动,检查永久性磁铁、干簧管等器件。

③ 喷头动作后或末端泄放装置打开,联动泵后管道前端无水。原因:主要为湿式报警装置的蝶阀不动作,湿式报警装置不能将水送到前端管道。处理办法:检查湿式报警装置,主要是蝶阀,直到灵活翻转,再检查湿式装置的其他部件。

④ 联动信号发出,喷淋泵不动作。原因:可能为控制装置及消防泵启动柜连线松动

或器件失灵,也可能是喷淋泵本身机械故障。处理办法:检查各连线及水泵本身。

4. 防排烟系统

(1)系统组成

防排烟系统由排烟阀、手动控制装置、排烟机、防排烟控制柜等组成。

(2)系统的主要功能

火灾发生时,防排烟控制柜接到火灾信号,发出打开排烟机的指令,火灾区开始排烟,也可人为地通过手动控制装置进行人工操作,完成排烟功能。

(3)系统容易出现的问题、产生的原因以及简单的处理办法

① 排烟阀打不开。原因:排烟阀控制机械失灵,电磁铁不动作或机械锈蚀引起排烟阀打不开。处理办法:经常检查操作机构是否锈蚀,是否有卡住的现象,检查电磁铁是否工作正常。

② 排烟阀手动打不开。原因:手动控制装置卡死或拉筋线松动。处理办法:检查手动操作机构。

③ 排烟机不启动。原因:排烟机控制系统连线松动、器件失灵或机械故障。处理办法:检查机械系统及控制部分各器件系统连线等。

5. 防火卷帘门系统

(1)系统组成

防火卷帘门系统由感烟探测器、感温探测器、控制按钮、电机、限位开关、卷帘门控制柜等组成。

(2)系统的主要功能

在火灾发生时起防火分区隔断作用,在火灾发生时,感烟探测器报警,火灾信号送到卷帘门控制柜,控制柜发出启动信号,卷帘门自动降到距地1.8m的位置(特殊部位的卷帘门也可一步到底),如果感温探测器再报警,卷帘门才降到底。

(3)系统容易出现的问题、产生的原因以及简单的处理办法

① 防火卷帘门不能上升下降。原因:可能为电源故障、电机故障或门本身卡住。处理办法:检查主电、控制电源及电机,检查门本身。

② 防火卷帘门有上升无下降或有下降无上升。原因:下降或上升按钮问题,接触器触头及线圈问题,限位开关问题,接触器联锁常闭触点问题。处理办法:检查下降或上升按钮,下降或上升接触器触头开关及线圈,查限位开关,查下降或上升接触器联锁常闭接点。

③ 在控制中心无法联动防火卷帘门。原因:控制中心控制装置本身故障,控制模块故障,联动传输线路故障。处理办法:检查控制中心控制装置本身,检查控制模块,检查传输线路。

6. 消防事故广播及对讲系统

(1)系统组成

消防事故广播及对讲系统由扩音机、扬声器、切换模块、消防广播控制柜等组成。

(2)系统的主要功能

当消防值班人员得到火情后,可以通过电话与各防火分区通话了解火灾情况,用以

处理火灾事故,也可通过广播及时通知有关人员采取相应措施,进行疏散。

(3)容易出现的问题、产生的原因以及简单的处理办法

① 广播无声。原因:一般为扩音机无输出。处理办法:检查扩音机本身。

② 个别部位广播无声。原因:扬声器有损坏或连线有松动。处理办法:检查扬声器及接线。

③ 不能强制切换到事故广播。原因:一般为切换模块的继电器不动作引起。处理办法:检查继电器线圈及触点。

④ 无法实现分层广播。原因:分层广播切换装置故障。处理办法:检查切换装置及接线。

⑤ 对讲电话不能正常通话。原因:对讲电话本身故障,对讲电话插孔接线松动或线路损坏。处理办法:检查对讲电话及插孔本身,检查线路。

主要参考文献

［1］王天义,蔡曙光,胡延国.生活垃圾焚烧厂渗滤液处理技术与工程实践［M］.北京:化学工业出版社,2018.

［2］刘晓.电厂水处理及化学监督［M］.北京:中国电力出版社,2009.

［3］深圳市能源环保有限公司.生活垃圾焚烧发电厂生产人员技能培训教材［M］.深圳:深圳报业集团出版社,2016.

［4］GB 18485—2001,生活垃圾焚烧污染控制标准［S］.

［5］CJJ 150—2010,生活垃圾渗沥液处理技术规范［S］.

［6］CJJ 231—2015,生活垃圾焚烧厂检修规程［S］.

［7］CJJ 90—2009,生活垃圾焚烧处理工程技术规范［S］.

［8］HJ 2012—2012,垃圾焚烧袋式除尘工程技术规范［S］.

［9］CJJ/T 137—2010,生活垃圾焚烧厂评价标准［S］.

［10］GB 50049—2011,小型火力发电厂设计规范［S］.

［11］GB 50052—2009,供电系统设计规范［S］.

图书在版编目(CIP)数据

生活垃圾焚烧发电技术基础与应用/孙贵根,田建东,苏猛业主编.—合肥:合肥工业大学出版社,2019.7

ISBN 978-7-5650-4526-4

Ⅰ.①生… Ⅱ.①孙…②田…③苏… Ⅲ.①垃圾发电 Ⅳ.①X705

中国版本图书馆 CIP 数据核字(2019)第 117429 号

生活垃圾焚烧发电技术基础与应用

孙贵根 田建东 苏猛业 主编 　　　　责任编辑 张择瑞

出　版	合肥工业大学出版社	版　次	2019 年 7 月第 1 版
地　址	合肥市屯溪路 193 号	印　次	2019 年 12 月第 1 次印刷
邮　编	230009	开　本	787 毫米×1092 毫米　1/16
电　话	理工编辑部:0551-62903204	印　张	28.25
	市场营销部:0551-62903198	字　数	630 千字
网　址	www.hfutpress.com.cn	印　刷	合肥现代印务有限公司
E-mail	hfutpress@163.com	发　行	全国新华书店

ISBN 978-7-5650-4526-4 　　　　　　定价：198.00 元

如果有影响阅读的印装质量问题,请与出版社市场营销部联系调换。